今すぐ使えるかんたんEx

Excel関数

ビジネスに役立つ!

2019/2016/2013/365対応版

プロ技 BEST セレクション

リブロワークス 著

技術評論社

本書の使い方

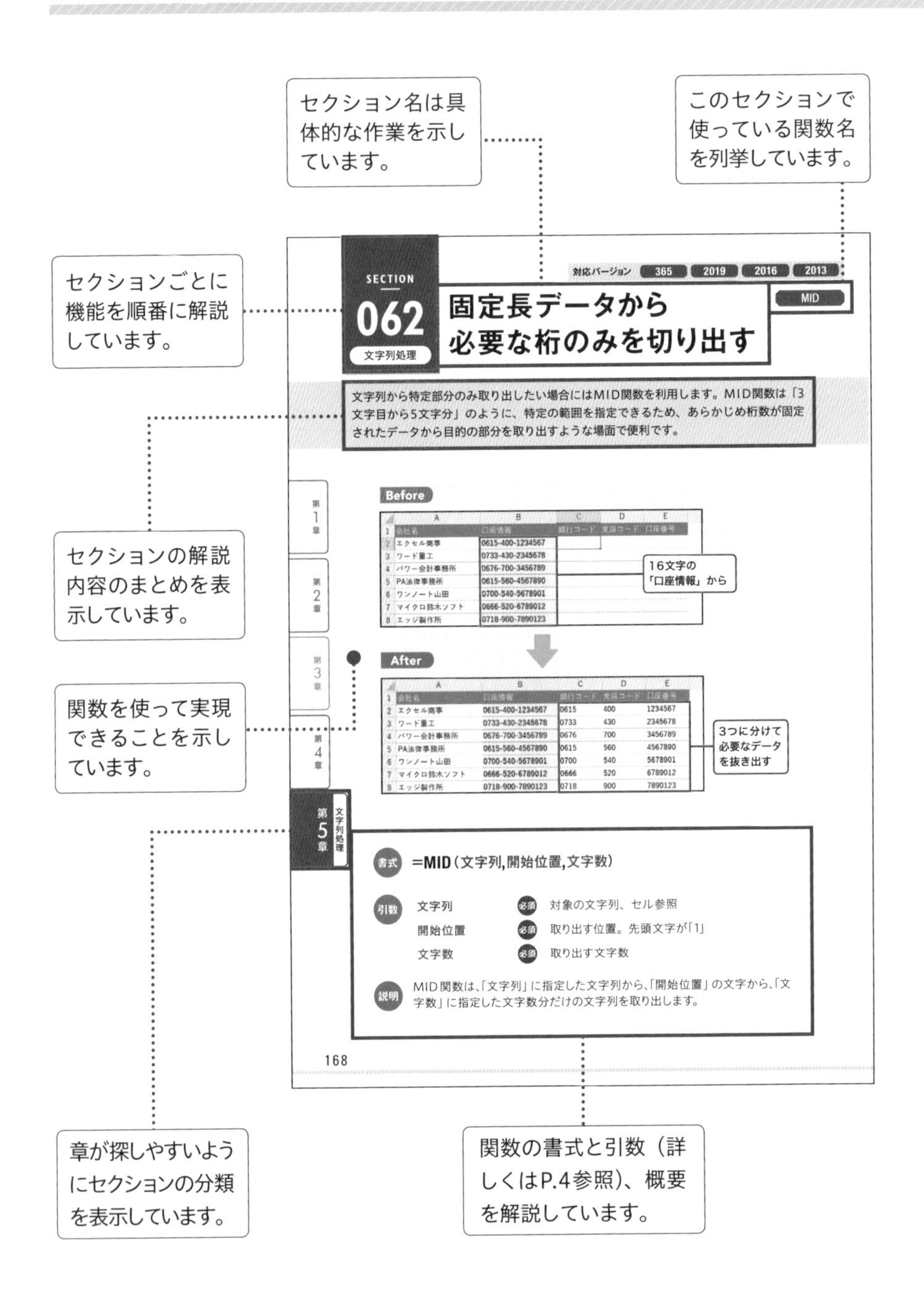

セクション名は具体的な作業を示しています。
このセクションで使っている関数名を列挙しています。
セクションごとに機能を順番に解説しています。
SECTION
062
文字列処理
対応バージョン 365 2019 2016 2013
固定長データから必要な桁のみを切り出す
MID
文字列から特定部分のみ取り出したい場合にはMID関数を利用します。MID関数は「3文字目から5文字分」のように、特定の範囲を指定できるため、あらかじめ桁数が固定されたデータから目的の部分を取り出すような場面で便利です。
セクションの解説内容のまとめを表示しています。
Before
16文字の「口座情報」から
After
3つに分けて必要なデータを抜き出す
関数を使って実現できることを示しています。
第5章 文字列処理
書式 =MID(文字列,開始位置,文字数)
引数 文字列 必須 対象の文字列、セル参照
開始位置 必須 取り出す位置。先頭文字が「1」
文字数 必須 取り出す文字数
説明 MID関数は、「文字列」に指定した文字列から、「開始位置」の文字から、「文字数」に指定した文字数分だけの文字列を取り出します。
168
章が探しやすいようにセクションの分類を表示しています。
関数の書式と引数(詳しくはP.4参照)、概要を解説しています。

具体的な操作手順を紹介します。

口座情報から銀行コード･支店コード･口座番号を抜き出す

16文字の口座情報から「銀行コード(1〜4文字目)」「支店コード(6〜8文字目)」「口座番号(10〜16文字目)」をそれぞれ抜き出したいとします。このようなケースではMID関数を利用します。MID関数は、対象文字列と、抜き出しを開始する位置、抜き出したい文字数を指定します。

	A	B	C	D
1	会社名	口座情報	銀行コード	支店コー
2	エクセル商事	0615-400-1234567	=MID(B2,1,4)	
3	ワード重工	0733-430-2345678		
4	パワー会計事務所	0676		
5	PA法律事務所	0615		
6	ワンノート山田	0700		
7	マイクロ鈴木ソフト	0666-520-6789012		
8	エッジ製作所	0718-900-7890123		

＝MID (B2,1,4)
文字列 開始位置 文字数

❶セルC2にMID関数を入力します。引数「文字列」にセルB2を指定し、引数「開始位置」に1、引数「文字数」に4を指定すると、「1文字目から4文字分」を抜き出します。

実際にセルに入力する数式を表示しています（詳しくはP.5参照）。

B	C	D	E	F
口座情報	銀行コード	支店コード	口座番号	
0615-400-1234567	0615	=MID(B2,6,3)		
0733-430-2345678	0733			
0676-700-3456789	0676			
0615-560-4567890	0615			
0700-540-5678901	0700			
0666-520-6789012	0666			
0718-900-7890123	0718			

＝MID (B2,6,3)
文字列 開始位置 文字数

❷同様に支店コードの3桁を抜き出します。D2セルにMID関数を入力し、「6文字目から3文字分」を指定します。

B	C	D	E	F
口座情報	銀行コード	支店コード	口座番号	
0615-400-1234567	0615	400	=MID(B2,10,7)	
0733-430-2345678	0733	430		
0676-700-3456789	0676			
0615-560-4567890	0615			
0700-540-5678901	0700			
0666-520-6789012	0666	520		
0718-900-7890123	0718	900		

＝MID (B2,10,7)
文字列 開始位置 文字数

❸最後に口座番号の7桁を抜き出します。E2セルにMID関数を入力し、「10文字目から7文字分」を指定します。

番号付きの記述で操作の順番が一目瞭然です。

第1章 第2章 第3章 第4章 第5章 文字列処理

COLUMN

MID関数の引数指定のコツ

文字を抜き出す際は「6〜8文字目」のように、「開始位置」と「終了位置」で考えがちですが、この考えをそのままMID関数の引数に指定すると、意図とは違った部分が抜き出されてしまいます。指定するのは、「開始位置」と「文字数」、つまり、「開始位置から何文字抜き出すか」の数値です。「6〜8文字目」の場合は「6文字目から、3文字分」となります。
引数「文字数」は「何文字抜き出すかを指定する値である」という点を意識すると、意図した通りの部分を抜き出す関数式がスムーズに作れるでしょう。

169

重要な補足説明や応用操作を解説しています。

関数の解説例

本書では、関数の書式と使い方を以下のように解説しています。書式で解説した引数の色と、例として紹介した数式の引数の色が対応しています(ただし、関数をネストしている数式では、色が異なる場合があります)。

●対応バージョン

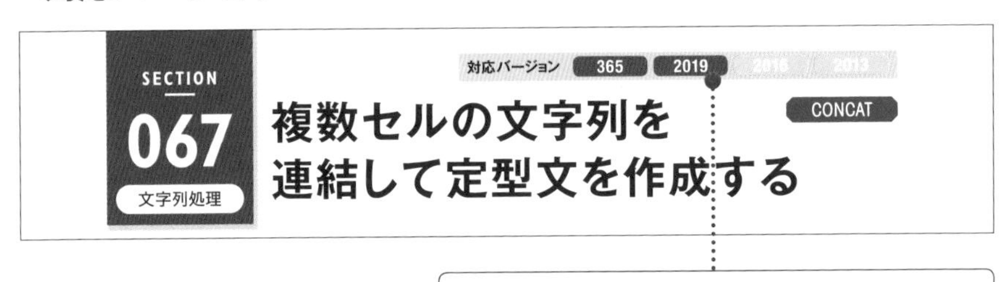

セクションの中でメインに紹介している関数が利用できるExcelのバージョンを示しています。

●書式説明

紹介している関数で利用できないExcelのバージョンを示しています。

関数の書式を表しています。引数名に[]が付いている場合は、その引数は省略可能です。引数は、1つ目から順に色分けして示しています。

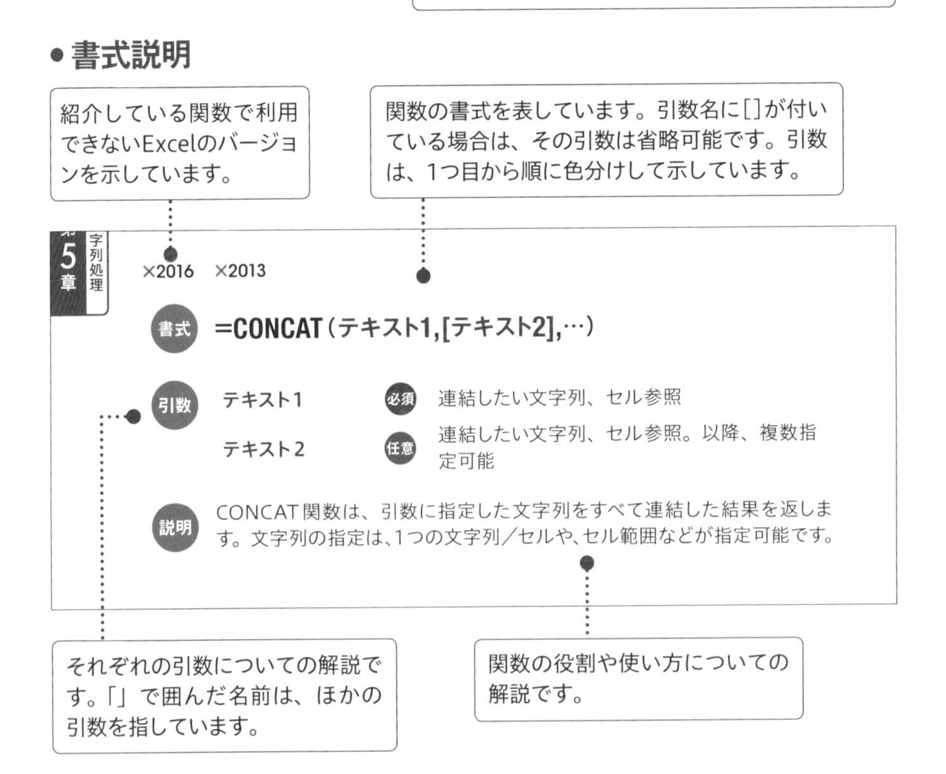

それぞれの引数についての解説です。「」で囲んだ名前は、ほかの引数を指しています。

関数の役割や使い方についての解説です。

● 操作説明

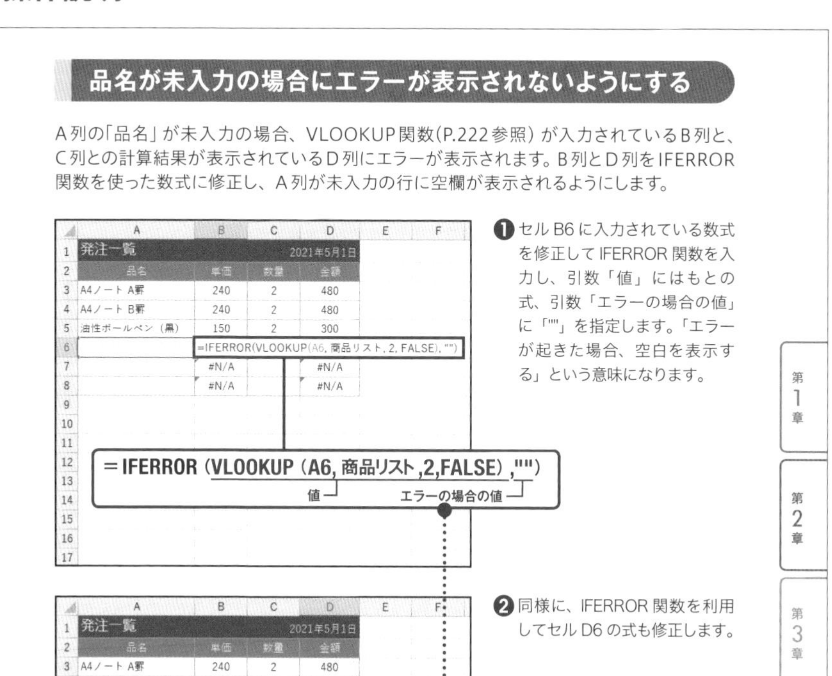

実際にセルに入力する数式を表しています。文字の色は、関数の引数と対応しています。ただし、関数をネストしている場合は、数式の下側に記述した引数名と色を揃えています。

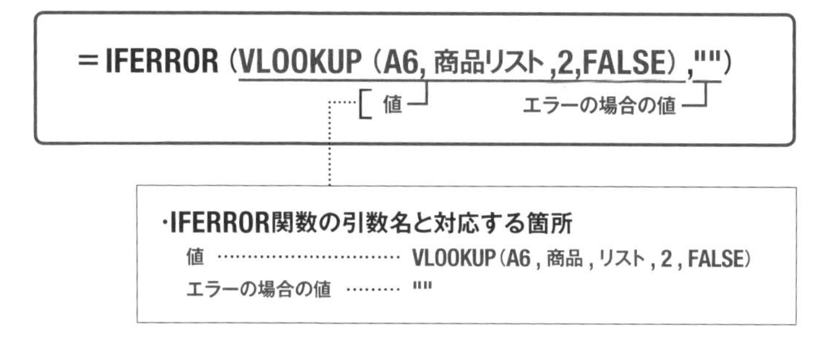

サンプルファイルのダウンロード

本書の解説内で使用しているサンプルファイルは、以下のURLのサポートページからダウンロードできます。ダウンロードしたときは圧縮ファイルの状態なので、展開してからご利用ください。以下は、Windows 10のMicrosoft Edgeの画面で解説しています。
なお、Windows 7/8/8.1では一部操作が異なります。

https://gihyo.jp/book/2021/978-4-297-12253-9/support

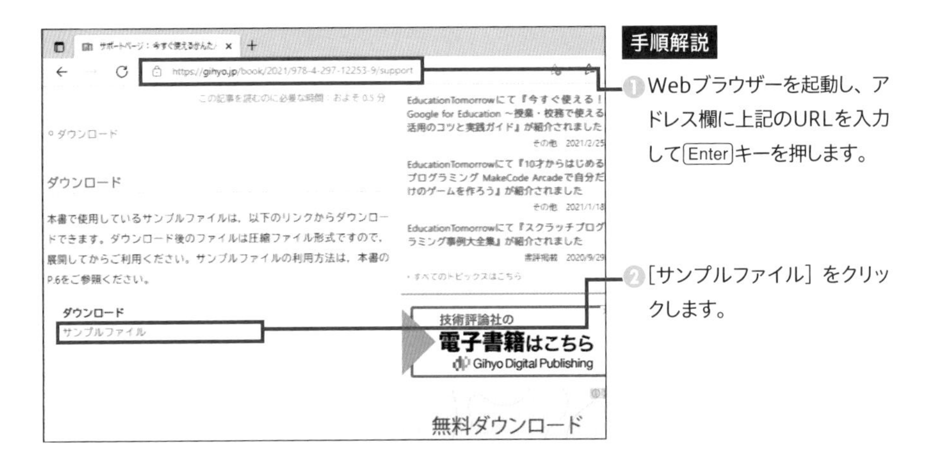

手順解説

❶ Webブラウザーを起動し、アドレス欄に上記のURLを入力して Enter キーを押します。

❷ ［サンプルファイル］をクリックします。

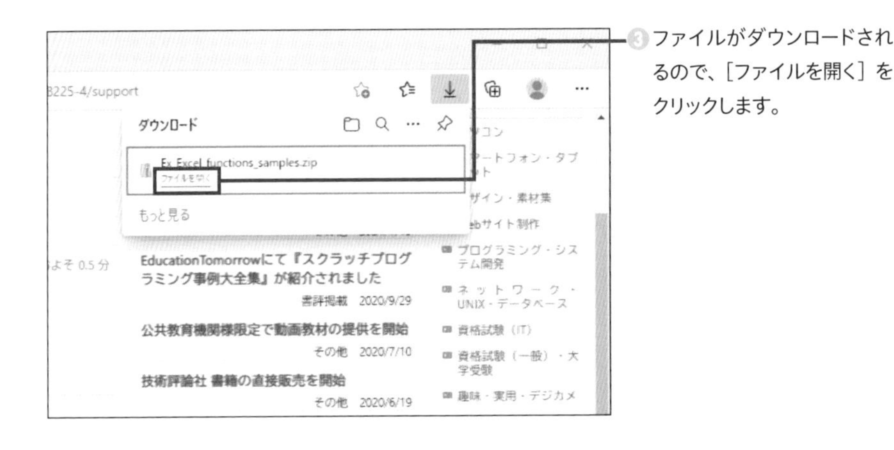

❸ ファイルがダウンロードされるので、［ファイルを開く］をクリックします。

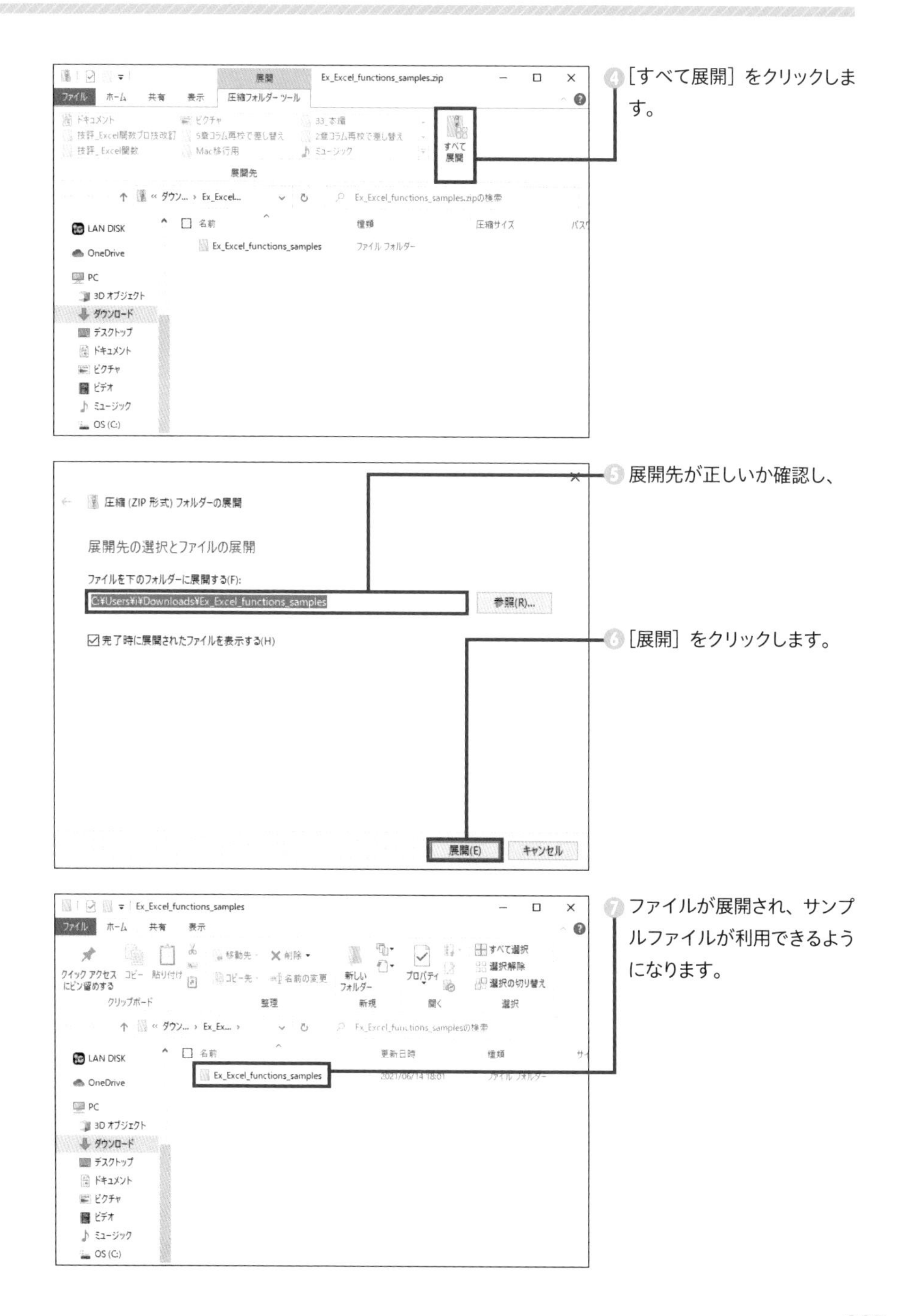
④［すべて展開］をクリックします。
すべて展開
Ex_Excel_functions_samples.zip
⑤展開先が正しいか確認し、
圧縮 (ZIP 形式) フォルダーの展開
展開先の選択とファイルの展開
ファイルを下のフォルダーに展開する(F):
C:¥Users¥i¥Downloads¥Ex_Excel_functions_samples
参照(R)...
完了時に展開されたファイルを表示する(H)
⑥［展開］をクリックします。
展開(E)
キャンセル
⑦ファイルが展開され、サンプルファイルが利用できるようになります。
Ex_Excel_functions_samples

目次

第1章 これだけは押さえておきたい! 関数のキホン

第2章 表計算はまずここから! データ集計の関数

目次

第3章 日程・時間の管理に役立つ! 日付と時刻の関数

第4章 表計算の可能性が広がる! 条件分岐と論理関数

目次

第5章 データの整形・加工を一瞬で! 文字列処理の関数

目次

第6章 XLOOKUPで検索・抽出をマスター! ○○LOOKUP関数

第7章 Excelを本格データベースとして使おう! 検索関数とデータベース関数

目次

第8章 ビジネスデータの分析に役立つ! 統計・抽出・並び替えの関数

第9章 もっと便利に使いやすく! 効率アップ技とエラー対策

ご注意　ご購入・ご利用の前に必ずお読みください

本書に記載された内容は、情報の提供のみを目的としています。したがって、本書を用いた運用は、必ずお客様自身の責任と判断によって行ってください。これらの情報の運用の結果について、技術評論社および著者はいかなる責任も負いません。

■ソフトウェアに関する記述は、特に断りのない限り、2021年5月現在での最新バージョンをもとにしています。ソフトウェアはバージョンアップされる場合があり、本書での説明とは機能内容や画面図などが異なってしまうこともあり得ます。あらかじめご了承ください。

■本書は、Windows 10およびMicrosoft 365版のExcelの画面で解説を行っています。これ以外のバージョンでは、画面や操作手順が異なる場合があります。

■インターネットの情報については、URLや画面などが変更されている可能性があります。ご注意ください。

以上の注意事項をご承諾いただいた上で、本書をご利用願います。これらの注意事項をお読みいただかずに、お問い合わせいただいても、技術評論社は対応しかねます。あらかじめご承知おきください。

第1章

これだけは押さえておきたい!
関数のキホン

対応バージョン 365 2019 2016 2013

SECTION 001 関数の基本

そもそもなぜ関数を使うの？ 関数のメリットを理解する！

「関数」とは、書式が定められている特別な数式です。合計や平均の計算だけでなく、「表から条件に一致するデータを抜き出す」「データが入力されているセルの個数を求める」「データの順位を求める」「特定の日数後の日付を求める」といったことができます。

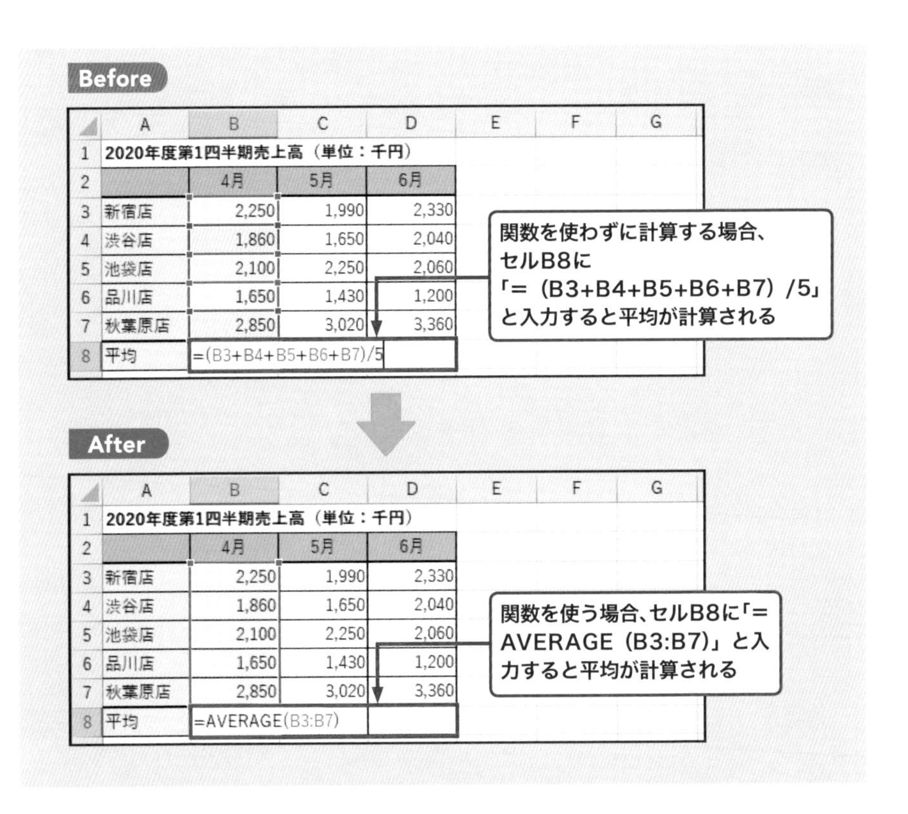

Before

	A	B	C	D
1	2020年度第1四半期売上高（単位：千円）			
2		4月	5月	6月
3	新宿店	2,250	1,990	2,330
4	渋谷店	1,860	1,650	2,040
5	池袋店	2,100	2,250	2,060
6	品川店	1,650	1,430	1,200
7	秋葉原店	2,850	3,020	3,360
8	平均	=(B3+B4+B5+B6+B7)/5		

After

	A	B	C	D
1	2020年度第1四半期売上高（単位：千円）			
2		4月	5月	6月
3	新宿店	2,250	1,990	2,330
4	渋谷店	1,860	1,650	2,040
5	池袋店	2,100	2,250	2,060
6	品川店	1,650	1,430	1,200
7	秋葉原店	2,850	3,020	3,360
8	平均	=AVERAGE(B3:B7)		

関数とは

上の例では、セルB8に「＝AVERAGE(B3:B7)」と入力されています。これが関数です。ここで入力されている関数はAVERAGE関数(P.266参照）といい、カッコ内に指定されているセル範囲B3:B7の平均値を計算できます。
なお、関数が入力されているセルには、関数の計算結果だけが表示されます。そのため、セルを見ただけでは、セルに入力されているデータが値なのか関数なのか判断できません。セルに関数が入力されている場合、数式バーで確認できます。

関数を使うメリット

関数を使うと、数式の構造がシンプルになります。たとえば、下の例でセルB8に、4月の売上高の平均を計算するとします。この場合、「=(B3+B4+B5+B6+B7) /5」で計算できますが、店舗数が増えてくると数式を修正して計算に使うセルを追加する必要があります。AVERAGE関数を使うと、「=AVERAGE(B3:B7)」と入力するだけで計算できます。店舗数が増えてもセル範囲が自動的に調整されるので、修正の必要はありません。

▶ 関数を使わずに計算すると

❶セルB8には、平均を計算するための数式が入力されています。

❷途中にデータを増やしても計算結果に反映されません。

▶ 関数を使って計算すると

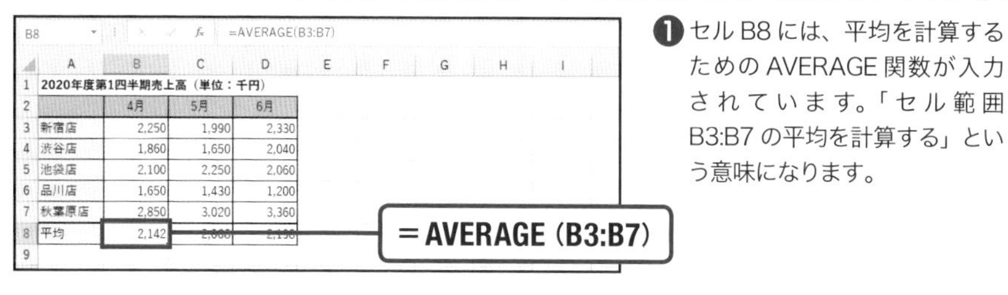

❶セルB8には、平均を計算するためのAVERAGE関数が入力されています。「セル範囲B3:B7の平均を計算する」という意味になります。

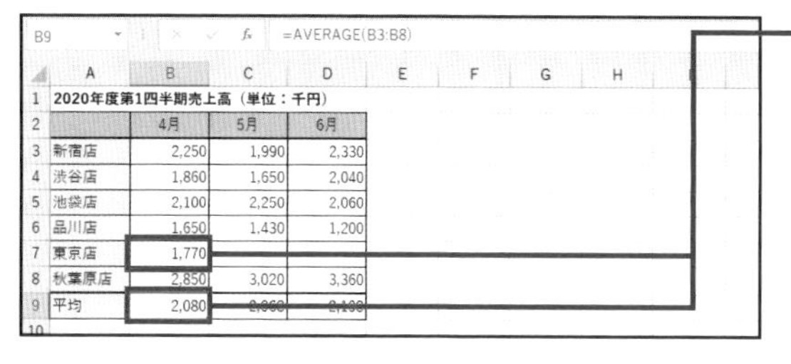

❷途中にデータを増やすと自動的に再計算されます。

対応バージョン 365 2019 2016 2013

SECTION 002 関数の基本

関数をジャンル分けすれば、いつどれを使うべきかがわかる

バージョンによって異なりますが、Excelには480以上の関数が用意されています。これらは機能ごとに分類されており、<数式>タブの<関数ライブラリ>から選択できます（P.34参照）。ここでは、機能ごとに代表的な関数を紹介します。

数学／三角関数

数学／三角関数は、数値の計算を行う関数です。数値の加減乗除(四則演算) や切り上げ、切り捨て、四捨五入などの計算結果を求めることができます。

関数名	機能	参照先
SUM	数値を合計する	P.56
SUMIF	条件を指定して数値を合計する	P.62
ROUND	指定した桁数で四捨五入する	P.78
ROUNDUP	指定した桁数で切り上げる	P.80
ROUNDDOWN	指定した桁数で切り捨てる	P.80
INT	小数点以下を切り捨てる	-
FLOOR	数値を基準値の倍数に切り下げる	P.84
MOD	余りを求める	P.126

日付／時刻関数

日付／時刻関数は、日付や時刻の計算を行う関数です。「一定期間後の日付を求める」「特定の日付の曜日を求める」「休日を除いた日数を求める」といったことができます。

関数名	機能	参照先
TODAY	現在の日付、または現在の日付と時刻を求める	P.110
YEAR、MONTH、DAY	日付から「年」「月」「日」を取り出す	P.94
HOUR、MINUTE、SECOND	時刻から「時」「分」「秒」を取り出す	P.96
WEEKDAY	日付から曜日を取り出す	P.98
DATE	「年」「月」「日」から日付を求める	P.104
EOMONTH	数カ月前や数カ月後の月末を求める	P.100
EDATE	数カ月前や数カ月後の日付を求める	P.102
WORKDAY	土日と祭日を除外して期日を求める	P.118
NETWORKDAYS	土日と祭日を除外して期間内の日数を求める	P.116

統計関数

統計関数は、統計を計算する関数です。データの平均や個数、最大値、最小値などを求めることができます。

関数名	機能	参照先
COUNT、COUNTA	数値や日付、時刻またはデータの個数を求める	P.66、P.68
COUNTIF	条件に一致するデータの個数を求める	P.70
COUNTIFS	複数の条件に一致するデータの個数を求める	P.72
AVERAGE	数値またはデータの平均値を求める	P.266
MAX、MAXA	数値またはデータの最大値を求める	P.272
MIN、MINA	数値またはデータの最小値を求める	P.274
MEDIAN	数値の中央値を求める	P.276
MODE	数値の最頻値を求める	P.278
LARGE	大きいほうから何番目かの値を求める	P.284
SMALL	小さいほうから何番目かの値を求める	P.284
RANK、RANK.EQ	順位を求める	P.282

文字列操作関数

文字列操作関数は、文字列に関する処理を行う関数です。「文字列の一部を取り出す」「文字列を置き換える」「全角と半角、大文字と小文字を変換する」といったことができます。

関数名	機能	参照先
LEN	文字列の長さ（文字数またはバイト数）を求める	P.150
LEFT、RIGHT、MID	左端（または右端、指定位置）から指定した文字数を取り出す	P.172、P.174、P176
REPT	文字列を繰り返す	P.152
FIND	文字列の位置を調べる	P.154
SEARCH	文字列の位置を調べる	P.156
SUBSTITUTE	文字列を検索して置き換える	P.162
TRIM	空白文字を削除する	P.160
REPLACE	指定した文字数の文字列を置き換える	P.170
CONCAT	文字列を連結する	P.178
TEXTJOIN	区切り記号で文字列を連結する	P.180
TEXT	数値を文字列に置き換える	P.184
PHONETIC	ふりがなを取り出す	P.190

論理関数

論理関数は、条件に一致するかどうかを判定する関数です。論理式と呼ばれる式で条件を判定し、結果にもとづいて計算結果を返します。

関数名	機能	参照先
IF	条件によって計算方法を切り替える	P.132
IFS	複数の条件によって計算方法を切り替える	P.144
AND	すべての条件に一致するかどうかを判定する	P.138
OR	いずれかの条件に一致するかどうかを判定する	—
NOT	条件に一致しないかどうかを判定する	—
IFERROR	引数がエラーかどうかを判定する	P.142

検索／行列関数

検索／行列関数は、データを検索する関数です。セル範囲からデータを検索したり、データの行と列を入れ替えたりすることができます。

関数名	機能	参照先
XLOOKUP	セル範囲を縦および横方向に検索する	P.198
VLOOKUP	セル範囲を縦方向に検索する	P.222
HLOOKUP	セル範囲を横方向に検索する	P.230
LOOKUP	1行または1列のセル範囲を検索する	P.232
ROWS、COLUMNS	行数（または列数）を計算する	P.242
INDEX、OFFSET	指定した行と列のセルを検索する	P.246、P.250
MATCH	データの位置を検索する	P.254
SORT	データを並べ替える	P.286
UNIQUE	重複するデータをまとめる	P.290
FILTER	条件に一致する行を抜き出す	P.292

データベース関数

データベース関数は、表(データベース)を処理する関数です。

関数名	機能	参照先
DCOUNT	条件に一致するデータの個数を求める	P.258
DSUM	条件に一致するセルの合計を計算する	P.258
DGET	条件に一致するデータを検索する	P.256
DAVERAGE	条件に一致するセルの平均を求める	P.258
DPRODUCT	条件に一致するセルの積を求める	P.258

財務関数

財務関数は、財務に関する関数です。貯蓄やローンの現在価値、将来価値をはじめ、資産の減価償却費などを計算できます。

関数名	機能	参照先
PV	ローンにおける利率と期間、定期支払額から現在価値を計算する	―
FV	ローンにおける将来価値を計算する	―
PMT	ローンの1回あたりの支払額を計算する	―

エンジニアリング関数

エンジニアリング関数は、工学系の計算を行う関数です。数値の単位や基数の変換、複素数やベッセル関数の計算ができます。

関数名	機能	参照先
CONVERT	数値の単位を変換する	―
DEC2BIN	10進数を2進数に変換する	―
DEC2OCT	10進数を8進数に変換する	―
DEC2HEX	10進数を16進数に変換する	―

情報関数

情報関数は、セルに関する情報を検査する関数です。セルの書式をはじめ、空白やエラー値が入力されているセルを調べることができます。

関数名	機能	参照先
CELL	セルの情報を得る	―
ISBLANK	空白セルかどうかを調べる	―
ISERROR	エラー値かどうかを調べる	―
ISNA	[#N/A] かどうかを調べる	―

COLUMN

Web関数/キューブ関数

Web関数は、Webサービスからデータを取り出す関数です。キューブ関数は、SQL Serverのデータを処理する関数です。

SECTION 003 関数の基本

対応バージョン 365 2019 2016 2013

関数の書き方にはルールがある

関数の入力には、ルールがあります。たとえば、関数の書き出しは「=」で始めます。また、関数に使うデータは関数ごとの書式に従って入力します。このとき、先頭に入力する「=」や「()」などの記号、「SUM」などの関数名はすべて半角で入力します。

関数を構成する要素

関数は「=」、「関数名」、「引数(ひきすう)」の3つの要素から構成されています。これらを入力することで関数が機能します。

関数を構成する3つの要素

= 関数名 (引数1, 引数2, 引数3...)

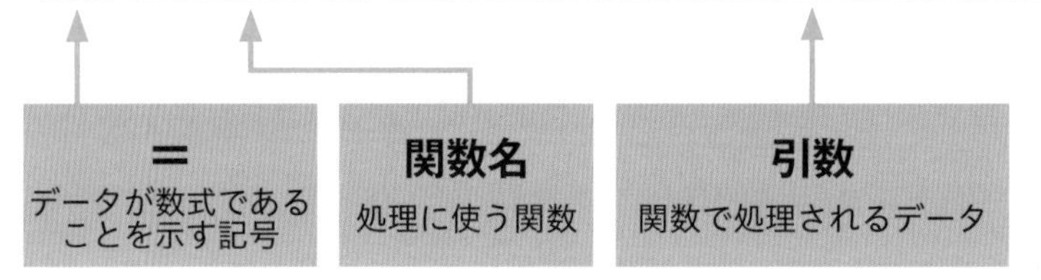

先頭の「=」は、セルに入力されているデータが数式であることを示す記号です。関数は数式なので、「=」で始まります。
関数名には、「SUM」や「AVERAGE」など、処理に使う関数名を入力します。
引数は、関数で処理されるデータです。関数名に続く半角の「()」の中に指定します。必要な引数の数は関数ごとに異なり、それぞれを半角の「,(カンマ)」で区切って入力します。「(関数名) 関数で(引数1)(引数2)(引数3...)を処理する」という意味になります。

COLUMN

引数を囲む()は省略できない

関数名の後ろに入力する引数は、() で囲みます。引数を入力しなくてもよい関数もありますが、() は省略できないため、「=関数名 ()」のように入力します。

引数を指定する

引数を指定するときに、手動で数値を入力していては手間がかかる上、入力ミスが起こる可能性があります。関数は数式なので、セルの番地(アドレス)を指定することで、セルに入力されているデータをそのまま利用できます。「セル参照」といいます。
たとえば「=SUM(A1,A2)」という関数は、セルA1とセルA2に入力されているデータの合計を計算します。

引数にセル参照を指定する

セルA1とセルA2の
合計を求める

連続するセル(セル範囲)を引数に指定するときは、セル範囲の左上のセルと、右下のセルの間に半角の「:(コロン)」を入力して指定します。
たとえば、「=SUM(A1:B10)」のように入力すると、セルA1～A10とセルB1～B10までのすべてのセルに入力されているデータの合計を計算できます。

引数にセル範囲を指定する

=SUM(A1:B10)

コロンでセル参照をつなげる

セルA1～A10と
セルB1～B10までのセル
すべての合計を計算する

引数にセル参照を指定すると、参照先のセルの数値が更新されたときに関数が再計算され、計算結果が自動的に更新されます。引数の数値を再入力する手間が省けるので、関数の引数にはセル参照を使うことをおすすめします。

COLUMN

関数によって引数の指定方法は異なる

なお、関数によっては引数の順番や数によって計算結果が異なります。
たとえば、剰余(割り算の余り)を求めるMOD関数(P.126参照)は、2つの引数が必要です。このとき、1つ目は割り算の割られる数で、2つ目が割り算の割る数です。「=MOD(4,2)」と「=MOD(2,4)」では計算結果が異なります。また、「=MOD(4)」は引数が足りないためエラーが表示されます。
さらに、引数に指定できるデータには制限が設けられていることもあります。たとえば、合計を計算するSUM関数では、「テスト」という文字列を引数に指定しても、エラーが表示されます。SUM関数では文字列を処理できないためです。
関数を入力するときは、こうした引数のルールを守るように気を付けましょう。

引数に指定できるもの

関数の引数に指定できるデータは次の通りです。ただし、実際に指定できる引数は、関数によって異なります。

引数に指定できるもの		説明	例
セル参照	セル	セルに入力されているデータが計算に使われます	=SUM（A1,B2,C3）
	セル範囲	複数のセルのまとまり。A1:B10のように始まりと終わりのセルを「:」で区切ったもの。セル範囲内のすべてのデータが計算に使われます	=AVERAGE（A1:B10）
定数	数値	1234、-1000、1.23のような数値、10%のような百分率、17:30や2021/1/1のような時刻や日付など	=SUM（100,200,300）
	文字列	「あいうえお」「ABC」などの文字列。引数に文字列を指定する場合は、文字列を「"」で囲みます	=PHONETIC（"東京都"）
	論理値	TRUEまたはFALSE	=AND(TRUE,TRUE,FALSE)
	配列	{10,20}のように数値や文字列を「,」や「;」で区切って「{}」で囲んだもの	=SUM（{10,20}*10）
関数		別の関数。引数に別の関数を指定すると、内側の関数から先に計算されます	=INT（SUM（A1:B10））
セルの名前		特定のセルまたはセル範囲に付けられた名前。特定のセルやセル範囲に入力されているデータが計算に使われます	=MAX（入場者数）
論理式		セル参照や定数を、比較演算子を使って組み合わせたもの	=IF（A1>100,"A","B"）
数式		セル参照や定数を、算術演算子や文字列演算子を使って組み合わせたもの	=INT（A1*10%）

COLUMN

R1C1形式とは

引数にセルの名前を指定する形式には、通常の「A1参照形式」のほかに「R1C1参照形式」があります。A1参照形式では、「A1」のようにアルファベットで列、数字で行を表しますが、R1C1参照形式では「R+数字」で行番号、「C+数字」で列番号を表します。たとえばA1参照形式でのセル「C2」は、R1C1参照形式では「R2C3」となります（セル「A1」にカーソルがある場合）。参照形式を切り替えるには、＜ファイル＞タブの＜オプション＞をクリックして、＜Excelのオプション＞ダイアログボックスを表示し、＜数式＞の＜数式の処理＞から＜R1C1参照形式を使用する＞をクリックしてチェックを入れます。

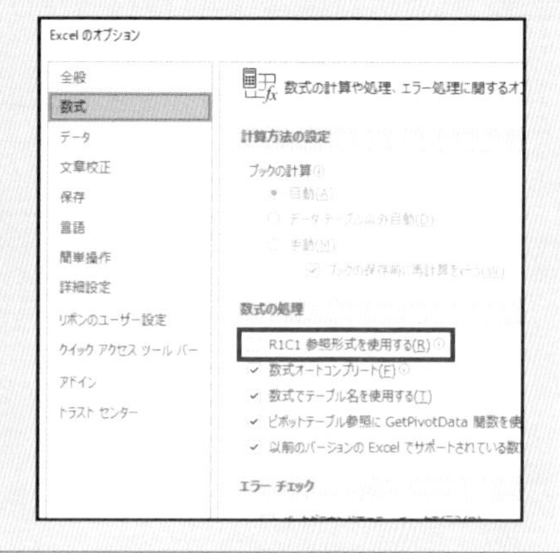

戻り値とは

「戻り値」とは、関数の計算結果のことです。たとえば、「＝SUM(30,20,100)」を実行するとセルには計算結果の「150」が表示されます。戻り値の種類には、使われる関数によって数値や論理値、セル参照などのほか、正しい計算結果が得られなかった場合に返されるエラー値があります。また、関数の引数に関数が指定されている場合、その関数の戻り値が別の関数の引数に使われることもあります。

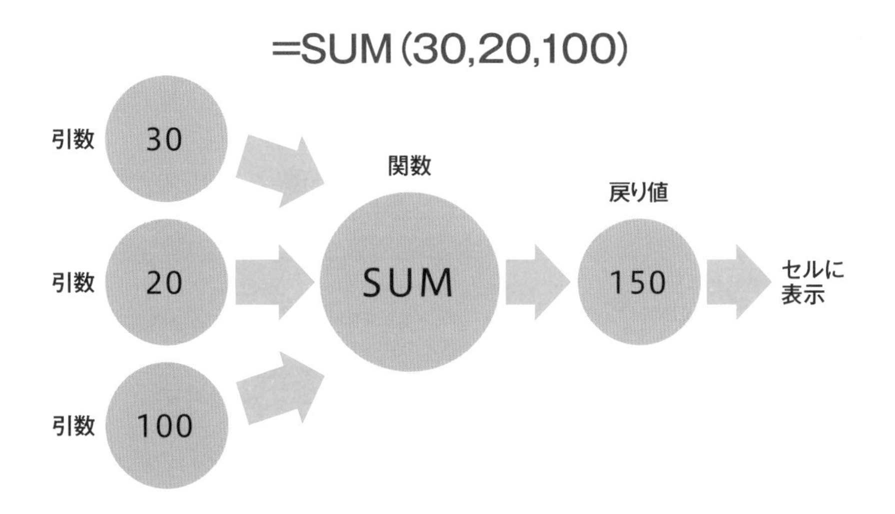

関数の戻り値を引数に使える

関数を入れ子にすることを「ネスト」といいます。このとき、内側の関数から先に計算され、その戻り値が外側の関数の引数として使われます。

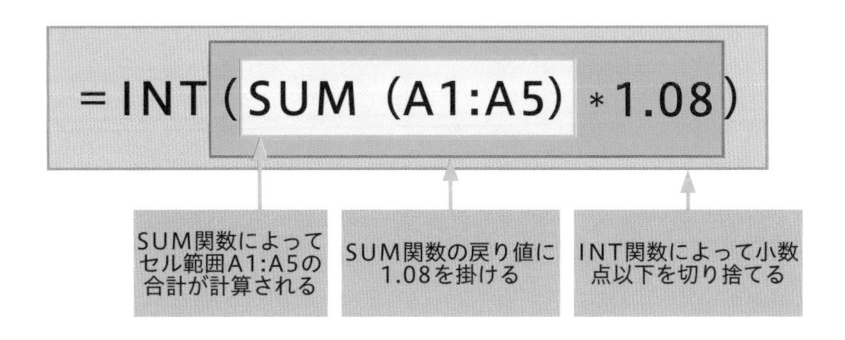

SECTION 004 関数の基本

対応バージョン 365 2019 2016 2013

マウスを使わずに入力すれば効率アップ!

セルに関数を入力する方法はいくつかありますが、もっともシンプルな方法は、セルに直接入力することです。このとき、引数に使うセル範囲をキーボードから指定すると、マウスとキーボードを使い分ける手間を省くことができるので効率的です。

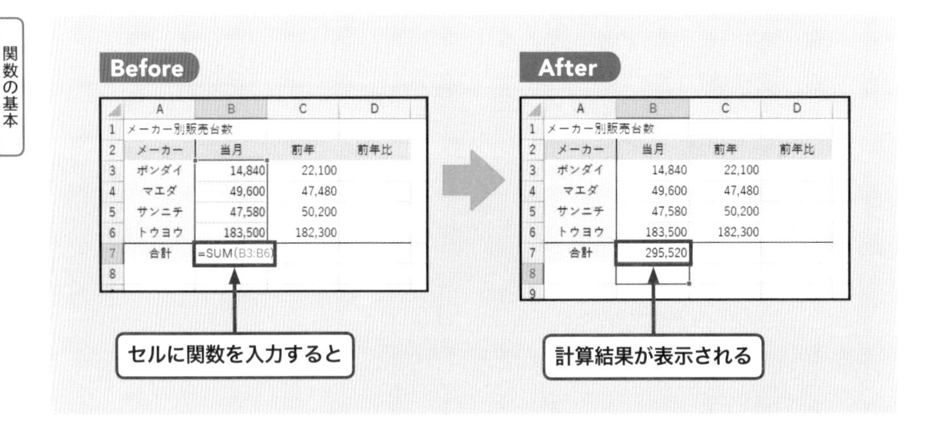

セルに直接SUM関数を入力する

セルに関数を入力するには、「=」を入力し、関数名、開きカッコを入力します。入力中の関数の書式がヒントとして表示されるので、入力の参考にしましょう。続けて引数、閉じカッコの順に入力していきます。関数名や引数は、大文字でも小文字でもかまいません。また、Escキーを押すと、関数の入力を中止できます。
ここでは、セル範囲B3:B6に入力されている数値の合計を計算するSUM関数をセルB7に入力します。SUM関数についての詳細は、P.56を参照してください。

	A	B	C	D	E	F
1	メーカー別販売台数					
2	メーカー	当月	前年	前年比		
3	ボンダイ	14,840	22,100			
4	マエダ	49,600	47,480			
5	サンニチ	47,580	50,200			
6	トウヨウ	183,500	182,300			
7	合計	=				
8						
9						
10						

❶セルB7をクリックし、半角英数字入力モードで「=」を入力します。

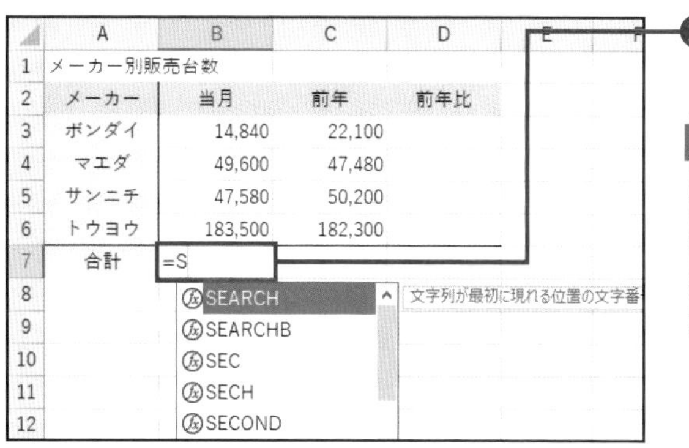

❷「SUM」という関数名の頭文字「S」を入力します。

MEMO 関数を一覧から入力する

Excelでは、「=」に続けて関数名を入力すると、入力した文字に該当する関数の一覧が表示されます。この機能を「数式オートコンプリート」と呼びます（P.33参照）。

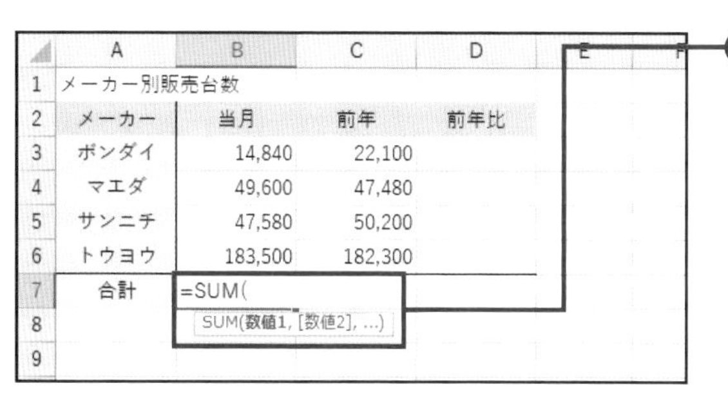

❸「UM」に続けて半角の「(」を入力すると、関数の書式のポップヒントが表示されます。ここではSUM関数の書式が表示されます。

COLUMN

ヒントの見方

Excelで関数を入力すると、入力中の関数の書式がヒントとして表示されます。太字で表示される引数は、必ず指定する必要があります。「[ ]」で囲まれた引数は省略できます。「…」は複数の引数を指定できることを意味します。
たとえばSUM関数の場合、「SUM（数値1, [数値2] ,...」と表示されます。これは、「SUM関数の引数には数値1が必須で、数値2は省略できる。「数値3」「数値4」と続けて引数を指定することもできる」ことを意味します。

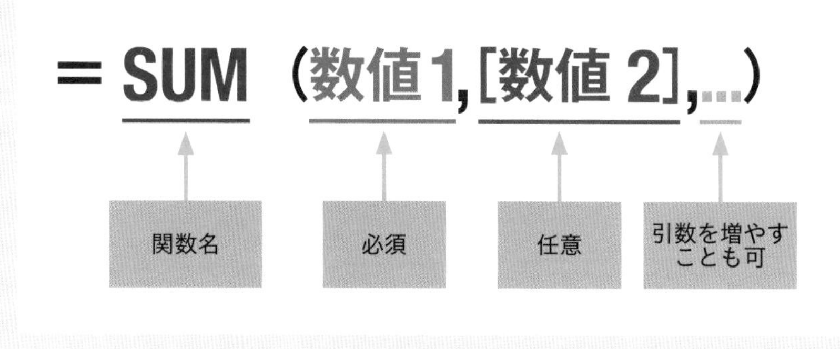

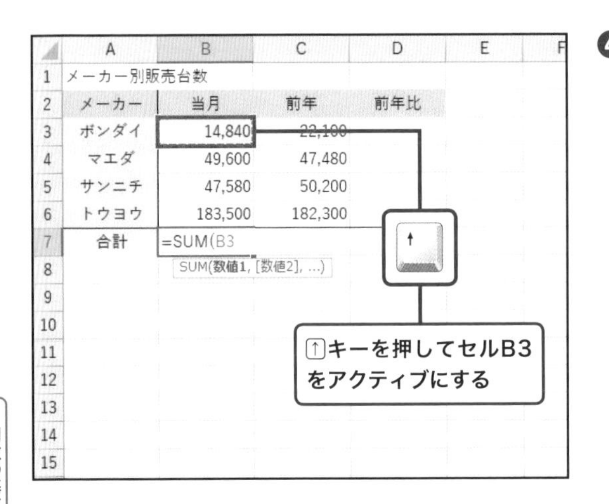

❹引数「数値1」にセル範囲B3:B6を指定します。セルを引数に指定する場合、マウスでクリックしても指定できますが、ここではキーボードを使います。手をキーボードからマウスへ移動させる手間を省くことができるので効率的です。↑キーを押してセルB3をアクティブにします。

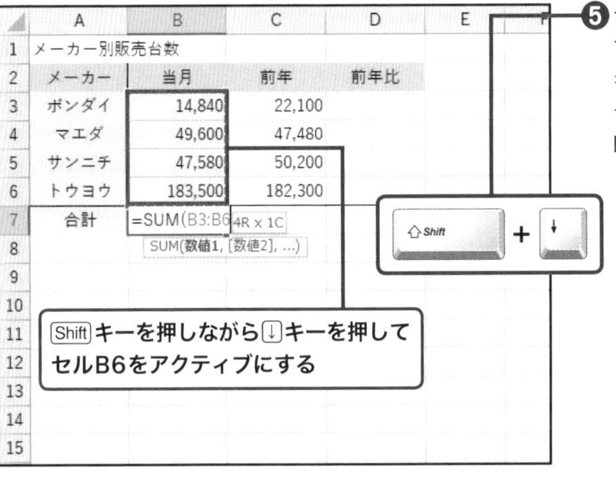

❺セルB3が破線で囲まれた状態で、Shiftキーを押しながら↓キーを押し、セルB6をアクティブにすると、セル範囲B3:B6が引数に指定されます。

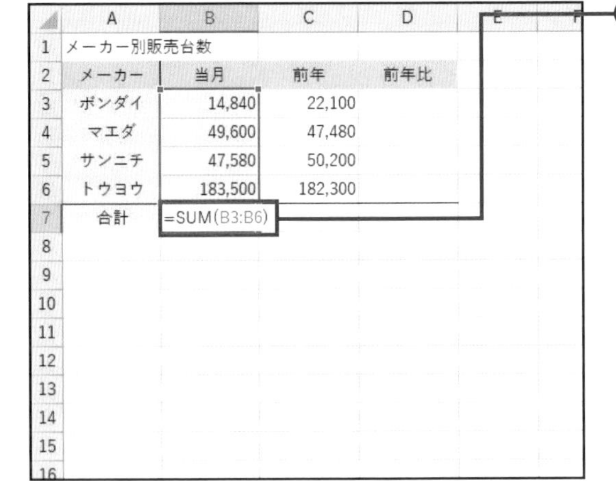

❻半角の「)」を入力してEnterキーを押すと、セルB7にSUM関数が入力され、計算結果が表示されます。

数式オートコンプリートを使用する

Excelでは、関数名の入力中に候補の一覧(数式オートコンプリート)が表示されます。↑↓キーで一覧から関数を選択すると、関数の説明がポップヒントで表示されます。ポップヒントを参考にすると、関数名の一部しか覚えていない関数でも入力できるので便利です。目的の関数を選択し、Tabキーを押すと、関数を入力できます。Enterキーを押すと、関数が完成しないまま入力が確定し、エラーが表示されてしまうので注意が必要です。エラーが表示されてしまった場合は、Escキーを押して関数の入力をやり直しましょう。

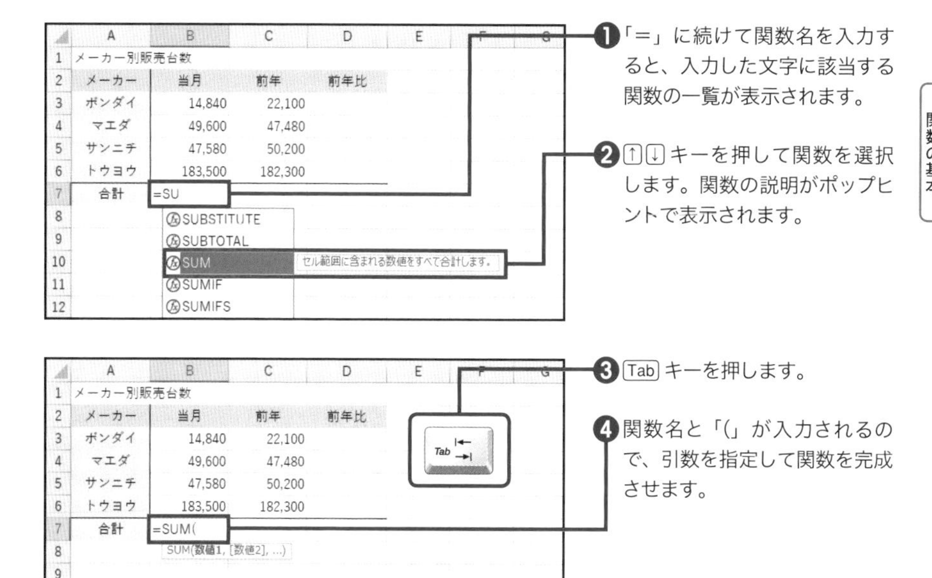

COLUMN

数式オートコンプリートを無効にする

数式オートコンプリートは、関数の入力を補助してくれる便利な機能ですが、入力候補がほかのセルを隠してしまうため使いづらいと感じることもあるかもしれません。そうした場合は、数式オートコンプリートを無効にするとよいでしょう。<ファイル>→<オプション>をクリックして<Excelのオプション>ダイアログボックスを表示します。<数式>の<数式オートコンプリート>をクリックしてチェックボックスのチェックを外せば、数式オートコンプリートが無効になります。

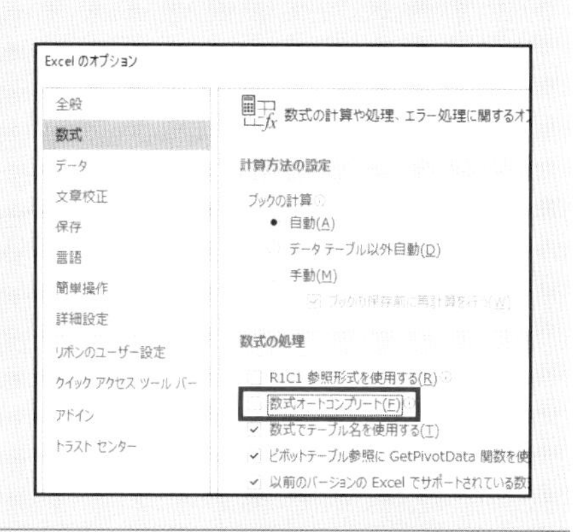

うろ覚えの関数は数式タブで手早く入力しよう

Excelの関数は、＜数式＞タブの＜関数ライブラリ＞に分類されています。使いたい関数の種類がわかっているときは、一覧から選択できるので便利です。また、関数の種類がわからない場合は、＜関数の挿入＞ダイアログボックスから入力することもできます。

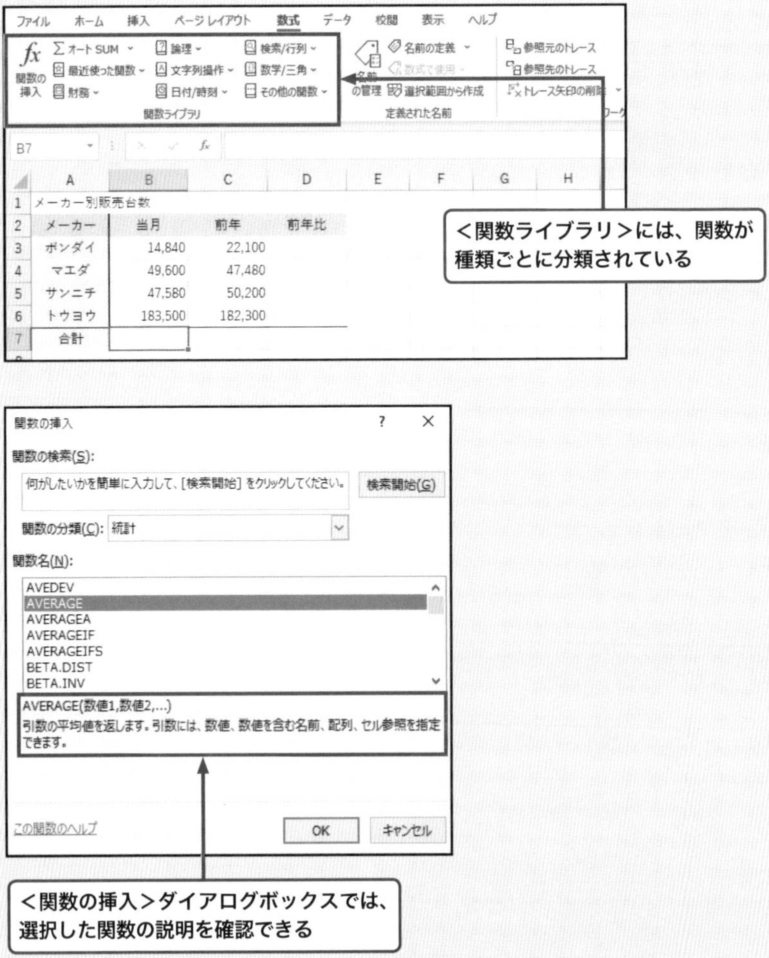

ファイル ホーム 挿入 ページレイアウト 数式 データ 校閲 表示 ヘルプ

fx 関数の挿入
Σ オートSUM
最近使った関数
財務
論理
文字列操作
日付/時刻
検索/行列
数学/三角
その他の関数
関数ライブラリ
名前の管理
名前の定義
数式で使用
選択範囲から作成
定義された名前
参照元のトレース
参照先のトレース
トレース矢印の削除

B7

	A	B	C	D	E	F	G	H
1	メーカー別販売台数							
2	メーカー	当月	前年	前年比				
3	ボンダイ	14,840	22,100					
4	マエダ	49,600	47,480					
5	サンニチ	47,580	50,200					
6	トウヨウ	183,500	182,300					
7	合計							

＜関数ライブラリ＞には、関数が種類ごとに分類されている

関数の挿入

関数の検索(S):

何がしたいかを簡単に入力して、[検索開始] をクリックしてください。

検索開始(G)

関数の分類(C): 統計

関数名(N):

AVEDEV
AVERAGE
AVERAGEA
AVERAGEIF
AVERAGEIFS
BETA.DIST
BETA.INV

AVERAGE(数値1,数値2,...)
引数の平均値を返します。引数には、数値、数値を含む名前、配列、セル参照を指定できます。

この関数のヘルプ OK キャンセル

＜関数の挿入＞ダイアログボックスでは、選択した関数の説明を確認できる

＜数式＞タブからSUM関数を入力する

＜数式＞タブから関数を入力するには、＜関数ライブラリ＞にある分類のボタンをクリックします。その分類に属する関数が一覧で表示されるので、使いたい関数をクリックします。＜関数の引数＞ダイアログボックスが表示されるので、引数を入力し、＜OK＞をクリックします。

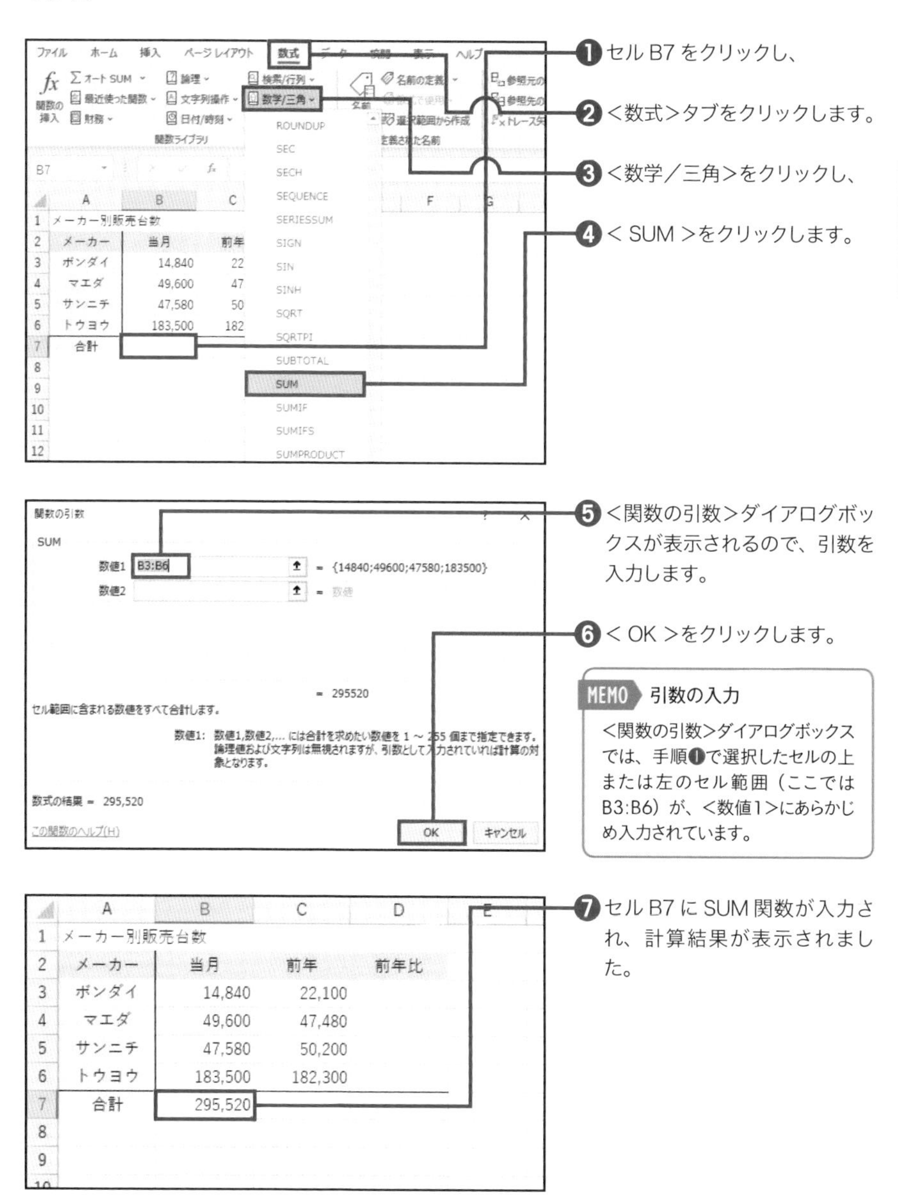

<関数の挿入>ダイアログボックスから関数を入力する

<関数の挿入>ダイアログボックスから関数を入力するには、数式バーの左隣にある<関数の挿入>をクリックします。そのほか、<数式>タブの<関数の挿入>をクリックするか、Shift + F3 キーを押しても表示できます。

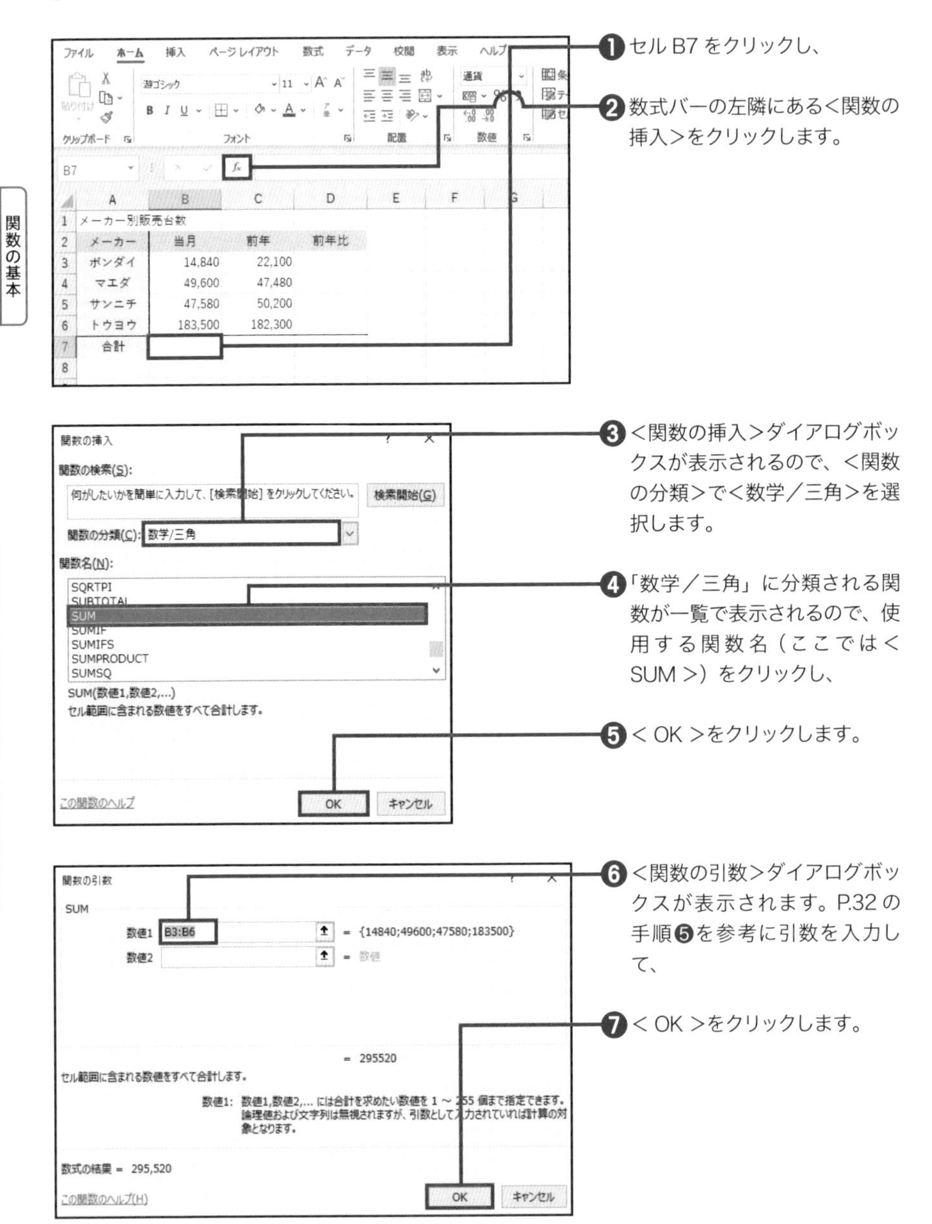

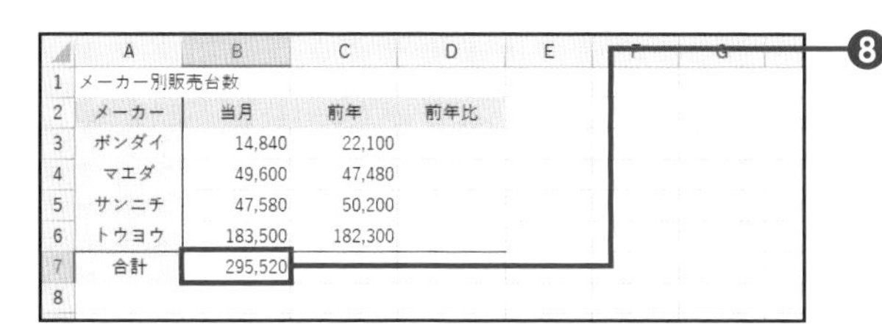

❽セルB7にSUM関数が入力され、計算結果が表示されました。

STEP UP 活用技　分類がわからない関数を探す

ここでは関数の分類が事前にわかっている例を解説しましたが、関数の分類がわからない場合は、＜関数の挿入＞ダイアログボックスの＜関数の検索＞から計算の目的に合致する関数を検索できます。

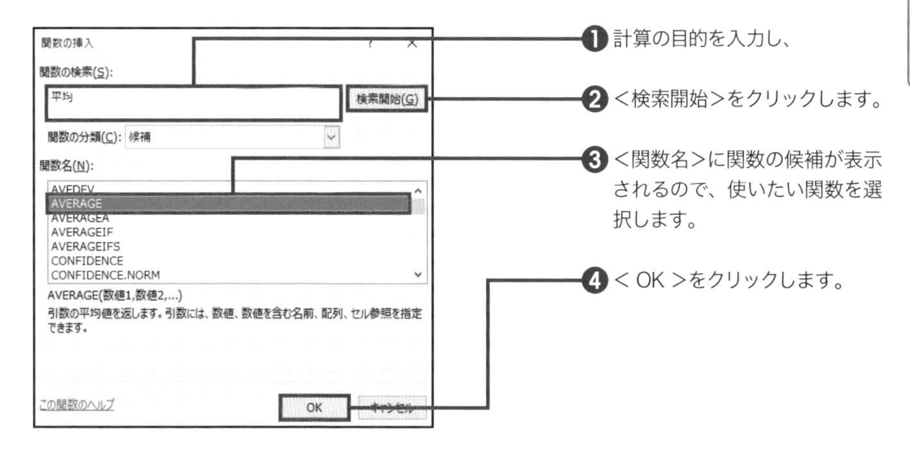

❶計算の目的を入力し、

❷＜検索開始＞をクリックします。

❸＜関数名＞に関数の候補が表示されるので、使いたい関数を選択します。

❹＜ OK ＞をクリックします。

COLUMN

最近使った関数をすばやく入力する

＜関数の引数＞ダイアログボックスを使って関数を入力すると、利用した関数が＜最近使った関数＞に登録されます。同じ関数を繰り返し使いたい場合は、＜最近使った関数＞をクリックして、表示される一覧から選択すると、すぐに入力できるので便利です。なお、＜最近使った関数＞に登録される関数は10個までです。

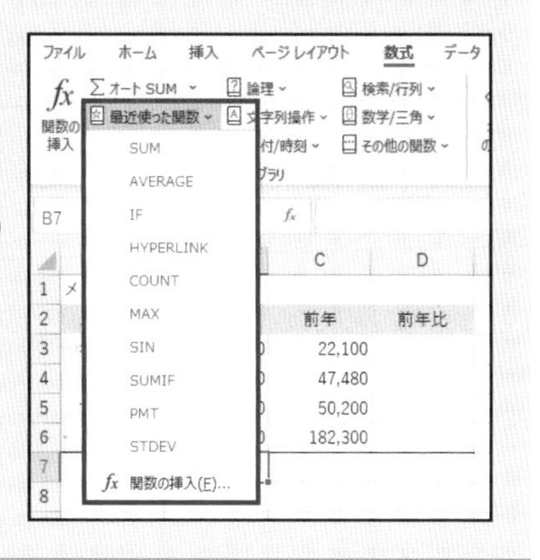

SECTION 006 関数の基本

対応バージョン 365 2019 2016 2013

F2キーを使えば数式をすばやく修正できる

セルに数式が入力されていると、セルには数式ではなく計算結果が表示されます。数式が入力されているセルをダブルクリックすると数式を編集できる状態になりますが、F2キーを押すと一発でセル内にカーソルが移動し、数式を編集できる状態になるので便利です。

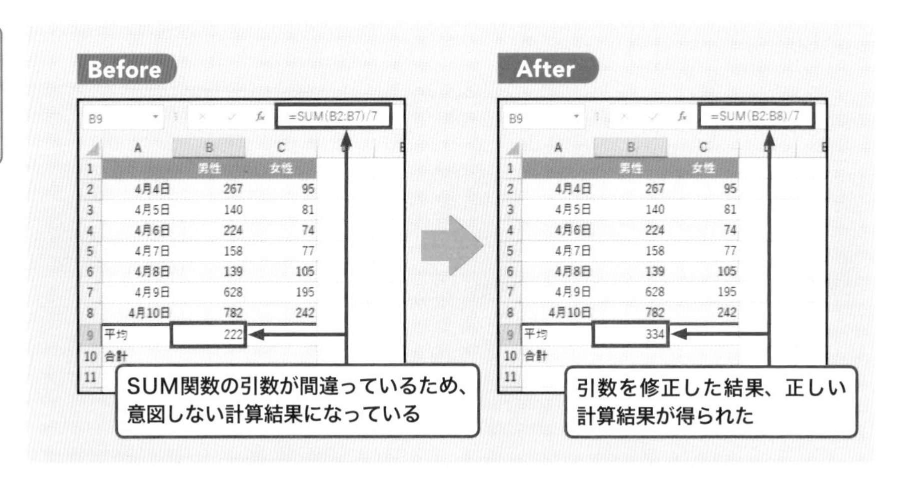

数式を修正する

セルに入力されている数式を修正するには、数式を編集できる状態にする必要があります。セルを選択してF2キーを押すか、セルをダブルクリックすると編集できる状態になります。なお、数式の修正を中止する場合は、Escキーを押します。

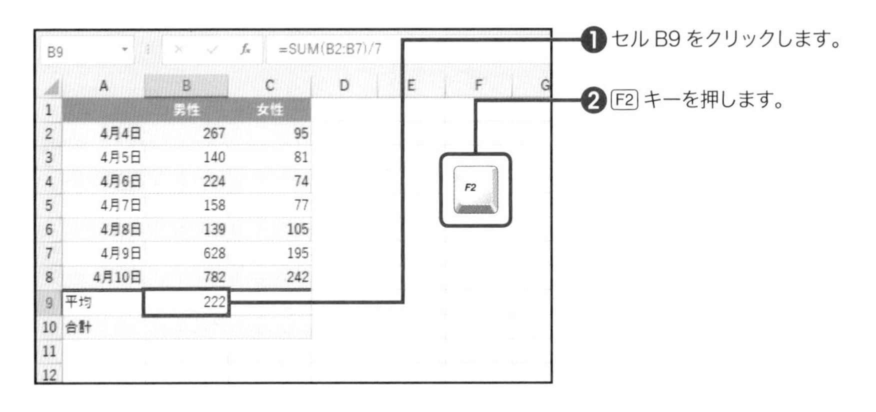

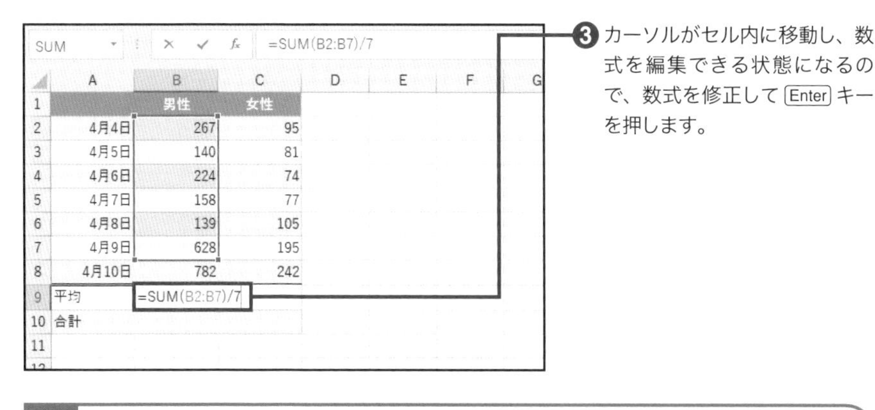

❸ カーソルがセル内に移動し、数式を編集できる状態になるので、数式を修正して Enter キーを押します。

STEP UP 活用技　数式バーで数式を修正する

数式が入力されているセルを選択すると、セルに入力されている数式が数式バーに表示されます。この状態で数式バーをクリックすると、カーソルが移動して数式を修正できます。数式が長いと、数式がセルからはみ出して表示されるため、表が見づらくなることがあります。このような場合、数式バーを利用すると効率的です。

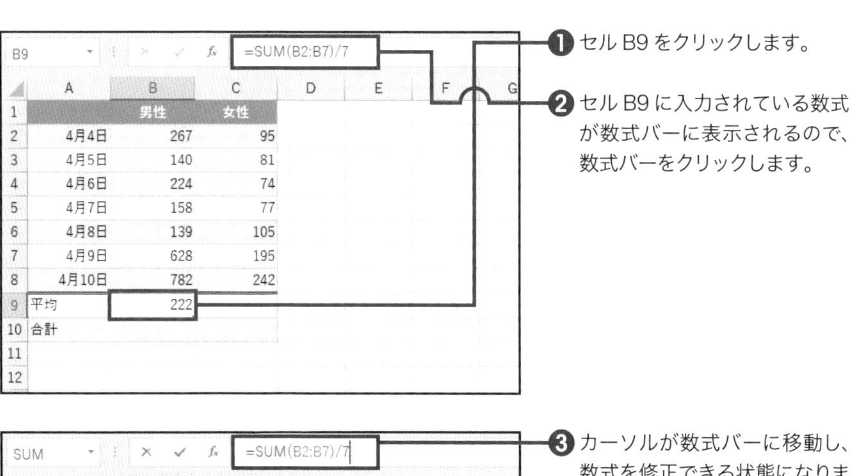

❶ セル B9 をクリックします。

❷ セル B9 に入力されている数式が数式バーに表示されるので、数式バーをクリックします。

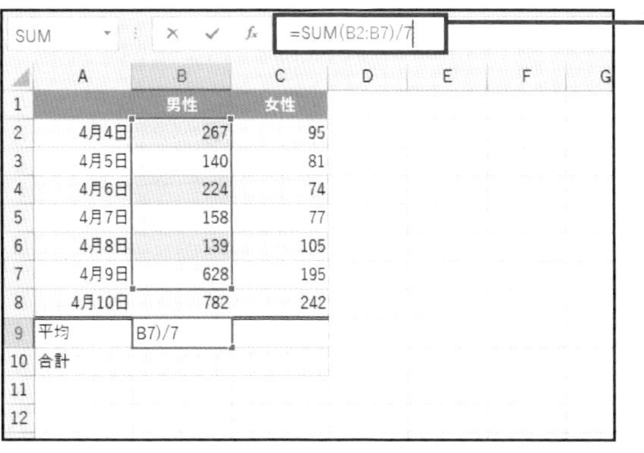

❸ カーソルが数式バーに移動し、数式を修正できる状態になります。

関数の基本 第1章 第2章 第3章 第4章 第5章

SECTION 007 関数の基本

参照先のセルを一発で修正する

数式が入力されているセルをダブルクリックすると、数式内の引数の文字と、引数に対応するセルを囲む枠が同じ色になります。また、複数の引数がある場合は、引数ごとに異なる色で色分けされます。セルを囲む枠を移動または拡大／縮小すると、引数を修正できます。

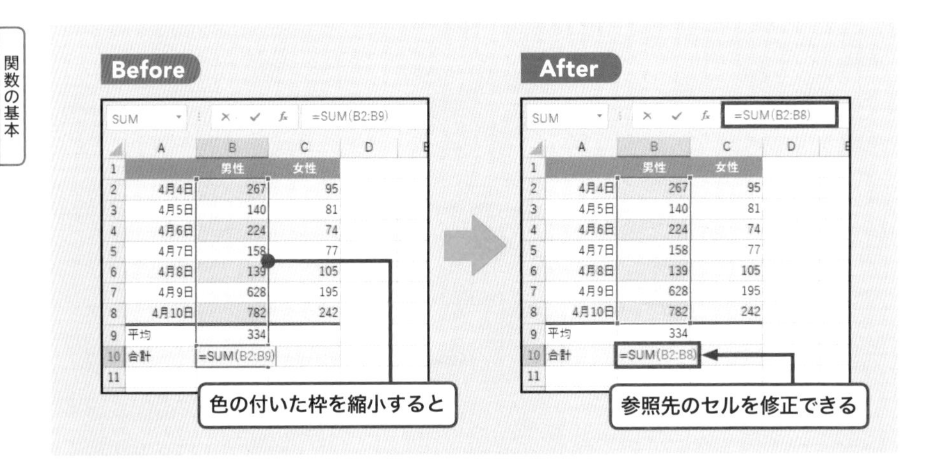

引数の参照先のセルを修正する

数式が入力されているセルをダブルクリックすると、参照先のセルが色の付いた枠で囲まれます。枠の四隅に表示されるハンドルをドラッグすると、枠の大きさが拡大／縮小され、参照先も自動的に修正されます。
以下の例では、セルB10にSUM関数が入力されており、引数にセル範囲B2:B9が指定されています。ただし、全体の平均が計算されているセルB9が含まれているため、正しい計算結果になっていません。ここでは、SUM関数の引数のセル範囲をドラッグ操作で修正します。

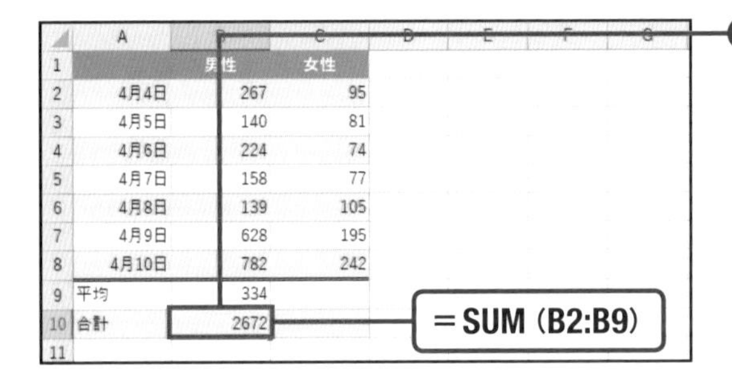

❶セルB10をダブルクリックします。

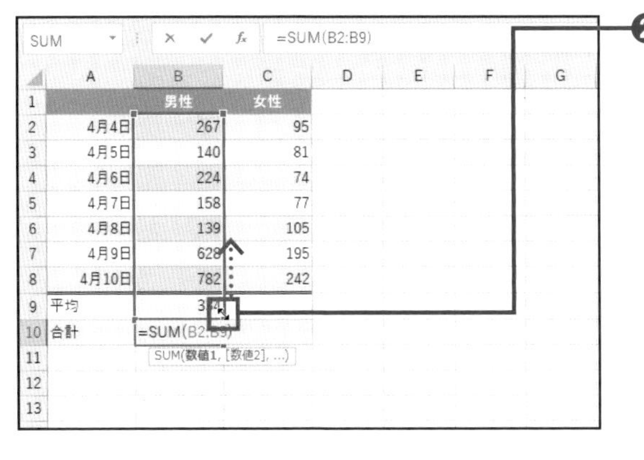

❷右下隅のハンドル■にマウスポインターを合わせると、形が斜めの矢印↘に変化します。セル範囲B2:B8が枠で囲まれるようにハンドルを上方向のセルB8までドラッグし、枠の大きさを縮小します。

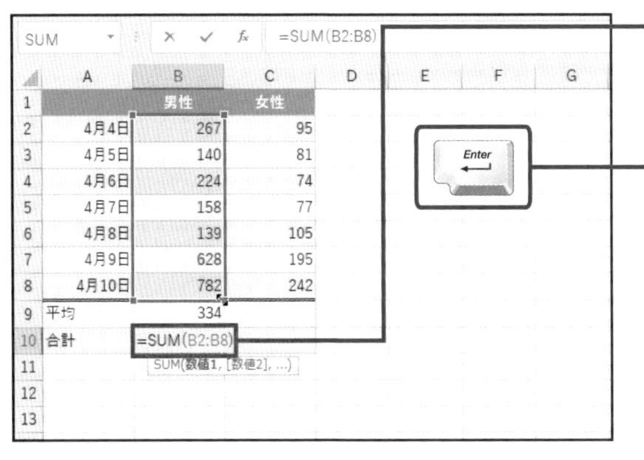

❸セル範囲B2:B8が枠で囲まれ、SUM関数の引数もB2:B8に変更されました。

❹Enterキーを押すと、修正後の計算結果が表示されます。

COLUMN

セル範囲を移動する

セル範囲を囲む枠の辺にマウスポインターを合わせると、形が十字型の矢印に変化します。この状態でドラッグすると、枠を移動できます。枠を移動すると、参照先のセル範囲も変化します。

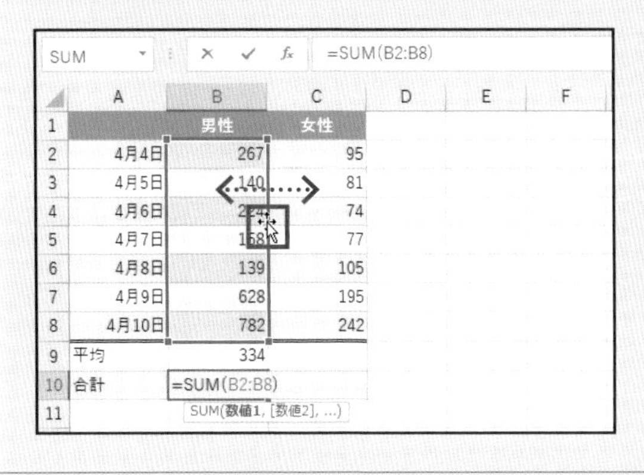

対応バージョン 365 2019 2016 2013

複数の数式をまとめてコピーする

請求書などで「1行ごとに単価×個数の計算結果を表示する」という数式を作りたいときは、コピー機能を使うと大幅に手間を軽減できます。コピー時に、数式内のセル参照がどのように変化していくかを、しっかり把握しておきましょう。

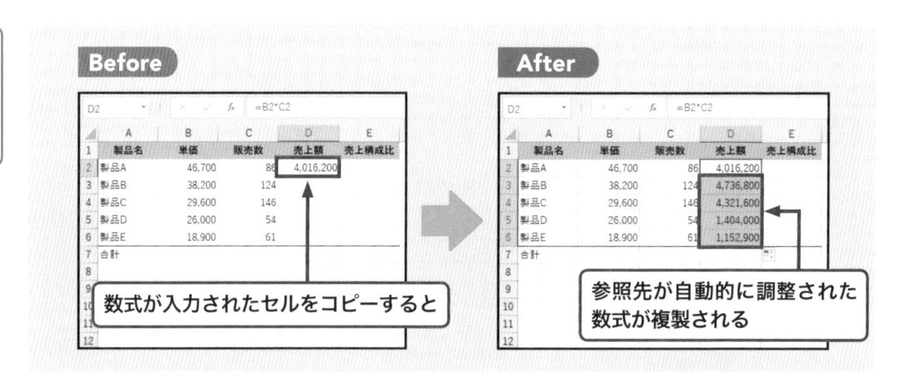

数式のコピーによる参照先の変化

数式を入力したセルをほかのセルにコピーすると、数式内のセル参照も自動で更新されます。関数の場合も同様にセル参照が自動で更新されます。1行ごと・1列ごとに同じ計算をする表を作るときは、積極的に活用しましょう。
なお、Excel 2019以降に搭載されたスピル機能を使うと、配列と呼ばれる特別な表の数式をコピーできます(P.318参照)。

▶ 数式のコピーによるセル参照の変化

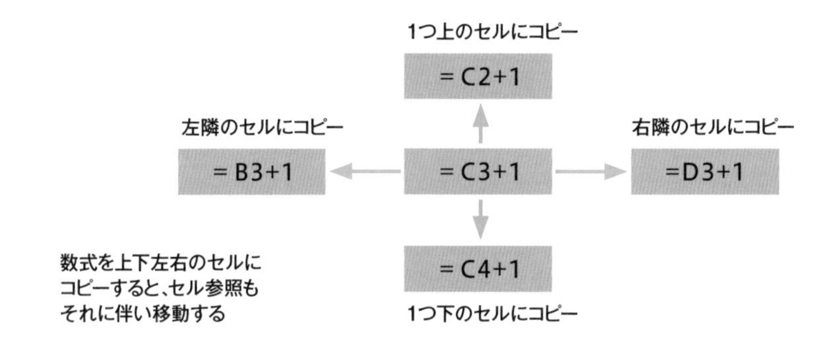

数式が入力されているセルをコピーする

ここでは、「売上額」列に「単価×販売数」の計算結果を表示します。セルD2に入力する数式は「=B2*C2」と簡単なものですが、同じような数式をセルD3～D6まで入力していては非効率的です。
セルD2に数式を入力し、セルをコピーして下の行のセルに貼り付けると、参照先が自動で1つずつ下にずれた状態で数式が複製されます。

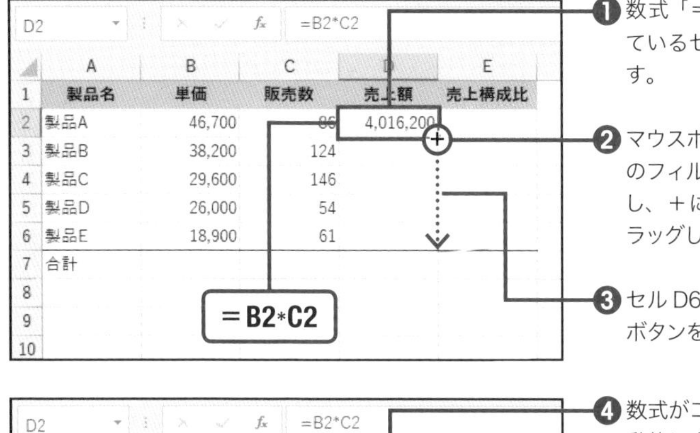

❶ 数式「=B2*C2」が入力されているセルD2をクリックします。

❷ マウスポインターをセルの右下のフィルハンドル■の上へ移動し、+になったら下方向へドラッグします。

❸ セルD6まで移動して、マウスボタンを離します。

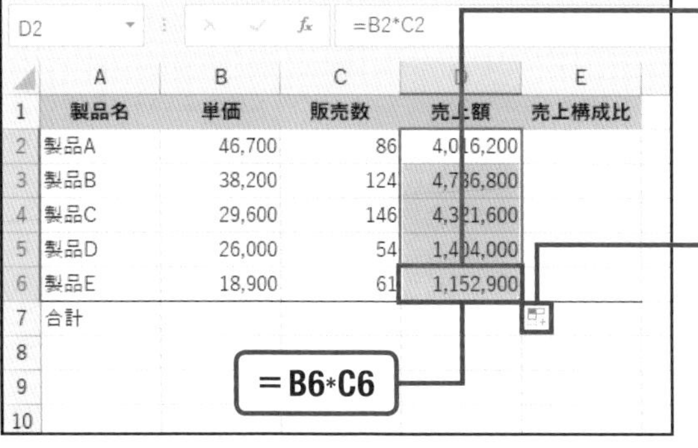

❹ 数式がコピーされ、参照先が自動的に変化します。セルD2の書式もコピーされたため、セルD6の下辺の罫線が消えてしまいます。

❺ <オートフィルオプション>をクリックします。

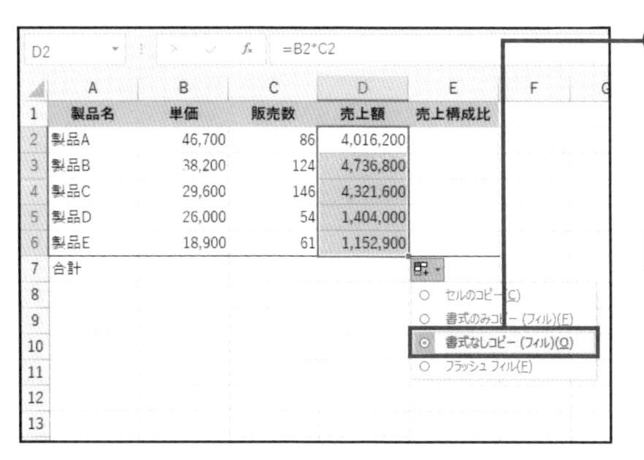

❻ <書式なしコピー（フィル）>をクリックすると、セルの書式はコピーされず、セルに入力されている数式だけがコピーされます。

MEMO キーボードで操作する

キーボードだけで操作するには、コピー元のセルを選択して Ctrl + C を押し、貼り付け先のセルを選択して Ctrl + Alt + V キーを押し、V を押して Enter を押します。

SECTION 009 関数の基本

対応バージョン 365 2019 2016 2013

セル範囲をずらしたくないときは参照方式を切り替えよう!

セルの内容をコピーすると、数式の参照先が自動的に調整されます。便利な機能ですが、数式によっては、参照先がずれてしまうために正しい計算結果を得ることができません。コピーによって参照先が自動的に調整されないようにしましょう。

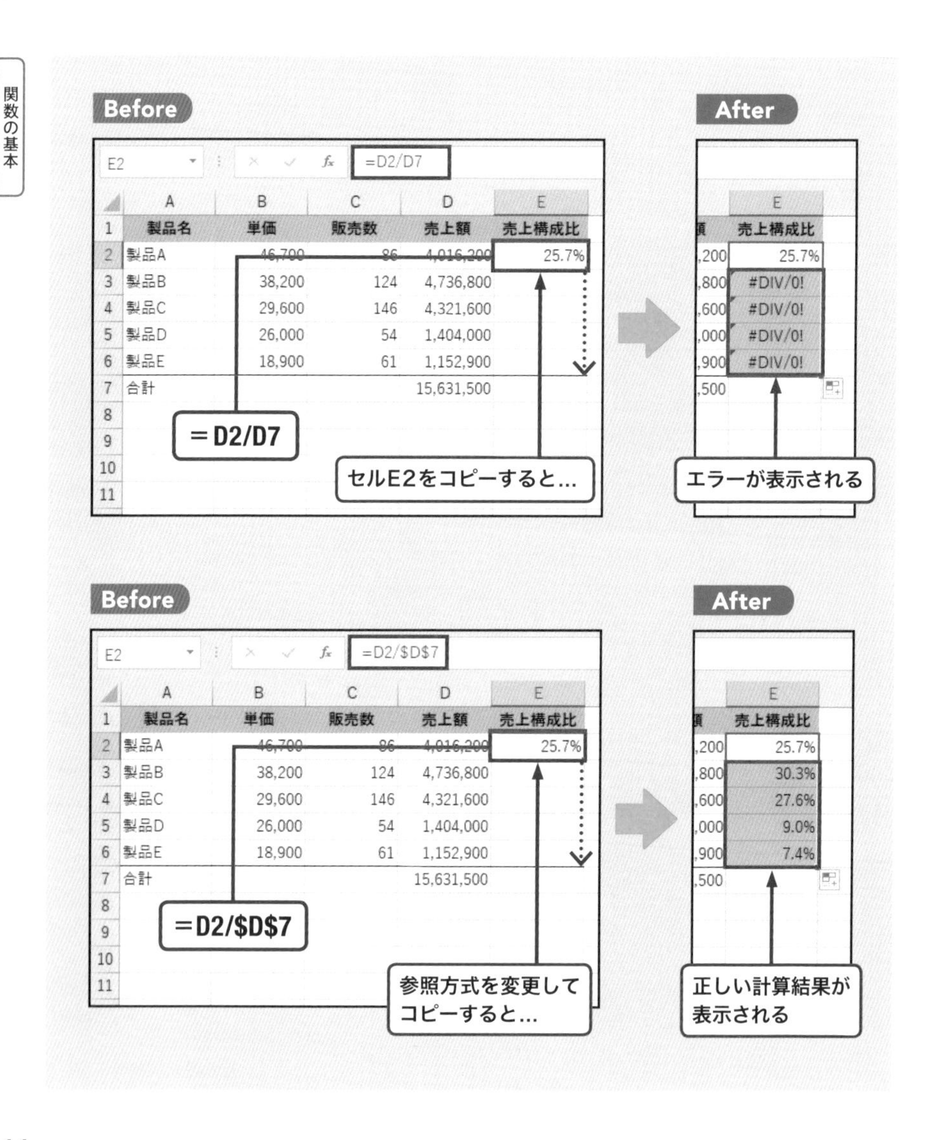

参照方法を理解する

Excelには、「相対参照」「絶対参照」「複合参照」という3つの参照方法があります。

▶ 相対参照

相対参照は、数式をコピーすると参照先が自動的に調整される参照方法です。相対参照では、数式が入力されているセルから1つ上のセル、左隣のセルなど、相対的な位置が記憶されます。数式をコピーすると、コピー先から1つ上、左隣のセルが変化するため、自動的に参照先が変化します。通常、数式をコピーすると相対参照になります。

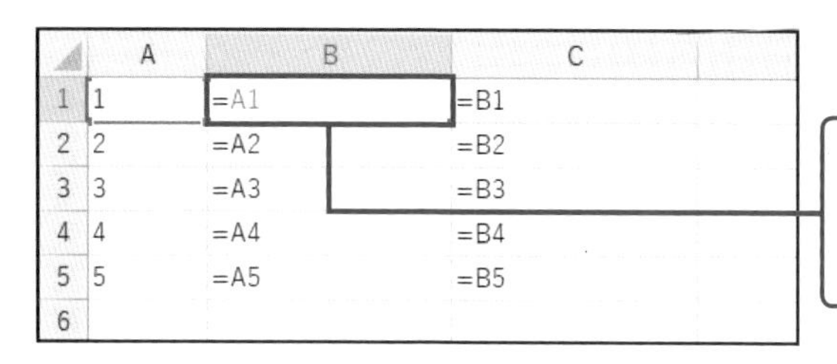

相対参照の数式「＝A1」が入力されているセルB1をセルB2:C5にコピーすると、参照先が自動的に調整される

▶ 絶対参照

絶対参照は、参照先が変化しない参照方法です。参照先を固定するため、数式をコピーしても参照先は変化しません。

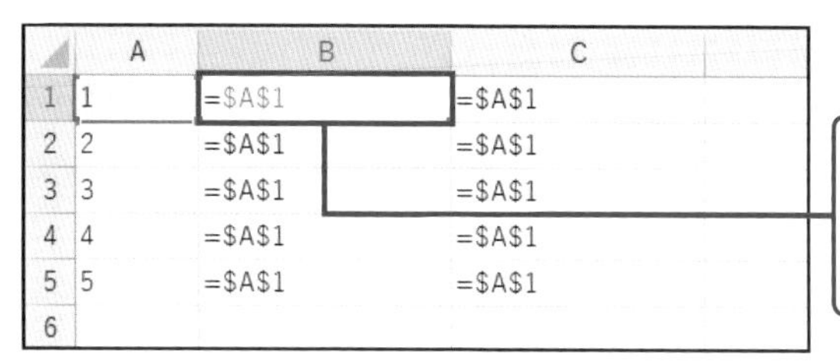

絶対参照の数式「＝$A$1」が入力されているセルB1をセルB2:C5にコピーすると、すべての数式がセルA1を参照する

▶ 複合参照

複合参照は、相対参照と絶対参照を組み合わせた参照方法です。行または列のいずれかが相対参照、もう一方が絶対参照になります。

	A	B	C
1	1	=$A1	=$A1
2	2	=$A2	=$A2
3	3	=$A3	=$A3
4	4	=$A4	=$A4
5	5	=$A5	=$A5
6			
7			

行を相対参照、列を絶対参照に設定した複合参照の数式「＝$A1」が入力されているセルB1をセルB2:C5にコピーすると、すべての数式がA列のセルを参照する

相対参照で起こりがちなトラブル

数式「= D2/D7」が入力されているセルE2をコピーして下の列に貼り付けると、エラーが表示されます。なぜなら、相対参照によって数式「= D2/D7」の参照先がずれてしまうためです。セルE3には、コピーの結果「= D3/D8」が入力されます。しかしセルD8は未入力のため「D3÷0」という計算が指定され、計算が成り立たないためエラーが表示されるのです。

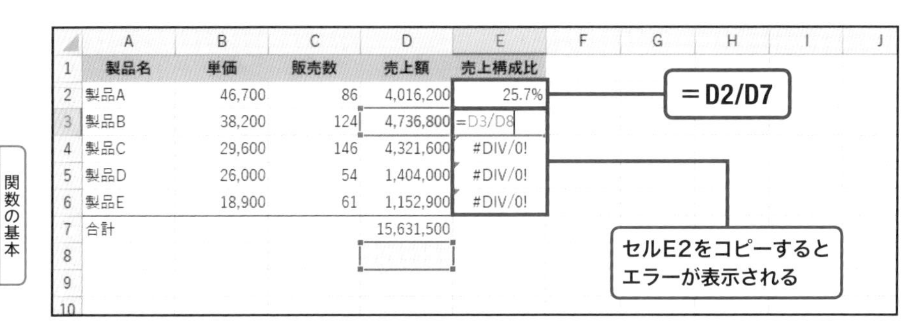

	A	B	C	D	E
1	製品名	単価	販売数	売上額	売上構成比
2	製品A	46,700	86	4,016,200	25.7%
3	製品B	38,200	124	4,736,800	=D3/D8
4	製品C	29,600	146	4,321,600	#DIV/0!
5	製品D	26,000	54	1,404,000	#DIV/0!
6	製品E	18,900	61	1,152,900	#DIV/0!
7	合計			15,631,500	

絶対参照で参照先を固定する

このエラーを防ぐには、固定したいセルの参照方法を絶対参照に変更します。参照方法を変更するには、列番号・行番号の前に「$」を付けます。「$D$7」のように両方に「$」を付けると絶対参照、「$D7」や「D$7」のようにいずれかに「$」を付けると複合参照になります。

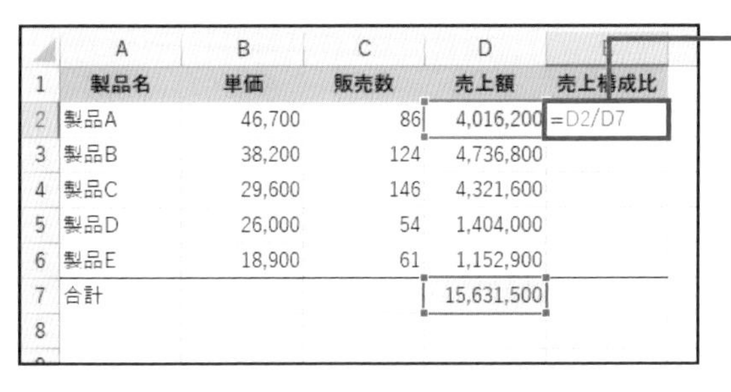

	A	B	C	D	E
1	製品名	単価	販売数	売上額	売上構成比
2	製品A	46,700	86	4,016,200	=D2/D7
3	製品B	38,200	124	4,736,800	
4	製品C	29,600	146	4,321,600	
5	製品D	26,000	54	1,404,000	
6	製品E	18,900	61	1,152,900	
7	合計			15,631,500	

❶セルE2をダブルクリックし、数式を表示します。

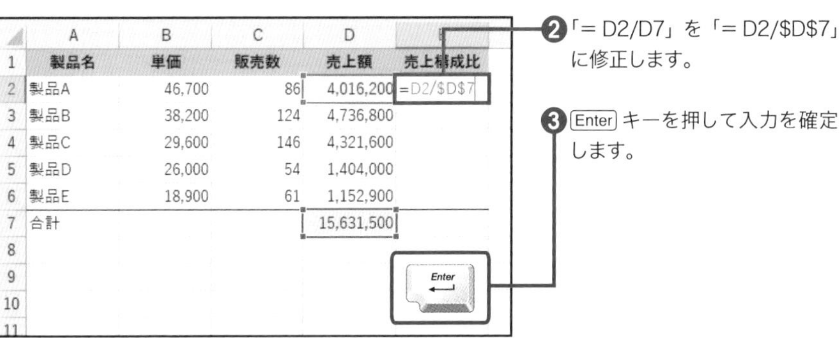

	A	B	C	D	E
1	製品名	単価	販売数	売上額	売上構成比
2	製品A	46,700	86	4,016,200	=D2/$D$7
3	製品B	38,200	124	4,736,800	
4	製品C	29,600	146	4,321,600	
5	製品D	26,000	54	1,404,000	
6	製品E	18,900	61	1,152,900	
7	合計			15,631,500	

❷「= D2/D7」を「= D2/$D$7」に修正します。

❸ Enter キーを押して入力を確定します。

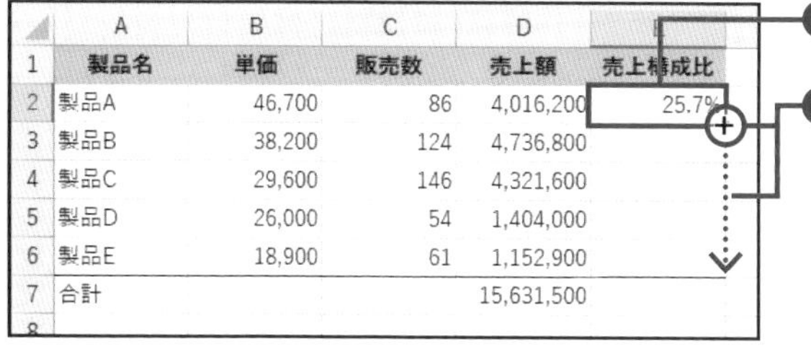

	A	B	C	D	E
1	製品名	単価	販売数	売上額	売上構成比
2	製品A	46,700	86	4,016,200	25.7%
3	製品B	38,200	124	4,736,800	
4	製品C	29,600	146	4,321,600	
5	製品D	26,000	54	1,404,000	
6	製品E	18,900	61	1,152,900	
7	合計			15,631,500	

❹セル E2 をクリックします。

❺マウスポインターをセル E2 の右下へ移動し、+になったらセル E6 までドラッグします。

	A	B	C	D	E
1	製品名	単価	販売数	売上額	売上構成比
2	製品A	46,700	86	4,016,200	25.7%
3	製品B	38,200	124	4,736,800	30.3%
4	製品C	29,600	146	4,321,600	27.6%
5	製品D	26,000	54	1,404,000	9.0%
6	製品E	18,900	61	1,152,900	7.4%
7	合計			15,631,500	

❻数式がコピーされます。正しい計算が実行されるためエラーは表示されません。

ショートカットキーで参照方法を切り替える

数式の参照先にカーソルを合わせ、F4キーを押すと、セルの参照方法を簡単に切り替えることができます。F4キーを押すごとに、絶対参照→複合参照（行を固定）→複合参照（列を固定）→相対参照の順に切り替わります。

F4キーを押すごとに右図のように切り替わる

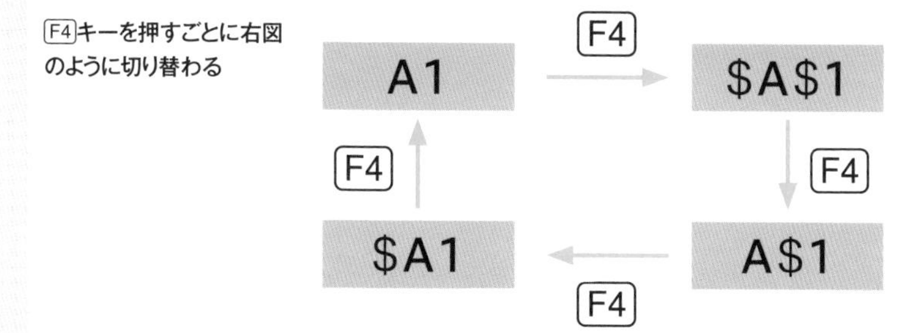

	A	B	C	D	E
1	製品名	単価	販売数	売上額	売上構成比
2	製品A	46,700	86	4,016,200	=D2/$D$7
3	製品B	38,200	124	4,736,800	
4	製品C	29,600	146	4,321,600	
5	製品D	26,000	54	1,404,000	
6	製品E	18,900	61	1,152,900	
7	合計			15,631,500	

セル内の数式を表示し、参照先にカーソルを合わせてF4キーを押す

SECTION 010

関数の基本

対応バージョン 365 2019 2016 2013

シートをまたいで集計! 他シートのセルの参照方法

Excelでは、店舗ごとや月ごとの売上、顧客情報、製品データなどをシートごとに管理できます。そのため、シートに分かれているデータを使って計算したいこともあるでしょう。数式は、ほかのシートのセルを参照して作成することもできます。

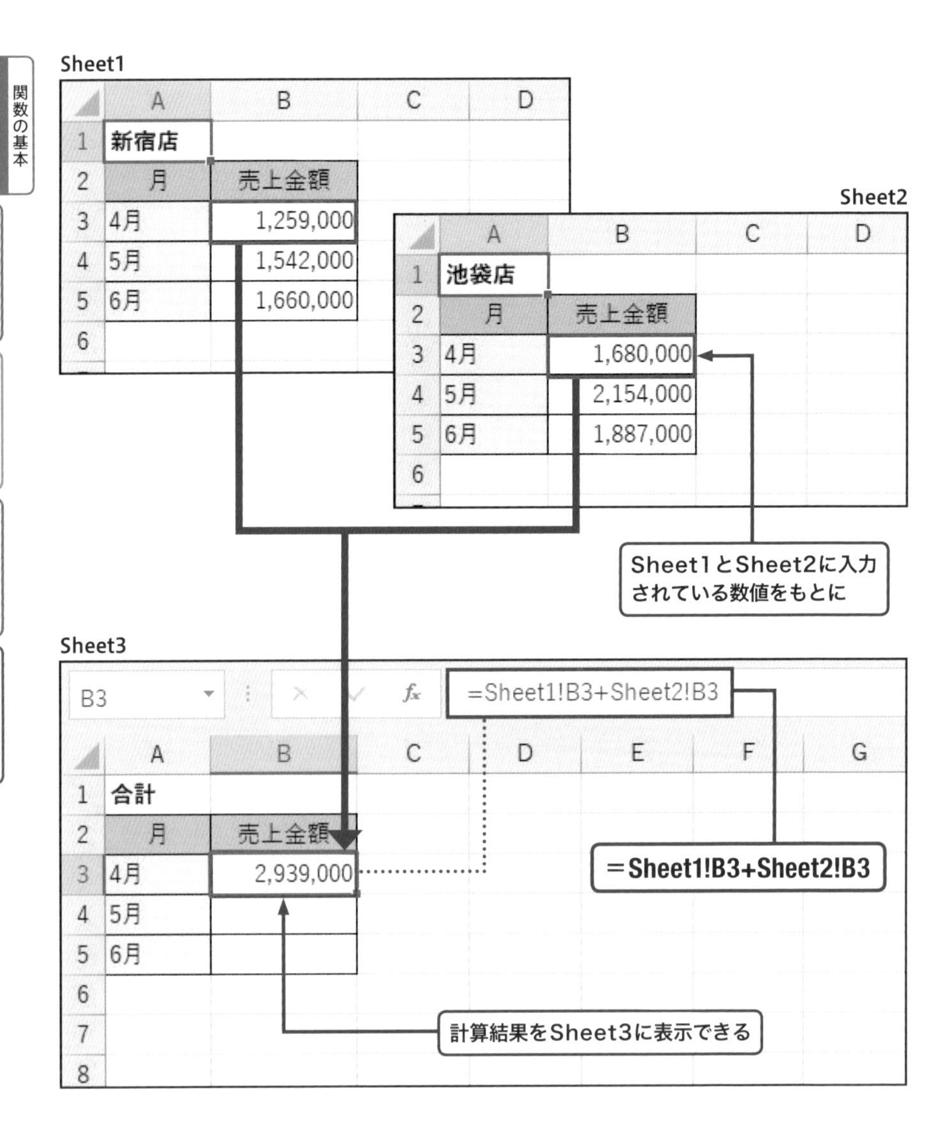

ほかのシートのセルを参照する数式を入力する

ここでは、ほかのシートのセルを参照する数式を入力します。マウス操作でセルをクリックしながら入力していくと、セルに入力されているデータを確認できるので便利です。数式をキーボードから直接入力することもできます。

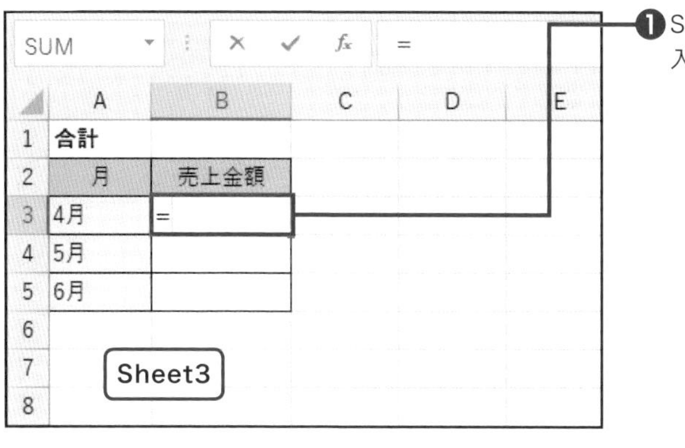

❶ Sheet3 のセル B3 に「＝」と入力します。

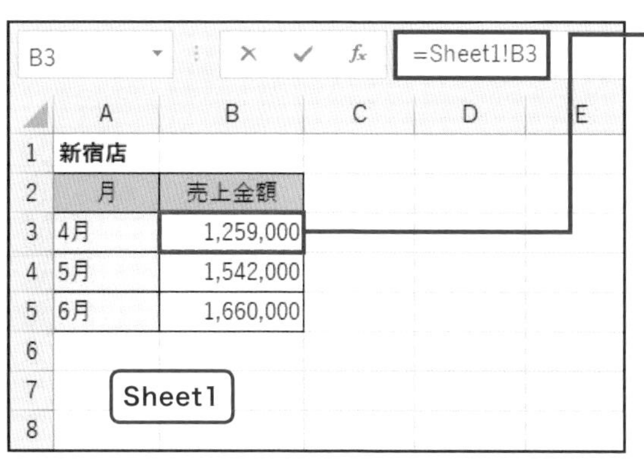

❷ Sheet1 に切り替え、セル B3 をクリックします。数式バーに「= Sheet1!B3」と表示されます。

❸ キーボードで + を入力し、Sheet2 に切り替えてセル B3 をクリックします。数式バーに「= Sheet1!B3+Sheet2!B3」と表示されます。「Sheet1 のセル B3 に入力されているデータと、Sheet2 のセル B3 に入力されているデータを合計する」という意味になります。Enter キーを押すと、Sheet3 のセル B3 に計算結果が表示されます。

SECTION 011 関数の基本

対応バージョン 365 2019 2016 2013

関数を組み合わせるときは2種類の書き方を使い分けよう

Excelでは、複数の関数を組み合わせることができます。たとえば、「SUM関数を使って合計を計算し、IF関数を使って合計が条件に一致するかどうかを判定する」といった処理ができます。ここでは、関数の組み合わせ方について解説します。

関数の組み合わせ方は2種類ある

複数の関数を組み合わせる方法は、①関数を入れ子にして1つのセルに入力する方法と、②関数を別々のセルに分けて入力する方法があります。前者を「ネスト」といいます。いずれの方法でも同じ結果を得ることができますが、それぞれメリット、デメリットがあるので、表の見やすさや作業のやりやすさなどに応じて使い分けます。

▶ ①ネスト(入れ子)

「ネスト」とは、関数を入れ子にする方法で、関数の引数に別の関数を指定します。このとき64階層まで指定できます。それぞれの関数は、内側から処理されます。
ネストは、複数の関数を1つのセルにまとめて入力できるため、表がシンプルで見やすくなります。一方、入れ子にする関数が多くなるにつれ、構造がわかりにくくなるため、複数のユーザーで表を共有する場合などは注意が必要です。

=関数名1(関数名2(引数1...))

関数の中に関数を入力

▶ ②セルを分けて入力する

セルに分けて入力する方法は、関数の計算結果が表示されているセルをほかの関数の引数に指定することで、最終的に必要なデータを求める方法です。
関数そのものの構造がシンプルなので、ネストに比べると入力ミスが減り、参照先がわかりやすくなります。一方、関数を入力するセルが増えるため表が大きくなり、表は見づらくなります。関数が入力されている行や列を非表示にして対処することもできます(P.53参照)。

=関数名1(引数1...)
=関数名2(引数1...)

入れ子にせず別のセルに入力

複数の関数を1つのセルに組み合わせる（ネスト）

ここでは、視力検査の結果表をもとに、再検査の要・不要を判定します。右目または左目のいずれかが、裸眼または矯正に関わらず1未満の場合は「再検査」列に「要」、1以上の場合は「不要」と表示します。

SUM　=IF(OR(MAX(C3:D3)<1,MAX(E3:F3)<1),"要","不要")

	A	B	C	D	E	F	G
1	■視力検査結果						
2		名前	裸眼（右）	矯正（右）	裸眼（左）	矯正（左）	再検査
3		手島 奈央	0.8		0.8		=IF(OR(MAX(C3:D3)<1,MAX(E3:F3)<1),"要","不要")
4		永田 寿々花	0.5	1.0	0.2	1.0	
5		山野 ひかり	1.2		1.2		
6		川越 真一	0.6	0.9	0.7	0.9	
7		沢田 翔子	0.8	1.2	0.7	1.2	

❶セル G3 に「＝ IF（OR（MAX（C3:D3）<1,MAX（E3:F3）<1）," 要 "," 不要 "）」と入力します。

❶セル範囲C3:D3の最大値を探す。
ここでは「セル範囲C3:G3の最大値は0.8」になる。

❷セル範囲E3:F3の最大値を探す。
ここでは「セル範囲E3:F3の最大値は0.8」になる。

❸「❶の結果が1未満、または❷の結果が1未満」という条件に一致するかどうかを判定。
ここでは❶と❷のいずれの結果も0.8なので、条件に一致する。

❹ ❸が成り立つ場合は「要」、成り立たない場合は「不要」と表示する。
ここでは❸が成り立つため、「要」と表示される。

複数の関数を入れ子にして1つのセルに入力しているため、次ページの表と比べて表がシンプルでわかりやすくなります。一方で、数式が長くなり、構造がわかりにくくなります。

複数の関数をセルに分けて組み合わせる

ここでも前ページのネストの場合と同様、視力検査の結果表をもとに、再検査の要・不要を判定しますが、入れ子にしていた関数を別々のセルに入力します。

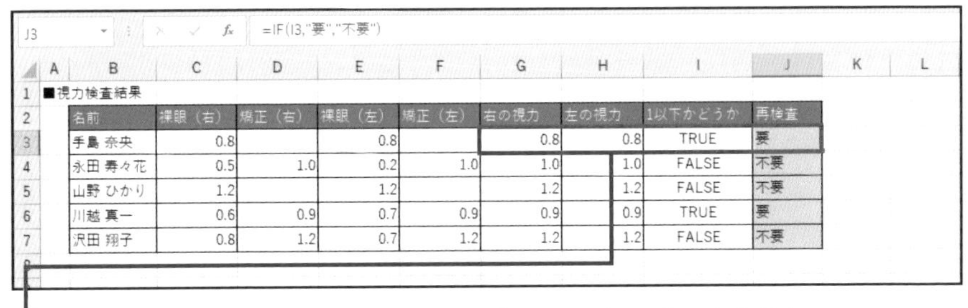

J3 =IF(I3,"要","不要")

■視力検査結果

名前	裸眼（右）	矯正（右）	裸眼（左）	矯正（左）	右の視力	左の視力	1以下かどうか	再検査
手島 奈央	0.8		0.8		0.8	0.8	TRUE	要
永田 寿々花	0.5	1.0	0.2	1.0	1.0	1.0	FALSE	不要
山野 ひかり	1.2		1.2		1.2	1.2	FALSE	不要
川越 真一	0.6	0.9	0.7	0.9	0.9	0.9	TRUE	要
沢田 翔子	0.8	1.2	0.7	1.2	1.2	1.2	FALSE	不要

❶セル G3 に「＝ MAX（C3:D3)」、セル H3 に「＝ MAX（E3:F3)」、セル I3 に「＝ OR（G3<1,H3<1)」、セル J3 に「＝ IF（I3," 要 "," 不要 ")」と入力します。

MAX(C3:D3)→MAX(E3:F3)→OR(G3<1,H3<1)→IF(I3," 要 "," 不要 ")
❶ ❷ ❸ ❹

❶セル範囲C3:D3の最大値を表示する。

❷セル範囲E3:F3の最大値を表示する。

❸「セルG3が1未満、またはセルH3が1未満」という条件に一致するかどうかを判定。

❹セルI3が成り立つ場合は「要」、成り立たない場合は「不要」と表示する。

関数を別々のセルに入力し、順番に処理しているだけで、結果は前ページのネストの場合と同じになります。ただし各セルに入力する関数がシンプルなので、参照先がわかりやすくなります。一方で、表そのものは大きくなります。

行や列を非表示にして表を見やすくする

複数の関数を別々のセルに入力して組み合わせると、表が大きくなります。関数で使うデータが入力されているセルは、計算には必要ですが表のデータとしては不要です。印刷する場合やPDFを作成する場合、不要なデータが表示されていると表がわかりにくくなります。Excelでは、特定の行や列を非表示にできます。非表示にした行や列は、印刷やPDFに反映されないので活用しましょう。
ここでは、左ページの表のうち、関数で使うためだけにデータが入力されているG列、H列、I列を非表示にします。

■視力検査結果

名前	裸眼（右）	矯正（右）	裸眼（左）	矯正（左）	右の視力	左の視力	1以下かどうか	再検査
手島 奈央	0.8		0.8		0.8	0.8	TRUE	要
永田 寿々花	0.5	1.0	0.2	1.0	1.0	1.0	FALSE	不要
山野 ひかり	1.2		1.2		1.2	1.2	FALSE	不要
川越 真一	0.6	0.9	0.7	0.9	0.9	0.9	TRUE	要
沢田 翔子	0.8	1.2	0.7	1.2	1.2	1.2	FALSE	不要

❶ 列番号「G」から「H」上をドラッグして列を選択し、選択した列の上で右クリックします。

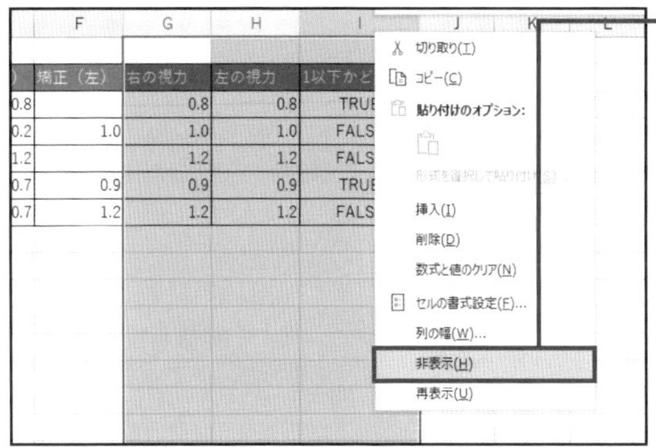

❷ <非表示>をクリックします。

■視力検査結果

名前	裸眼（右）	矯正（右）	裸眼（左）	矯正（左）	再検査
手島 奈央	0.8		0.8		要
永田 寿々花	0.5	1.0	0.2	1.0	不要
山野 ひかり	1.2		1.2		不要
川越 真一	0.6	0.9	0.7	0.9	要
沢田 翔子	0.8	1.2	0.7	1.2	不要

❸ 列G～列Iが非表示になります。

MEMO 非表示にした列を再度表示する

非表示になっている行や列前後の行番号または列番号をドラッグし、右クリックして<再表示>をクリックすると再表示できます。

▶ COLUMN

Excelの演算子

「演算子」とは、数式で使う「+」や「-」などの記号のことです。Excelでは、四則演算を行うための算術演算子、2つの値を比較するための比較演算子、文字列を連結するための文字列演算子、セル参照を示すための参照演算子という4種類の演算子が使われます。

算術演算子

記号	意味	使用例	計算結果
+	加算	=8+2	10
-	減算	=8-2	6
*	乗算	=8*2	16
/	除算	=8/2	4
%	百分率	=100*10%	10
^	べき乗	=5^2	25

比較演算子

記号	意味	使用例	計算結果
＝	等しい	A1 ＝ B1	A1とB1が等しいならばTRUE、そうでないならばFALSEを返す
>	より大きい	＝ A1 > B1	A1がB1より大きいならばTRUE、そうでないならばFALSEを返す
<	より小さい	＝ A1 < B1	A1がB1より小さいならばTRUE、そうでないならばFALSEを返す
>＝	以上	＝ A1 >＝ B1	A1がB1以上ならばTRUE、そうでないならばFALSEを返す
<＝	以下	＝ A1 <＝ B1	A1がB1以下ならばTRUE、そうでないならばFALSEを返す
<>	等しくない	＝ A1 <> B1	A1とB1が等しくないならばTRUE、そうでないならばFALSEを返す

文字列演算子

記号	意味	使用例	計算結果
&（アンパサンド）	連結	＝"エクセル"&"関数"	エクセル関数

参照演算子

記号	意味	使用例	計算結果
:（コロン）	セル範囲	A1:A10	A1からA10にあるすべてのセル
,（カンマ）	複数のセルまたはセル範囲	A1,A5,A10	A1とA5とA10のセル
（半角空白）	セル範囲の共通部分	A1:B10（半角空白）B5:C20	B5からB10にあるすべてのセル

第2章

表計算はまずここから!
データ集計の関数

SECTION 012 数値の計算

キホン中のキホン! 合計を求める

SUM

SUM関数は、数値の合計を計算する関数です。集計表の計算では、金額や人数、個数などの合計を計算する機会はよくあります。SUM関数を利用すると、計算のために数値を入力しなくても、セル範囲に入力されている数値を使って合計を計算できます。

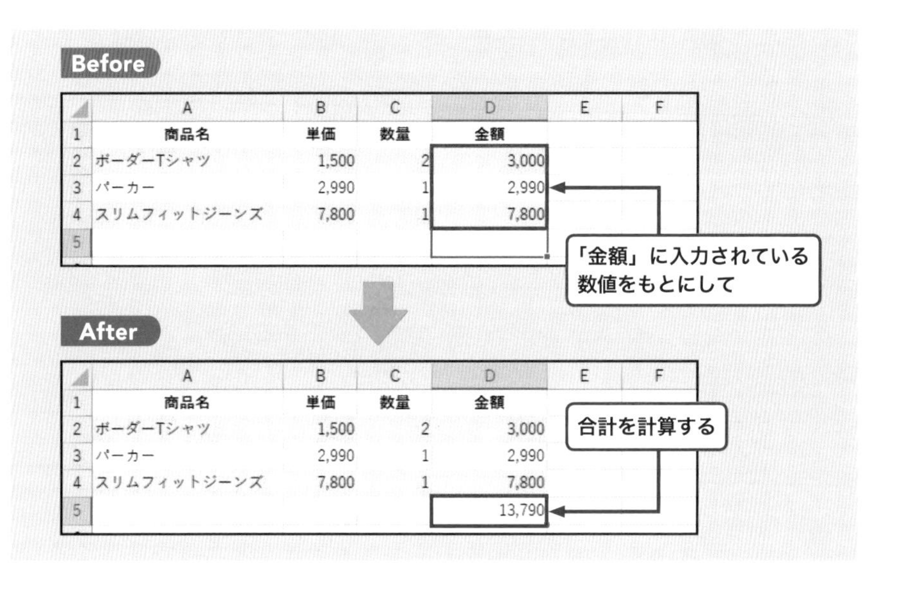

書式 **=SUM(数値1,[数値2], ...)**

引数

数値1	必須	加算する数値が入力されているセルやセル範囲。もしくは数値
数値2	任意	加算する数値が入力されているセルやセル範囲。もしくは数値

説明 SUM関数は、数値の合計を返す関数です。引数がセルやセル範囲の場合、セルに入力されている数値が加算されます。空白セルや、セルに入力されているデータが文字列の場合は無視されます。なお、引数は最大255個まで指定できます。引数にセル範囲を指定する場合は、256個以上のセルを対象に計算できます。

合計金額を計算する

セル範囲D2:D4に入力されている数値の合計を計算し、計算結果がセルD5に表示されるようにします。

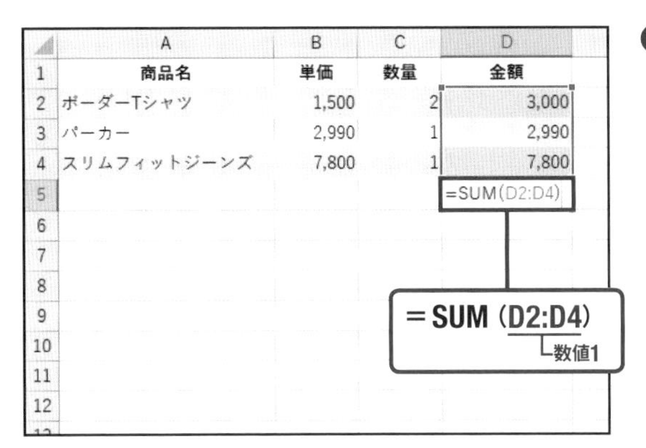

❶セルD5にSUM関数を入力します。引数「数値1」にはセル範囲D2:D4を指定します。セル範囲D2:D4に入力されている数値を合計するという意味になります。

STEP UP 応用例　合計金額の消費税を計算する

関数の計算結果を使って計算したい場合は、演算子や数値を直接入力します。たとえば合計金額の消費税を計算したい場合、SUM関数に続けて「*0.1」と入力します。

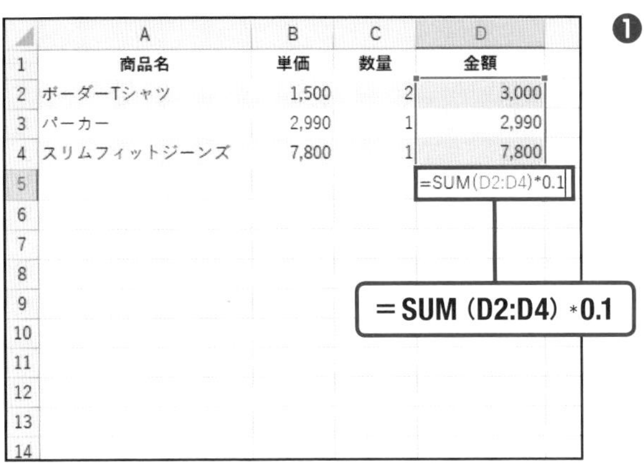

❶「＝SUM (D2:D4) *0.1」と入力すると、セル範囲D2:D4に入力されている数値の合計に、0.1を乗算した数値が計算されます。

COLUMN

SUMIF関数

SUM関数に似ているSUMIF関数は、引数「範囲」のセルの値が、引数「検索条件」に合うもののみを集計します。販売数量が10以上の商品の合計金額を計算したいなど、特定の条件を満たす数値の合計を計算するときに利用します。

SECTION 013 数値の計算

対応バージョン 365 2019 2016 2013

SUM

表を拡張しても修正しなくてよい合計の求め方

商品の売上表や経費の精算書などでは、作成済みの表に新しいデータを追加することがよくあります。SUM関数のセル範囲を変更すれば再計算できますが、いちいち修正していては手間がかかります。列全体を引数に設定すると、自動的に計算されるようになります。

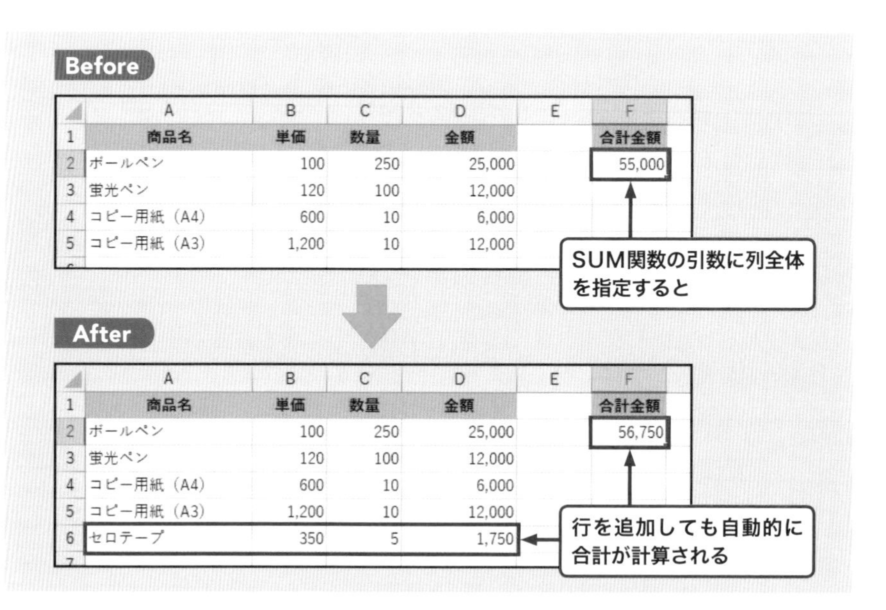

Before

	A	B	C	D	E	F
1	商品名	単価	数量	金額		合計金額
2	ボールペン	100	250	25,000		55,000
3	蛍光ペン	120	100	12,000		
4	コピー用紙（A4）	600	10	6,000		
5	コピー用紙（A3）	1,200	10	12,000		

After

	A	B	C	D	E	F
1	商品名	単価	数量	金額		合計金額
2	ボールペン	100	250	25,000		56,750
3	蛍光ペン	120	100	12,000		
4	コピー用紙（A4）	600	10	6,000		
5	コピー用紙（A3）	1,200	10	12,000		
6	セロテープ	350	5	1,750		

列全体を計算対象に指定する

列全体を引数に指定するには、「列番号:列番号」のように入力します。たとえば「＝SUM(D:D)」と記述すると、D列のすべてのセルに入力された数値が計算対象になります。列番号の「D」をクリックして引数を指定することもできます。

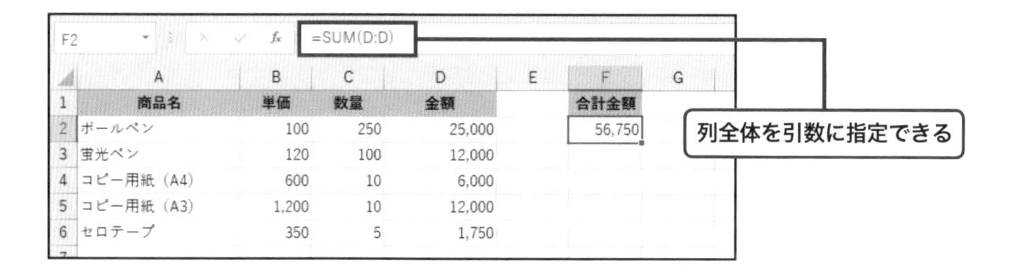

	A	B	C	D	E	F	G
1	商品名	単価	数量	金額		合計金額	
2	ボールペン	100	250	25,000		56,750	
3	蛍光ペン	120	100	12,000			
4	コピー用紙（A4）	600	10	6,000			
5	コピー用紙（A3）	1,200	10	12,000			
6	セロテープ	350	5	1,750			

追加した行のデータも自動的に計算する

表の下に行を追加した際に、SUM関数の引数を修正しなくても、自動的に合計が計算されるようにします。

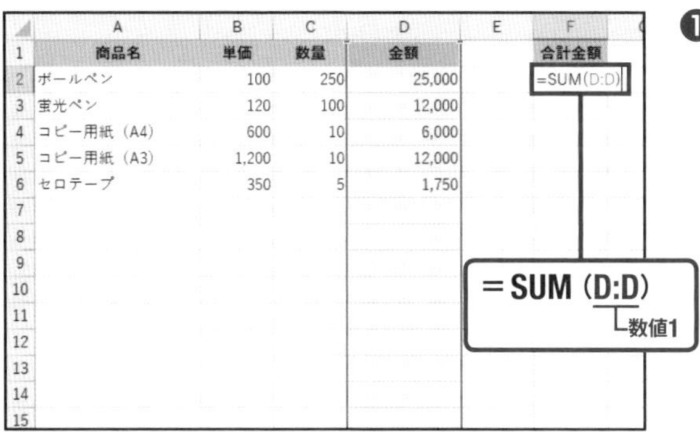

❶ セルF2にSUM関数を入力し、引数「数値1」にはセル範囲D:Dを指定します。D列に入力されているすべての数値を合計するという意味になります。

STEP UP 応用例 複数の列全体を計算対象に指定する

集計表によっては、合計を計算したい数値が複数の列に入力されていることがあります。引数には複数の列を指定することもできます。

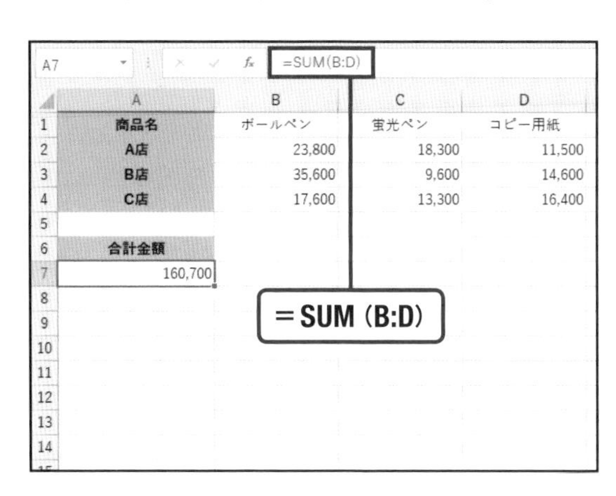

❶ セルA7にSUM関数を入力し、引数「数値1」にはセル範囲B:Dを指定します。B列からD列に入力されているすべての数値を合計するという意味になります。

COLUMN

行全体を計算対象にする

列全体だけでなく、行全体を計算対象にすることも可能です。行全体を引数に指定したい場合は、「=SUM（行番号:行番号）」のように入力します。たとえば「=SUM（5:5）」と入力すると、5行目のセルに入力されているすべての数値が計算対象になります。引数を「5:7」のように指定すると、5行目から7行目のすべてのセルが計算対象になります。

SECTION 014 数値の計算

対応バージョン 365 2019 2016 2013

当月までにかかった累計の費用を計算する

SUM

費用や人数の計算では、小計を順次合計する「累計」が必要になることがあります。累計もSUM関数を使って計算できますが、SUM関数が入力されたセルをそのままコピーしても正しい計算結果にはなりません。これは、引数に絶対参照を使うことで対処できます。

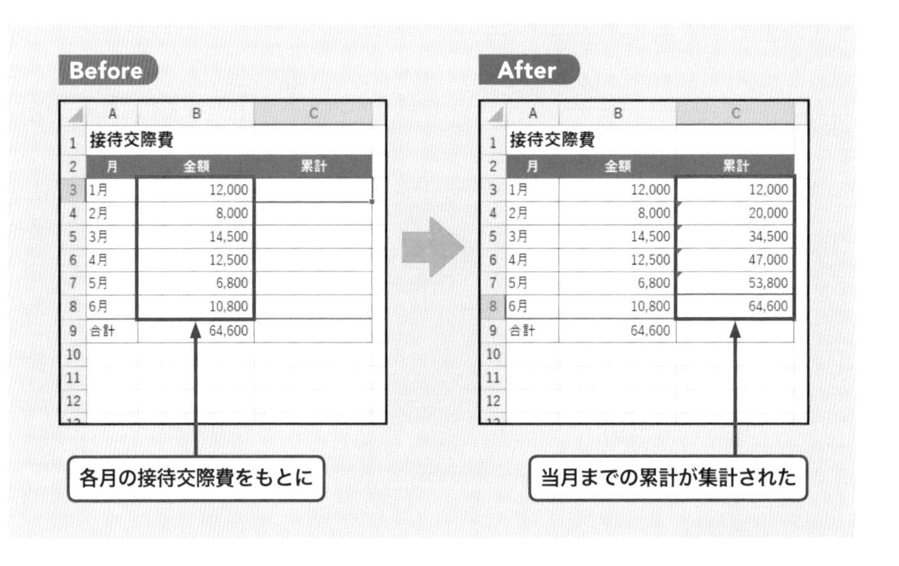

累計を計算する

2つ以上の数値を合算した計算結果のことを「合計」といいますが、データによっては、「合計値と合計値を加算する」「合計値にほかの数値を順次加算する」などの計算が行われます。このような場合、合算値がどのデータを加算したものなのかわかりやすくするために、小計や総計などと呼び分けます。

SUM関数を使うと、累計を計算できます。ただし、累計するセル範囲の始点になるセルを絶対参照で指定する必要があります。相対参照で指定してしまうと、正しい計算結果になりません。絶対参照を指定するには、数式内の該当する引数を選択し、F4キーを押します。

合算値	意味
小計	全体の中で特定の範囲の数値を加算した数値
総計	小計を加算した数値
累計	小計を順次加算した数値

接待交際費の累計を計算する

セルC3には「1月の接待交際費」、セルC4には「1月から2月までの接待交際費」、セルC8には「1月から6月までの接待交際費」といったように、「累計」の列には月ごとの接待交際費が加算されていくようにします。

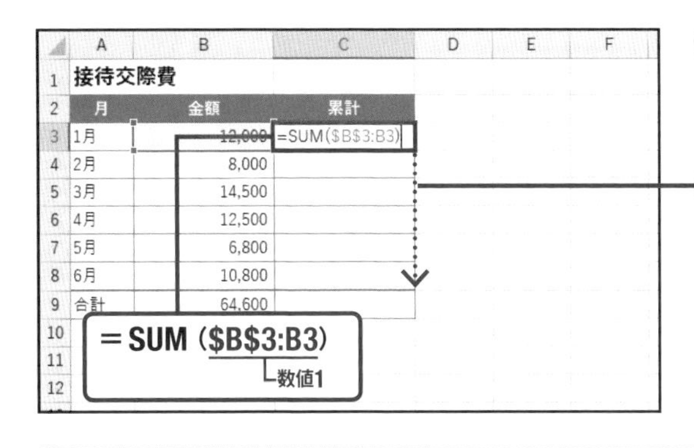

❶ セルC3にSUM関数を入力します。引数にはセル範囲$B$3:B3を指定します。

❷ セルC3のフィルハンドル■をセルC8までドラッグします。

STEP UP 活用技 エラーインジケーターを非表示にする

合計の計算などを行うと、セルの左上隅にエラーを示す緑色の三角印(エラーインジケーター)が表示されることがあります。この例では隣のセルに入力されているデータが数式に使われていないことを警告しているのですが、下図の場合、A列に入力されているのは「月」のデータです。計算には使わないのでエラーではありません。

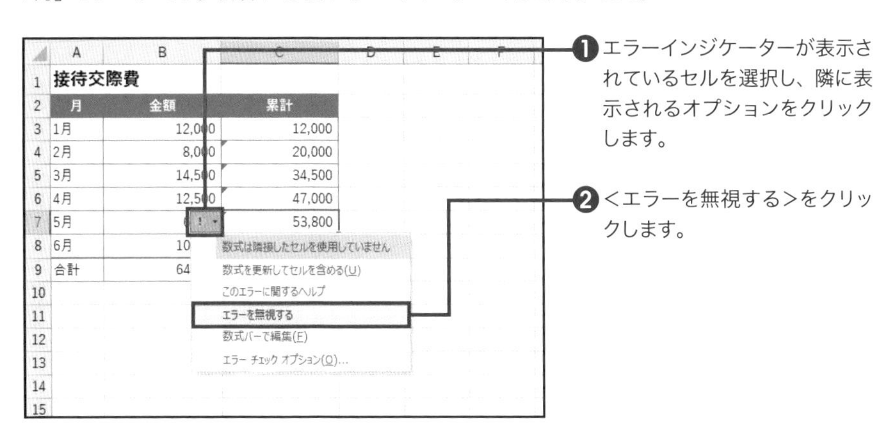

❶ エラーインジケーターが表示されているセルを選択し、隣に表示されるオプションをクリックします。

❷ <エラーを無視する>をクリックします。

COLUMN

引数の指定が相対参照の場合

セルC3に入力するSUM関数「=SUM (B3:B3)」を相対参照のままセルC8までコピーすると、セルC8の数式は「=SUM (B8:B8)」となり、正しい累計を計算できません。

対応バージョン 365 2019 2016 2013

SUMIF

条件を満たすデータを合計する

SUMIF関数は、条件に合うデータの合計を計算する関数です。「販売数が100以上の商品の販売金額」や「試験の点数が70点以上の生徒の人数」などの合計を計算できます。ここでは、男性社員と女性社員のそれぞれの売上合計を計算します。

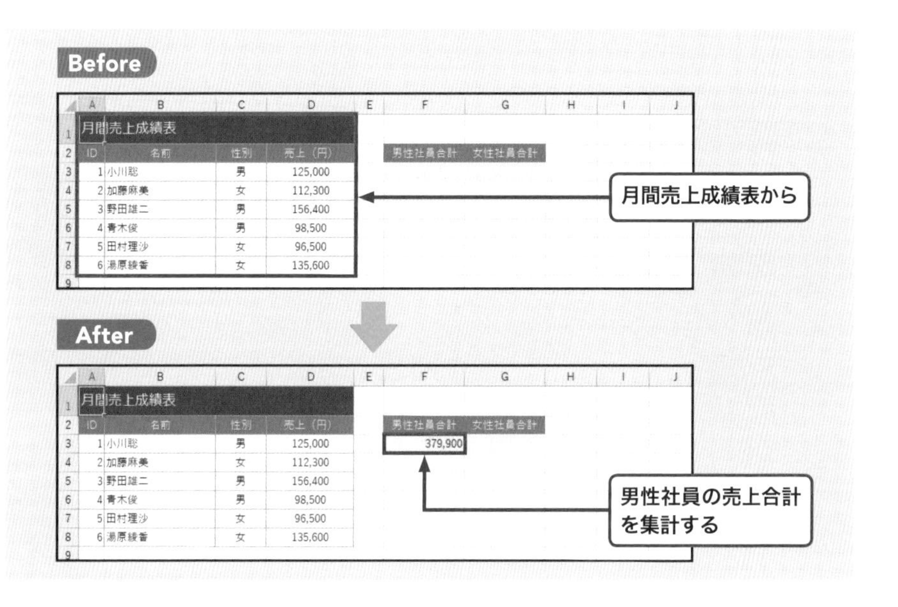

書式 =SUMIF(範囲,検索条件,[合計範囲])

引数

引数		
範囲	必須	検索するセル範囲
検索条件	必須	検索する値や条件式
合計範囲	任意	「範囲」と異なる範囲のデータを集計したい場合のセル範囲

説明 SUMIF関数は、引数「範囲」にあるデータの中から引数「検索条件」に一致するものを集計します。
引数「範囲」と異なる範囲の数値を集計する場合は、3つ目の引数「合計範囲」で指定します。

男性社員の売上合計を計算する

月間売上成績表の中から、男性社員の売上金額だけを集計します。ここでは「検索条件」で検索する範囲と集計するデータが入力されている範囲が異なるので注意が必要です。

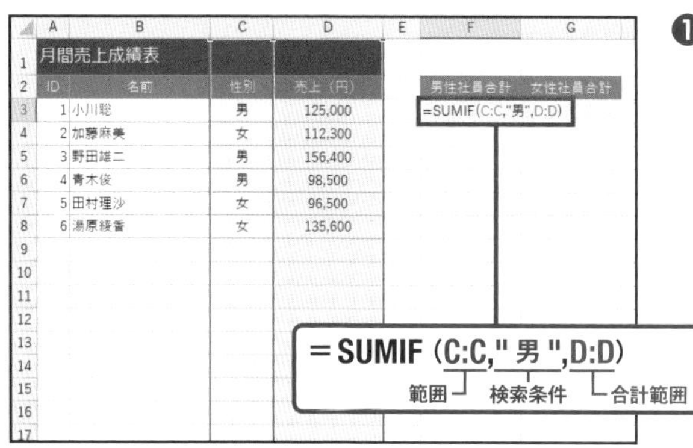

❶セル F3 に SUMIF 関数を入力し、引数「範囲」には「C:C」、引数「検索条件」には「" 男 "」、引数「合計範囲」には「D:D」を指定します。「C 列から男を検索し、一致する D 列の数値を合計する」という意味になります。

STEP UP 応用例 売上合計の千円以下を切り捨てる

SUMIF 関数と ROUNDDOWN 関数（P.80 参照）を組み合わせれば、千円以下を切り捨てた売上合計が求められます。

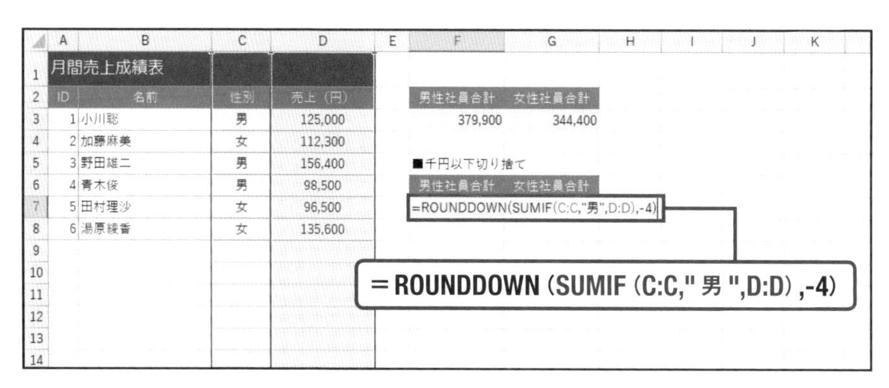

❶セル F7 に「＝ ROUNDDOWN （SUMIF （C:C," 男 ",D:D） ,-4）」と入力します。ROUNDDOWN 関数の引数「数値」に SUMIF 関数で求めた売上合計を指定しています。

COLUMN

SUMIFS関数

SUMIF関数では条件を1つ指定しましたが、複数の条件に一致するデータを集計する際はSUMIFS関数（P.64参照）を使います。「日付が1月かつ性別が男の入場者数を計算する」「地域が関東で東京を除く店舗の売上高を計算する」といった使い方をします。

対応バージョン 365 2019 2016 2013

SECTION 016 数値の計算

複数の条件を満たすデータを合計する

SUMIFS

SUMIFS関数は、複数の条件を満たすデータの合計を計算する関数です。複数の条件を指定することで、特定の期間における売上金額を計算したり、顧客ごとの傾向を分析したりできます。ここではアンケートの結果から、属性ごとの評価を集計します。

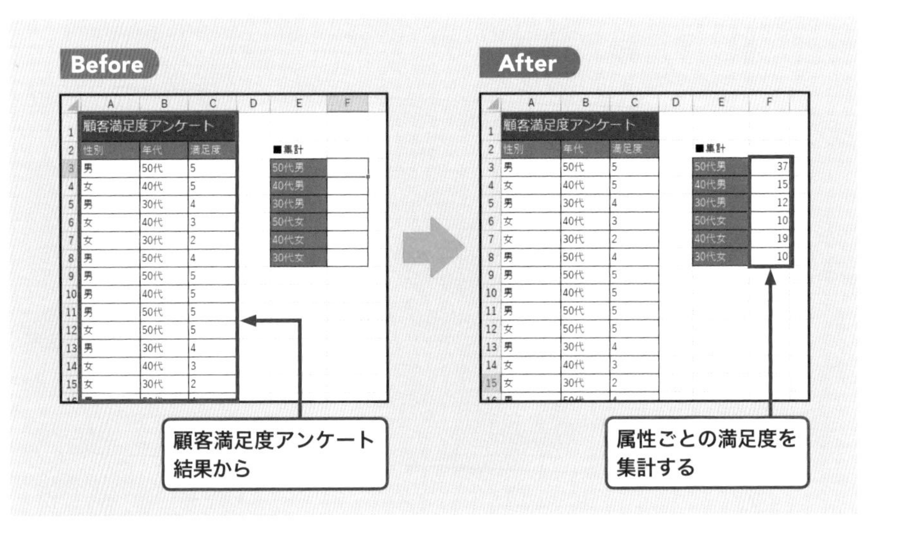

書式 =SUMIFS(合計対象範囲,条件範囲1,条件1,[条件範囲2, 条件2],...)

引数

引数		説明
合計対象範囲	必須	合計対象となるセル範囲
条件範囲1	必須	条件1で判定を行うセル範囲
条件1	必須	合計対象とするかを判定する条件式
条件範囲2, 条件2	任意	追加の条件範囲と条件式のペア。127ペアまで追加可能

説明 SUMIFS関数は、「合計対象範囲」に指定したセル範囲の値を、以降に指定する「条件範囲」と「条件」のペアに応じて集計します。
条件範囲と条件のペアは、最低でも1組が必要です。複数のペアを指定した場合には、そのすべてを満たすデータのみが集計の対象となります。

評価を集計する

顧客満足度アンケートの結果から、属性ごとの評価を集計します。最初に「性別」列が「男」、かつ「年代」列が「50代」という2つの条件に合う「満足度」の合計を計算します。以降のセルも同様に計算します。

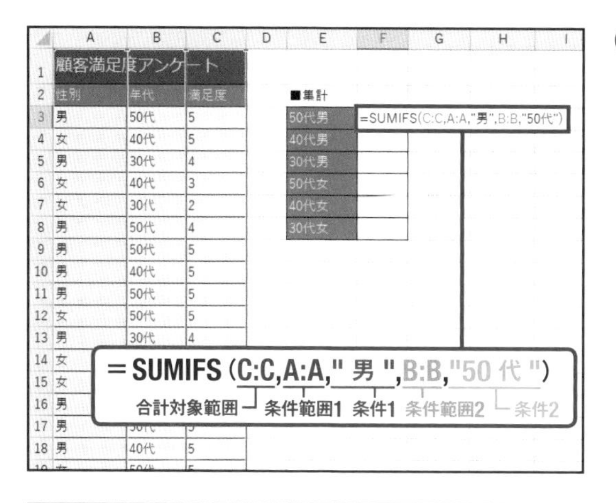

❶セルF3にSUMIFS関数を入力し、引数「合計対象範囲」にはセル範囲C:C、引数「条件範囲1」にはセル範囲A:A、引数「条件1」には"男"、引数「条件範囲2」にはセル範囲B:B、引数「条件2」には"50代"を指定します。「A列から男、B列から50代を検索し、2つの条件に一致するC列の数値を合計する」という意味になります。

STEP UP 応用例 50代を除いた男性の評価を集計する

50代を除いた男性の評価を集計するには、上の例で引数「条件2」に「"<>50代"」と入力します。これは、「50代と等しくない」を意味します。

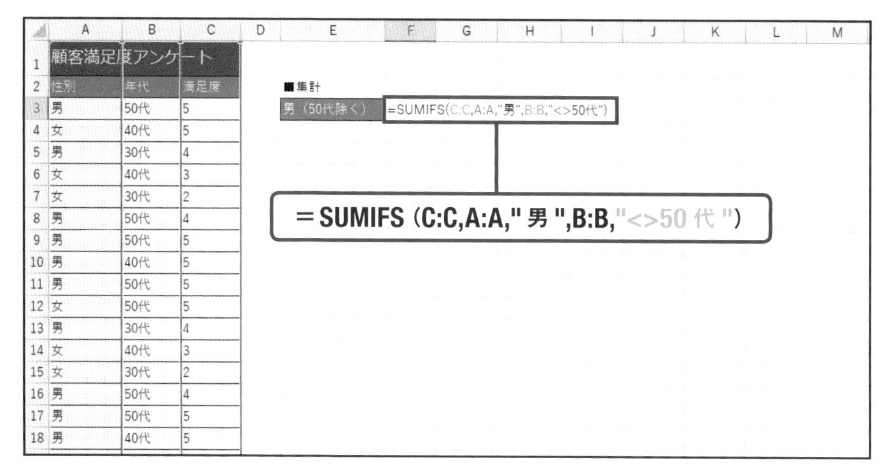

❶上の手順を参照してセルF3にSUMIFS関数を入力します。ただし、引数「条件2」には「"<>50代"」を指定します。「A列から男、B列から50代に等しくないデータを検索し、2つの条件に一致するC列の数値を合計する」という意味になります。

SECTION
017
数値の計算

対応バージョン 365 2019 2016 2013

懇親会やセミナーの出欠人数を集計する

COUNTA

COUNTA関数は、範囲内の空白以外のセルの個数を計算する関数です。数値や文字が入力されているセルの個数がわかるので、「セミナーの出欠表から参加者数を確認する」「表のすべての欄にデータが入力されているか確認する」といった使い方ができます。

Before

	A	B
1	セミナー出欠表	
2	氏名	出欠
3	池上雄太	○
4	小川美佐子	
5	小林浩介	
6	斉藤雄一郎	○
7	鈴木賢一	○
8	中山千秋	
9	野口温人	○
10	渡辺信二	○
11		
12	参加人数	
13		

セミナー出欠表から

After

	A	B
1	セミナー出欠表	
2	氏名	出欠
3	池上雄太	○
4	小川美佐子	
5	小林浩介	
6	斉藤雄一郎	○
7	鈴木賢一	○
8	中山千秋	
9	野口温人	○
10	渡辺信二	○
11		
12	参加人数	5
13		

「出欠」欄に「○」が入力されているセルの個数を数える

書式 **=COUNTA(値1,[値2],...)**

引数

値1	必須	1つ目の値、セル参照、セル範囲
値2	任意	追加の値、セル参照、セル範囲

説明 COUNTA関数は、空白以外のデータが入力されているセルの個数や引数のリストに含まれるデータの個数を計算する関数です。数値やエラー値、論理値など、すべての種類のデータを含むセルやリストが計算の対象となります。引数「値」は最大255個まで指定できます。

セミナーの参加者の人数を確認する

セミナー出欠表から、「出欠」列で「○」が入力されているセルの個数を計算します。これにより、参加者の人数がわかります。

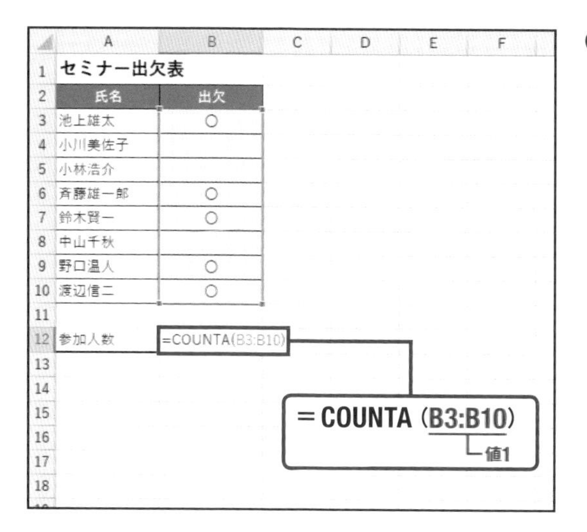

❶セルB12にCOUNTA関数を入力し、引数「値1」にセル範囲B3:B10を指定します。「セル範囲B3:B10からデータが入力されているセルの個数を求める」という意味になります。

STEP UP 活用技 COUNTA関数における空白の扱い

COUNTA関数は、空白以外のデータが入力されているセルの個数を数える関数です。ただし、セルに空白が入力されている場合やエラー値が表示される場合などは、データが入力されているとみなされ、計算の対象になります。COUNTA関数が計算対象から除外するのは、まったく何も入力されていないセルだけです。

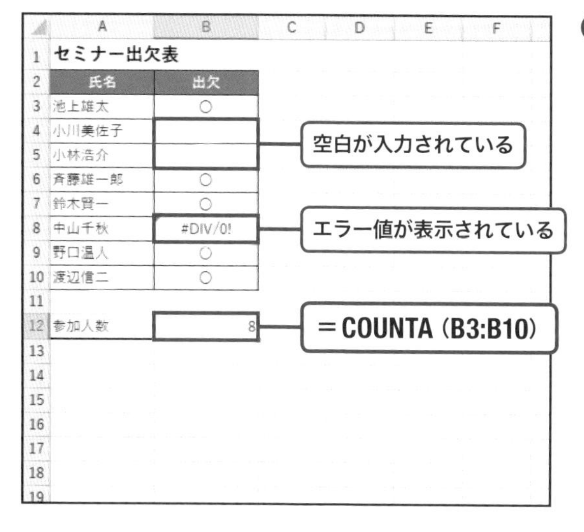

❶上の例で引数「値1」に指定したセル範囲B3:B10に空白やエラー値が入力されていると、COUNTA関数の計算対象に含まれるため、参加人数が「8」と表示されます。

数値の入ったセルだけを数える

COUNT

COUNT関数は、表の中から数値が入力されているセルの個数を計算する関数です。文字列や空白、エラー値などは無視されるので、「テストの点数が記録されている人数を計算する」「参加者のあった日数を計算する」といったときに利用します。

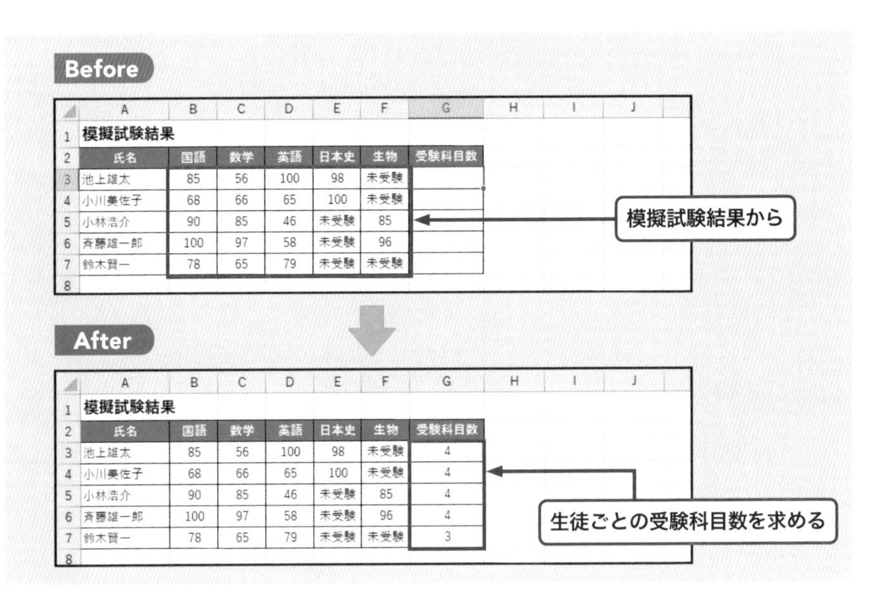

Before

模擬試験結果						
氏名	国語	数学	英語	日本史	生物	受験科目数
池上雄太	85	56	100	98	未受験	
小川美佐子	68	66	65	100	未受験	
小林浩介	90	85	46	未受験	85	
斉藤雄一郎	100	97	58	未受験	96	
鈴木賢一	78	65	79	未受験	未受験	

After

模擬試験結果						
氏名	国語	数学	英語	日本史	生物	受験科目数
池上雄太	85	56	100	98	未受験	4
小川美佐子	68	66	65	100	未受験	4
小林浩介	90	85	46	未受験	85	4
斉藤雄一郎	100	97	58	未受験	96	4
鈴木賢一	78	65	79	未受験	未受験	3

=COUNT(値1,[値2],...)

値1	 必須	1つ目の値、セル参照、セル範囲
値2	 任意	追加の値、セル参照、セル範囲

COUNT関数は、数値が入力されているセルの個数や引数のリストに含まれる値の個数を数える関数です。引数が数値や日付の場合、計算の対象となります。引数が空白のセルやエラー値、論理値、文字列の場合は計算の対象にはなりません。ただし、引数のリストでは、文字列でも"1"のように数値を表す場合や論理値などは計算されます。引数「値」は最大255個まで設定できます。

受験者の受験科目数を確認する

模擬試験結果から、点数が入力されているセルの個数を計算します。「未受験」と入力されているセルは計算に含まれないので、受験した科目数がわかります。

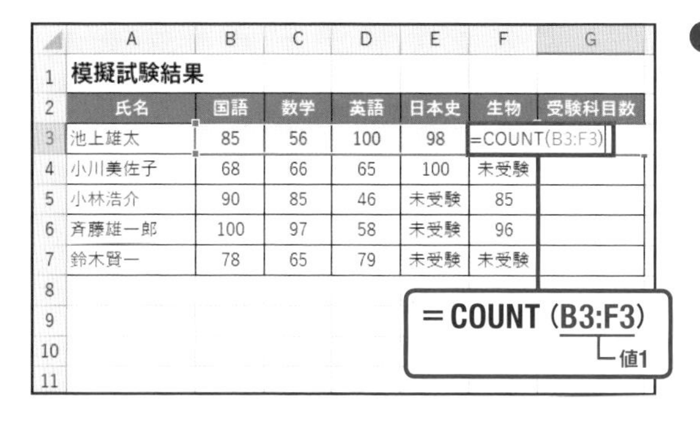

	A	B	C	D	E	F	G
1	模擬試験結果						
2	氏名	国語	数学	英語	日本史	生物	受験科目数
3	池上雄太	85	56	100	98	=COUNT(B3:F3)	
4	小川美佐子	68	66	65	100	未受験	
5	小林浩介	90	85	46	未受験	85	
6	斉藤雄一郎	100	97	58	未受験	96	
7	鈴木賢一	78	65	79	未受験	未受験	
8							
9							
10							
11							

❶セルB12にCOUNT関数を入力し、引数「値1」にはセル範囲B3:F3を指定します。「セル範囲B3:F3から数値が入力されているセルの個数を計算する」という意味になります。

STEP UP 応用例 離れた範囲に数値が入力されているセルの個数を計算する

関数同士を「+」でつなぐと、複数の関数を組み合わせることができます。これを利用すると、離れた範囲に数値が入力されているセルの個数を計算できます。

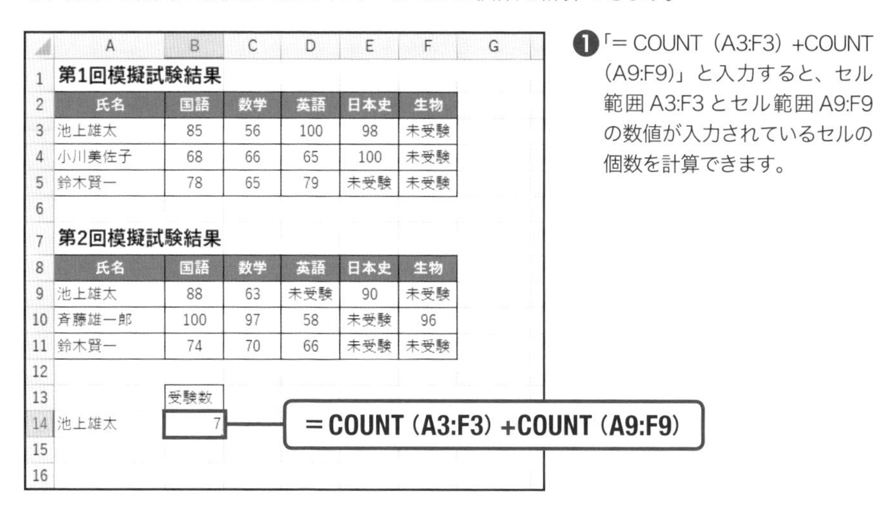

	A	B	C	D	E	F	G
1	第1回模擬試験結果						
2	氏名	国語	数学	英語	日本史	生物	
3	池上雄太	85	56	100	98	未受験	
4	小川美佐子	68	66	65	100	未受験	
5	鈴木賢一	78	65	79	未受験	未受験	
6							
7	第2回模擬試験結果						
8	氏名	国語	数学	英語	日本史	生物	
9	池上雄太	88	63	未受験	90	未受験	
10	斉藤雄一郎	100	97	58	未受験	96	
11	鈴木賢一	74	70	66	未受験	未受験	
12							
13		受験数					
14	池上雄太	7					
15							
16							

❶「= COUNT（A3:F3）+COUNT（A9:F9）」と入力すると、セル範囲A3:F3とセル範囲A9:F9の数値が入力されているセルの個数を計算できます。

COLUMN

COUNT関数とCOUNTIF関数の違い

COUNT関数とCOUNTIF関数はどちらもセルの個数を計算する関数ですが、COUNT関数は数値が入力されているセルの個数を計算します。COUNTIF関数は、条件に一致するデータが入力されているセルの個数を計算します。

SECTION

019

数値の計算

対応バージョン 365 2019 2016 2013

チェックリストに入力した「○」「×」をカウントする

COUNTIF

COUNTIF関数は、表の中から条件に合うデータが入力されているセルの個数を計算する関数です。「アンケート調査で年齢が50歳以上の回答者の人数を計算する」「商品リストの中から予約受付中の商品の数を計算する」といった使い方が可能です。

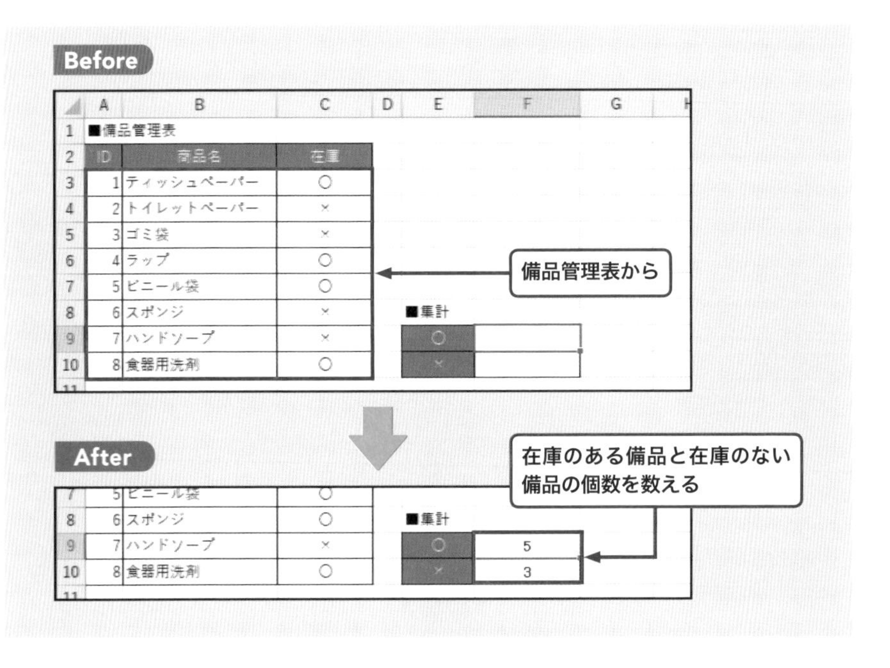

書式 

=COUNTIF(範囲,検索条件)

引数

範囲	必須	条件をチェックするセル範囲
検索条件	 任意	カウント対象を決める値や条件式

説明 COUNTIF関数は、引数「範囲」にあるデータの中から引数「検索条件」に一致する値が入力されているセルの個数を計算します。
検索条件は「10」「"東京"」などの数値や文字列のほか、「">=10"」などの条件式を指定することもできます。

在庫のある備品の個数を計算する

備品管理表から、「在庫」欄に「○」が入力されているセルの個数を数えると、在庫のある備品の個数がわかります。また「在庫」欄に「×」が入力されているセルの個数を数えると、在庫のない備品の個数がわかります。

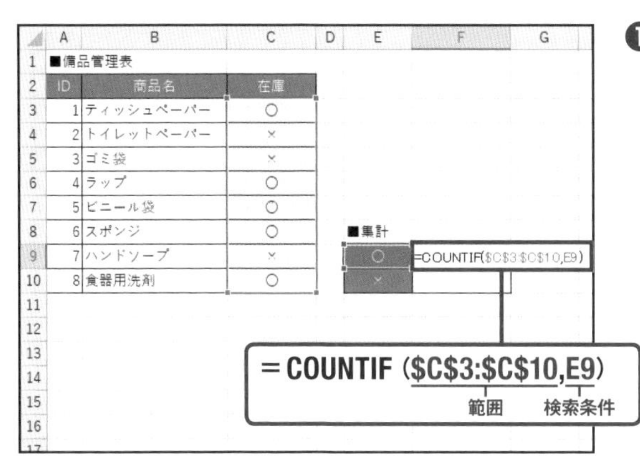

❶セルF9にCOUNTIF関数を入力し、引数「範囲」にはセル範囲$C$3:$C$10を指定し、引数「検索条件」には「○」が入力されているセルE9を指定します。「セル範囲C3:C10からセルE9に入力されている「○」を検索し、一致するセルの個数を計算する」という意味になります。

STEP UP 応用例 条件に一致する数値が入力されているセルの個数を計算する

COUNTIF関数の引数「検索条件」に条件式を指定すると、条件に一致するデータが入力されているセルの個数を計算できます。ここでは10000以上の数値が入力されているセルの個数を計算します。

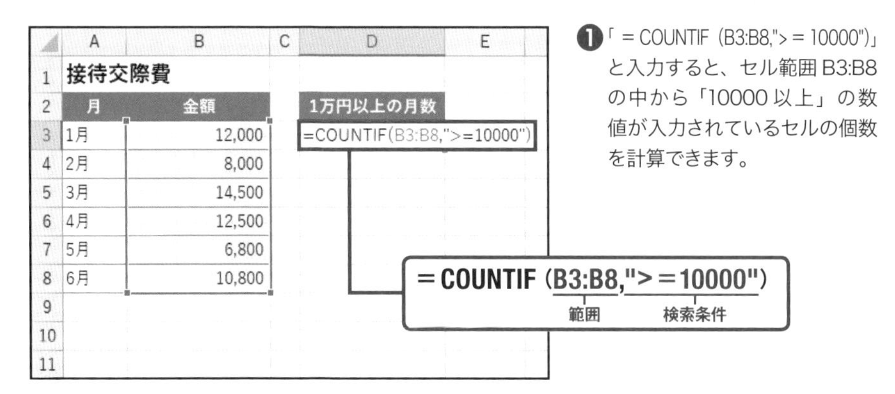

❶「=COUNTIF(B3:B8,">=10000")」と入力すると、セル範囲B3:B8の中から「10000以上」の数値が入力されているセルの個数を計算できます。

COLUMN

COUNTIFS関数

COUNTIF関数に似ている関数にCOUNTIFS関数があります。COUNTIFS関数は、複数の条件に合うデータが入力されているセルの個数を計算する場合に利用します。

SECTION 020 数値の計算

対応バージョン 365 2019 2016 2013

COUNTIFS

複数の項目に「○」を付けた人数を集計する

COUNTIFS関数は、表の中から複数の条件に合うデータが入力されているセルの個数を計算する関数です。たとえば、「イベントリストの中から予約受付中かつ開催地が東京のイベントの数」を計算するといった使い方をします。

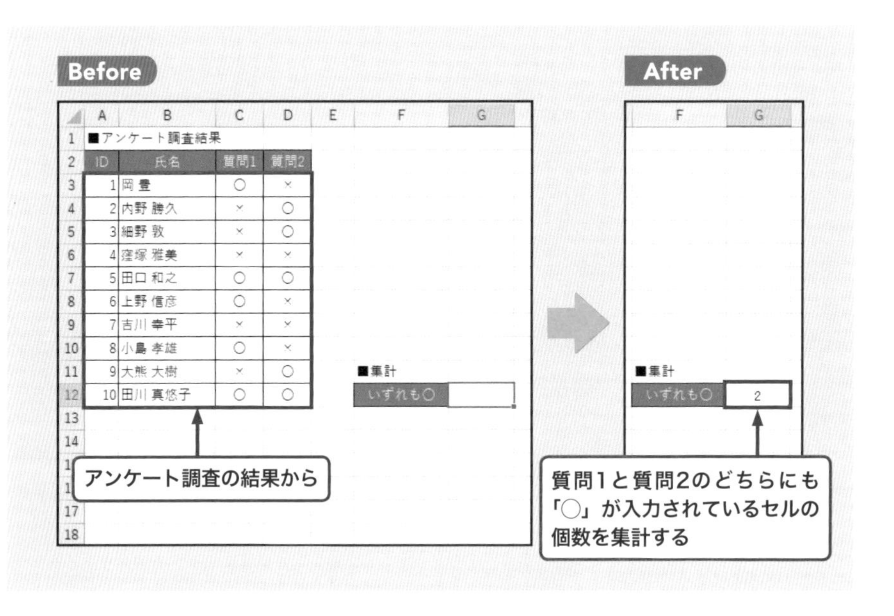

書式 =COUNTIFS(検索条件範囲1,検索条件1,[検索条件範囲2,検索条件2],...)

引数

検索条件範囲1	必須	検索条件1で判定を行うセル範囲
検索条件1	必須	カウント対象とするかを判定する値や条件式
検索条件範囲2,検索条件2	任意	条件範囲と条件式のペア。127ペアまで追加可能

説明 COUNTIFS関数は、「検索条件範囲」と「検索条件」のペアを満たすものの個数を求めます。
検索条件範囲と検索条件のセットは、最低でも1組が必要です。複数のセットを指定した場合には、そのすべてを満たすデータのみが対象となります。

2つの質問に回答した人の人数を計算する

アンケート調査結果から、「質問1」と「質問2」の2つの欄に「○」が入力されているセルの個数を計算します。2つの質問のいずれも「○」と回答した人数がわかります。

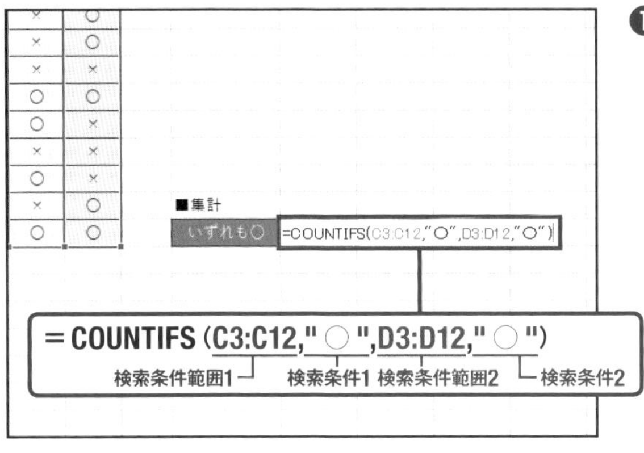

❶セル G12 に COUNTIFS 関数を入力し、引数「検索条件範囲1」にセル範囲 C3:C12、引数「検索条件1」に "○"、引数「検索条件範囲2」にセル範囲 D3:D12、引数「検索条件2」に "○" を指定します。「セル範囲 C3:C12 から「○」、かつセル範囲 D3:D12 から「○」を検索し、一致するセルの個数を計算する」という意味になります。

STEP UP 応用例　特定範囲のデータが入力されているセルの個数を計算する

同じセル範囲に対して異なる条件式を設定すると、特定範囲のデータが入力されているセルの個数を計算できます。ここでは、8000以上かつ10000未満の数値が入力されているセルの個数を計算します。

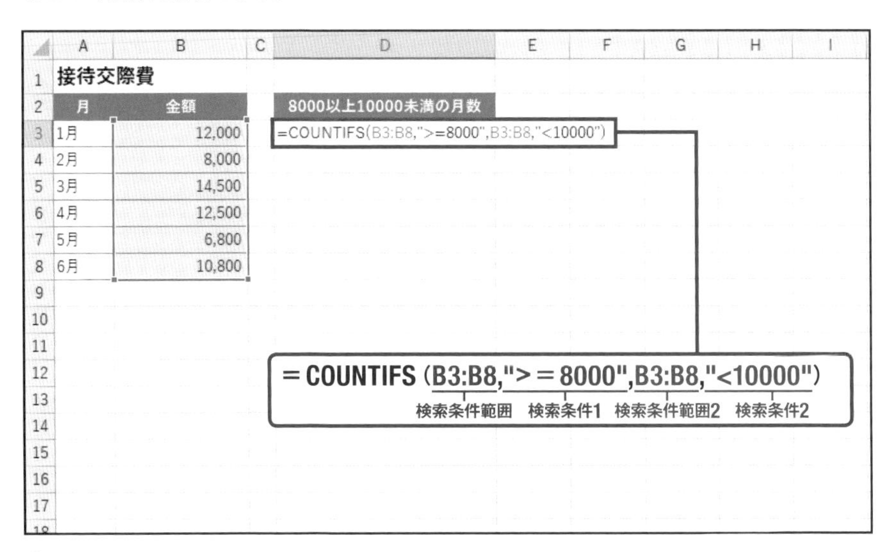

月	金額
1月	12,000
2月	8,000
3月	14,500
4月	12,500
5月	6,800
6月	10,800

❶セル D3 に「＝ COUNTIFS（B3:B8,"> ＝ 8000",B3:B8,"<10000"）」と入力すると、セル範囲 B3:B8 の中から「8000 以上かつ 10000 未満」の数値が入力されているセルの個数を計算できます。

SECTION 021 数値の計算

対応バージョン 365 2019 2016 2013

SUBTOTAL

売上表の途中に「小計」行を挿入する

SUBTOTAL関数は、指定範囲のデータを指定した方法で計算する関数です。小計欄のある集計表では、SUM関数を使って小計ごとに計算できますが、計算する範囲の指定などに手間がかかります。SUBTOTAL関数を使うと、効率的に表を作成できます。

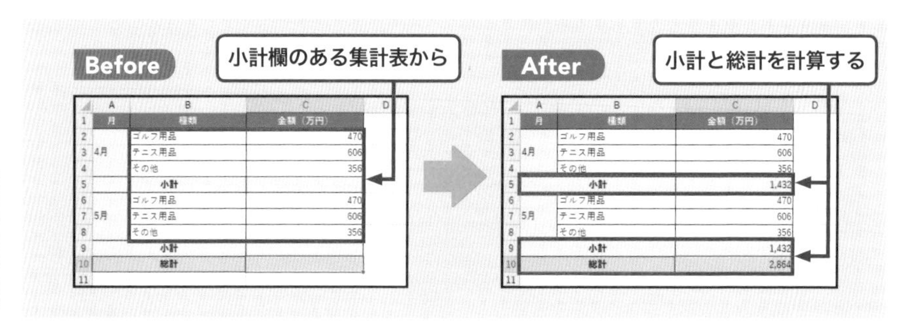

書式 =SUBTOTAL（集計方法,範囲1,［範囲2］,...）

引数

集計方法	必須	1～11または101～111の数字で、計算に使用する関数を指定
範囲1	必須	集計に使うセル範囲
範囲2	任意	集計に使うセル範囲。最大で254個

説明 SUBTOTAL関数は、指定したセル範囲のデータを、指定した方法で集計する関数です。計算に使うセル範囲にほかのSUBTOTAL関数が入力されていると、そのセルは計算の対象に含まれません。そのため、総計を求める場合に、計算の対象となるすべてのセル範囲を指定すれば正しい計算結果が表示されます。ただし、小計欄にSUM関数などを使っている場合は、総計欄にSUBTOTAL関数を使っても小計欄の合計値が計算に含まれてしまうので注意が必要です。また、集計方法に1～11を指定すると、行の表示／非表示にかかわらず、行の値が集計されます。101～111を指定すると、非表示にした行の値は集計されません。表示されている行だけを集計したい場合は、これらの集計方法を指定します。
なお、SUBTOTAL関数は縦方向の範囲を集計する関数です。横方向のセル範囲を集計する場合は、列を非表示にしても計算結果は変わりません。

引数「集計方法」を指定する

SUBTOTAL関数では、引数「集計方法」で集計方法を指定します。集計方法は、以下の通りです。なお、101～111の値を指定した場合は、非表示にした行の値は集計されません。ただし、横方向に集計している場合は、列を非表示にしていても集計されるので注意が必要です。

集計方法	関数	意味
1 または 101	AVERAGE	平均値を求める
2 または 102	COUNT	数値の個数を求める
3 または 103	COUNTA	データの個数を求める
4 または 104	MAX	最大値を求める
5 または 105	MIN	最小値を求める
6 または 106	PRODUCT	積を求める
7 または 108	STDEV.S	不偏標準偏差を求める
8 または 108	STDEV.P	標本標準偏差を求める
9 または 109	SUM	合計値を求める
10 または 110	VAR.S	不偏分散を求める
11 または 111	VAR.P	標本分散を求める

集計方法は、SUBTOTAL関数を入力するときに直接入力するほか、集計方法の一覧から選択することもできます。

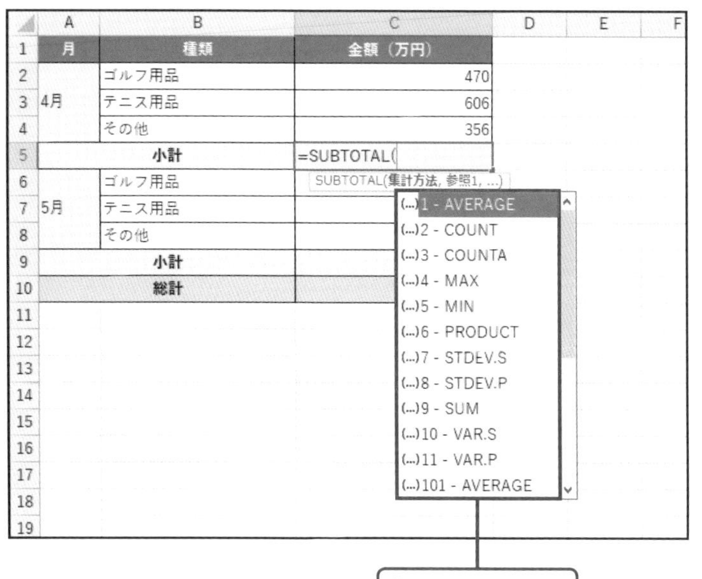

月ごとの小計と総計を計算する

セルC5には4月の売上金額、セルC9には5月の売上金額を小計として計算します。セルC10には、4月と5月の売上金額の合計を総計として計算します。

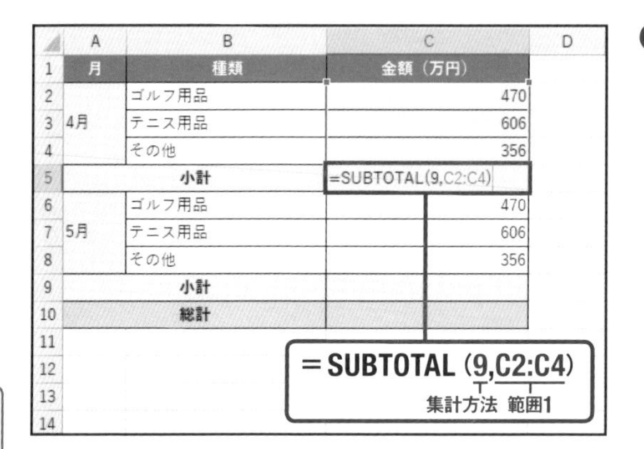

	A	B	C	D
1	月	種類	金額（万円）	
2	4月	ゴルフ用品	470	
3		テニス用品	606	
4		その他	356	
5	小計		=SUBTOTAL(9,C2:C4)	
6	5月	ゴルフ用品	470	
7		テニス用品	606	
8		その他	356	
9	小計			
10	総計			
11				
12				
13				
14				

❶セルC5にSUBTOTAL関数を入力し、引数「集計方法」に9、引数「範囲1」にセル範囲C2:C4を指定します。集計方法の「9」は「SUM関数」を指定しているので、「SUM関数を使ってセル範囲C2:C4に入力されている数値の合計を計算する」という意味になります。

	A	B	C	D
1	月	種類	金額（万円）	
2	4月	ゴルフ用品	470	
3		テニス用品	606	
4		その他	356	
5	小計		1,432	
6	5月	ゴルフ用品	470	
7		テニス用品	606	
8		その他	356	
9	小計		=SUBTOTAL(9,C6:C8)	
10	総計			
11				
12				
13				
14				

＝SUBTOTAL (9,C6:C8)
集計方法　範囲1

❷セルC9にSUBTOTAL関数を入力し、引数「集計方法」に「9」、引数「範囲1」にセル範囲C6:C8を指定します。「SUM関数を使ってセル範囲C6:C8に入力されている数値の合計を計算する」という意味になります。

	A	B	C	D
1	月	種類	金額（万円）	
2	4月	ゴルフ用品	470	
3		テニス用品	606	
4		その他	356	
5	小計		1,432	
6	5月	ゴルフ用品	470	
7		テニス用品	606	
8		その他	356	
9	小計		1,432	
10	総計		=SUBTOTAL(9,C2:C9)	
11				
12				
13				
14				
15				

＝SUBTOTAL (9,C2:C9)
集計方法　範囲1

❸セルC10にSUBTOTAL関数を入力し、引数「集計方法」に9、引数「範囲1」にセル範囲C2:C9を指定します。「SUM関数を使ってセル範囲C2:C9に入力されている数値の合計を計算する」という意味になります。ただし、SUBTOTAL関数はほかのSUBTOTAL関数が入力されているセルは計算に含めません。よってセルC5とC9の数値が除外され、小計を除く総計が計算されます。

STEP UP 応用例 行を非表示にしたとき計算結果が更新されるようにする

削除せず残したいが、集計結果には含めたくないデータがある場合は、該当の行を非表示にしてSUBTOTAL関数で集計する方法が便利です。SUBTOTAL関数では引数「集計方法」に101～111の値を指定すると、非表示にした行の値は集計されなくなります。

	A	B	C	D
1	月	種類	金額（万円）	
2		ゴルフ用品	470	
3	4月	テニス用品	606	
4		その他	356	
5		小計	1,432	
6		ゴルフ用品	470	
7	5月	テニス用品	606	
8		その他	356	
9		小計	1,432	
10		総計	=SUBTOTAL(109,C2:C9)	
11				
12				
13				
14				
15				
16				

＝SUBTOTAL(109,C2:C9)
集計方法 範囲1

❶セルC10にSUBTOTAL関数を入力し、引数「集計方法」に109、引数「範囲1」にセル範囲C2:C9を指定します。

	A	B	C	D
1	月	種類	金額（万円）	
2		ゴルフ用品	470	
3	4月	テニス用品	606	
4		その他	356	
5		小計	1,432	
6		ゴルフ用品	470	
7	5月	テニス用品	606	
8		その他	356	
9		小計	1,432	
10		総計	2,864	
11				
12				
13				

❷セルC10にはセル範囲C2:C9から小計の行を除いた総計が表示されます。

	A	B	C	D
1	月	種類	金額（万円）	
2		ゴルフ用品	470	
3	4月	テニス用品	606	
4		その他	356	
5		小計	1,432	
10		総計	1,432	
11				
12				
13				
14				
15				
16				
17				

❸集計対象から外すために、6行目から8行目を非表示にします。

❹総計の計算結果が更新されます。

対応バージョン 365 2019 2016 2013

SECTION 022 数値の計算

四捨五入して おおよその金額を見積もる

ROUND

ROUND関数は、数値を四捨五入し、指定した桁数に丸める関数です。ROUND関数の計算結果をほかの計算に使うと、四捨五入した数値が使われることになります。そのため、会計処理や科学技術計算など、端数を含めて正確に計算したい場合は注意が必要です。

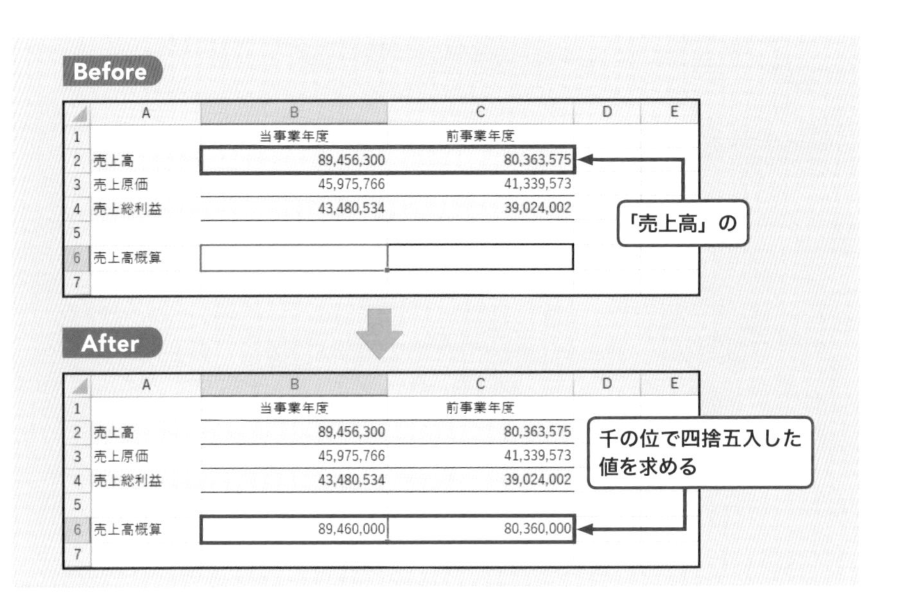

Before

	A	B	C	D	E
1		当事業年度	前事業年度		
2	売上高	89,456,300	80,363,575		
3	売上原価	45,975,766	41,339,573		
4	売上総利益	43,480,534	39,024,002		
5					
6	売上高概算				
7					

After

	A	B	C	D	E
1		当事業年度	前事業年度		
2	売上高	89,456,300	80,363,575		
3	売上原価	45,975,766	41,339,573		
4	売上総利益	43,480,534	39,024,002		
5					
6	売上高概算	89,460,000	80,360,000		
7					

書式 **=ROUND(数値,桁数)**

引数

数値	必須	四捨五入する数値、セル参照
桁数	必須	四捨五入する桁数

説明 ROUND関数は、数値を指定した桁数に丸めます。桁数に0を指定すると、小数点以下第1位を四捨五入します。また、桁数に正の数を指定すると小数点以下の桁で、負の数を指定すると整数の桁で四捨五入します。たとえば、「123.456」の場合、桁数2を指定すると小数点以下第3位を四捨五入し、「123.46」になります。桁数-2を指定すると10の位を四捨五入し、「100」になります。

売上高の千の位を四捨五入して概算を求める

当事業年度の売上高を千の位で四捨五入し、売上高概算を表示します。

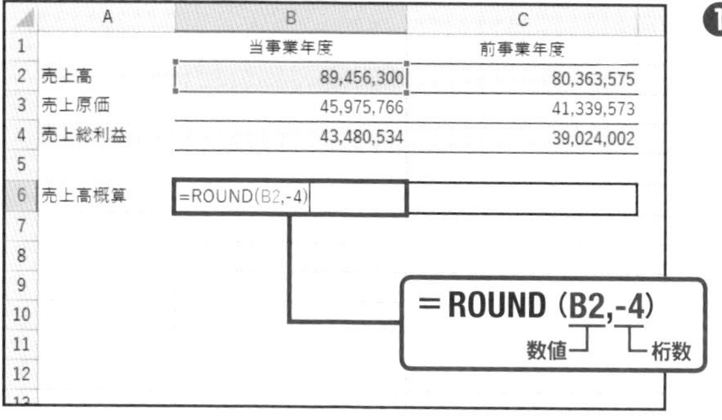

❶セルB6にROUND関数を入力し、引数「数値」にセルB2、引数「桁数」に-4を指定します。「セルB2に入力されている数値を、千の位（-4）で四捨五入する」という意味になります。

STEP UP 応用例 小数を見た目上、四捨五入する

<ホーム>タブの<小数点以下の桁数を減らす>ボタンをクリックすると、小数点以下の桁が非表示になり、数値を見た目上、四捨五入できます。この方法ではセルに入力されているデータ自体は変更されないので、計算に使っても誤差が出ません。

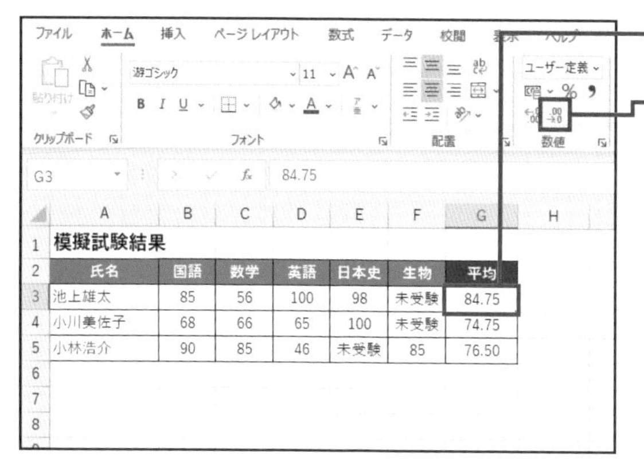

❶セルG3を選択します。

❷<ホーム>タブの<小数点以下の桁数を減らす>ボタンをクリックします。

G3 84.75

模擬試験結果

氏名	国語	数学	英語	日本史	生物	平均
池上雄太	85	56	100	98	未受験	85
小川美佐子	68	66	65	100	未受験	74.75
小林浩介	90	85	46	未受験	85	76.50

❸クリックするごとに、小数点以下の桁数が減ります。見た目上、四捨五入されていますが、数式バーの数値は変化しません。

常に切り上げで計算して支払金額を求める

ROUNDUP
ROUNDDOWN

ROUNDUP関数は指定した桁数で切り上げる関数です。ROUND関数に似ていますが、ROUNDUP関数の場合は四捨五入されません。常に切り上げる点が異なります。なお、指定した桁数で切り捨てたい場合は、ROUNDDOWN関数を使います。

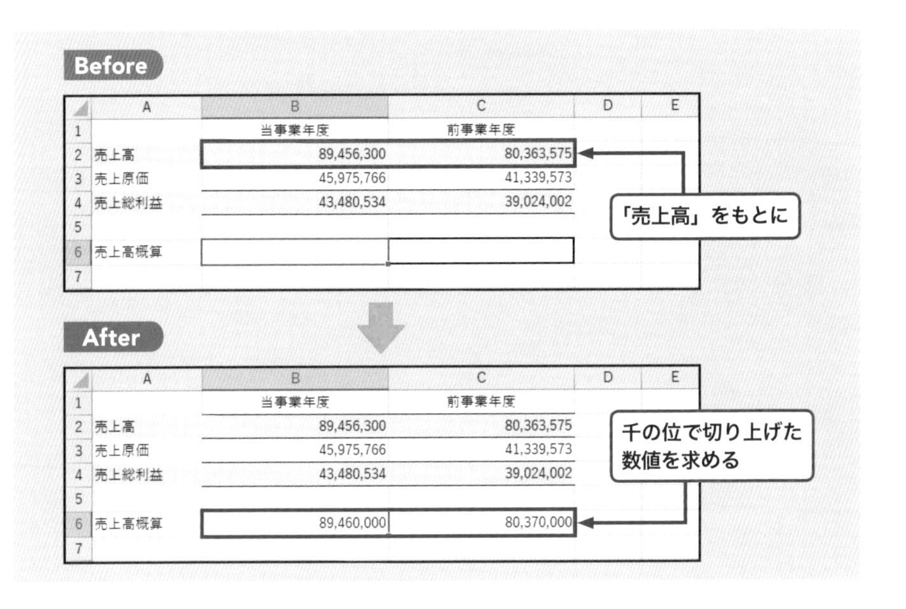

Before

	A	B	C	D	E
1		当事業年度	前事業年度		
2	売上高	89,456,300	80,363,575		
3	売上原価	45,975,766	41,339,573		
4	売上総利益	43,480,534	39,024,002		
5					
6	売上高概算				
7					

After

	A	B	C	D	E
1		当事業年度	前事業年度		
2	売上高	89,456,300	80,363,575		
3	売上原価	45,975,766	41,339,573		
4	売上総利益	43,480,534	39,024,002		
5					
6	売上高概算	89,460,000	80,370,000		
7					

書式 =ROUNDUP(数値,桁数)

引数

数値 必須 切り上げる数値、セル参照

桁数 必須 切り上げる桁数

説明 ROUNDUP関数は、数値を指定した桁数に切り上げます。引数「桁数」に0を指定すると、小数点以下第1位を切り上げます。また、正の数を指定すると小数点以下の桁で、負の数を指定すると整数の桁で切り捨てます。たとえば「123.456」の場合、引数「桁数」に2を指定すると小数点以下第3位を切り上げし、「123.46」になります。-2を指定すると10の位を切り上げし、「200」になります。

引数

引数		
数値	必須	切り捨てる数値、セル参照
桁数	必須	切り捨てる桁数

説明 ROUNDDOWN関数は、数値を指定した桁数に切り捨てます。引数「桁数」に0を指定すると、小数点以下第1位を切り捨てます。正の数を指定すると小数点以下の桁で、負の数を指定すると整数の桁で切り捨てます。たとえば「123.456」の場合、引数「桁数」に2を指定すると小数点以下第3位を切り捨てし、「123.45」になります。-2を指定すると10の位を切り捨てし、「100」になります。

売上高の千の位を切り上げる

当事業年度の売上高を千の位で切り上げし、売上高概算を表示します。

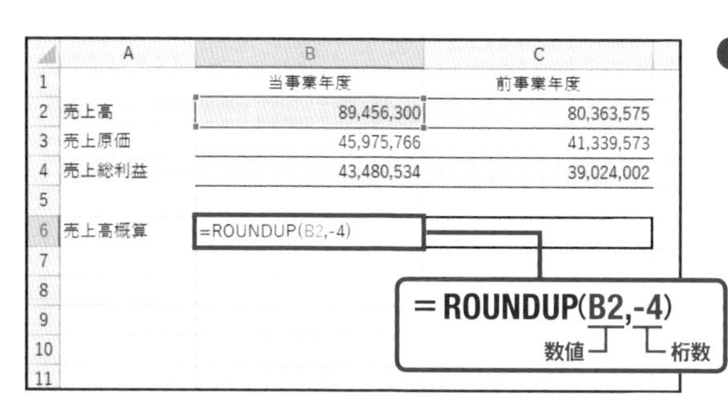

	A	B	C
1		当事業年度	前事業年度
2	売上高	89,456,300	80,363,575
3	売上原価	45,975,766	41,339,573
4	売上総利益	43,480,534	39,024,002
5			
6	売上高概算	=ROUNDUP(B2,-4)	
7			
8			
9			
10			
11			

❶セルB6にROUNDUP関数を入力し、引数「数値」にセルB2、引数「桁数」に-4を指定します。「セルB2に入力されている数値を、千の位（-4）で切り上げる」という意味になります。

指定した桁数で切り捨てる

指定した桁数で切り捨てたい場合は、ROUNDDOWN関数を使います。

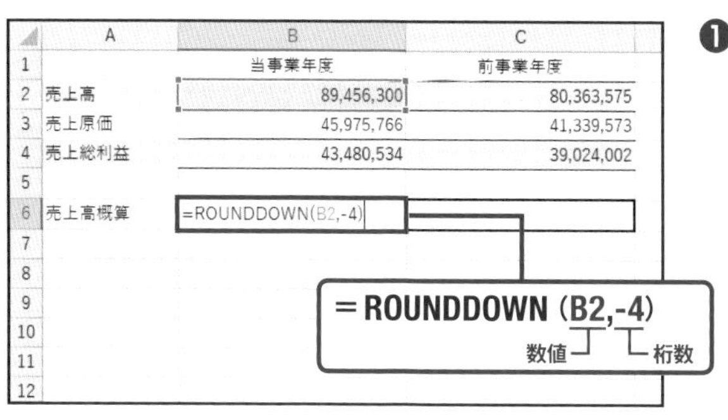

	A	B	C
1		当事業年度	前事業年度
2	売上高	89,456,300	80,363,575
3	売上原価	45,975,766	41,339,573
4	売上総利益	43,480,534	39,024,002
5			
6	売上高概算	=ROUNDDOWN(B2,-4)	
7			
8			
9			
10			
11			
12			

❶セルB6にROUNDDOWN関数を入力し、引数「数値」にセルB2、引数「桁数」に-4を指定します。「セルB2に入力されている数値を、千の位（-4）で切り捨てる」という意味になります。

何ケース発注するべきかを計算する

CEILING関数は、指定した数値を、基準値の倍数のうち絶対値に換算してもっとも近い数値に切り上げる関数です。たとえば、「200個の商品を12個入りのケース単位で発注する場合、注文が必要な数を知りたい」といったときに使います。

Before

	A	B	C	D	E
1	商品名	欲しい数	1ケースの数量	注文が必要な数	
2	スーパークール 大瓶 633ml	212	20		
3	スーパーラガー 大瓶 633ml	546	20		
4	スーパークール 350ml	365	24		
5	スーパーラガー 350ml	782	24		
6					

ケース単位で注文しなければならない商品の「欲しい数」をもとに

After

	A	B	C	D	E
1	商品名	欲しい数	1ケースの数量	注文が必要な数	
2	スーパークール 大瓶 633ml	212	20	220	
3	スーパーラガー 大瓶 633ml	546	20	560	
4	スーパークール 350ml	365	24	384	
5	スーパーラガー 350ml	782	24	792	
6					

注文が必要な数を求める

書式 **=CEILING(数値,基準値)**

数値  切り上げる数値、セル参照

基準値  倍数の基準となる数値

CEILING関数は、数値を基準値の倍数に切り上げます。数値と基準値がどちらも正または負の場合、0から遠いほう(小さいほう)に切り上げます。数値が負で基準値が正の場合、0に近いほう(大きいほう)に切り上げます。また、数値が正で基準値が負の場合、エラー値#NUM!が返されます。

注文するのに必要な数量を計算する

商品を212本欲しいのですが、1ケース20本入りのケース単位でしか注文できないため、20本単位で注文する必要があるとします。CEILING関数を使うと、商品を最低限いくつ注文する必要があるかがわかります。

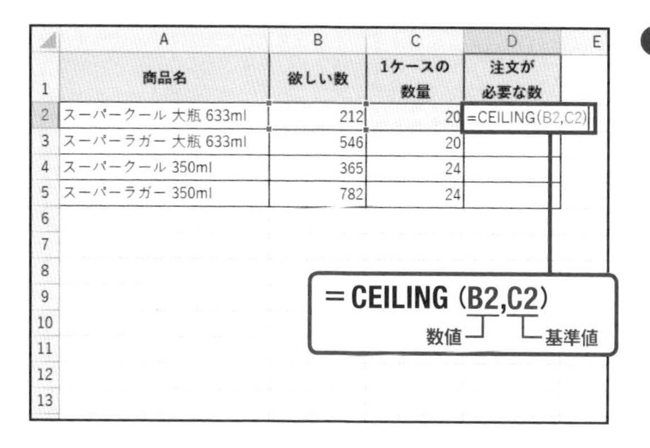

	A	B	C	D	E
1	商品名	欲しい数	1ケースの数量	注文が必要な数	
2	スーパークール 大瓶 633ml	212	20	=CEILING(B2,C2)	
3	スーパーラガー 大瓶 633ml	546	20		
4	スーパークール 350ml	365	24		
5	スーパーラガー 350ml	782	24		

❶セルD2にCEILING関数を入力し、引数「数値」にセルB2、引数「基準値」にセルC2を指定します。「セルB2に入力されている数値212を、セルC2に入力されている数値20の倍数に切り上げる」という意味になります。

STEP UP 応用例 発注するケース数を求める

上の例では、CEILING関数を使い、212本の商品が欲しい場合は220本注文する必要があることがわかりました。では、1ケース20本入りのケース単位で発注すればよいので、割り算で発注するケース数を計算しましょう。

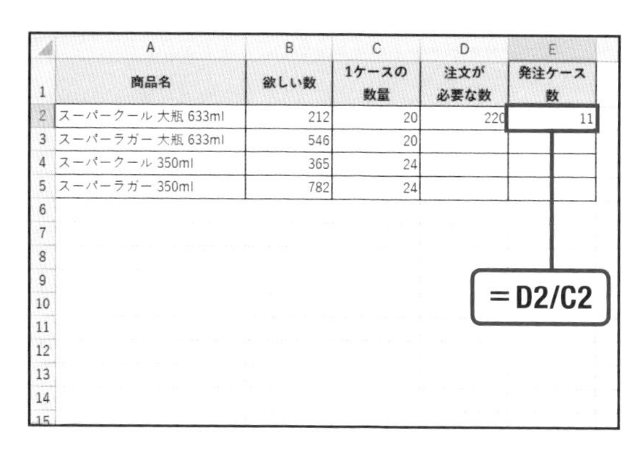

	A	B	C	D	E
1	商品名	欲しい数	1ケースの数量	注文が必要な数	発注ケース数
2	スーパークール 大瓶 633ml	212	20	220	11
3	スーパーラガー 大瓶 633ml	546	20		
4	スーパークール 350ml	365	24		
5	スーパーラガー 350ml	782	24		

❶「注文が必要な数」を「1ケースの数量」で割ると、「発注ケース数」がわかります。セルE2に「＝D2/C2」を入力します。

COLUMN

CEILING.PRECISE関数、CEILING.MATH関数

CEILING関数のほかにも、数値の切り上げを行う関数があります。CEILING.PRECISE関数は、数値が正の場合は0から離れた整数に、負の場合は0に近い整数に切り上げます。CEILING.MATH関数は、モードを指定すると、数値の正負による動作を切り替えることができます。

対応バージョン 365 2019 2016 2013

SECTION 025 数値の計算

勤務表で30分単位の切り下げ計算を行う

FLOOR

FLOOR関数は、指定した数値を基準値の倍数のうちもっとも近い数値に切り下げる関数です。たとえば「退社時刻を19:40から19:30に30分単位で切り下げて処理したい」といったときに使います。切り上げたい場合はCEILING関数を使います。

Before

	A	B	C	D
1		出社時刻	退社時刻1	退社時刻2
2	1日	9:50	17:12	
3	2日	13:45	17:14	
4	3日	13:54	17:22	
5	4日	9:42	12:11	
6	5日			
7	6日	18:46	22:36	
8	7日	13:51	17:08	
9	8日			
10	9日	13:44	17:17	
11	10日			
12				
13				
14				
15				

退社時刻「17:12」を

After

	A	B	C	D
1		出社時刻	退社時刻1	退社時刻2
2	1日	9:50	17:12	17:00
3	2日	13:45	17:14	
4	3日	13:54	17:22	
5	4日	9:42	12:11	
6	5日			
7	6日	18:46	22:36	
8	7日	13:51	17:08	
9	8日			
10	9日	13:44	17:17	
11	10日			
12				
13				
14				
15				

30分単位で切り下げた「17:00」を表示する

書式 **=FLOOR(数値,基準値)**

引数

数値	必須	切り下げる数値、セル参照
基準値	必須	倍数の基準となる数値

説明 FLOOR関数は、数値を基準値の倍数に切り下げます。数値と基準値がどちらも正または負の場合、0に近いほうに切り下げます。数値が負で基準値が正の場合、0から遠いほうに切り下げます。また、数値が正で基準値が負の場合、エラー値#NUM!が返されます。

退社時刻を30分単位で切り下げる

FLOOR関数を使って退社時刻を30分単位で切り下げます。たとえば、退社時刻が17時10分や17時25分は17時00分に、17時40分や17時55分は17時30分に切り下げられます。

	A	B	C	D
1		出社時刻	退社時刻1	退社時刻2
2	1日	9:50	17:12	=FLOOR(C2,"0:30")
3	2日	13:45	17:14	
4	3日	13:54	17:22	
5	4日	9:42	12:11	
6	5日			
7	6日	18:46	22:36	
8	7日	13:51	17:08	
9	8日			
10	9日	13:44	17:17	
11	10日			

❶ セルD2にFLOOR関数を入力し、引数「数値」にセルC2、引数「基準値」に"0:30"を指定します。「セルC2に入力されている時間を30分単位で切り下げる」という意味になります。

STEP UP 応用例　金額を1000円単位で切り下げる

FLOOR関数を使えば、金額を1000円単位で切り下げることもできます。たとえば、1万800円は1万円に、1万2500円は1万2000円に切り下げられます。

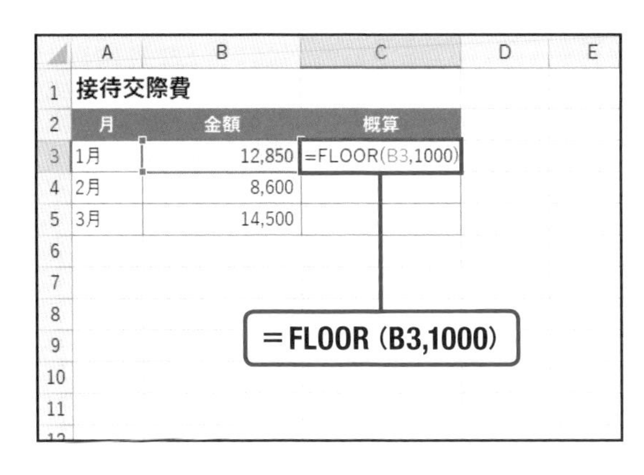

	A	B	C
1	接待交際費		
2	月	金額	概算
3	1月	12,850	=FLOOR(B3,1000)
4	2月	8,600	
5	3月	14,500	

❶ セルC3にFLOOR関数を入力し、引数「数値」にセルB3、引数「基準値」に1000を指定します。「セルC3に入力されている数値を1000単位で切り下げる」という意味になります。

COLUMN

FLOOR.PRECISE関数、FLOOR.MATH関数

FLOOR関数のほかにも、数値の切り下げを行う関数があります。FLOOR.PRECISE関数は、数値が正の場合は0に近い整数に、負の場合は0から遠い整数に切り下げます。FLOOR.MATH関数は、モードを指定すると、数値の正負による動作を切り替えることができます。

対応バージョン 365 2019 2016 2013

SECTION 026 数値の計算

SUM

複数シートの値を集計してグラフにする

複数のシートに入力されている数値を使って計算することを「串刺し計算」といいます。串刺し計算を利用すると、複数のシートに入力されている数値を使ってグラフを作成できます。なお、串刺し計算では、各シートが同じレイアウトになっている必要があります。

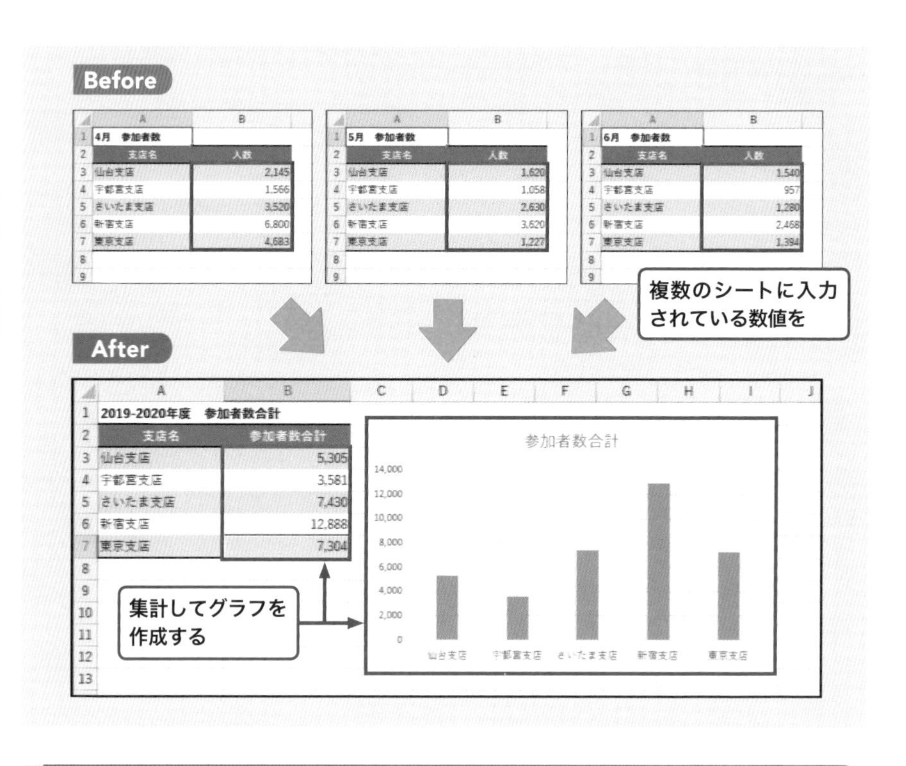

串刺し計算とは

「串刺し計算」とは、複数の異なるシートに入力されている数値を、1つのシートに集計する計算方法です。「3D集計」ともいいます。
串刺し計算を行うには、「=関数名(最初のシート名:最後のシート名!セル範囲)」と入力します。このとき、串刺し計算を行う各シートの表は、同じレイアウトになっている必要があります。また、シート名の先頭に数字や記号を使っている場合は、シート名の範囲を「'」で挟みます。串刺し計算は、AVERAGE関数やCOUNT関数など、SUM関数以外の関数でもできますが、できない関数もあります。ここではSUM関数を使って串刺し計算を行う手順について解説します。SUM関数の書式については、P.56を参照してください。

3つのシートに入力されているデータからグラフを作成する

4月シート、5月シート、6月シートという3つのシートに入力されているデータの合計を計算し、計算結果を合計シートに表示します。その後、計算結果を使ってグラフを作成します。

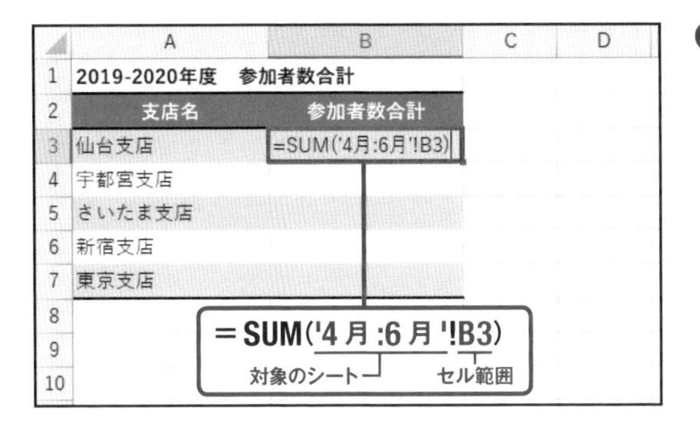

❶各シートは同じレイアウトになっています。合計シートのセルB3に「＝SUM（'4月:6月'!B3)」と入力します。「SUM関数を使って、4月～6月シートにあるセルB3の数値の合計を計算する」という意味になります。

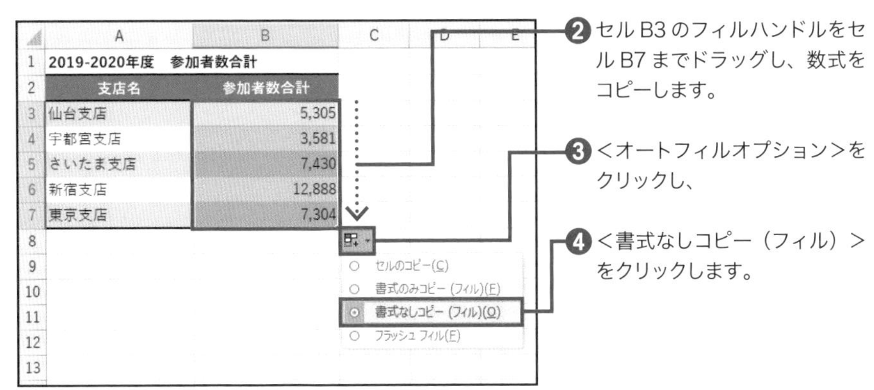

❷セルB3のフィルハンドルをセルB7までドラッグし、数式をコピーします。

❸＜オートフィルオプション＞をクリックし、

❹＜書式なしコピー（フィル）＞をクリックします。

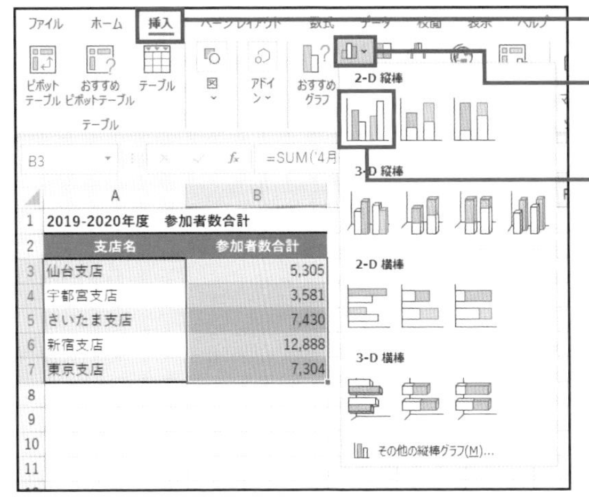

❺＜挿入＞タブをクリックし、

❻＜縦棒 / 横棒グラフの挿入＞をクリックします。

❼＜2-D縦棒＞にある＜集合縦棒＞をクリックします。

COLUMN

関数と数式の簡易入力

Excelにはたくさんの関数が用意されているため、関数名が長く入力が面倒なものや、スペルを正確に覚えていないものもあるでしょう。
Excelには関数の入力を支援する機能が搭載されているので、ぜひ活用しましょう。「@」に続けて文字を入力すると、関数の候補リストが表示されます。これを「数式オートコンプリート」といいます。
たとえば、セルに「@su」まで入力すると、「SU」で始まる関数の一覧が入力候補として表示されます。矢印キーの上下でリスト内の＜SUM＞を選択し、Tabキーを押すと「=SUM(」と入力されます。関数名と最初のカッコまでが入力されます。続けてセル範囲を指定し、Enterキーを押すと関数の入力が完了します。関数に必要な「=」や「(」、「)」を入力する必要はありません。「=」や「(」の入力は、Shiftキーを押しながらほかのキーを押さなくてはならないため少々手間がかかりますが、数式オートコンプリートを利用すれば、関数を簡単に入力できます。
なお、数式オートコンプリートを利用したい場合は、半角英数字モードにする必要があります。また、数式オートコンプリートが不必要なユーザーもいるかもしれません。この機能をオフにするには、＜ファイル＞→＜オプション＞をクリックしてExcelのオプションを表示し、＜数式＞にある＜数式オートコンプリート＞をオフにします。

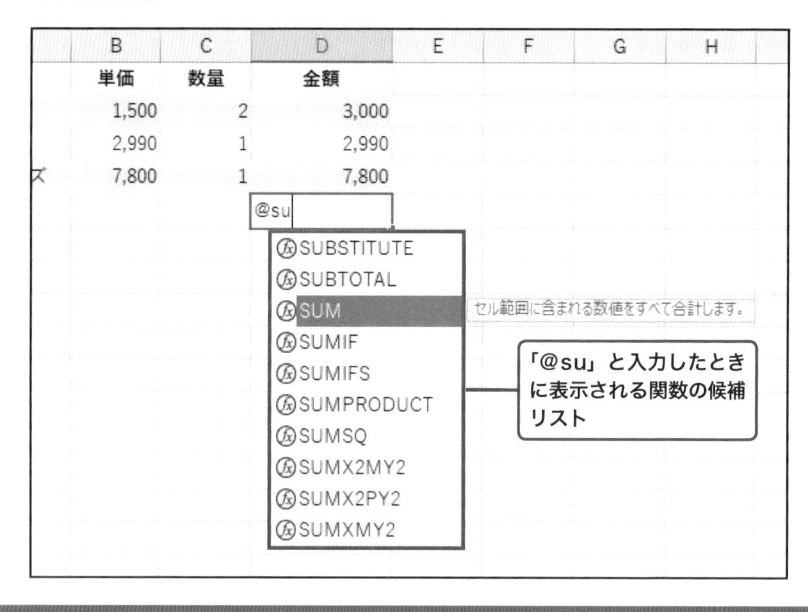

第 3 章

日程・時間の管理に役立つ!

日付と時刻の関数

SECTION 027 日付と時刻

対応バージョン 365 2019 2016 2013

進捗管理に必須! 日付/時刻の計算を理解する

Excelでは、金額や数量だけでなく、日付や時刻を計算することもできます。このとき、日付や時刻のデータは「シリアル値」という特別な値で処理されます。仕組みを知ることで日付や時刻を使った計算への理解を深めましょう。

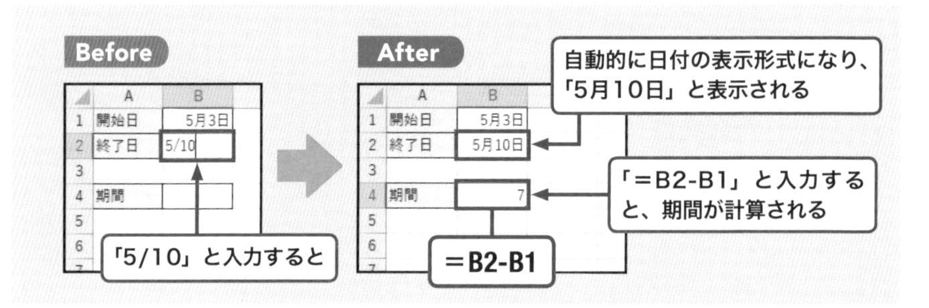

独自の表示形式を設定する

Excelでは、「/」や「:」で区切って入力された数値は日付や時刻のデータとみなされます。自動的に日付や時刻の表示形式になりますが、独自の表示形式も設定できます。
独自の表示形式を設定するには、<セルの書式設定>ダイアログボックスにある<表示形式>タブの<分類>から、<ユーザー定義>を選択し、<種類>に目的の形式を入力します。

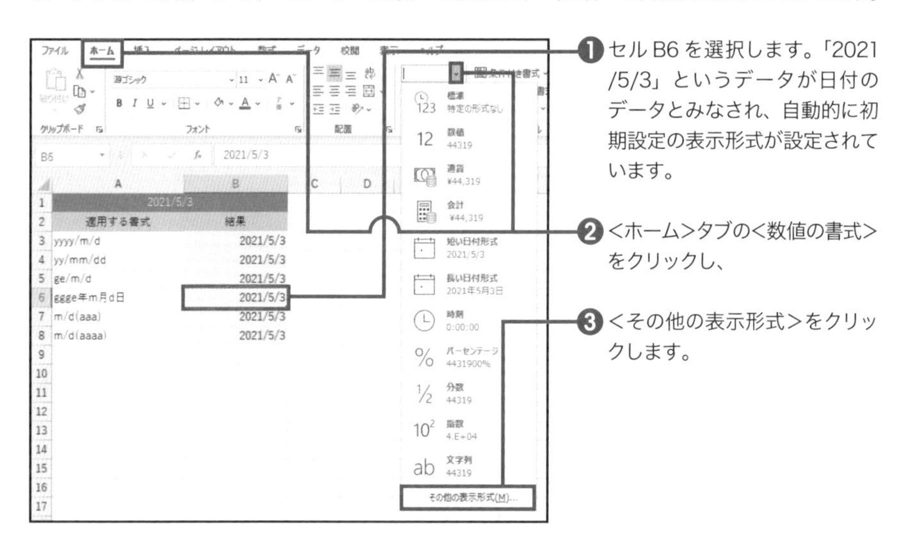

❶ セルB6を選択します。「2021/5/3」というデータが日付のデータとみなされ、自動的に初期設定の表示形式が設定されています。

❷ <ホーム>タブの<数値の書式>をクリックし、

❸ <その他の表示形式>をクリックします。

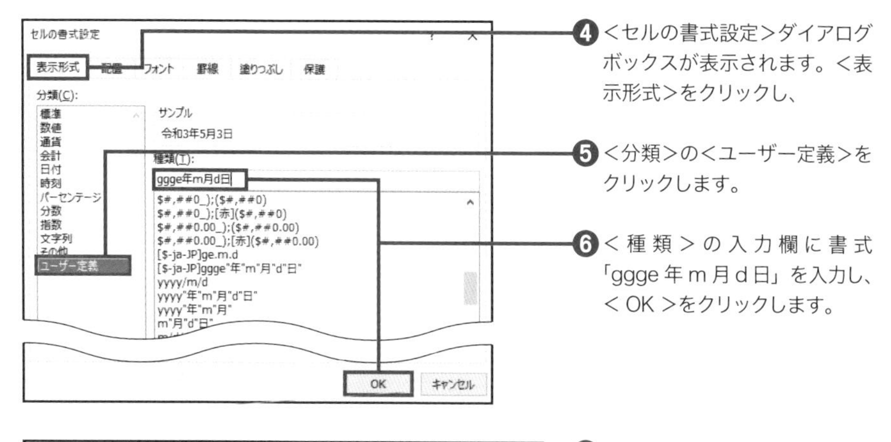

❹ <セルの書式設定>ダイアログボックスが表示されます。<表示形式>をクリックし、

❺ <分類>の<ユーザー定義>をクリックします。

❻ <種類>の入力欄に書式「ggge 年 m 月 d 日」を入力し、< OK >をクリックします。

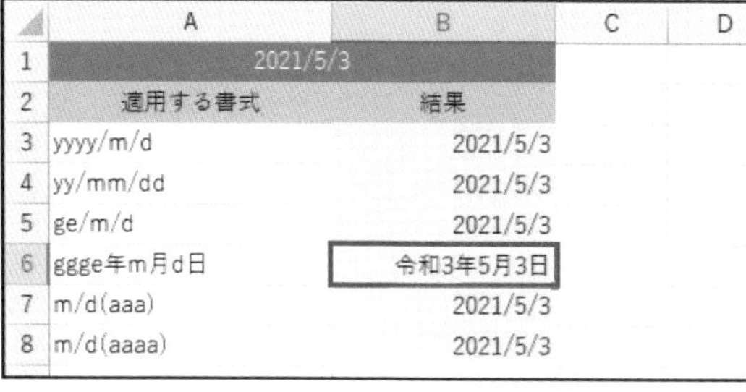

	A	B	C	D
1	2021/5/3			
2	適用する書式	結果		
3	yyyy/m/d	2021/5/3		
4	yy/mm/dd	2021/5/3		
5	ge/m/d	2021/5/3		
6	ggge年m月d日	令和3年5月3日		
7	m/d(aaa)	2021/5/3		
8	m/d(aaaa)	2021/5/3		

❼ セル B6 の表示形式が変更され、「2021/5/3」が「令和 3 年 5 月 3 日」と表示されます。

▶ 日付や時刻に設定できる書式記号

Excelで日付や時刻の表示に利用できる、主な書式記号は次の通りです。

日付に使える書式記号	意味	例
yy、yyyy	西暦	21、2021
e、ee	年号	3、03
g、gg、ggg	元号	R、令、令和
m、mm	月	5、05
d、dd	日	3、03
mmm、mmmm、mmmmm	月の英語表記	Jul、July、J
ddd、dddd	曜日の英語表記	Mon、Monday
aaa、aaaa	曜日の漢字表記	月、月曜日

時刻・時間に使える書式記号	意味	例
h、hh	時間	9、09
m、mm	分	6、06
s、ss	秒	8、08
AM/PM、A/P	AM か PM か	2:00 PM、2:00 P

シリアル値とは

Excelでは、日付のデータは「シリアル値」という値に変換して処理されます。シリアル値は1900年1月1日を「1」とし、以降、1日経過するごとに「1」ずつ増えます。たとえば、2021年1月1日はシリアル値では「44197」になり、「1900年1月1日を基準として44197番目の日付」という意味です。この「44197」がいつを意味するのか、人間にはわかりづらいため、書式の設定を用いて「2021/1/1」や「1月1日」という表示形式で表示されるのです。シリアル値では「1日」の大きさが「1」なので、時刻の場合は24時間が「1」になります。6:00は「0.25」、12:00は「0.5」です。なお、「24:00」のように時刻を入力すると、「次の日の午前0時」と解釈されて「0:00」と表示されます。「25:00」は「次の日の午前1時」になり、「1:00」と表示されます。

	A	B	C	D	E	F
1	日付値／時刻値	シリアル値				
2	1900/1/1	1				
3	1900/1/10	10				
4	2021/8/1	44409				
5	2021/8/8	44416				
6	0:00	0				
7	12:00	0.5				
8	18:00	0.75				
9	24:00	1				
10						
11						
12						
13						

日付は「1900年1月1日」を基準とした日数として管理されている

時間は「1」を「1日（24時間）」とした小数として管理されている

また、日付と時刻のシリアル値は組み合わせることも可能です。日付の部分は整数、時刻の部分は小数で表されます。たとえば2021年1月1日午前6時00分は、シリアル値では「44197.25」になります。

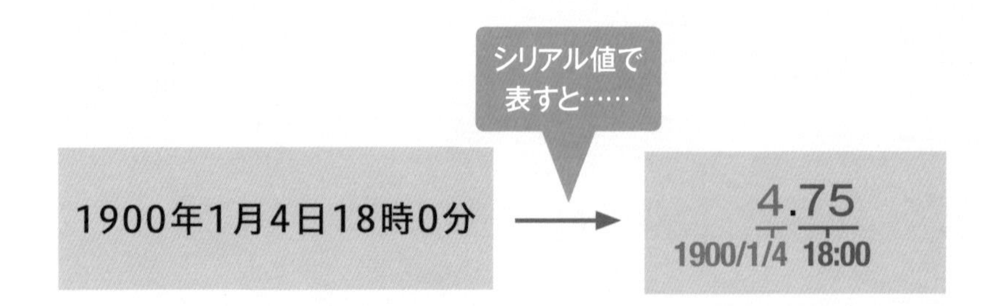

書式を変更してシリアル値での記録を確認する

実際にセルに適当な日付や時刻を入力し、そのセルの書式設定を「標準」や「数値」に変更してみましょう。入力した日付や時刻のシリアル値を確認できます。このとき、時刻まで確認するには、小数点以下まで表示する書式に変更してみましょう。

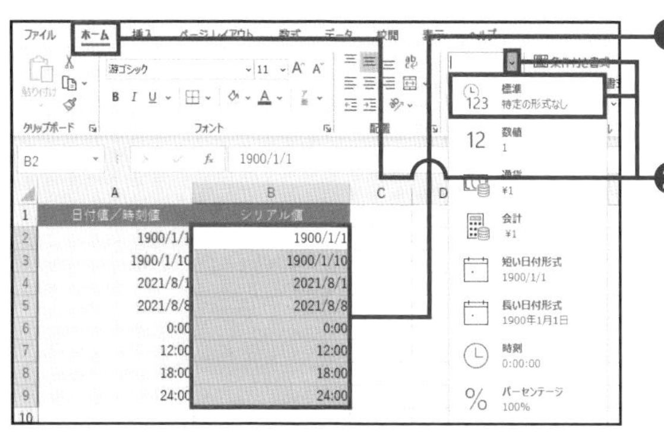

❶日付や時刻の入力されているセル（ここではB2:B9）を選択します。

❷<ホーム>タブの<数値の書式>をクリックし、<標準>をクリックします。

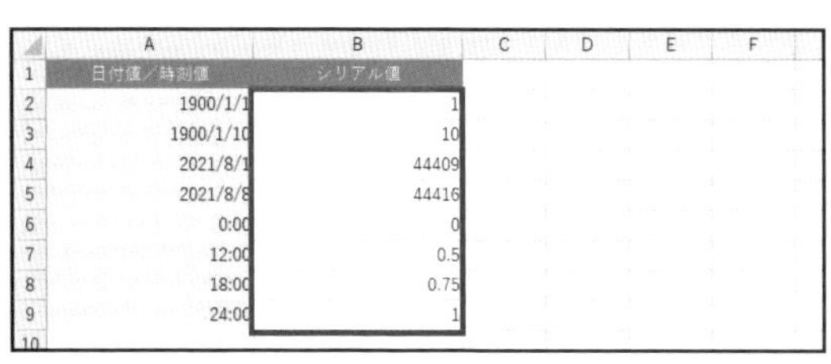

❸シリアル値を確認できます。

STEP UP 活用技 入力した時刻をそのまま表示する

Excelでは、数値を「:」で区切って入力すると自動的に「時刻」の書式が設定されます。「25:00」は前述のように「1:00」と表示されます。「25:00」のように、入力したデータのまま表示したい場合は、<セルの書式設定>ダイアログボックスから設定できます。

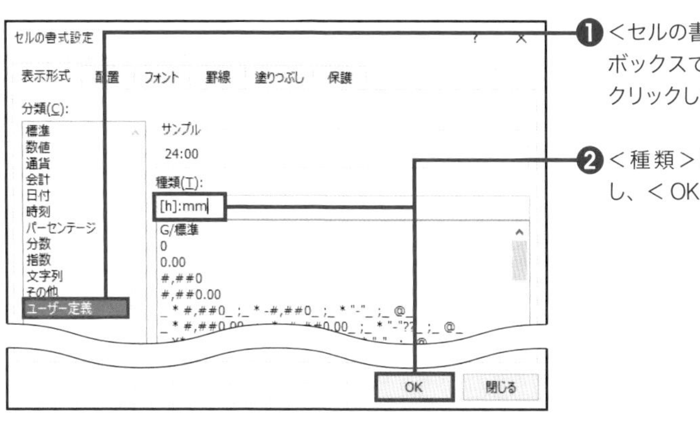

❶<セルの書式設定>ダイアログボックスで<ユーザー定義>をクリックします。

❷<種類>に「[h]:mm」と入力し、<OK>をクリックします。

SECTION 028 日付と時刻

対応バージョン 365 2019 2016 2013

月ごとに集計するために月を抜き出す

YEAR MONTH DAY

関数を使えば、「年月日」が入力されているデータから「年」「月」「日」の各部分を取り出すことができます。「年」や「月」をほかのセルに抜き出すと、オートフィルタやSUMIF関数を使って年ごと、月ごとなどの集計ができるので便利です。

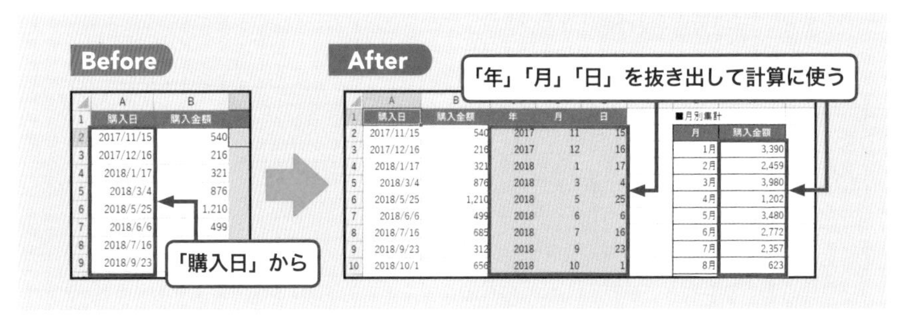

書式 =YEAR(シリアル値)

引数 シリアル値 必須 日付としてみなせる値

説明 YEAR関数は、引数として指定したシリアル値から、日付値の「年」の部分の値を1900～9999の範囲の整数で返します。引数にはシリアル値が入力されているセルを指定するほか、「"2021/1/1"」のような日付とみなせる文字列を指定することも可能です。

書式 =MONTH(シリアル値)

引数 シリアル値 必須 日付としてみなせる値

説明 MONTH関数は、引数として指定したシリアル値から、日付値の「月」の部分の値を1～12の範囲の整数で返します。引数にはシリアル値が入力されているセルを指定するほか、「"2021/1/1"」のような日付とみなせる文字列を指定することも可能です。

シリアル値 

日付としてみなせる値

DAY関数は、引数として指定したシリアル値から、日付値の「日」の部分の値を1～31の範囲の整数で返します。引数にはシリアル値が入力されているセルを指定するほか、「"2021/1/1"」のような日付とみなせる文字列を指定することも可能です。

「年月日」が入力されているデータから「月」ごとのデータを集計する

セルに入力された日付のデータをもとに、年、月、日の部分を抜き出します。抜き出した値は、日付値ではなく通常の数値となります。この数値をもとにすれば、特定の年や月の値を持つデータを集計・分析することができます。

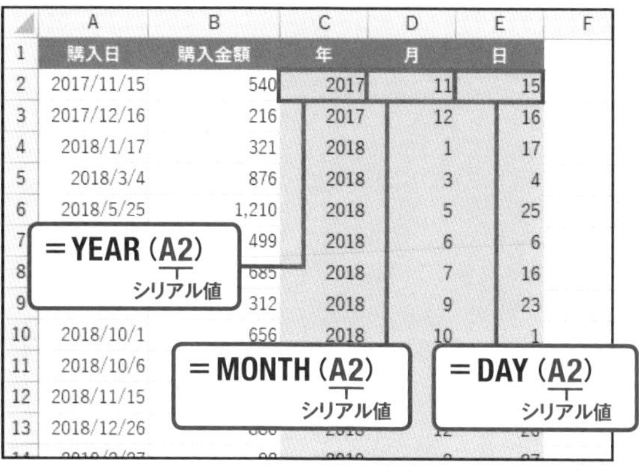

❶セルC2にYEAR関数を入力します。引数「シリアル値」にはすでに日付値が入力されているセルA2を指定します。

❷同様に、セルD2にMONTH関数、セルE2にDAY関数を入力したら、セル範囲C2:E2を選択し、表の一番下までコピーします。

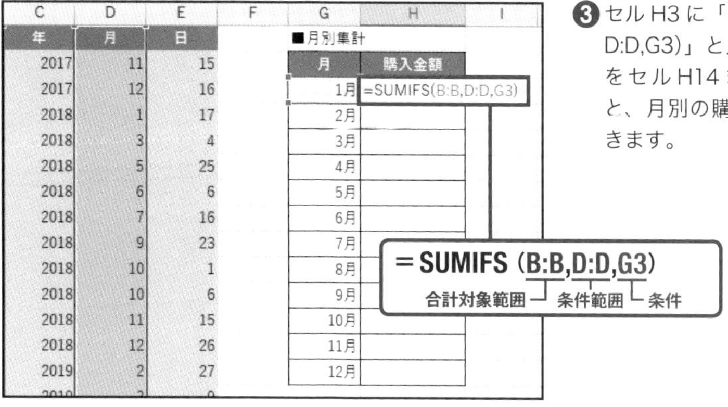

❸セルH3に「=SUMIFS(B:B,D:D,G3)」と入力し、セルH3をセルH14までコピーすると、月別の購入金額を集計できます。

対応バージョン 365 2019 2016 2013

時間帯ごとに集計するために時間を抜き出す

HOUR
MINUTE
SECOND

HOUR関数、MINUTE関数、SECOND関数を使うと、時刻のデータから「時」「分」「秒」の各部分を抜き出すことができます。抜き出したデータは数値として処理されます。ここでは、来店日時のデータから、時間ごとの来客数を集計します。

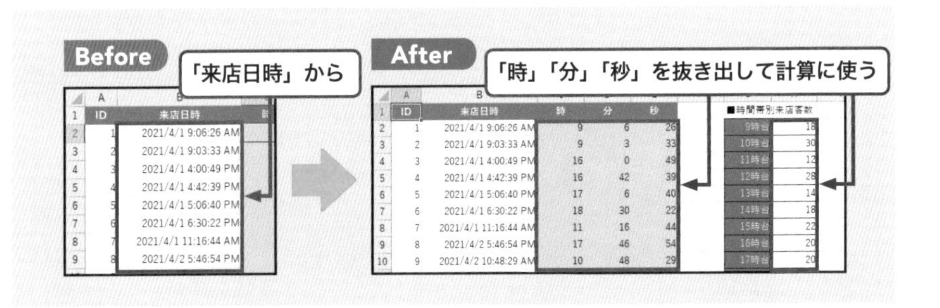

書式 **=HOUR（シリアル値）**

引数 シリアル値　必須　時刻としてみなせる値

説明 HOUR関数は、引数として指定した時刻のデータを持つシリアル値から、時刻値の「時」の部分の値を0～23の範囲の整数で返します。引数には、時刻の値が入力されているセルを指定するほか、「12:34:56」のような時刻とみなせる文字列を半角の二重引用符(")で囲んで指定することも可能です。

書式 **=MINUTE（シリアル値）**

引数 シリアル値　必須　時刻としてみなせる値

説明 MINUTE関数は、引数として指定したシリアル値から、時刻値の「分」の部分の値を0～59の範囲の整数で返します。引数には、シリアル値が入力されているセルを指定するほか、「12:34:56」のような時刻とみなせる文字列を半角の二重引用符(")で囲んで指定することも可能です。

=SECOND(シリアル値)

シリアル値  時刻としてみなせる値

SECOND関数は、引数として指定したシリアル値から、時刻値の「秒」の部分の値を返します。引数には、シリアル値が入力されているセルを指定するほか、「12:34:56」のような時刻とみなせる文字列を半角の二重引用符(")で囲んで指定することも可能です。

「日時」が入力されているデータから「時」ごとのデータを集計する

セルに入力された日時のデータをもとに、時、分、秒の部分を抜き出します。抜き出した値は、時刻値ではなく通常の数値となります。この数値をもとにすれば、特定の時刻の値を持つデータを集計・分析することができます。

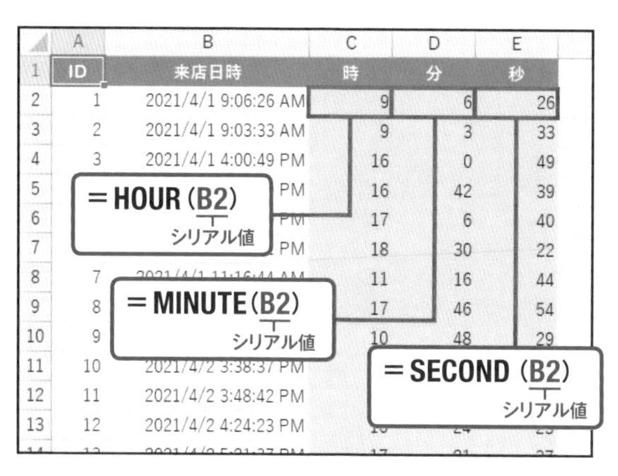

❶セルC2にHOUR関数を入力します。引数「シリアル値」には、時刻のデータを持つ日付値が入力されているセルB2を指定します。

❷同様に、セルD2にMINUTE関数、セルE2にSECOND関数を入力したら、セル範囲C2:E2を選択し、表の一番下までコピーします。

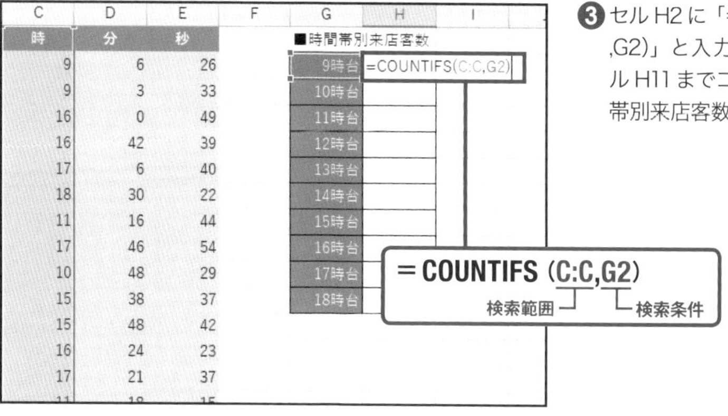

❸セルH2に「=COUNTIFS(C:C,G2)」と入力し、セルH2をセルH11までコピーすると、時間帯別来店客数を集計できます。

SECTION 030 日付と時刻

対応バージョン 365 2019 2016 2013

曜日ごとに集計するために曜日を抜き出す

WEEKDAY

WEEKDAY関数は、日付のデータが、たとえば日曜日ならば「1」、月曜日ならば「2」といったように、何曜日なのかを表す値を取り出す関数です。取り出した値は、曜日ごとのデータ分析や、曜日に対応する情報の表示などに活用できます。

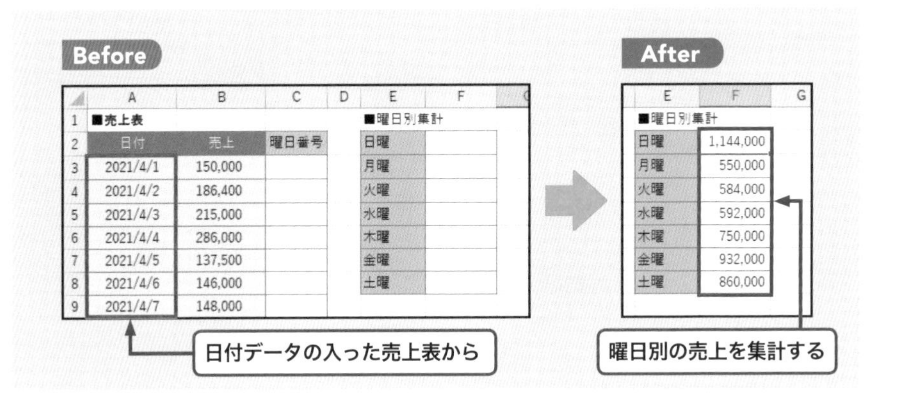

書式 =WEEKDAY(シリアル値, [種類])

引数
シリアル値 必須 日付としてみなせる値
種類 任意 どの曜日を「1」とするかの設定値

説明 WEEKDAY関数は、「シリアル値」に指定した値から、「種類」に応じて曜日を表す数値1~7または0~6を返します。「種類」を省略した場合は「1」を指定したことになります。

引数「種類」による曜日番号の違い

種類	戻り値(曜日との対応)
1	1(日曜)~7(土曜)
2	1(月曜)~7(日曜)
3	0(月曜)~6(日曜)
11	1(月曜)~7(日曜)
12	1(火曜)~7(月曜)

種類	戻り値(曜日との対応)
13	1(水曜)~7(火曜)
14	1(木曜)~7(水曜)
15	1(金曜)~7(木曜)
16	1(土曜)~7(金曜)
17	1(日曜)~7(土曜)

※11以降の番号はExcel 2010以降で使用可能

「日時」が入力されているデータから「曜日」ごとのデータを集計する

ここでは、WEEKDAY関数を使って日付から曜日の値を取り出し、取り出した値を使って曜日ごとの売上合計を計算します。

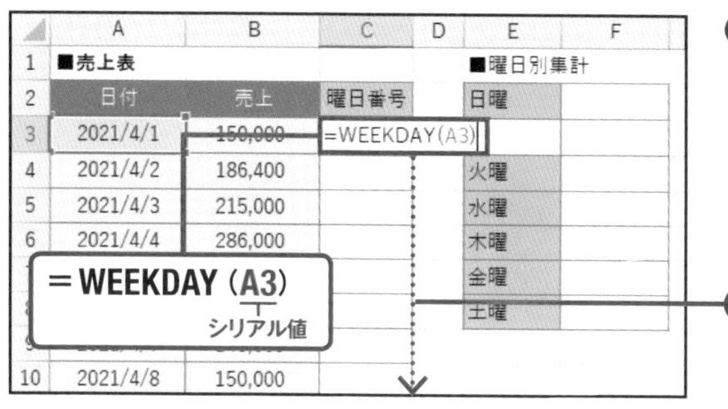

❶セルC3にWEEKDAY関数を入力し、引数「シリアル値」にセルA3を指定します。「セルC3に入力されている日付から曜日を取り出す」という意味になります。

❷セルC3を選択し、表の一番下までコピーします。

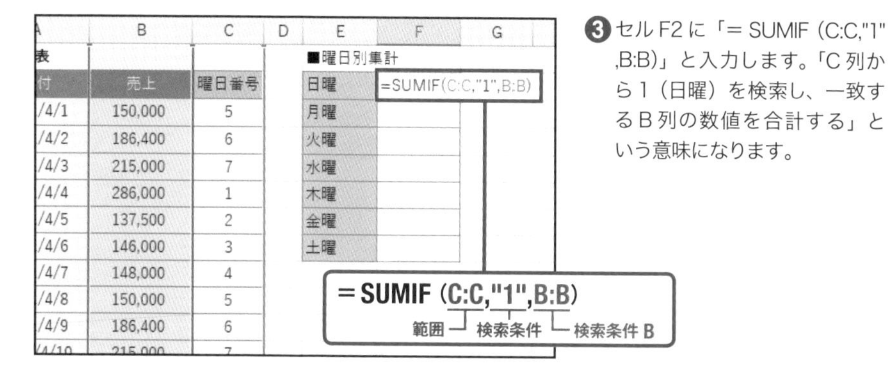

❸セルF2に「= SUMIF (C:C,"1",B:B)」と入力します。「C列から1（日曜）を検索し、一致するB列の数値を合計する」という意味になります。

STEP UP 応用例　土日に「定休日」と表示する

WEEKDAY関数とIF関数を組み合わせ、土日に「定休日」と表示してみましょう。WEEKDAY関数の引数「種類」に「2」を指定し、土曜日に「6」、日曜日に「7」を返すようにします。一方、IF関数には、WEEKDAY関数の算出値が6以上という条件を指定し、真の場合と偽の場合の値を設定します。

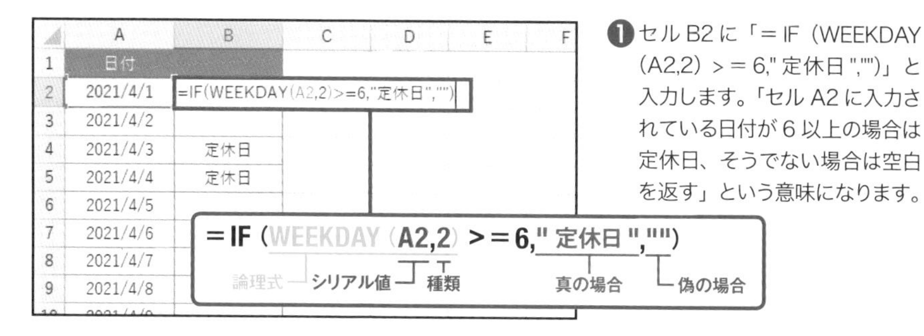

❶セルB2に「= IF (WEEKDAY (A2,2) >= 6," 定休日 ","")」と入力します。「セルA2に入力されている日付が6以上の場合は定休日、そうでない場合は空白を返す」という意味になります。

SECTION 031 日付と時刻

EOMONTH

月末の日付を求める

EOMONTH関数は、任意の日付をもとに1ヶ月後や1ヶ月前の月末日を計算する関数です。月末日は月によって異なりますが、EOMONTH関数を使えば正確な日付がわかります。月末日を入力する手間を省き、入力ミスを防ぐことができます。

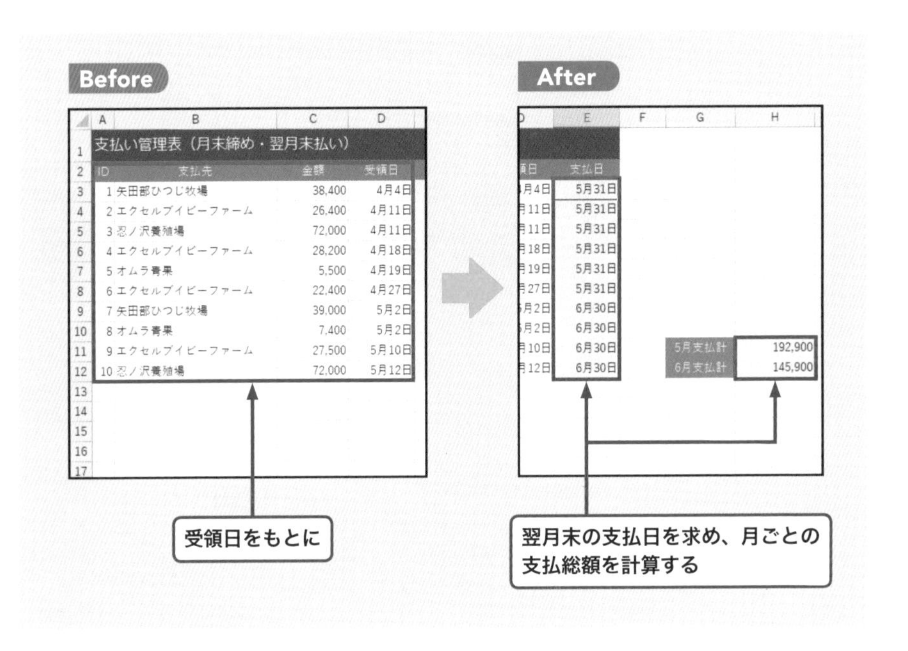

書式 

=EOMONTH(開始日,月)

引数

引数		説明
開始日	必須	基準となる日付のシリアル値や日付としてみなせる値(文字列)
月	必須	基準となる日付からの月数

説明 EOMONTH関数は、「開始日」に指定した日付から、「月」に指定した数だけ離れた月の、月末日のシリアル値を返します。「月」に正の数を指定した場合には、○ヶ月後の月末日のシリアル値を、負の数を指定した場合は、○ヶ月前の月末日のシリアル値を返します。

月末に支払う金額を合計する

ここでは、取引先への支払規定が「月末締め・翌月末払い」のときの、月ごとの支払総額を計算します。

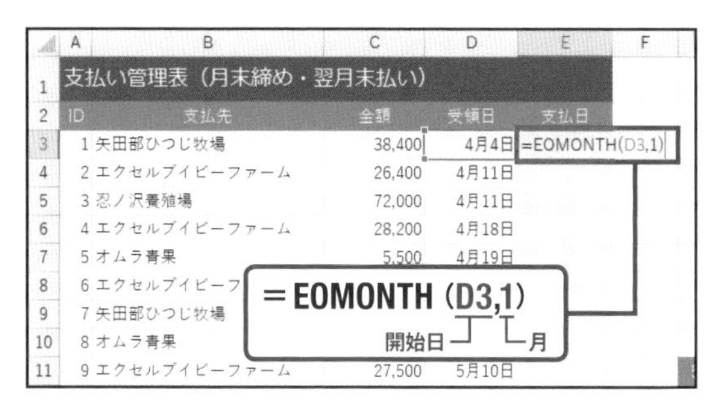

❶セル E3 に EOMONTH 関数を入力し、引数「開始日」にセル D3 を、引数「月」に「1」を指定します。「セル D3 に入力されている 4 月 4 日の 1 ヶ月後の月末日を計算する」という意味になります。

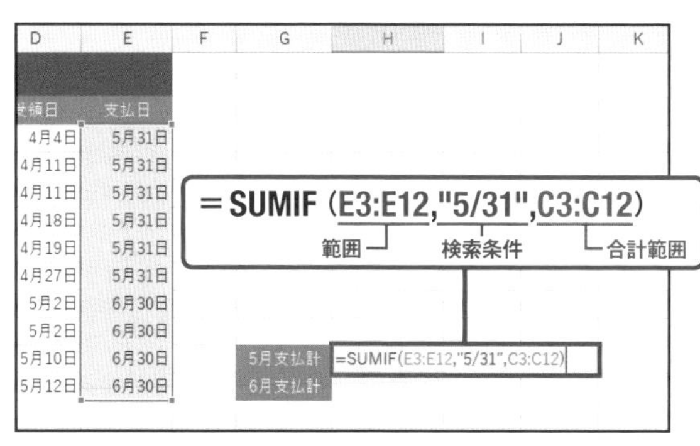

❷支払日である翌月の月末日が求められました。同様にほかのデータの支払日も計算します。最後に、SUMIF 関数（P.62 参照）を使って 5 月の支払い額を集計します。

STEP UP 応用例　当月の月末日を計算する

翌月ではなく当月の月末日を求める場合は、EOMONTH 関数の引数「月」に「0」を指定します。

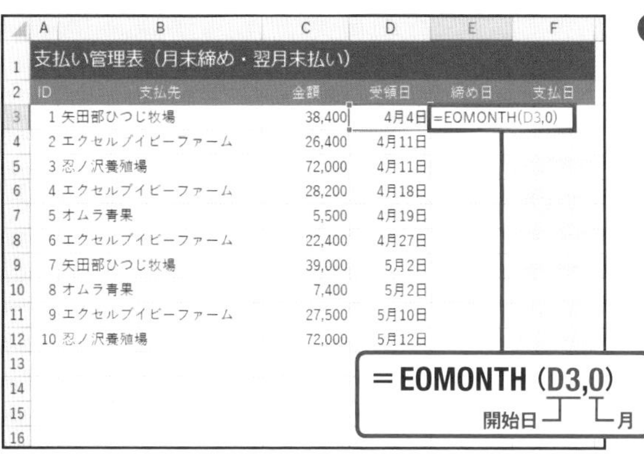

❶セル E3 に EOMONTH 関数を入力し、引数「開始日」にセル D3 を、引数「月」に「0」を指定します。「セル D3 に入力されている 4 月 4 日が属する月の月末日を計算する」という意味になります。

対応バージョン 365 2019 2016 2013

SECTION 032 日付と時刻

○ヶ月後や○ヶ月前の日付を求める

EDATE

EDATE関数は、任意の日付をもとに1ヶ月後や1ヶ月前の日付を計算する関数です。シリアル値で計算を行うため、「12月の1ヶ月後」といった年をまたぐ場合でも、「13月」などというありえない日付の算出を防ぐことができます。

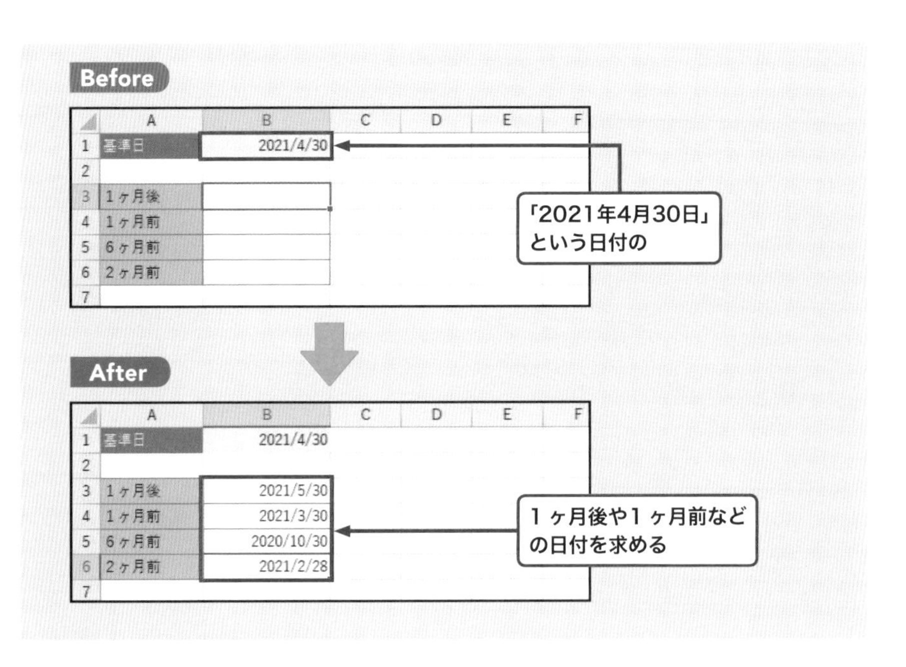

書式 =EDATE(開始日,月)

引数

引数		説明
開始日	必須	基準となる日付のシリアル値や日付としてみなせる値(文字列)
月	必須	基準となる日付からの月数

説明 EDATE関数は、「開始日」に指定した日付から、「月」に指定した数だけ離れた日付のシリアル値を返します。「月」に正の数を指定した場合には、○ヶ月後の日付のシリアル値を、負の数を指定した場合は、○ヶ月前の日付のシリアル値を返します。

第1章 第2章 第3章 日付と時刻 第4章 第5章

基準となる日付をもとに月単位で日付を計算する

ここでは、「2021年4月30日」という日付を基準に、1ヶ月後、1ヶ月前、6ヶ月前、2ヶ月前の日付を計算します。

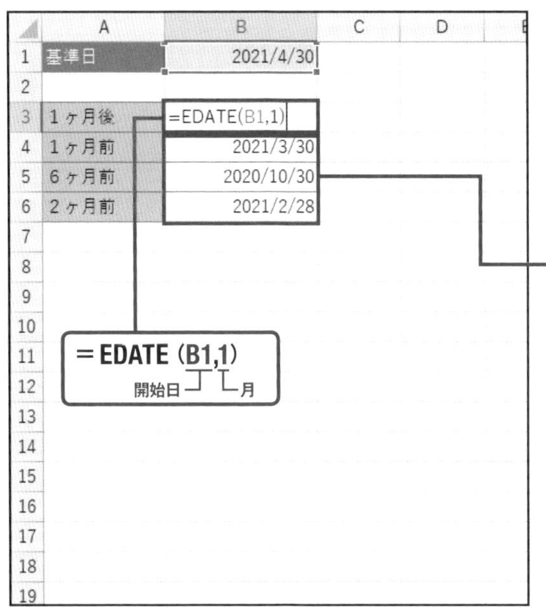

❶セルB3にEDATE関数を入力し、引数「開始日」にセルB1、引数「月」に「1」を指定します。「セルB1に入力されている2021年4月30日の1ヶ月後の日付を計算する」という意味になります。

❷同様の手順で「1ヶ月前」「6ヶ月前」「2ヶ月前」の日付を求めます。基準日より前の日付を求めるため、このときに指定する月数は、それぞれ「-1」「-6」「-2」と負の数になります。
なお、セルB6には計算結果として「4月の2ヶ月前」が表示されますが、「2月」には「30日」はないため、調整されて同月の直近の日付である「28日」または「29日」が表示されます。

STEP UP 応用例 1ヶ月後の1日前を計算する

たとえば4月10日から1ヶ月間の契約の場合、解約日は5月9日になります。EDATE関数で4月10日の1ヶ月後を計算すると、5月10日と表示されてしまいます。これは計算結果から1日引くことで対処できます。

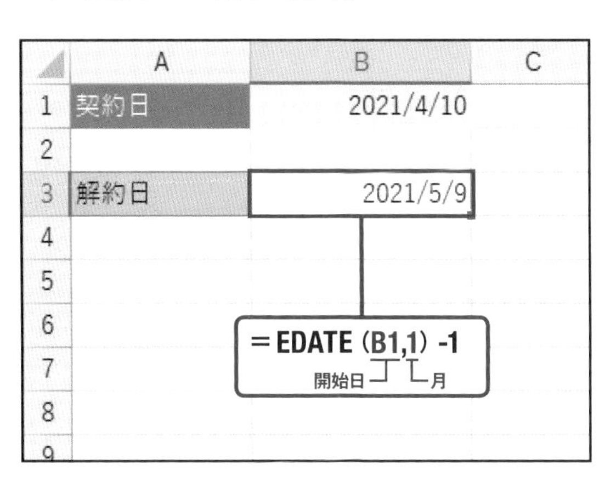

❶セルB3にEDATE関数を入力し、引数「開始日」にセルB1、引数「月」に「1」を指定し、1を引きます。「セルB1に入力されている2021年4月10日の1ヶ月後5月10日から1を引く」という意味になります。

SECTION 033 日付と時刻

年月日から連続した日付を入力する

DATE

DATE関数は､｢年｣｢月｣｢日｣の値から計算結果として日付を返す関数です。このとき、｢＝DATE（2021,4,31)｣のように入力すると、4月31日は存在しないので自動的に｢2021/5/1｣に調整されます。

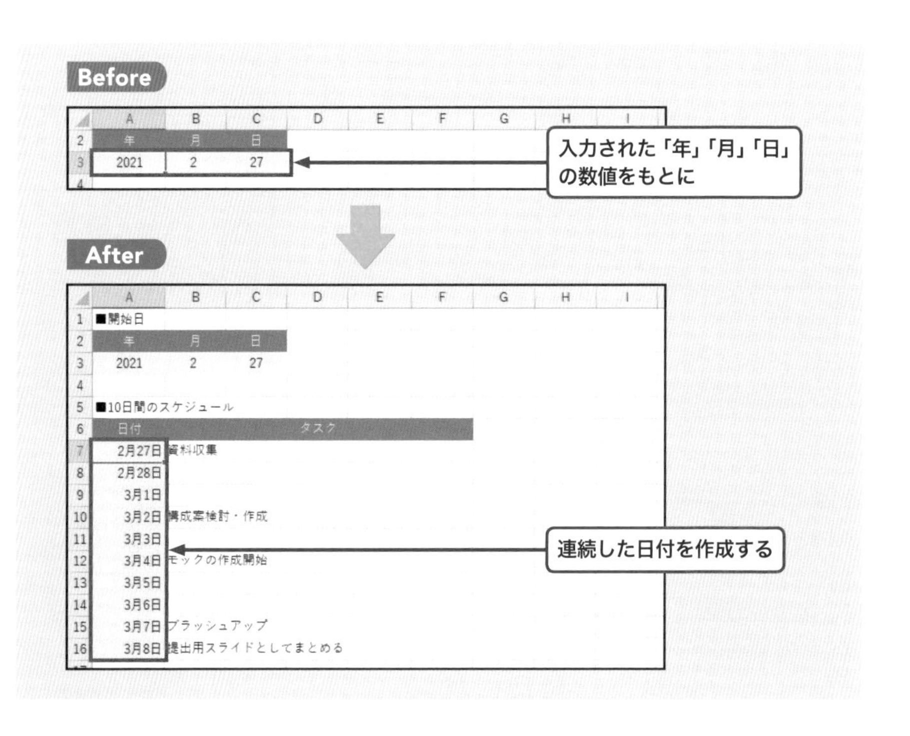

書式 =DATE(年,月,日)

引数

年	必須	日付の｢年｣部分に対応する値
月	必須	日付の｢月｣部分に対応する値
日	必須	日付の｢日｣部分に対応する値

説明 DATE関数は、｢年｣、｢月｣、｢日｣に指定した日付のシリアル値を返します。

数値をもとに10日分の日付を表示する

ここでは、セルに入力した数値をもとに日付を算出し、その日から10日分の日付を表示します。シリアル値で計算が行えるため、月をまたいだり、うるう年があったりする場合でも正確に10日分の日付の値が入力できます。

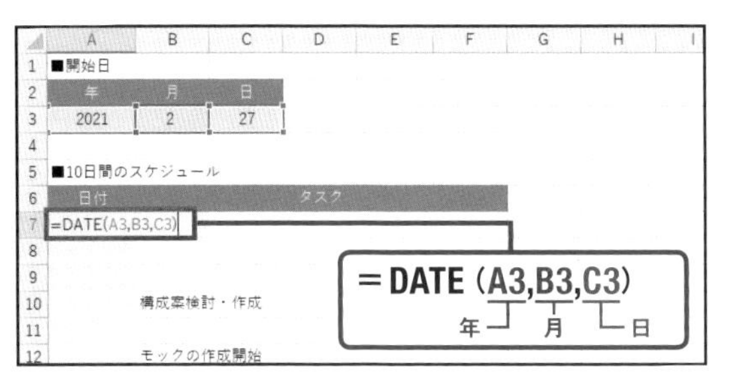

❶セルA7にDATE関数を入力し、引数には、年・月・日の数値が入力されているセルA3・B3・C3を順に指定します。「セルA3、B3、C3に入力されている数値を使って日付を表示する」という意味になります。

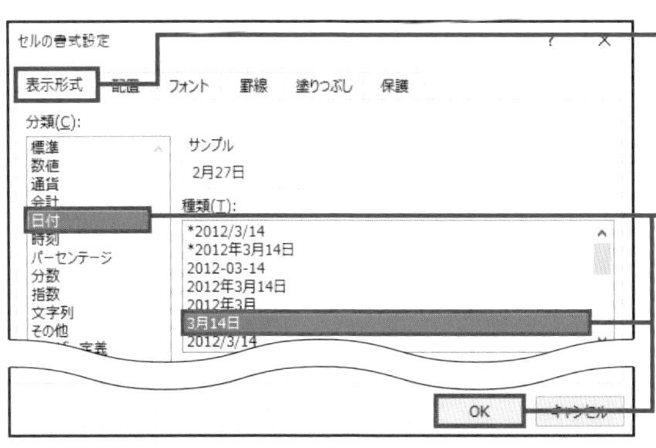

❷P.90を参考に<セルの書式設定>ダイアログボックスを表示し、<表示形式>タブをクリックします。

❸<日付>をクリックし、<種類>から日付の表示形式を選択して、< OK >をクリックします。

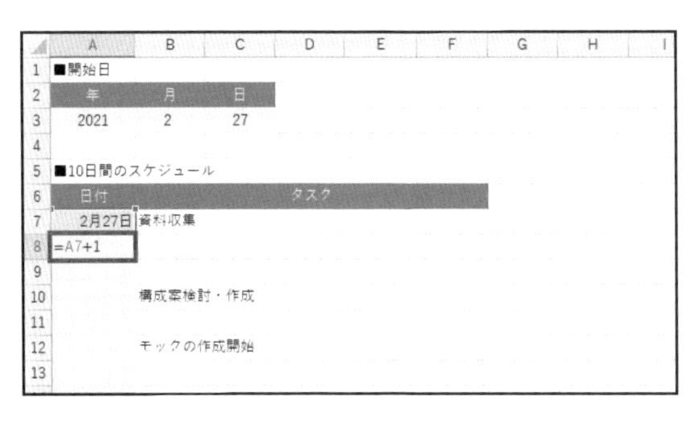

❹セルA8に「= A7+1」と入力します。「セルA7のシリアル値に1を加算する」という意味になります。シリアル値の「1」が「1日」という考え方なので、この式で「次の日」を得ることができます。セルA8のフィルハンドルを下の行にドラッグすれば、連続した日付が作成されます。

COLUMN

DATEVALUE関数

DATE関数に似ているDATEVALUE関数は、文字列が日付と解釈できる場合、その日付のシリアル値を返します。日付と解釈できない場合はエラーになります。

対応バージョン 365 2019 2016 2013

SECTION 034 日付と時刻

時分秒から連続した時刻を入力する

TIME

TIME関数は、「時」、「分」、「秒」の値から計算結果として時刻を返す関数です。「=TIME（0,1,90)」は「0時2分30秒」に、「=TIME（25,30,00)」は「1時30分」のように自動的に調整されます。

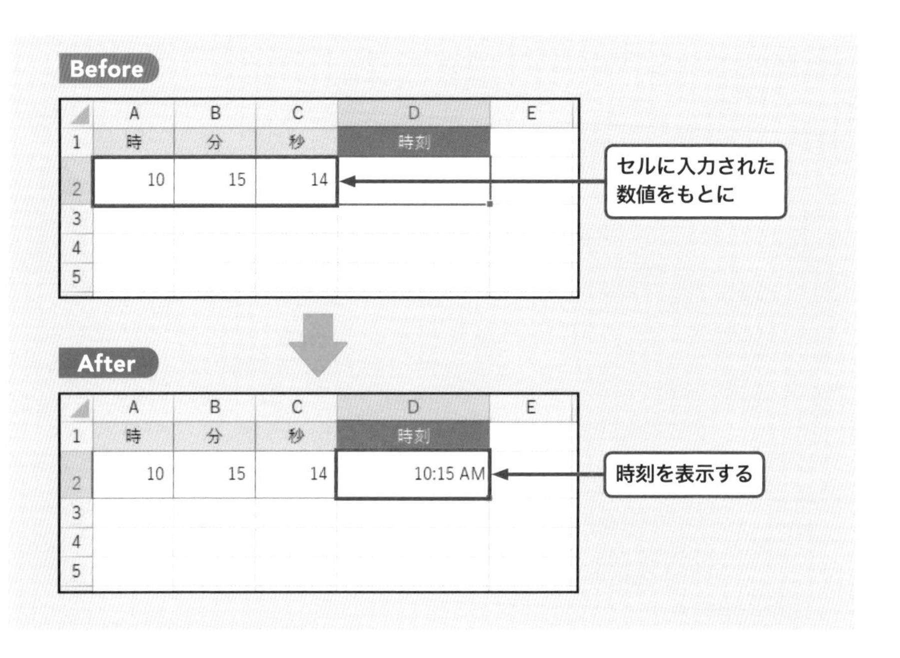

書式 **=TIME(時,分,秒)**

引数

時	必須	時刻の「時」部分に対応する値
分	必須	時刻の「分」部分に対応する値
秒	必須	時刻の「秒」部分に対応する値

説明 TIME関数は、「時」、「分」、「秒」に指定した時刻の値を返します。返される値は、引数として指定した数値を、「0:00:00」から「23:59:59」までの時刻に対応したシリアル値の小数に変換した値です。

数値をもとに時刻を表示する

ここでは、セルに入力した「数値」をもとに時刻を表示します。

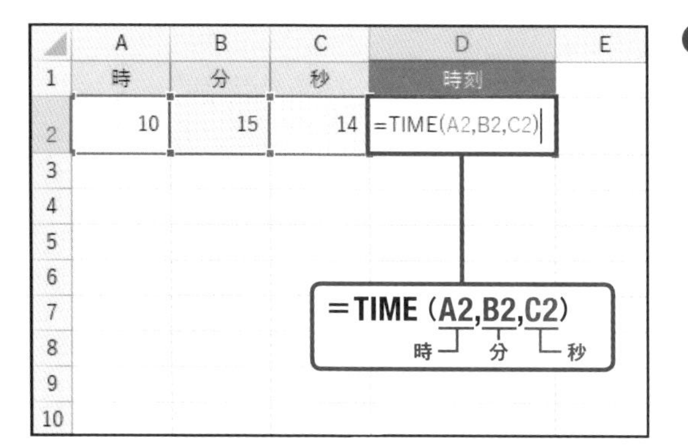

❶セルD2にTIME関数を入力し、引数には、時・分・秒の数値が入力されているセルA2・B2・C2を順に指定します。「セルA2、B2、C2に入力されている数値を使って時刻を表示する」という意味になります。

STEP UP 応用例 セルの数値をもとに勤務時間数を求める

セルに入力した「数値」から出社時間と退社時間を求め、勤務時間を計算します。TIME関数を利用して2つの時刻を計算したら、大きいほう（時刻の遅いほう）から小さいほう（時刻の早いほう）を減算すれば、差分の時間数、つまり、勤務時間数が算出できます。

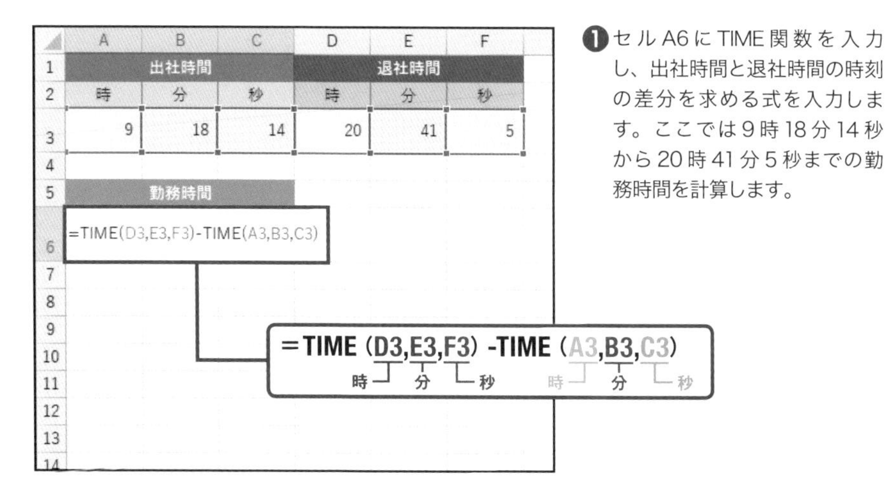

❶セルA6にTIME関数を入力し、出社時間と退社時間の時刻の差分を求める式を入力します。ここでは9時18分14秒から20時41分5秒までの勤務時間を計算します。

COLUMN

TIMEVALUE関数

TIME関数に似ているTIMEVALUE関数は、文字列が時刻と解釈できる場合、その時刻のシリアル値を返します。時刻と解釈できない場合はエラーになります。

SECTION 035 日付と時刻

日付が何週目かを求める

WEEKNUM ISOWEEKNUM

WEEKNUM関数とISOWEEKNUM関数は、任意の日付が、その年の何週目にあたるかを計算する関数です。ただし、ISOWEEKNUM関数は、「その年の最初の木曜日を含む週を第1週（週の先頭は日曜日）」として計算します。

第1章 第2章 第3章 日付と時刻 第4章 第5章

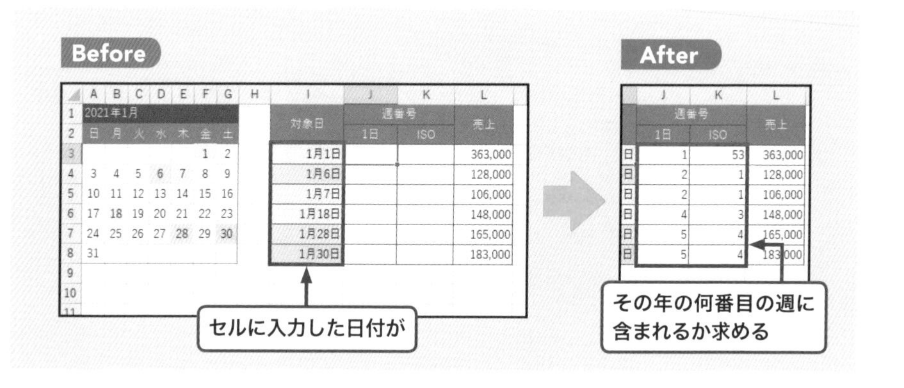

書式 **=WEEKNUM(シリアル値,[週の基準])**

引数
シリアル値 必須 日付とみなせる値
週の基準 任意 週の始まりの曜日を設定する値

説明 WEEKNUM関数は、「シリアル値」に指定した値が、その年の何週目であるかの値(週番号)を返します。「週の基準」を省略した場合は、「その年の1月1日を含む週が第1週(週の先頭は日曜日)」となります。

引数「週の基準」による開始曜日の違い

引数	週の始まり
1（省略時も）	日曜
2	月曜
11	月曜
12	火曜
13	水曜
14	木曜

引数	週の始まり
15	金曜
16	土曜
17	日曜
21	月曜、ヨーロッパ式週番号システム（ISOWEEKNUM関数と同じ計算方法）

※11以降の番号はExcel 2010以降で使用可能

=ISOWEEKNUM(日付)

日付  日付とみなせる値

Excel 2013以降で利用できるISOWEEKNUM関数は、「その年の最初の木曜日を含む週を第1週(週の先頭は日曜日)」として計算します。この方式は「ヨーロッパ式週番号システム」と呼ばれ、ISO8601に規定されている方式です。

日付から週番号を求める

ここでは、セルに入力された日付から週番号(その年の何番目の週かを示す番号)を計算しますWEEKNUM関数では1月1日を含む週を基準として計算を行い、ISOWEEKNUM関数では、その年の最初の木曜日を含む週を基準として計算します。

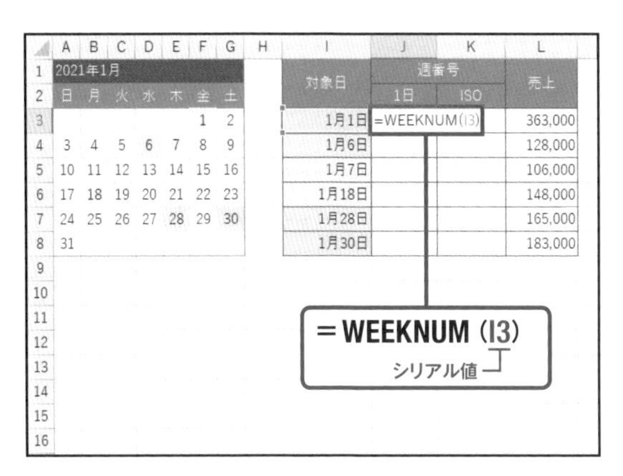

❶セルJ3にWEEKNUM関数を入力し、引数「シリアル値」には日付値が入力されているセルI3を指定します。「I3に入力されている日付の週番号を計算する」という意味になります。引数「週の基準」を省略しているため、1月1日を含む週が基準となります。

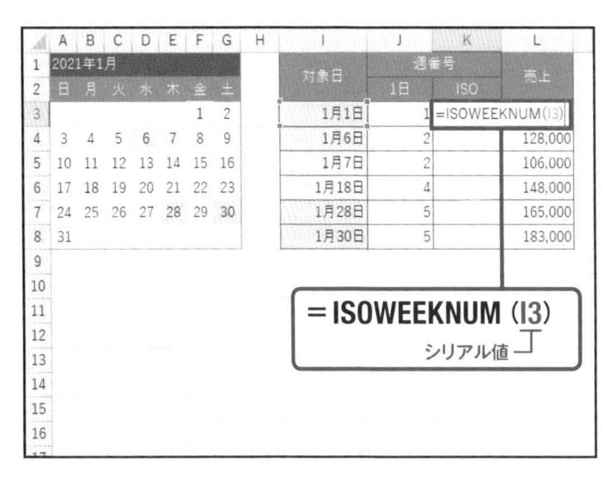

❷セルK3にISOWEEKNUM関数を入力し、引数「シリアル値」には日付値が入力されているセルI3を指定します。ISOWEEKNUM関数の場合は、週の基準が木曜日に設定されるため、上の手順と同じ日付を指定しても異なる数字(週番号)が表示されます。

SECTION 036 日付と時刻

今日までの経過日数を求める

TODAY

TODAY関数は、現在の日付を表示する関数です。いったん入力しておけば、シートを操作する際にその時点での日付が自動的に表示されます。FAX送信状や請求書などを作成する際、今日の日付を入力する手間を省くことができるので便利です。

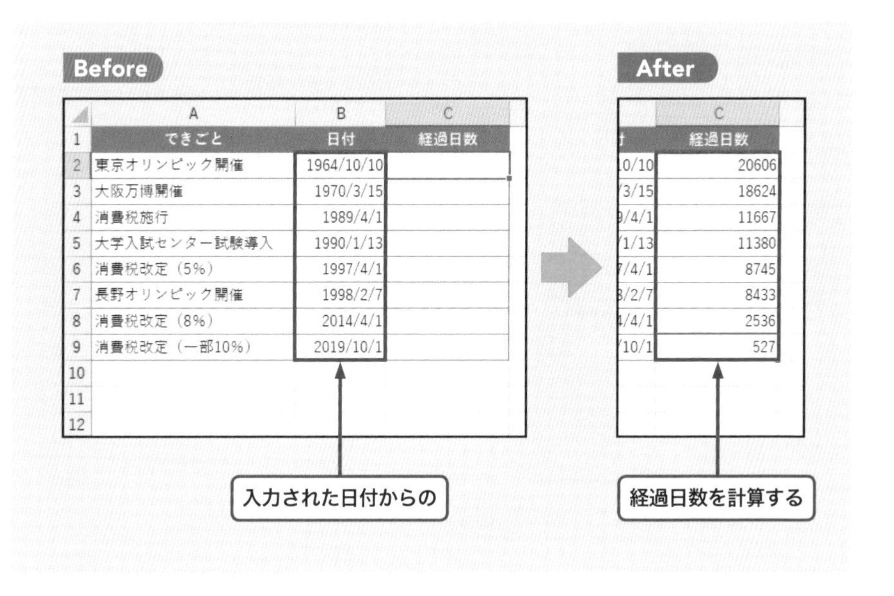

	A	B	C
1	できごと	日付	経過日数
2	東京オリンピック開催	1964/10/10	20606
3	大阪万博開催	1970/3/15	18624
4	消費税施行	1989/4/1	11667
5	大学入試センター試験導入	1990/1/13	11380
6	消費税改定（5%）	1997/4/1	8745
7	長野オリンピック開催	1998/2/7	8433
8	消費税改定（8%）	2014/4/1	2536
9	消費税改定（一部10%）	2019/10/1	527
10			
11			
12			

書式 =TODAY()

引数

シリアル値 必須 日付とみなせる値

週の基準 任意 週の始まりの曜日を設定する値

説明 TODAY関数は、現在の日付に対応するシリアル値を返します。セルの表示形式が「日付」に変更されるので、日付値が表示されます。TODAY関数の書式には引数はありませんが、「()」は必ず指定します。ファイル(ブック)を異なる日に開くと、日付が自動的に更新されます。日付を変更したくない場合は、関数を使わずに手動で日付を入力する必要があります。今日の日付を入力するショートカットキー「Ctrl+;キー」を活用しましょう。

特定の日付から本日までの経過日数を計算する

ここでは、TODAY関数を使い、大阪万博の開催日や消費税の導入日から本日までの経過日数を計算します。ファイルを開いた日によって、経過日数が自動的に更新されます。

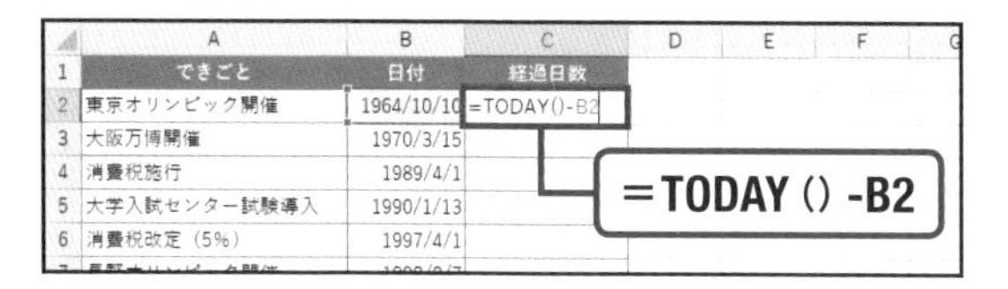

❶セルC2に「= TODAY () -B2」と入力します。「今日の日付からセルC2の日付を引く」という意味になります。

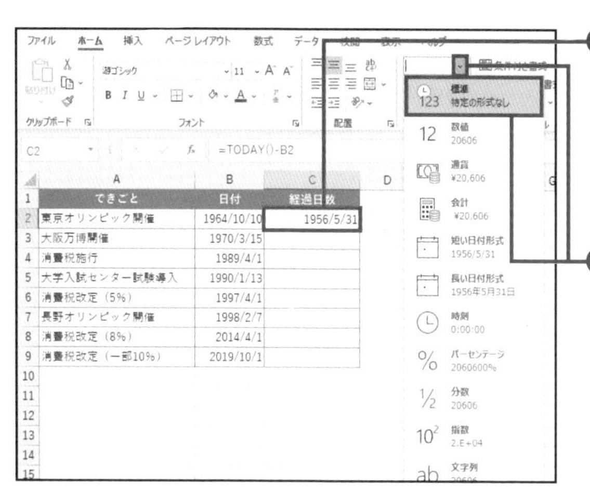

❷計算結果が表示されます。ただし、TODAY関数が入力されているセルには自動的に日付の表示形式が適用されるため、日付の形式で表示されます。セルC2を選択して、

❸<数値の書式>をクリックし、<標準>を選択すると、数値の形式で表示されます。
なおTODAY関数は、現在日時を基準に日付を表示するため、紙面とサンプルファイルに表示される結果は異なります。

STEP UP 応用例　今日の曜日を自動的に表示する

TODAY関数とTEXT関数(P.184参照) を組み合わせると、本日の曜日を自動的に表示できます。

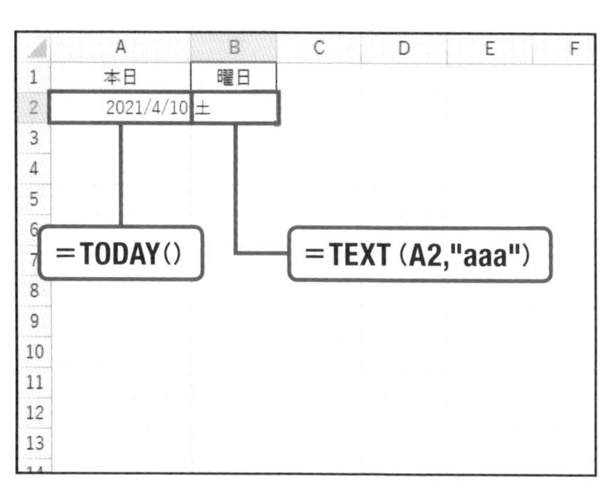

❶セルA2に「= TODAY ()」を入力します。

❷セルB2に「= TEXT (A2,"aaa")」と入力します。「セルA2に入力されているシリアル値を文字に変換し、"aaa"という書式を設定する」という意味になります。書式「"aaa"」は曜日の表示形式で、「月」「火」「水」のように曜日を表示します。

SECTION 037 日付と時刻

開始日と終了日から日数を求める

DAYS

DAYS関数は、開始日と終了日から日数を計算する関数です。社員の在籍日数やイベントの開催日数などを単純に計算できるだけでなく、計算結果を使ってイベントの総入場者数から1日あたりの平均入場者数や平均売上高を計算するといったことができます。

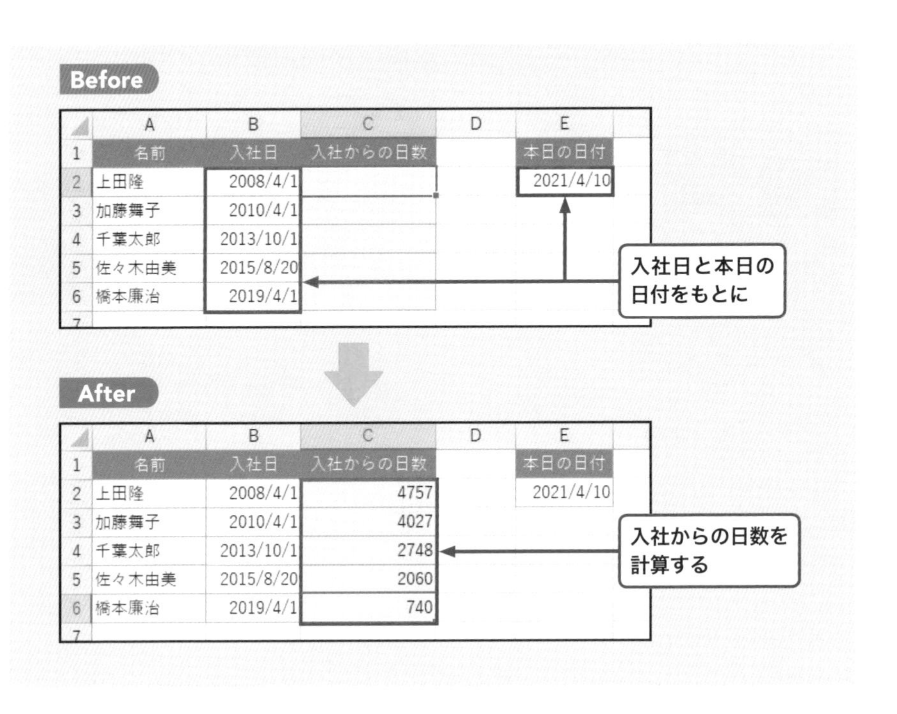

書式 =DAYS（終了日,開始日）

引数

シリアル値	必須	日付とみなせる値
週の基準	任意	週の始まりの曜日を設定する値

説明 DAYS関数は、「開始日」から「終了日」までの期間の日数を計算します。引数には日付が入力されているセルを指定できるほか、日付を直接入力することもできます。

特定の日付から本日までの経過日数を計算する

ここでは、入社日から本日までの経過日数を計算します。セルE2にはTODAY関数が入力されているため、ファイルを開いた日によって日数は自動的に更新されます。
なおTODAY関数は、現在日時を基準に日付を表示するため、紙面とサンプルファイルに表示される結果は異なります。

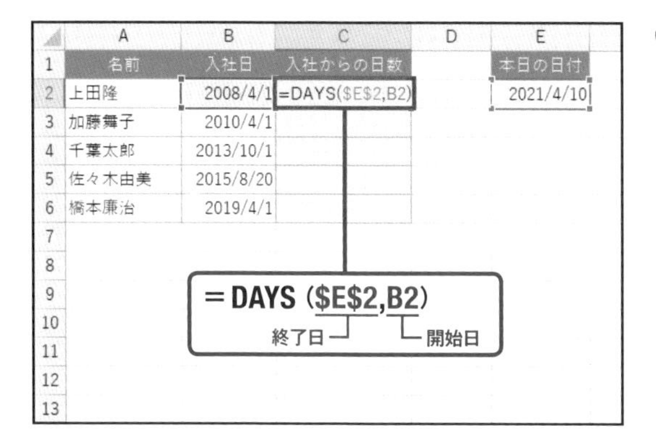

❶セルC2にDAYS関数を入力し、引数「終了日」にセル$E$2を指定します。続けて引数「開始日」にセルB2を指定します。「セルE2に入力されている終了日からセルB2に入力されている開始日を引く」という意味になります。結果、開始日から終了日までの日数を求められます。

STEP UP 応用例　引数に日付を直接入力する

DAYS関数の引数には、日付を直接入力することもできます。このとき、日付を「"」で囲んで入力しないと、正しい計算結果にならないため注意が必要です。

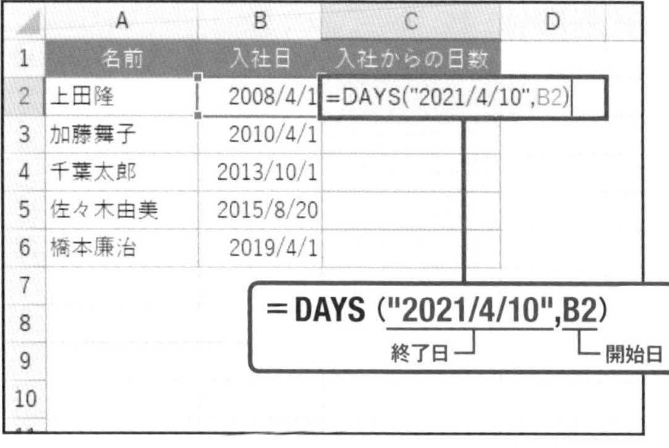

❶セルC2にDAYS関数を入力し、引数「終了日」に「"2021/4/10"」、引数「開始日」にセルB2を指定します。「2021年4月10日からセルB2に入力されている日付を引く」という意味になります。

COLUMN

DATEDIF関数

DAYS関数と似た関数に、DATEDIF関数があります。DATEDIF関数は、「開始日」から「終了日」の期間を、「単位」に指定した方法（月数や年数）で計算した結果を返します。たとえば、期間が122日なら月数を「3」と表示するといったことが可能です。

第1章 第2章 第3章 日付と時刻 第4章 第5章

対応バージョン 365 2019 2016 2013

SECTION 038 日付と時刻

2つの日付から経過月数を求める

YEAR MONTH

YEAR関数とMONTH関数を組み合わせ、日付から「年」と「月」を抜き出すことができます。ここでは、これらの関数を使って、月数を計算する手順について解説します。なお、それぞれの関数の書式についてはP.94を参照してください。

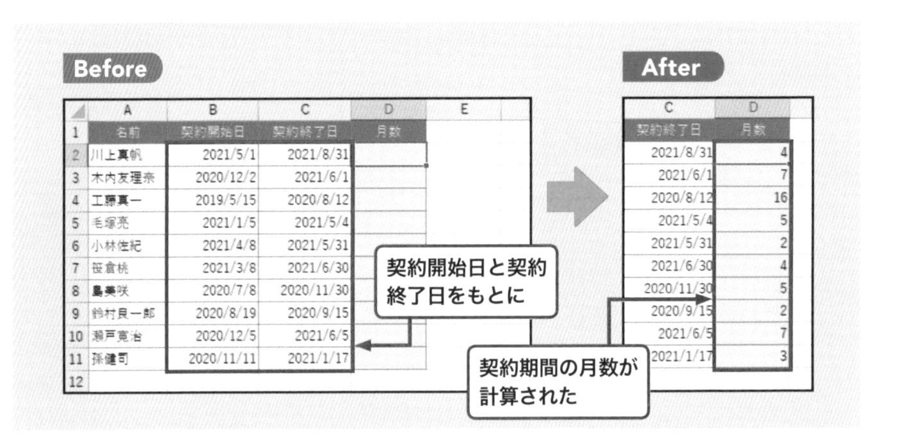

Before

	A	B	C	D	E
1	名前	契約開始日	契約終了日	月数	
2	川上真帆	2021/5/1	2021/8/31		
3	木内友理奈	2020/12/2	2021/6/1		
4	工藤真一	2019/5/15	2020/8/12		
5	毛塚亮	2021/1/5	2021/5/4		
6	小林佐紀	2021/4/8	2021/5/31		
7	笹倉桃	2021/3/8	2021/6/30		
8	島美咲	2020/7/8	2020/11/30		
9	鈴村良一郎	2020/8/19	2020/9/15		
10	瀬戸寛治	2020/12/5	2021/6/5		
11	孫健司	2020/11/11	2021/1/17		
12					

After

C	D
契約終了日	月数
2021/8/31	4
2021/6/1	7
2020/8/12	16
2021/5/4	5
2021/5/31	2
2021/6/30	4
2020/11/30	5
2020/9/15	2
2021/6/5	7
2021/1/17	3

YEAR関数とMONTH関数を使って月数を計算するための考え方

Excelでは、日付のデータから日付のデータを引くと、日数が計算されます。たとえばセルに「="2021/4/10"−"2020/4/10"」と入力すると、「365」と表示されます。月数を求めたい場合は次のように考えます。

YEAR関数を使って終了日から開始日を引くと、年数が計算されます。1年は12ヶ月なので、年数に12を掛けることで月数がわかります。たとえば「2019年」から「2021年」までの月数は、「2021−2019＝2年」になり、12を掛けて「24ヶ月」になります。

また、MONTH関数を使って終了日から開始日を引くと、月数が計算されます。ただし、この計算結果は期間になるため開始月が含まれていません。たとえば「3月」から「5月」までの場合、「5−3月＝2ヶ月」になりますが、本来、月数としては「3月」「4月」「5月」の3ヶ月です。そのため、1を加算します。

つまり、年月日のデータから月数を求めるための数式は次のようになります。

＝(終了年−開始年)×12＋終了月−開始月＋1)

年の月数　　月数

YEAR関数とMONTH関数を使って月数を計算する

ここでは、契約開始日から契約終了日までの経過月数を計算します。

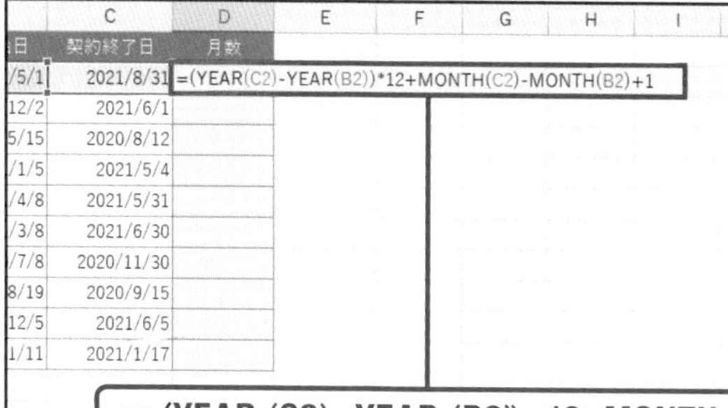

❶ セルD2に数式を入力します。「(YEAR (C2) -YEAR (B2)) *12」は「セルC2の年からセルB2の年を引いて12を掛ける」、「MONTH (C2) -MONTH (B2) +1」は「セルC2の月からセルB2の月を引いて1を加える」という意味です。

STEP UP 応用例　年齢を計算する

YEAR関数とMONTH関数に加え、IF関数とDAY関数を組み合わせて「現在の年齢」を求めます。単純に年を引き算するだけでは、まだ誕生日を迎えていない場合に正しい年齢が求められないため、IF関数を使い「誕生日を迎えていない場合は1を引く」点がポイントです。

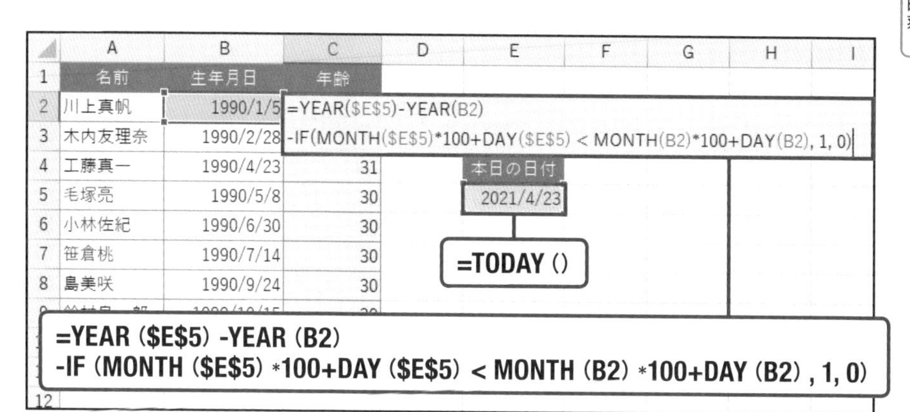

❶ セルE5にTODAY関数を使って本日の日付を入力します。

❷ セルC2に関数式を入力します。「YEAR($E$5)-YEAR(B2)」は「現在の年 (E5) から生まれ年 (B2) を引く」という意味です。「-IF(MONTH($E$5)*100+DAY($E$5) < MONTH(B2)*100+DAY(B2), 1, 0)」は「現在の月に100をかけた値+本日の日付と、誕生月に100をかけた値+誕生日を比較し、前者が小さい場合は1を引く」という意味です。結果として、本日の年齢が求められます。

SECTION 039 日付と時刻

対応バージョン 365 2019 2016 2013

NETWORKDAYS

開始日と終了日から営業日数を求める

NETWORKDAYS関数は、2つの日付の期間から、土日および指定した休日を除いた日数を計算する関数です。企業の営業日数や工場の稼働日数などを計算できます。特定期間内の営業日数に応じた給与を計算するときなどに使用します。

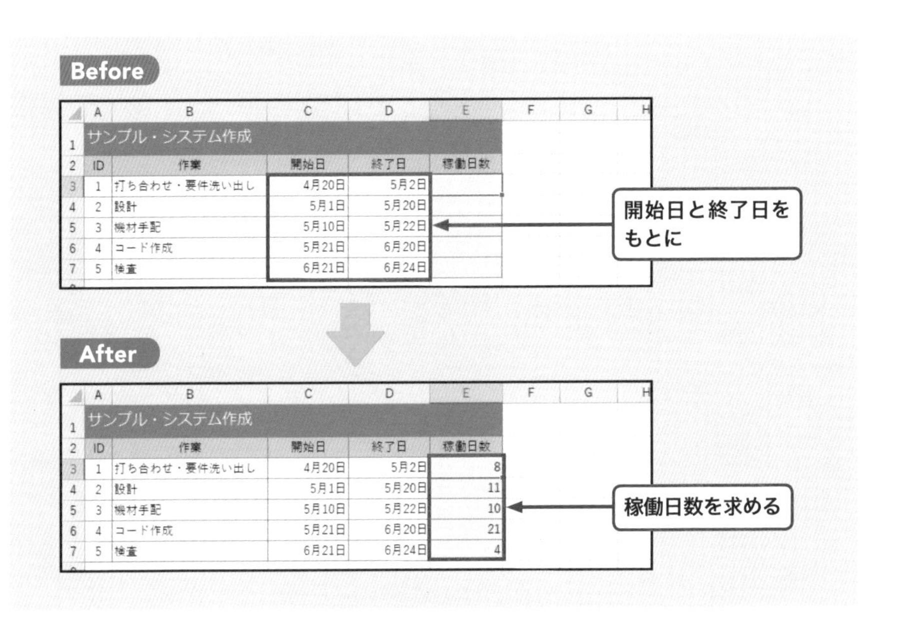

書式 =NETWORKDAYS(開始日,終了日,[祝日])

引数

開始日	必須	期間の開始日
終了日	必須	期間の終了日
祝日	任意	土日以外の休日(稼働日数から除外する日付)のリスト

説明 NETWORKDAYS関数は、「開始日」から「終了日」までの営業日数(土日を除いた日数)を返します。「祝日」に、休日としたい日付のリストを指定した場合には、土日に加えてその日付も営業日数から除外されて計算されます。

営業日数を計算する

特定期間の営業日数を求めるには、期間の開始日と終了日を定め、土日以外の休日がある場合は、そのリストをシート上に作成しておきます。その後、NETWORKDAYSで3つの要素を引数に指定します。

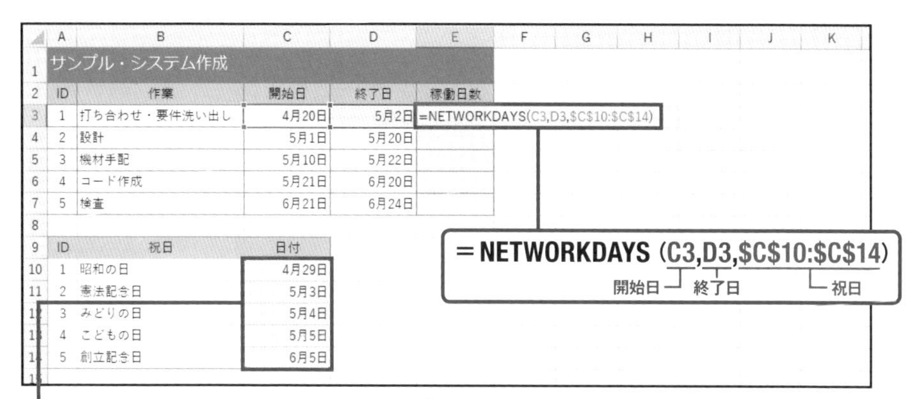

❶ シート上に休日のリストを作成します。今回の計算で利用するのは、セル範囲C10：C14に入力された日付のリストです。単に「土日を除いた日数」を計算する場合は、このリストは必要ありません。

❷ セルE3にNETWORKDAYS関数を入力し、引数「開始日」にセルC3、引数「終了日」にセルD3、引数「祝日」にセル範囲$C$10:$C$14を指定します。「開始日と終了日の期間から土日および指定した休日を除いた日数を計算する」という意味になります。

STEP UP 応用例　特定の日を休日に指定する

NETWORKDAYS関数では、特定の日付を引数「祝日」に直接入力することもできます。

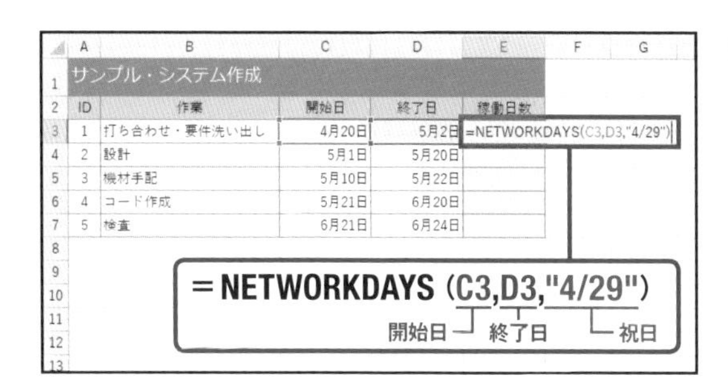

❶ セルE3にNETWORKDAYS関数を入力し、引数「開始日」にセルC3、引数「終了日」にセルD3、引数「"4/29"」と入力します。「開始日と終了日の期間から土日および4月29日を除いた日数を計算する」という意味になります。

COLUMN

NETWORKDAYS.INTL関数

NETWORKDAYS.INTL関数は、期間内の指定した休日を除いた日数を返す関数です。NETWORKDAYS関数と似ていますが、休日が土日とは限らない場合に利用します。

SECTION 040 日付と時刻

WORKDAY

営業日後の日付を求める

WORKDAY関数は、任意の日付から土日を除いた日数後の日付を計算する関数です。営業日ベースでの「翌営業日」「5営業日後」などの期日を求めることができます。土日だけでなく任意の日付を休日として設定し、営業日を算出することも可能です。

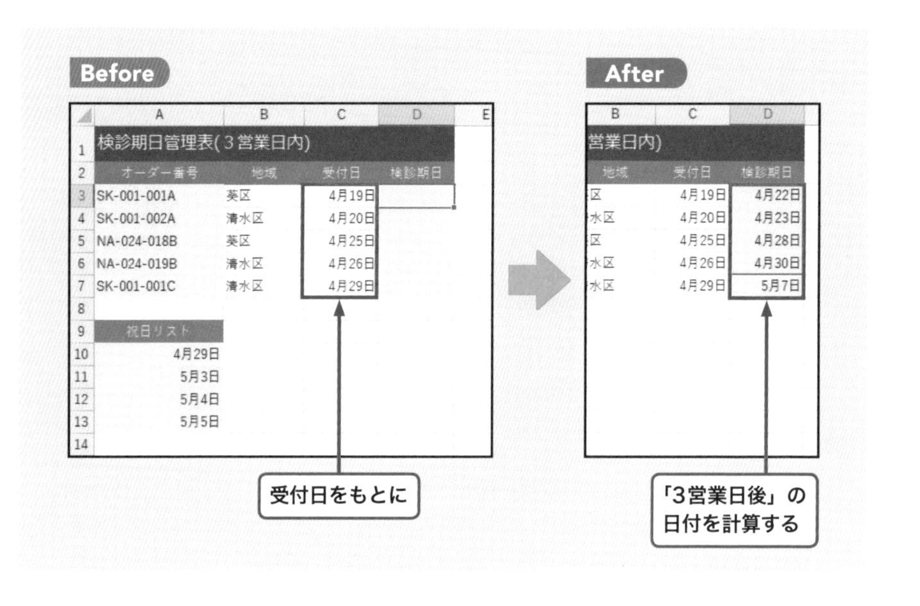

書式 **=WORKDAY(基準日,日数,[祝日])**

引数

基準日	必須	基準となる日付
日数	必須	基準となる日付から経過する日数
祝日	任意	土日以外の休日(営業日から除外する日付)のリスト

説明 WORKDAY関数は、「基準日」に指定した日付から、「日数」分の営業日(土日を除いた日)だけ離れた日付のシリアル値を返します。
「祝日」に、休日としたい日付のリストを指定した場合には、土日に加えてその日付も営業日から除外されて計算されます。

3営業日後の日付を求める

ここでは、特定の日付から3営業日後の日付を求めます。まず、土日以外の休日のリストをシート上に作成します。次にWORKDAY関数を入力し、3つの要素を引数に指定します。

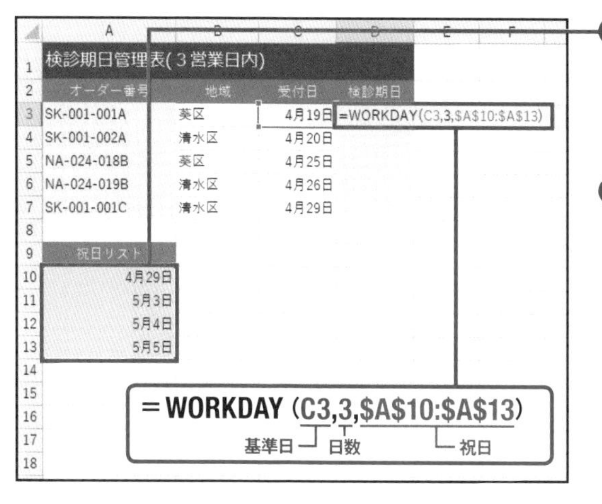

❶シート上に祝日のリストを作成します。単に「土日を除いた日数」を計算する場合は、このリストは必要ありません。

❷セルD3にWORKDAY関数を入力し、引数「基準日」にセルC3、引数「日数」に「3」、引数「祝日」にセル範囲$A$10:$A$13を指定します。「受付日から土日および指定した休日を除いた3日後を計算する」という意味になります。

STEP UP 活用技　稼働日だけの日程表を作成する

WORKDAY関数を使えば、土日と祝日を除いた稼働日だけの日程表を作成することもできます。ここでは数式で祝日を直接指定します。

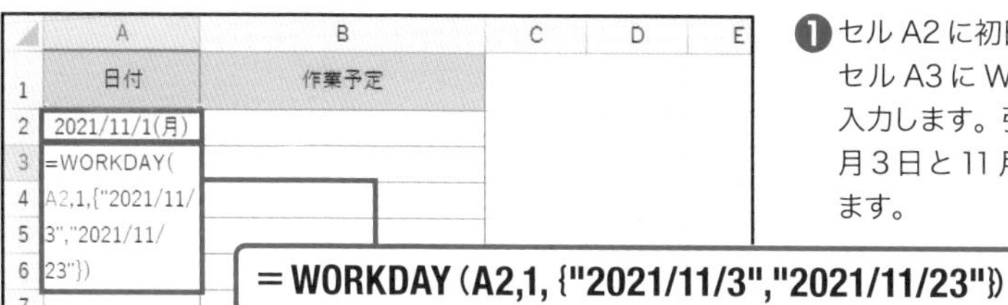

❶セルA2に初日の日付を入力し、セルA3にWORKDAY関数を入力します。引数「祝日」は11月3日と11月23日を指定します。

	A	B	C	D	E
1	日付	作業予定			
2	2021/11/1(月)				
3	2021/11/2(火)				
4	2021/11/4(木)				
5	2021/11/5(金)				
6	2021/11/8(月)				
7	2021/11/9(火)				
8	2021/11/10(水)				
9	2021/11/11(木)				
10	2021/11/12(金)				
11	2021/11/15(月)				

❷数式を下方向にコピーすれば、稼働日だけの日程表が作成できます。

日程表の土日をグレーで塗りつぶす

日程表などでは、休日を色分けすると表がわかりやすくなります。ここでは、WEEKDAY関数と条件付き書式を組み合わせ、日付が土日の場合はセルをグレーで塗りつぶします。WEEKDAY関数の書式については、P.98を参照してください。

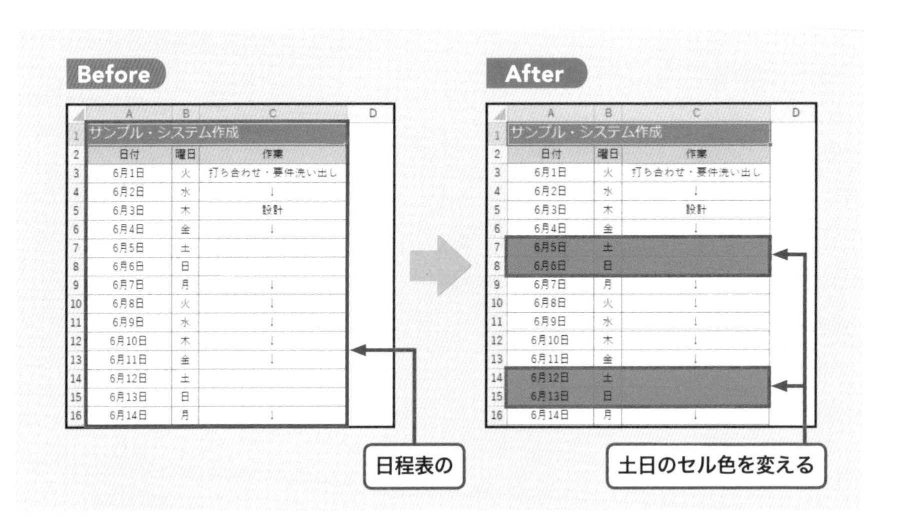

条件付き書式

「条件付き書式」とは、特定の条件に一致するセルの書式を設定する機能です。たとえば、「セルに入力されている数値が100以上の場合、セルの背景色を変更する」「セルに日と入力されている場合、文字色を変更する」といったことができます。条件には、数式を指定することもできます。

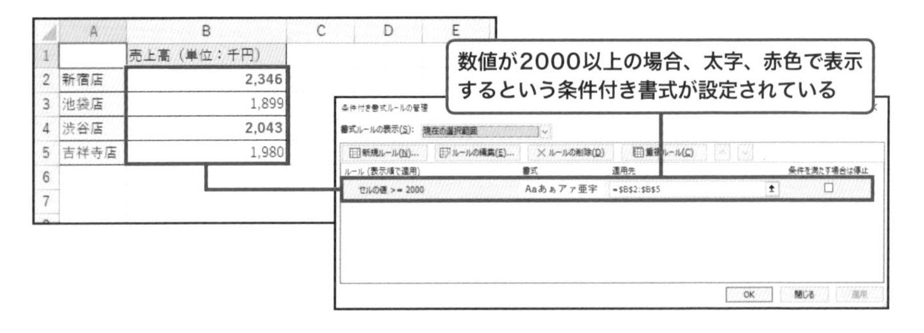

土日をグレーで塗りつぶす

日程表に条件付き書式を設定し、土日の行をグレーで塗りつぶします。考え方としては、WEEKDAY関数で日付を調べ、計算結果が「7＝土曜日」または「1＝日曜日」という条件を満たす場合、セルをグレーで塗りつぶす、ということになります。

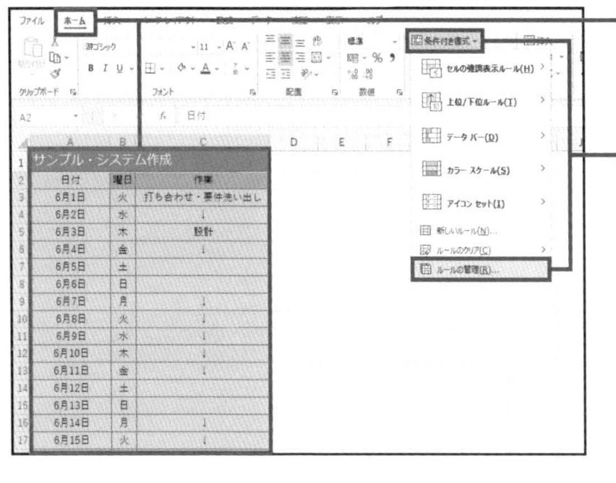

❶条件付き書式を設定するセル範囲 A2:C32 を選択し、<ホーム>タブをクリックします。

❷<条件付き書式>をクリックして<ルールの管理>をクリックします。

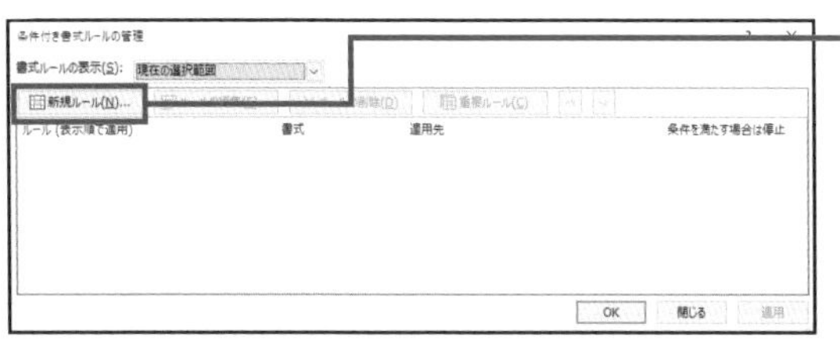

❸<条件付き書式ルールの管理>ダイアログボックスが表示されます。<新規ルール>をクリックします。

新しい書式ルール
ルールの種類を選択してください(S):
► セルの値に基づいてすべてのセルを書式設定
► 指定の値を含むセルだけを書式設定
► 上位または下位に入る値だけを書式設定
► 平均より上または下の値だけを書式設定
► 一意の値または重複する値だけを書式設定
► 数式を使用して、書式設定するセルを決定
ルールの内容を編集してください(E):
次の数式を満たす場合に値を書式設定(O):
=WEEKDAY($A3)=1
プレビュー： 書式が設定されていません 書式(F)...
OK キャンセル

❹<新しい書式ルール>ダイアログボックスが表示されます。<数式を使用して、書式設定するセルを決定>をクリックして、

❺<次の数式を満たす場合に値を書式設定>に「＝WEEKDAY($A3)＝1」と入力し、<書式>をクリックします。

MEMO 列を絶対参照で指定する

日付が入力されているA列は変更しないので、列を絶対参照で指定します。また、WEEKDAY関数は日付が日曜日の場合「1」を返すので、「計算結果が1の場合」としています。

セルの書式設定
表示形式　フォント　罫線　塗りつぶし
背景色(C):　パターンの色(A):
色なし　自動
パターンの種類(P):
塗りつぶし効果(I)...　その他の色(M)...
サンプル
クリア(R)
OK　キャンセル

❻ <セルの書式設定>ダイアログボックスが表示されます。<塗りつぶし>タブから目的の背景色を選択し、< OK >をクリックします。

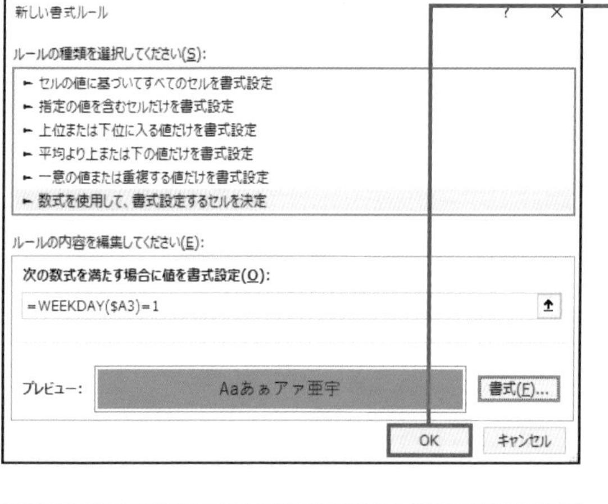

❼ 条件付き書式が設定されました。「WEEKDAY 関数の計算結果が 1（日曜）の場合、セルを指定の色で塗りつぶす」という意味になります。確認して< OK >をクリックします。

❽ <条件付き書式ルールの管理>ダイアログボックス画面に戻ります。続けて土曜の場合のセルの書式を設定します。<新規ルール>をクリックします。

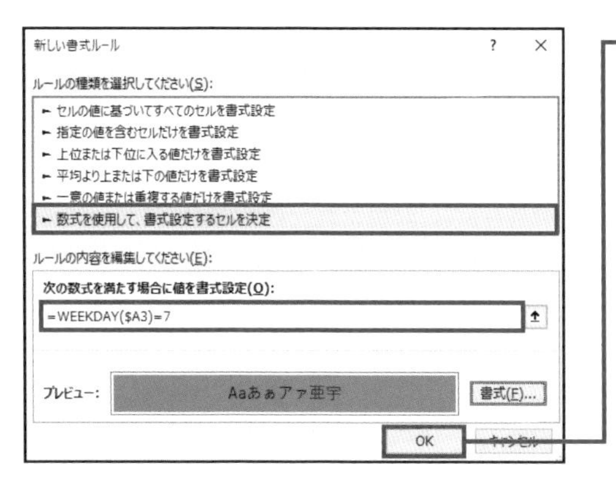

❾手順❹～❺と同じ手順でセルの書式を設定します。このとき条件として入力するWEEKDAY関数は「＝WEEKDAY（$A3）＝7」とします。WEEKDAY関数の計算結果が「7」は土曜を意味します。＜OK＞をクリックします。

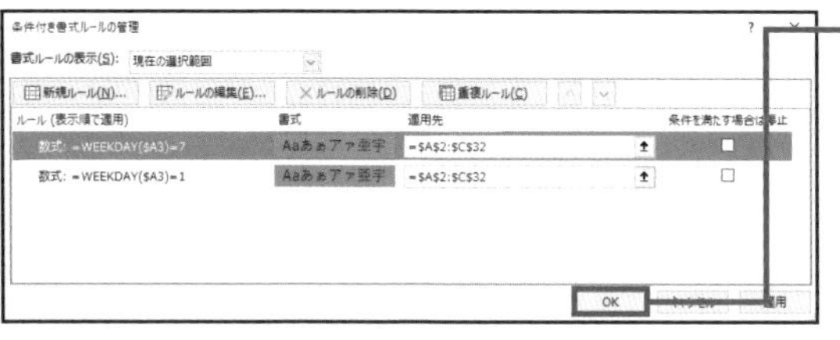

❿＜条件付き書式ルールの管理＞ダイアログボックス画面に戻ります。2つの条件付き書式が設定されたことを確認し、＜OK＞をクリックします。

STEP UP 活用技　条件付き書式を編集する

条件付き書式は、あとから削除や修正ができます。

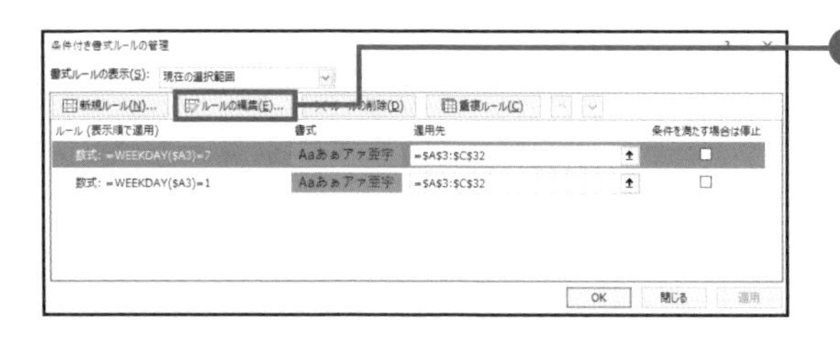

❶条件付き書式が設定されているセルを選択し、＜条件付き書式ルールの管理＞ダイアログボックスを表示します。編集したい条件付き書式を選択し、＜ルールの編集＞をクリックします。

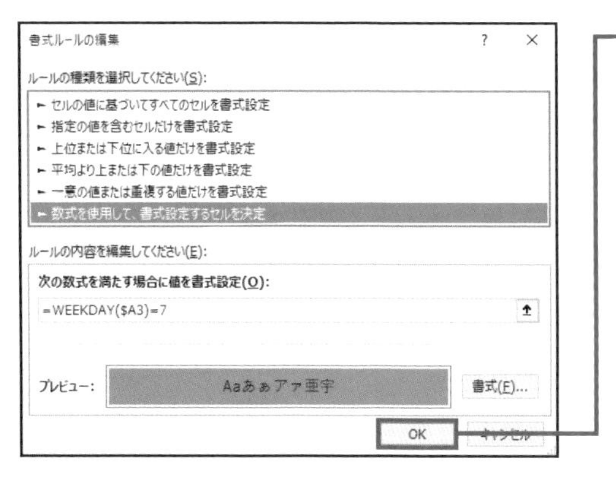

❷＜書式ルールの編集＞ダイアログボックスが表示されるので、条件の関数やセルの書式を編集できます。＜OK＞をクリックすると修正が反映されます。

対応バージョン 365 2019 2016 2013

カレンダーをもとに営業日数を求める

ROWS
COUNTIF

ここでは、日付の入力された表から営業日数を求めます。営業日数は、表の行のうち、日付が入力されている行数から土日などの休日が入力されている行数を引けばわかります。ROWS関数とCOUNTIF関数を組み合わせて作成できます。

Before

	A	B	C	D
1	日付	曜日（祝日含む）		営業日
2	7月1日	木		
3	7月2日	金		
4	7月3日	土		
5	7月4日	日		
6	7月5日	月		
7	7月6日	火		
8	7月7日	水		
9	7月8日	木		
10	7月9日	金		
11	7月10日	土		
12	7月11日	日		
13	7月12日	月		
14	7月13日	火		
15	7月14日	水		
16	7月15日	木		
17	7月16日	金		
18	7月17日	土		
19	7月18日	日		
20	7月19日	月		
21	7月20日	火		
22	7月21日	水		
23	7月22日	祝		

表の日付をもとに

After

	A	B	C	D
1	日付	曜日（祝日含む）		営業日
2	7月1日	木		20
3	7月2日	金		
4	7月3日	土		
5	7月4日	日		
6	7月5日	月		
7	7月6日	火		
8	7月7日	水		
9	7月8日	木		
10	7月9日	金		
11	7月10日	土		
12	7月11日	日		
13	7月12日	月		
14	7月13日	火		
15	7月14日	水		
16	7月15日	木		
17	7月16日	金		
18	7月17日	土		
19	7月18日	日		
20	7月19日	月		
21	7月20日	火		
22	7月21日	水		
23	7月22日	祝		

営業日数を計算する

=ROWS([配列])

配列  行数を取得するセル範囲

ROWS関数は、「配列」に指定したセル範囲または配列数式の行数を計算する関数です。

土日を除いた日数を計算する

ここでは、日付が入力されているセル範囲からROWS関数を使って行数を計算し、そこからCOUNTIF関数(P.70参照)を使って「曜日」列に「土」「日」「祝」と表示されているセルの個数を引きます。

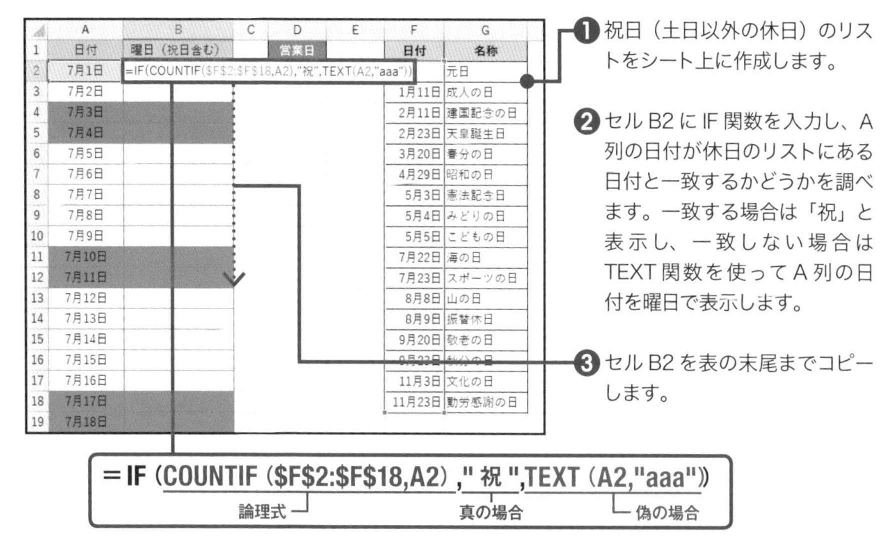

❶祝日(土日以外の休日)のリストをシート上に作成します。

❷セルB2にIF関数を入力し、A列の日付が休日のリストにある日付と一致するかどうかを調べます。一致する場合は「祝」と表示し、一致しない場合はTEXT関数を使ってA列の日付を曜日で表示します。

❸セルB2を表の末尾までコピーします。

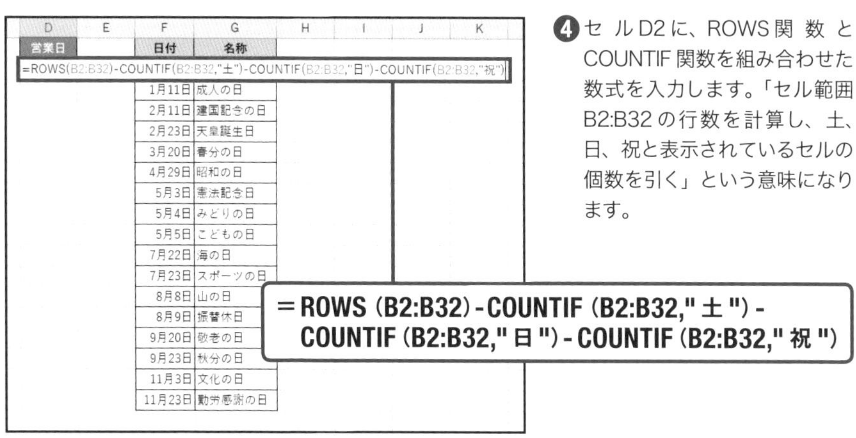

❹セルD2に、ROWS関数とCOUNTIF関数を組み合わせた数式を入力します。「セル範囲B2:B32の行数を計算し、土、日、祝と表示されているセルの個数を引く」という意味になります。

COLUMN

ROW関数、COLUMN関数、COLUMNS関数

ROWS関数と同様に、行番号や列番号、列数を求める関数もあります。ROW関数は指定したセルの行番号を、COLUMN関数は列番号を、COLUMNS関数は列数を計算します。

対応バージョン 365 2019 2016 2013

工数を担当人数で割った余りを求める

MOD

MOD関数は、割り算の余り（剰余）を求める関数です。「30個の商品を12個入りのケースに入れたときの余りを求める」「条件式で奇数を判断するときに、MOD関数を使って数値を2で割ったときに余りが出るかどうか計算する」などの使い方をします。

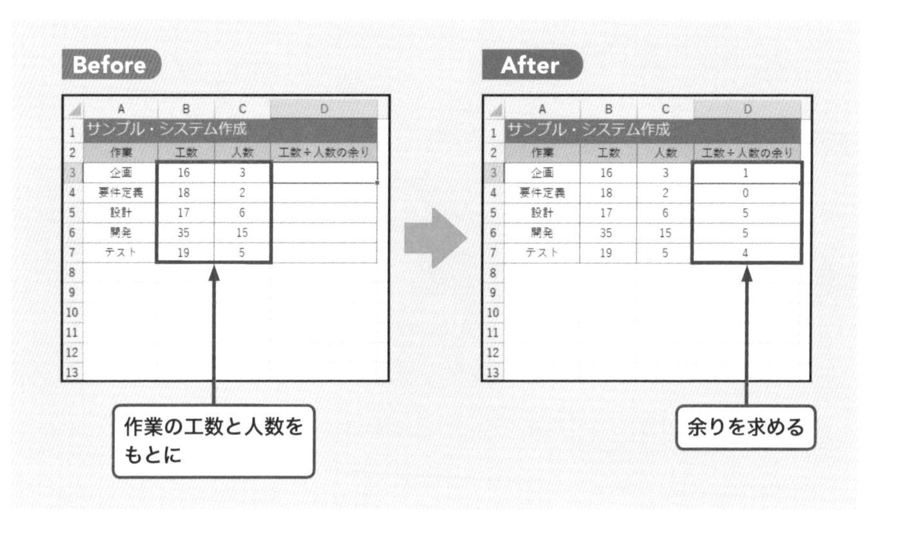

書式 =MOD(数値,除数)

引数

数値	必須	割り算の割られる数値、セル参照
除数	必須	割り算の割る数値、セル参照

説明 MOD関数は、数値を除数で割ったときの余りを返します。戻り値は除数と同じ符号になります。引数「数値」が引数「除数」で割り切れる場合は、0を返します。なお、MOD関数を使っている表では、エラー値が表示されることがあります。この場合、引数に使っている除数を見直します。除数に数値以外のデータを指定するとエラー値「#VALUE!」、0を指定するとエラー値「#DIV/0!」が表示されます。

工数を人数で割った余りを計算する

ここでは、作業に必要な工数を人数で割り、余りを計算します。工数に対して人数が足りているかどうかがわかります。

❶セルD3にMOD関数を入力し、引数「数値」にセルB3、引数「除数」にセルC3を指定します。「セルB3の数値をセルC3の数値で割った余りを表示する」という意味になります。

STEP UP 応用例　MOD関数をIF関数の論理式に使う

MOD関数は引数「数値」が引数「除数」で割り切れる場合は、0を返します。この特徴を活かして、IF関数(P.132参照)の論理式にMOD関数を使用することも可能です。IF関数の論理式は、数値の「0」を与えると偽、「0」以外の数値を与えると真と判定します。つまり引数「数値」が引数「除数」で割り切れる場合は、IF関数は「偽の場合」の処理を実行します。

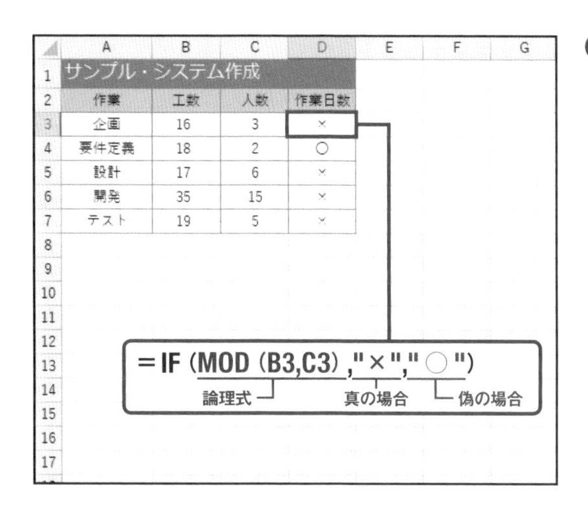

❶セルD3にIF関数を入力し、引数「論理式」に「MOD(B3,C3)」、引数「真の場合」に「×」、引数「偽の場合」に「○」を指定します。「工数が人数で割り切れる場合、つまりMOD関数の計算結果が0＝偽の場合○、割り切れない場合＝真の場合×を表示する」という意味になります。

COLUMN

日付や時刻の入力時の形式

Excelでは、「年」「月」「日」の3つの数値を「/(スラッシュ)」、もしくは「-(マイナス)」で区切って入力すると、自動的に日付のデータに変換されます。数値が2つの場合は「月・日」が入力されたとみなされ、「入力時現在の年」の、該当日付のデータとして入力されます。たとえば「1-2」と入力したときに「1月2日」と表示されるのはこのためです。
また、日本語版Excelでは、「○年○月○日」や「○月○日」と入力しても、自動的に日付のデータとみなされます。
時刻の場合は、「時」「分」「秒」の3つの数値を「:(コロン)」で区切って入力します。数値が2つの場合は、「時・分」が入力されたとみなされます。
また、日本語版Excelでは、「○時○分○秒」や「○時○秒」という形の入力も、自動的に時刻のデータとみなされます。
日付や時刻の区切り記号を用いた値をそのまま表示したい場合は、文字列として入力します。数値を文字列として入力するには、数値を入力するまでに表示形式を<文字列>に設定するか、先頭に「('アポストロフィ)」を付けて入力します。
たとえば、通常は「8-7」と入力すると「8月7日」と表示されますが、先頭にアポストロフィを付けて「'8-7」と入力すると、「8-7」とそのまま表示されます。先頭のアポストロフィは「文字列」を表す記号とみなされ、セルには表示されません。

日付の入力例

入力するデータ	「文字列」表示形式
2021/8/7	2021/8/7
8/7	8/7
2021年8月7日	2021年8月7日
2021-8-7	2021-8-7
8-7	8-7

時刻の入力例

入力するデータ	「文字列」表示形式
8:30:20	8:30:20
8時30分20秒	8時30分20秒

第4章

表計算の可能性が広がる!
条件分岐と論理関数

SECTION 044 論理と条件

対応バージョン 365 2019 2016 2013

条件分岐をマスターすれば複雑な表もラクに作れる!

Excelでは、指定した条件に一致するかどうかによってセルの表示内容を自動的に変更できます。このような仕組みのことを「条件分岐」といいます。データに応じてユーザーが再計算したり、修正したりする手間を省くことができるので便利です。

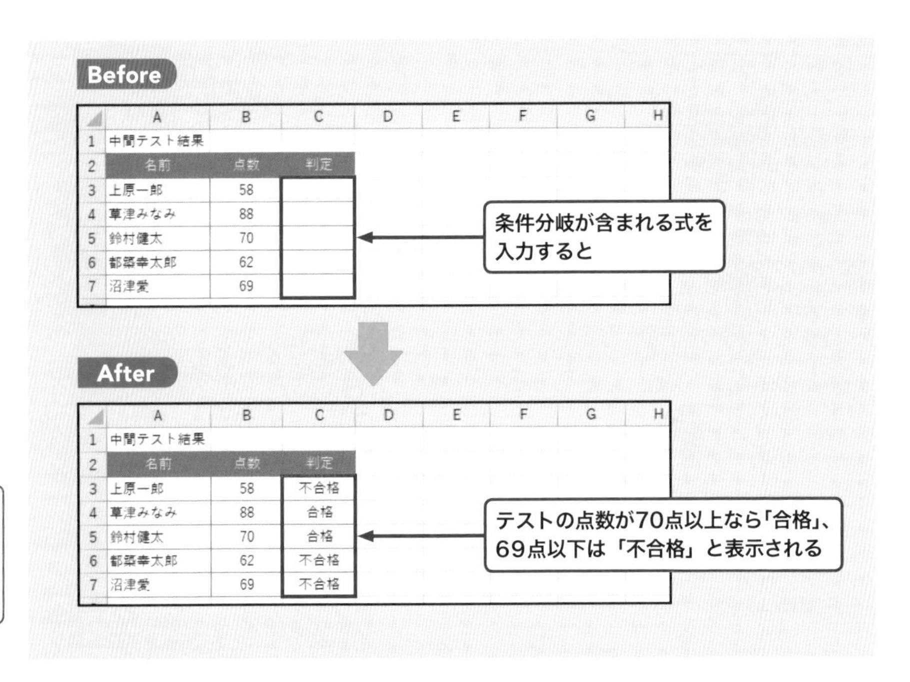

条件分岐が含まれる式を作成するには、条件を判定する「論理式」と条件を満たす場合(真の場合)の処理、条件を満たさない場合(偽の場合)の処理を指定します。
論理式には、「=」や「>=」といった比較演算子を利用します。比較演算子については、P.134を参照してください。以下は、IF関数を使って条件分岐を行う例です。

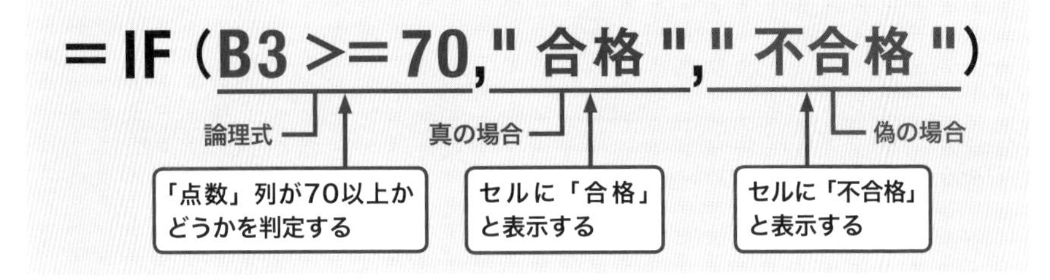

論理値と論理式について理解する

論理値とは、数値や文字列と同じように、Excelで扱えるデータの種類の1つです。論理値にはTRUEとFALSEの2つがあります。
論理式とは、2つの値を比較演算子でつなげた式で、論理値を返します。論理式が正しい場合はTRUE(真) を、間違っている場合はFALSE(偽) を返します。IF関数を使った数式の場合は、論理式が真であれば「真の場合」の値を返し、偽であれば「偽の場合」の値を返します。

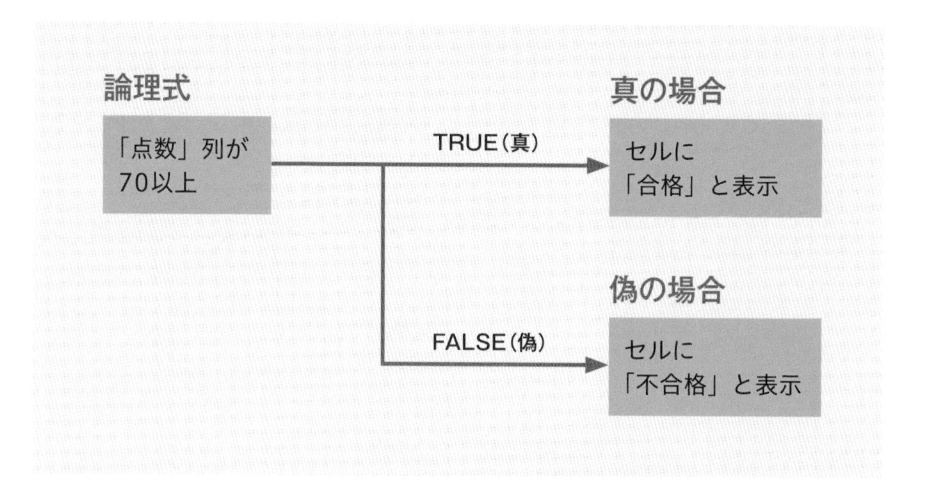

Excelで利用できる主な論理関数

ここで解説したIF関数のほかにも、Excelにはさまざまな論理関数が用意されています。Excelで利用できる主な論理関数は下表の通りです。

主な論理関数

関数名	解説	参照先
AND関数	引数の論理式がすべて真（TRUE）の場合、真（TRUE）を返します	P.138
OR関数	引数の論理式のいずれかが真（TRUE）の場合、真（TRUE）を返します	-
NOT関数	引数の論理式が偽（FALSE）の場合は真（TRUE）を返し、真（TRUE）の場合は偽（FALSE）を返します	-
IF関数	引数の論理式が真（TRUE）の場合は「真の場合」の値を返し、偽（FALSE）場合は「偽の場合」の値を返します	P.132
IFERROR関数	引数の値がエラーの場合、指定した値を返します	P.142
IFNA関数	引数の値が#N/Aエラーの場合、指定した値を返します	P.143

SECTION 045 論理と条件

対応バージョン 365 2019 2016 2013

条件によって計算方法を切り替える

IF

IF関数は論理関数の1つで、条件を表す論理式が真（TRUE）の場合と偽（FALSE）の場合に異なる計算結果を表示します。「一定金額以上の場合は◯と表示する」「特定の商品の金額を割り引く」といったことができます。

Before

	A	B
1	名前	入場券の種類
2	大谷純	フリーパス
3	落合花菜	入場券のみ
4	川島稔	フリーパス
5	坂田佳子	フリーパス
6	二宮浩二	フリーパス
7	宮崎梨菜	入場券のみ
8	安田健	フリーパス
9	山口葉月	入場券のみ
10		
11		
12		
13		

入場券の種類をもとに

After

B	C
入場券の種類	費用
フリーパス	6000
入場券のみ	800
フリーパス	6000
フリーパス	6000
フリーパス	6000
入場券のみ	800
フリーパス	6000
入場券のみ	800

費用を表示する

書式 =IF(論理式,[真の場合],[偽の場合])

引数

論理式	必須	条件を判定する式
真の場合	必須	論理式の結果が「真」の場合の処理
偽の場合	任意	論理式の結果が「偽」の場合の処理

説明 IF関数は、「論理式」の結果が「真」か「偽」かによって、別の値を表示できます。「真」の場合には「真の場合」に指定した値や式の結果が、「偽」の場合には「偽の場合」に指定した値や式の結果が表示されます。

論理式の結果に応じて表示する値を変更する

ここでは、入場券の種類に応じて費用の表示を変更します。SUMIF関数(P.62参照)やCOUNTIF関数(P.70参照)を使っても条件に一致する数値を集計できますが、IF関数を使うと、条件に応じて「文字を表示する」「特定の計算をする」など、集計以外の処理も可能です。

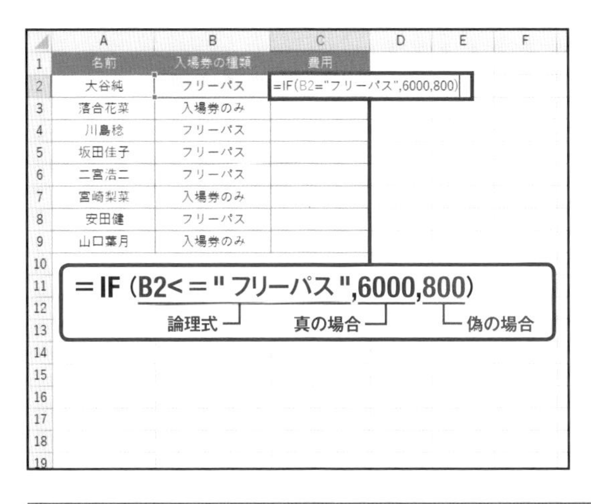

	A	B	C
1	名前	入場券の種類	費用
2	大谷純	フリーパス	=IF(B2="フリーパス",6000,800)
3	落合花菜	入場券のみ	
4	川島稔	フリーパス	
5	坂田佳子	フリーパス	
6	二宮浩二	フリーパス	
7	宮崎梨菜	入場券のみ	
8	安田健	フリーパス	
9	山口葉月	入場券のみ	

❶セルC2にIF関数を入力し、引数「論理式」に「B2 = "フリーパス"」、引数「真の場合」に「6000」、引数「偽の場合」に「800」を指定します。「セルB2に入力されているデータがフリーパスの場合は6000、そうでない場合は800を表示する」という意味になります。

STEP UP 応用例 条件に一致する場合に計算する

IF関数では、「真の場合」や「偽の場合」に数式を指定することもできます。ここでは、会員の料金を10%引きで表示します。考え方としては、「会員」列に「○」が表示されている参加者は、フリーパス料金「6000」に0.9を乗算した計算結果を表示します。

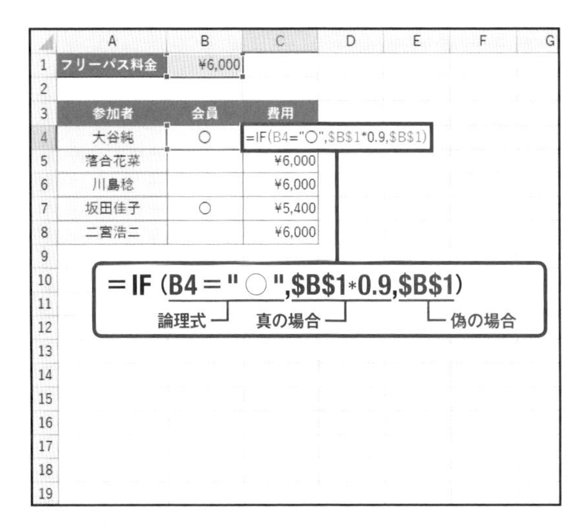

	A	B	C
1	フリーパス料金	¥6,000	
2			
3	参加者	会員	費用
4	大谷純	○	=IF(B4="○",$B$1*0.9,$B$1)
5	落合花菜		¥6,000
6	川島稔		¥6,000
7	坂田佳子	○	¥5,400
8	二宮浩二		¥6,000

❶セルC4にIF関数を入力し、引数「論理式」に「B4 = "○"」、引数「真の場合」に「$B$1*0.9」、引数「偽の場合」に「$B$1」を指定します。「セルB4に入力されているデータが○の場合は、セルB1に入力されている数値6000に0.9を掛ける、そうでない場合はセルB1に入力されている数値6000をそのまま表示する」という意味になります。

数値によって表示する文字列を切り替える

P.133では、IF関数を使い、「入力されているデータが○である」のように、特定のデータと同じかどうかを判定しました。ここでは、「入力されている数値が30以下」のように、データが特定の範囲に入っているかどうかを判定します。

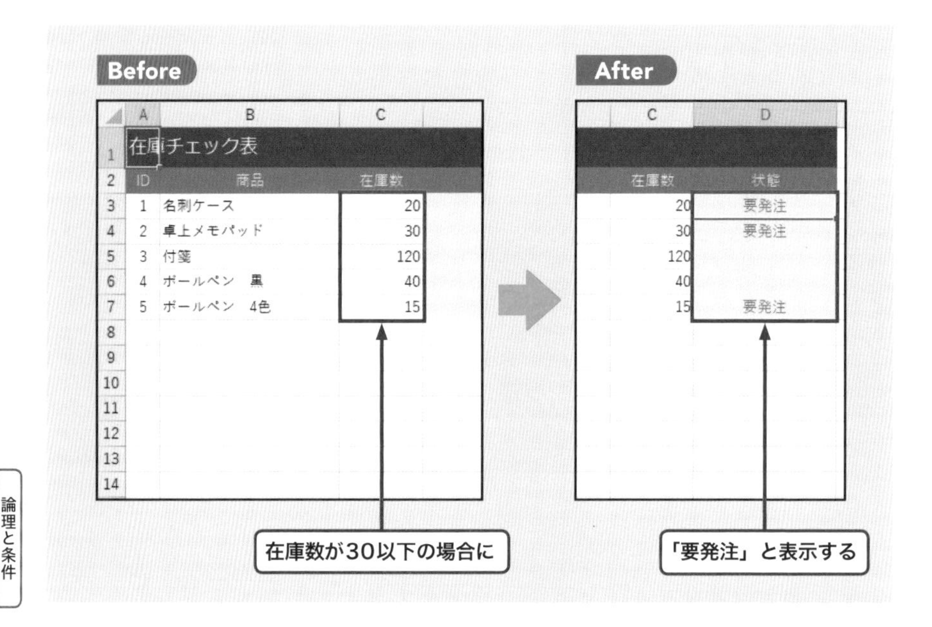

比較演算子を理解する

Excelでは、「=(イコール)」や「<(不等号)」などの比較演算子を使って論理式を作成します。たとえば、「セルA1に入力されている文字が日本」であることを確認する論理式は「=A1="日本"」、「日本以外」であることを確認する論理式は「=A1<>"日本"」になります。また、「=A1>10」のように作成すると、「セルA1の数値が10より大きい」ことを確認します。

論理式で使われる比較演算子

演算子	意味	論理式の例
=	等しい	5=2
<	小さい	5<2
>	大きい	5>2

演算子	意味	論理式の例
<=	以下	5<=2
>=	以上	5>=2
<>	等しくない	5<>2

論理式を使い、数値の大小を判定する

ここではIF関数を使い、在庫数が30以下になったら「要発注」と表示する在庫チェック表を作成します。このときの論理式は在庫数が30以下かどうかを判定する数式になり、判定結果として表示するデータは「要発注」と「""(空白)」になります。IF関数の書式についてはP.132を参照してください。

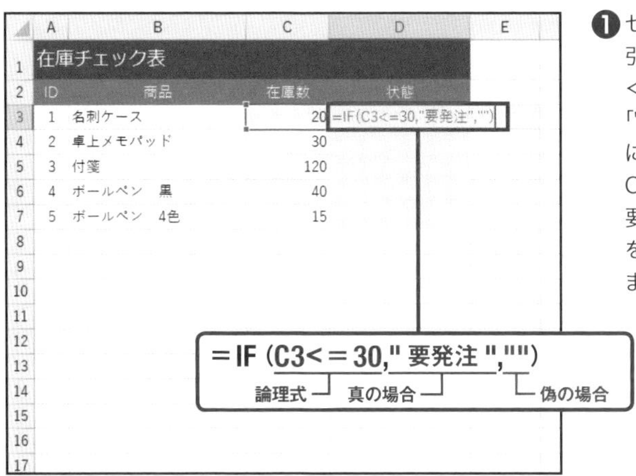

❶セルD3にIF関数を入力し、引数「論理式」に「D3＝C3 <＝30」、引数「真の場合」に「" 要発注 "」、引数「偽の場合」に「""」を指定します。「セルC3の数値が30以下の場合は要発注、そうでない場合は空白を表示する」という意味になります。

STEP UP 応用例 IF関数の引数にIF関数を指定する

関数の書式にほかの関数を組み入れることを「ネスト」といいます(P.50参照)。ここでは、上の例を修正し、IF関数にもう1つIF関数を組み入れます。在庫数が30以下の場合は「要発注」、50以下の場合は「在庫少」と表示します。

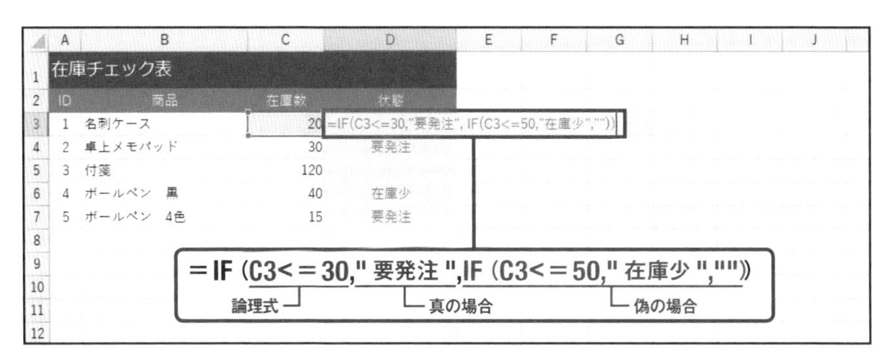

❶セルD3にIF関数を入力し、引数「論理式」に「D3＝C3 <＝30」、引数「真の場合」に「" 要発注 "」を指定します。ここまでは上の例と同じです。ただし、引数「偽の場合」に「IF (C3< ＝ 50," 在庫少 ","")」を指定します。
「セルC3の数値が30以下の場合は要発注を表示し、そうでない場合、50以下かどうかを確認して、50以下の場合は在庫少、50以下でもない場合は空白を表示する」という意味になります。

対応バージョン 365 2019 2016 2013

SECTION 047 論理と条件

文字が部分一致したら計算方法を切り替える

IF COUNTIF

「神奈川県」や「三重県」のように「県」で終わる文字列、または「オアフ島」や「厳島神社」のように「島」が含まれている文字列など、あいまいな条件でデータを調べたいことがあります。関数によっては、ワイルドカードと呼ばれる記号を使って実現できます。

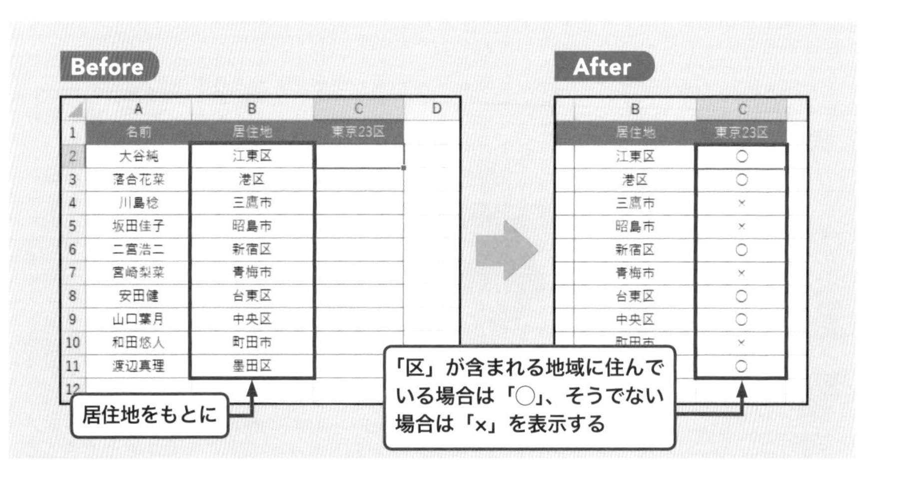

第1章 第2章 第3章 第4章 論理と条件 第5章

ワイルドカード

「ワイルドカード」とは、任意の文字を意味する記号です。「*」と「?」があり、「*」は0文字以上の任意の文字列、「?」は任意の1文字を意味します。たとえば、「山田*」は「山田」から始まる任意の文字列、「山田???」は「山田」から始まる任意の5文字を意味します。
なお、ワイルドカードは半角文字で入力する必要があります。
また、関数によってはワイルドカードは使用できません。IF関数はExcelの表でよく使われる関数の1つですが、単体ではワイルドカードを直接引数に使用することはできません。ここでは、COUNTIF関数と組み合わせることで、IF関数でワイルドカードを使用します。

ワイルドカードの使用例

記入例	意味	該当する文字列
*山	「山」で終わる文字列	富士山、山
山*	「山」から始まる文字列	山田屋、山
山	「山」を含む文字列	富士山、山田屋、富山県、山
?山	「山」で終わる2文字	小山
????山	「山」で終わる5文字	カチカチ山

文字列に応じて表示結果を変更する

ここでは、IF関数とCOUNTIF関数を組み合わせ、「区」で終わる文字列の場合は「○」、そうでない場合は「×」を表示します。
なお、P.322では、IF関数以外の関数を使った例も紹介しています。

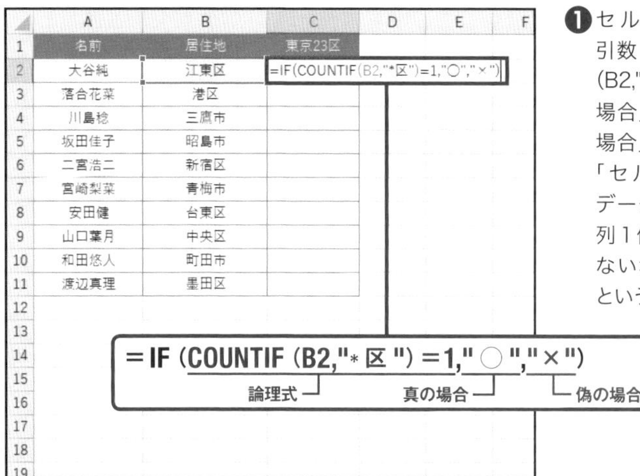

❶セルC2にIF関数を入力し、引数「論理式」に「COUNTIF(B2,"*区")＝1」、引数「真の場合」に「"○"」、引数「偽の場合」に「"×"」を指定します。「セルB2に入力されているデータが、「区」で終わる文字列1個の場合は「○」、そうでない場合は「×」を表示する」という意味になります。

STEP UP 応用例 「*」や「?」を検索する

「*」と「?」は、ワイルドカードとして処理されるため、通常は文字として検索できません。「*」や「?」そのものを検索したいときは、「~*」または「~?」のように先頭に「~(チルダ)」を付けると検索できます。ここでは、「年齢」列に「*」が入力されている人に「○」を表示します。

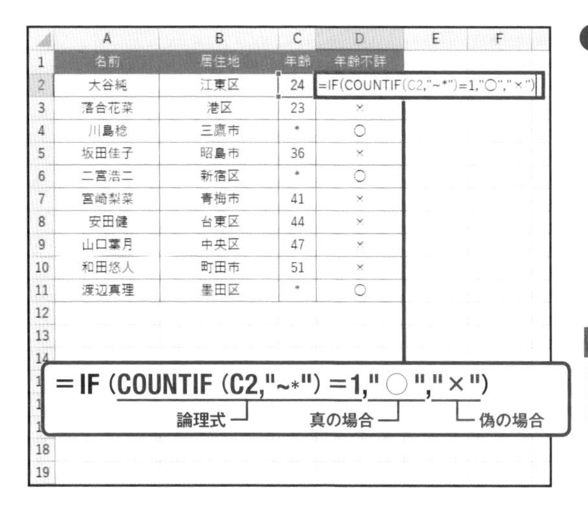

❶セルD2にIF関数を入力し、引数「論理式」に「COUNTIF(C2,"~*")＝1」、引数「真の場合」に「"○"」、引数「偽の場合」に「"×"」を指定します。「セルC2に「*」が入力されている場合は「○」、そうでない場合は「×」を表示する」という意味になります。

MEMO 「~」を検索する

「~」を検索するときは「~~」と指定します。

SECTION 048 論理と条件

対応バージョン 365 2019 2016 2013

入力した値が範囲内に収まっているかチェックする

AND

AND関数は、複数の条件に一致するかどうかを判定する関数で、すべての条件に一致する場合は「TRUE」、そうでない場合は「FALSE」を返します。「100以上、かつ200未満」「性別が男性、かつ血液型がA型」といった条件を判定できます。

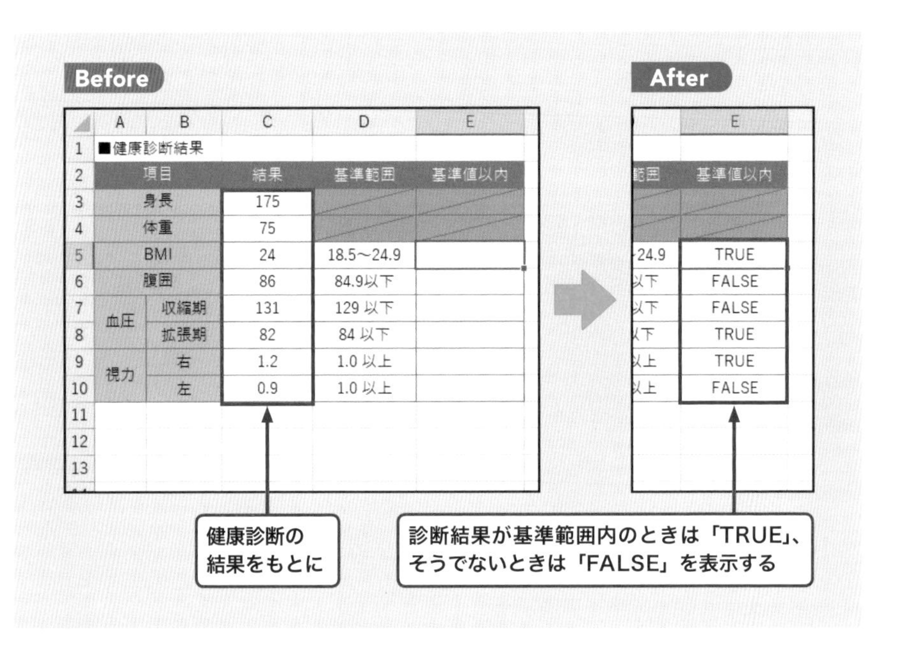

書式 **=AND(論理式1,[論理式2],...)**

引数

論理式1	必須	条件を判定する式
論理式2	任意	条件を判定する式

説明 AND関数は、引数に指定した論理式の結果が、「すべてTRUE」の場合に「TRUE」を返し、「1つでもFALSE」の場合には、「FALSE」を返します。論理式は、複数指定することも可能です。その場合には、論理式を「,(カンマ)」で区切って追記します。論理式は最大で255個まで指定できます。

すべての条件に一致するかどうかを判定する

ここでは、健康診断結果表の各項目に対し、結果が基準値以内の場合は「TRUE」、そうでない場合は「FALSE」を表示します。このとき、「18.5以上24.9以下の数値」は「18.5以上」「24.9以下」という2つの条件に一致する数値なので、AND関数を使います。

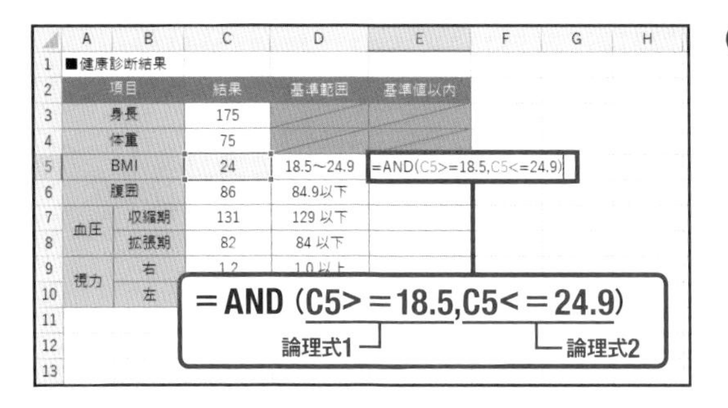

❶セルE5にAND関数を入力し、引数「論理式1」に「C5 ＞＝ 18.5」、引数「論理式2」に「C5 ＜＝ 24.9」を指定します。「セルC5の数値が18.5以上、かつ24.9以下の場合はTRUE、そうでない場合はFALSEを表示する」という意味になります。

STEP UP 応用例 条件付き書式を組み合わせる

上の例の「基準値以内」列に条件付き書式を設定し、「FALSE」の文字を赤色で表示することで、判定結果をわかりやすくします。

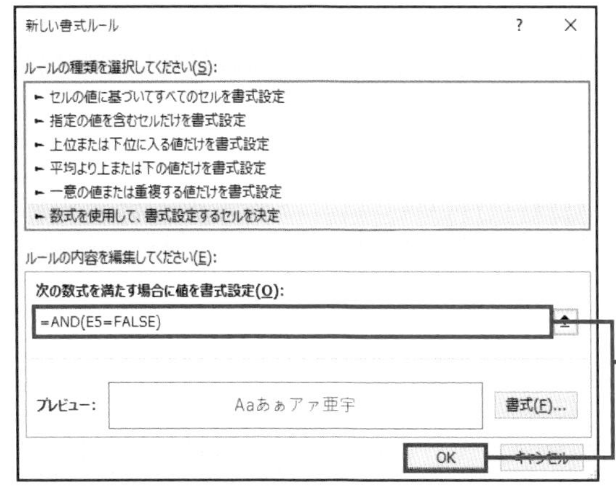

❶セル範囲E5:E10を選択し、＜ホーム＞タブの＜条件付き書式＞をクリックして、＜ルールの管理＞をクリックします。

❷＜条件付き書式ルールの管理＞ダイアログボックスが表示されるので、＜新規ルール＞をクリックします。

❸＜新しい書式ルール＞ダイアログボックスが表示されます。＜数式を使用して……＞を選択し、＜次の書式を満たす……＞に「＝AND(E5＝FALSE)」を入力します。＜書式＞をクリックし、セルの書式を設定したら＜OK＞をクリックします。

	A	B	C	D	E
1	■健康診断結果				
2	項目		結果	基準範囲	基準値以内
3	身長		175		
4	体重		75		
5	BMI		24	18.5～24.9	TRUE
6	腹囲		86	84.9以下	FALSE
7	血圧	収縮期	131	129 以下	FALSE
8		拡張期	82	84 以下	TRUE
9	視力	右	1.2	1.0 以上	TRUE
10		左	0.9	1.0 以上	FALSE
11					

❹FALSEの文字が赤色で表示されます。

対応バージョン 365 2019 2016 2013

AND関数の結果をわかりやすく表示する

IF AND

AND関数（P.138参照）では、判定結果が「TRUE」または「FALSE」で表示されます。この表示では結果が直感的にわかりづらいため、表示を変更しましょう。IF関数と組み合わせると、ほかの文字列を表示することができます。

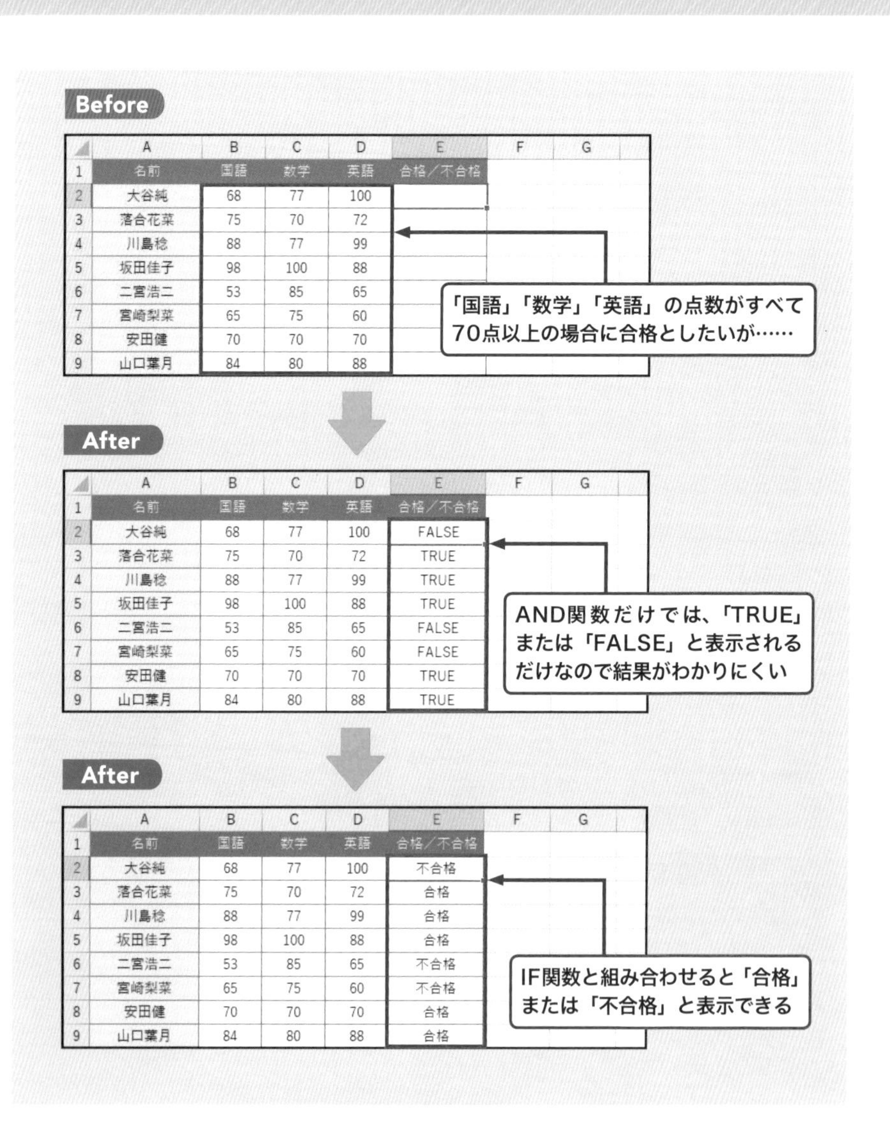

	A	B	C	D	E	F	G
1	名前	国語	数学	英語	合格／不合格		
2	大谷純	68	77	100			
3	落合花菜	75	70	72			
4	川島稔	88	77	99			
5	坂田佳子	98	100	88			
6	二宮浩二	53	85	65			
7	宮崎梨菜	65	75	60			
8	安田健	70	70	70			
9	山口葉月	84	80	88			

	A	B	C	D	E	F	G
1	名前	国語	数学	英語	合格／不合格		
2	大谷純	68	77	100	FALSE		
3	落合花菜	75	70	72	TRUE		
4	川島稔	88	77	99	TRUE		
5	坂田佳子	98	100	88	TRUE		
6	二宮浩二	53	85	65	FALSE		
7	宮崎梨菜	65	75	60	FALSE		
8	安田健	70	70	70	TRUE		
9	山口葉月	84	80	88	TRUE		

	A	B	C	D	E	F	G
1	名前	国語	数学	英語	合格／不合格		
2	大谷純	68	77	100	不合格		
3	落合花菜	75	70	72	合格		
4	川島稔	88	77	99	合格		
5	坂田佳子	98	100	88	合格		
6	二宮浩二	53	85	65	不合格		
7	宮崎梨菜	65	75	60	不合格		
8	安田健	70	70	70	合格		
9	山口葉月	84	80	88	合格		

AND関数の表示をほかの文字列に置き換える

ここでは、「国語」「数学」「英語」の点数がすべて70点以上の場合に「合格」、そうでない場合は「不合格」と表示します。AND関数は複数の条件に一致するかどうかを判定するので、IF関数の引数「論理式」にAND関数を指定すると、AND関数の結果に応じてIF関数の「真の場合」と「偽の場合」を指定できます。

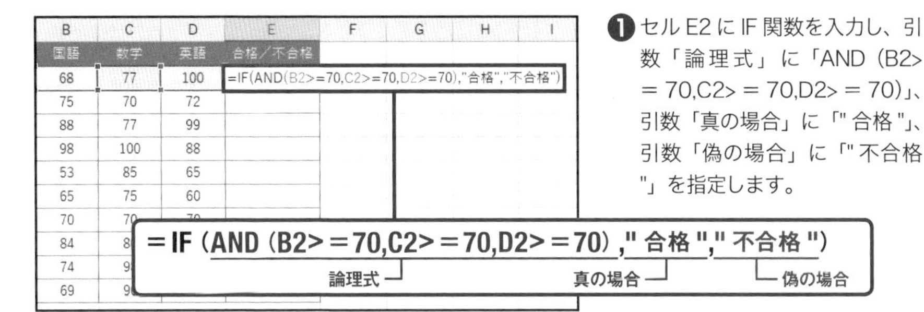

❶ セル E2 に IF 関数を入力し、引数「論理式」に「AND (B2> = 70,C2> = 70,D2> = 70)」、引数「真の場合」に「" 合格 "」、引数「偽の場合」に「" 不合格 "」を指定します。

STEP UP 応用例 条件付き書式を組み合わせる

ここでは条件付き書式を設定し、上の例の各科目が70点以上の場合、点数を赤色の文字で表示します。

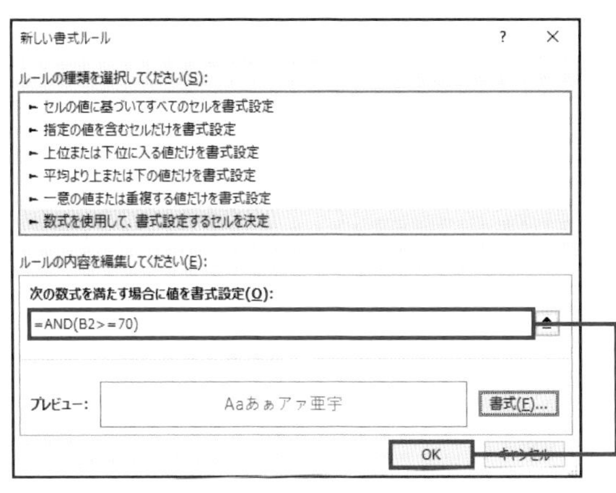

	A	B	C	D	E	F	G
1	名前	国語	数学	英語	合格／不合格		
2	大谷純	68	77	100	不合格		
3	落合花菜	75	70	72	合格		
4	川島稔	88	77	99	合格		
5	坂田佳子	98	100	88	合格		
6	二宮浩二	53	85	65	不合格		
7	宮崎梨菜	65	75	60	不合格		
8	安田健	70	70	70	合格		
9	山口葉月	84	80	88	合格		

❶ セル範囲 B2:D11 を選択し、<ホーム>タブの<条件付き書式>をクリックして、<ルールの管理>をクリックします。

❷ <条件付き書式ルールの管理>ダイアログボックスが表示されるので、<新規ルール>をクリックします。

❸ <新しい書式ルール>ダイアログボックスが表示されます。<数式を使用して、書式設定するセルを決定>を選択し、<次の書式を満たす場合に値を書式設定>に「= AND (B2 >= 70)」を入力します。<書式>をクリックし、セルの書式を設定したら< OK >をクリックします。

❹ 70 以上の数値が赤色で表示されます。

対応バージョン 365 2019 2016 2013

SECTION 050 論理と条件

邪魔なエラー表示を非表示にする

IFERROR

IFERROR関数は、引数がエラーの場合、指定の処理を行う関数です。たとえば、関数によっては計算結果に「#N/A!」や「#VALUE!」といったエラー値が表示されることがあります。IFERROR関数を使うと、エラーを非表示にできます。

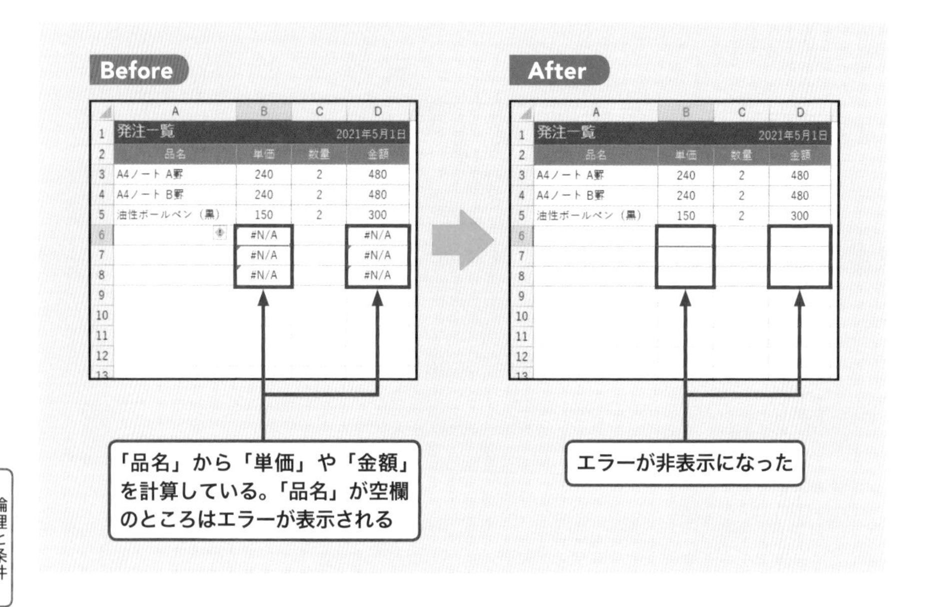

書式 **=IFERROR(値,エラーの場合の値)**

引数
- **値** 必須 エラーではない場合に表示する値や式
- **エラーの場合の値** 必須 引数「値」がエラーの場合に表示する値や式

説明 IFERROR関数は、引数「値」の数式や値がエラーの場合に、引数「エラーの場合の値」を表示します。引数「値」がエラーでない場合は、引数「値」をそのまま表示します。IFERROR関数が認識するエラーは、#N/A、#VALUE!、#REF!、#DIV/0!、#NUM!、#NAME?または#NULL!の7つ。VLOOKUP関数でよく表示されるエラーは「計算や処理の対象となるデータがない」ことを表す#N/Aです。

品名が未入力の場合にエラーが表示されないようにする

A列の「品名」がが未入力の場合、VLOOKUP関数(P.222参照)が入力されているB列と、C列との計算結果が表示されているD列にエラーが表示されます。B列とD列をIFERROR関数を使った数式に修正し、A列が未入力の行に空欄が表示されるようにします。

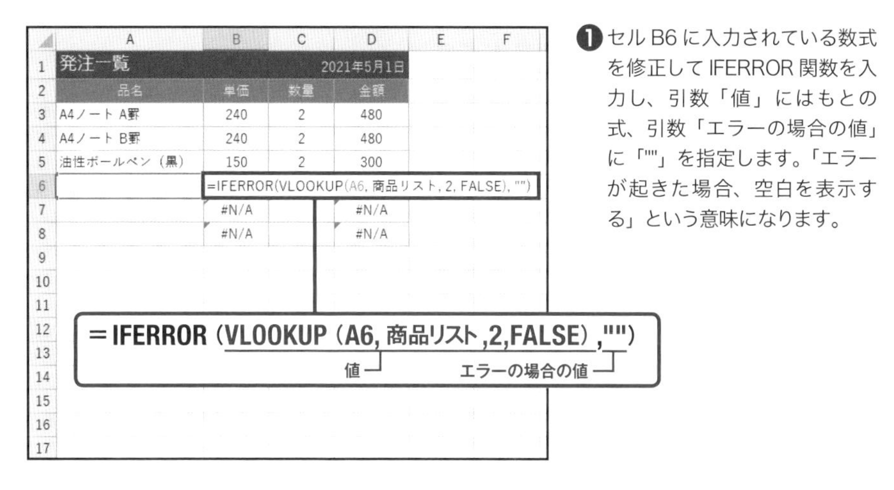

❶セルB6に入力されている数式を修正してIFERROR関数を入力し、引数「値」にはもとの式、引数「エラーの場合の値」に「""」を指定します。「エラーが起きた場合、空白を表示する」という意味になります。

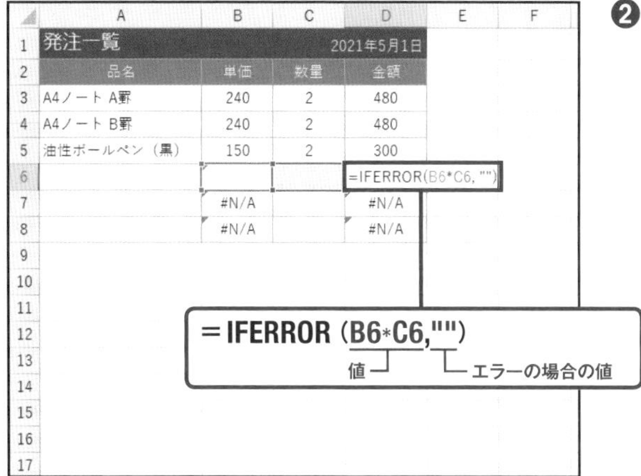

❷同様に、IFERROR関数を利用してセルD6の式も修正します。

COLUMN

IFNA関数でエラーの原因を絞り込む

IFERROR関数の代わりにIFNA関数を利用すると、「#N/A」の代わりに空白を表示できます。その他のエラーの場合は、エラー値が表示されます。このため、表引き部分を、エラーの表示される式に誤って変更してしまった場合でも、ミスに気が付きやすくなります。なお、IFNA関数はExcel 2013以降で利用できます。

SECTION
051
論理と条件

対応バージョン 365 2019 2016 2013

IFS

ネストを使わずに複雑な条件分岐を書く

IFS関数は、複数の条件を指定できる関数です。IF関数にIF関数を入れ子にすることで同様の処理を行えますが、構造が複雑になるため変更や修正に手間がかかります。IFS関数を使い、書式をシンプルでわかりやすくするとよいでしょう。

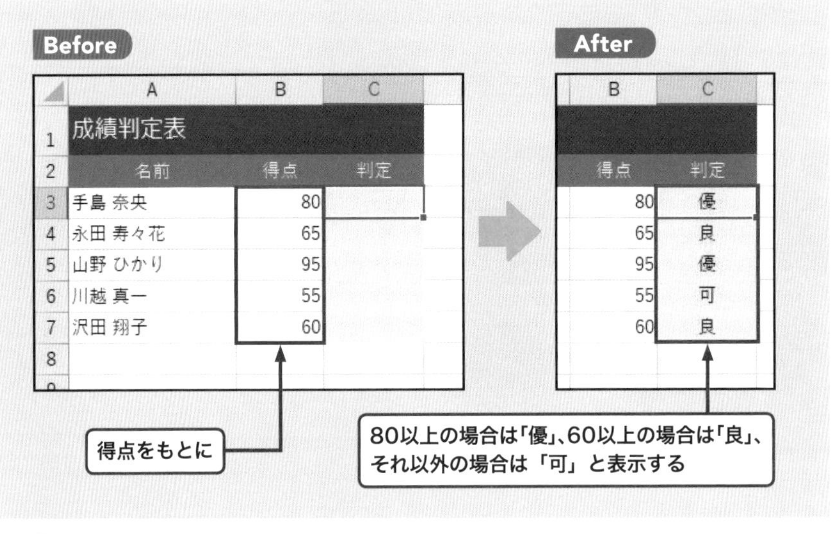

×2013

書式 **=IFS(論理テスト1, 値が真の場合1,...)**

引数

論理テスト1	必須	判定する式
値が真の場合1	必須	論理テスト1の結果がTRUEの場合の値

説明 IFS関数は、「論理テスト1」の値が「TRUE」の場合に、「値が真の場合1」を表示します。「FALSE」の場合、ほかに引数がない場合には「#N/A」を表示します。
続く2つの引数として、「論理テスト2」と「値が真の場合2」のペアが指定されている場合には、その論理テスト2の値が「TRUE」だった場合に「値が真の場合2」を表示します。以下、引数のペア数だけ判定を繰り返します。127ペアまで指定可能です。

得点によって表示する値を切り替える

IFS関数を利用して、「得点が80以上の場合」「得点が60以上の場合」「それ以外の場合」に表示する内容を切り替えます。3つの論理式と結果のペアを用意し、IFS関数の引数として順番に記述していけば完成です。
このとき、最後のペアには、「常にTRUEを返す式」もしくは「TRUE」そのものと結果のペアを配置すると、「それまでの論理式の結果がFALSEであった場合」、つまり「既定値」として表示したい値を設定できます。

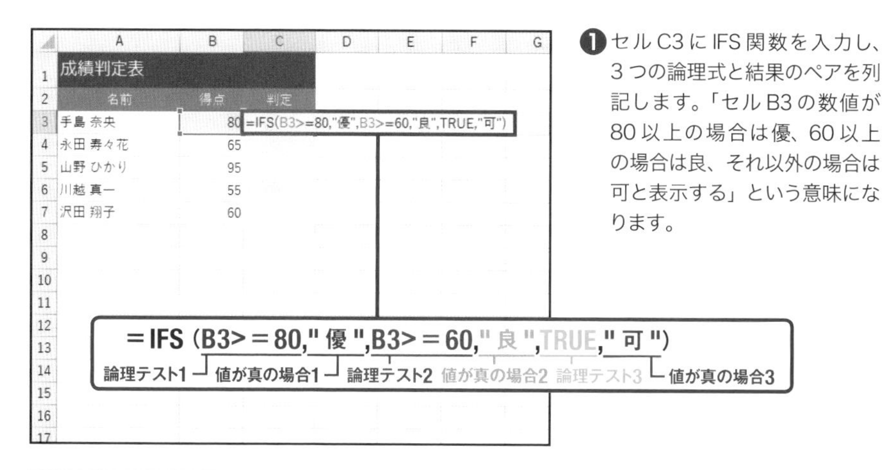

❶セルC3にIFS関数を入力し、3つの論理式と結果のペアを列記します。「セルB3の数値が80以上の場合は優、60以上の場合は良、それ以外の場合は可と表示する」という意味になります。

STEP UP 別関数 旧バージョンのExcelに対応する

IFS関数はExcel 2016で追加された関数です。そのため、Excel 2013以前のバージョンでは利用できません。旧バージョンで同様の処理を行うには、IF関数をネストします。ここでは、上の例を再現します。

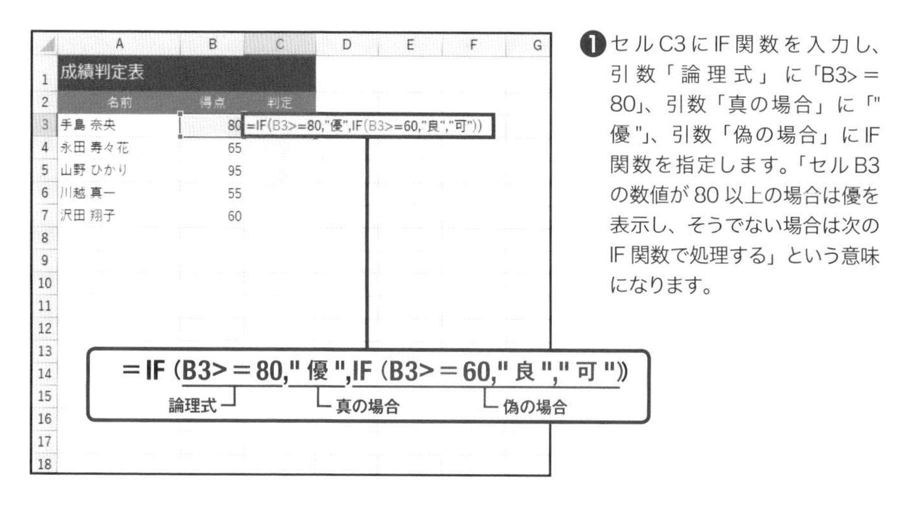

❶セルC3にIF関数を入力し、引数「論理式」に「B3>=80」、引数「真の場合」に「"優"」、引数「偽の場合」にIF関数を指定します。「セルB3の数値が80以上の場合は優を表示し、そうでない場合は次のIF関数で処理する」という意味になります。

▶ COLUMN

論理値を数値として計算に使うことができる

Excelのワークシート上では、真偽値を数式内の数値計算の値として直接使用すると「TRUE＝1」「FALSE＝0」とみなされる、という仕組みがあります。

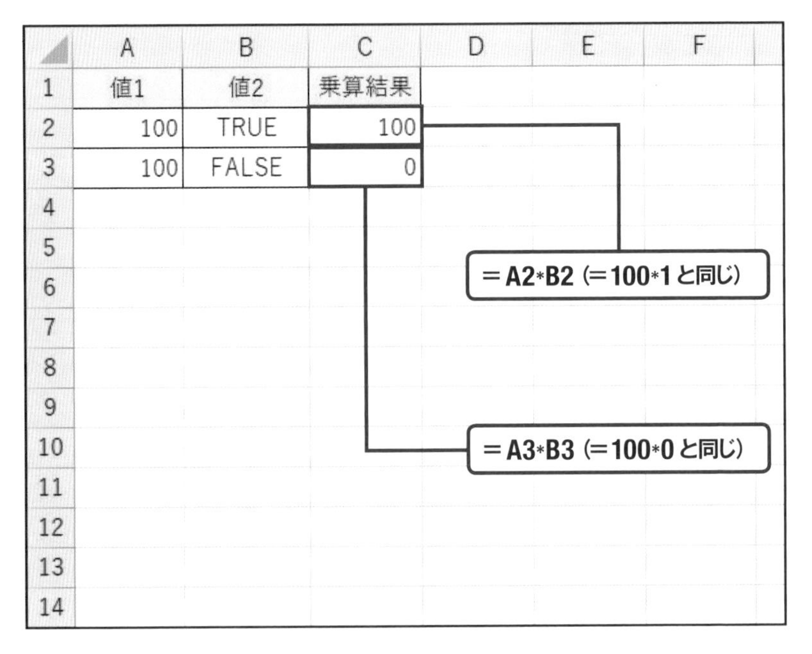

	A	B	C	D	E	F
1	値1	値2	乗算結果			
2	100	TRUE	100			
3	100	FALSE	0			
4						
5						
6						
7						
8						
9						
10						
11						
12						
13						
14						

この仕組みを利用して、「論理値が真の場合だけ計算する」という意図で数式を作成することも可能です。
たとえば、「セルA2が10より大きければ『100』を表示し、そうでなければ『0』を表示」という式は、「＝100*(A2>10)」という式となります。
また、「＝SUM(論理式1,論理式2,論理式3)と記述すれば、「3つの論理式を満たしている数」が計算できます。
このように、論理値をうまく利用すれば、複雑な数式を短くできますが、ひと目見ただけでは数式の意図がわかりにくい、というデメリットもあります。自分では使用しない場合でも、ほかの人が作成したワークシート上でこのような式を見かけたら、「この部分は『0』か『1』かという意図で計算を行っているんだな」と、判断できるようにしておきましょう。

第5章

データの整形・加工を一瞬で!
文字列処理の関数

対応バージョン 365 2019 2016 2013

SECTION 052 文字列処理

データの一括整形に使える! 文字列処理の基本を理解する

Excelは表計算を行うアプリですが、計算に使用する数値・日付や数式のほかに、文字列も扱います。集計を行う際には、「商品名」や「支店名」などの名前（文字列）が基準となります。この文字列を加工するための関数と仕組みを見ていきましょう。

文字列の統一

Excelは、基本的に数値を使った表計算を行うアプリですが、文字列も扱えます。表の見出しとして数値が何を表すかを明示したり、説明書きを入力したりと、その用途はさまざまです。
集計や検索を行う際には、文字列から集計するグループを判断したり、セル位置を判断したりします。その際、外部から取り込んだデータの文字列表記が揃っていなかったり、ずれていたりすると、目的通りの集計ができません。
特に大量のデータを整理整頓して集計・分析を行う際、文字列は数値に負けず劣らず大切な要素といえます。こうした理由から、Excelには文字列からさまざまな情報を取り出すための関数が多数用意されています。

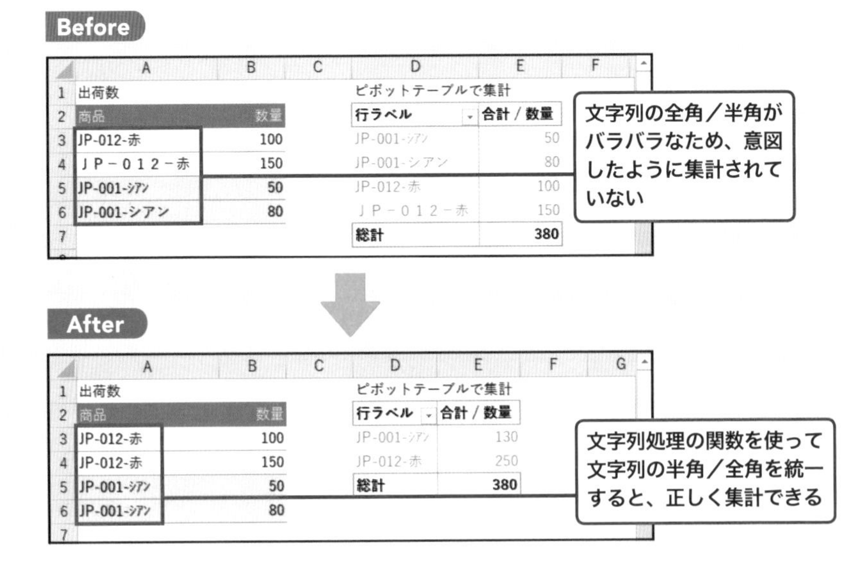

関数を利用し、大量のデータを目的に合わせて一括で修正・整形できれば、その分だけ集計や分析に時間を回せます。効率よく仕事を進めるためにも、文字列を処理する関数や仕組みを覚えていきましょう。

データを揃えて「値」のみコピー＆ペーストする

関数を使って文字列を修正する際は、基本的に、修正したい元のデータが入力されているセルとは別のセルに修正結果を表示します。たとえば、B列に修正したい文字列が入力されている場合には、C列など、別の列に関数式を入力し、修正結果を表示します。

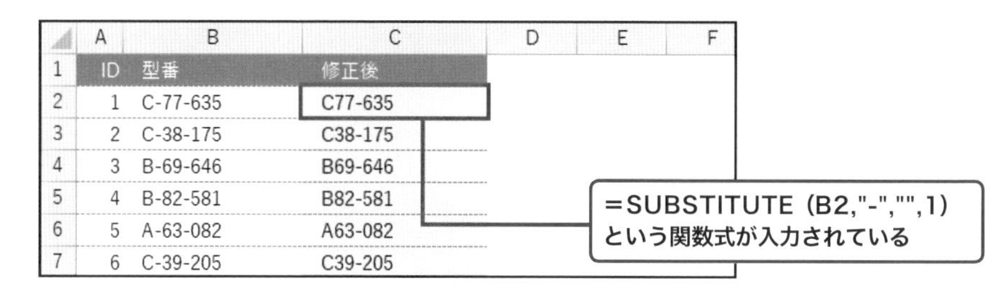

ここで、関数による文字列の修正は、「置換」とは違い、直接セルの内容を修正するのではない点に注意してください。修正前の値と修正後の値を並べられるため、どのような修正を行ったか比較しやすい点がメリットです。
修正後の値のみ必要な場合には、関数式のセル範囲をコピーし、元のセル範囲に関数の結果のみ貼り付けます。これで元のセル範囲を一括修正できます。なお、関数式のセル範囲は残す必要がなければ、削除してかまいません。

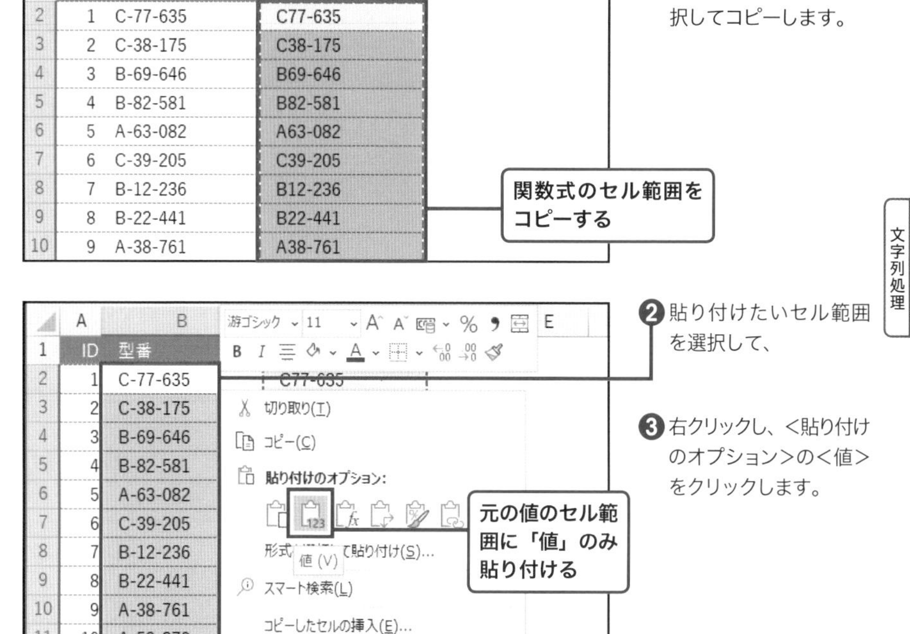

❶関数式が入力されているセル範囲C2:C7を選択してコピーします。

❷貼り付けたいセル範囲を選択して、

❸右クリックし、<貼り付けのオプション>の<値>をクリックします。

第1章 第2章 第3章 第4章 第5章 文字列処理

SECTION 053 文字列処理

対応バージョン 365 2019 2016 2013

指定したセルの文字数をチェックする

LEN

名前の長さやパスワードの文字数など、文字列の長さを調べたいときや、文字数を知りたいときにはLEN関数を使うと便利です。対象の文字列は全角／半角の区別なくどちらも1文字としてカウントされます。

Before

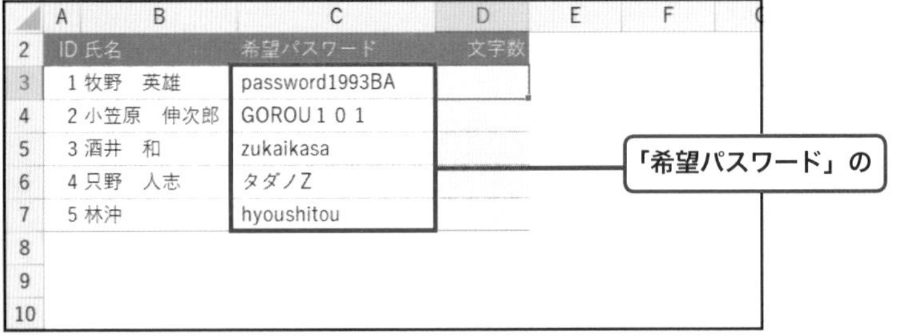

ID	氏名	希望パスワード	文字数
1	牧野　英雄	password1993BA	
2	小笠原　伸次郎	GOROU１０１	
3	酒井　和	zukaikasa	
4	只野　人志	タダノZ	
5	林沖	hyoushitou	

After

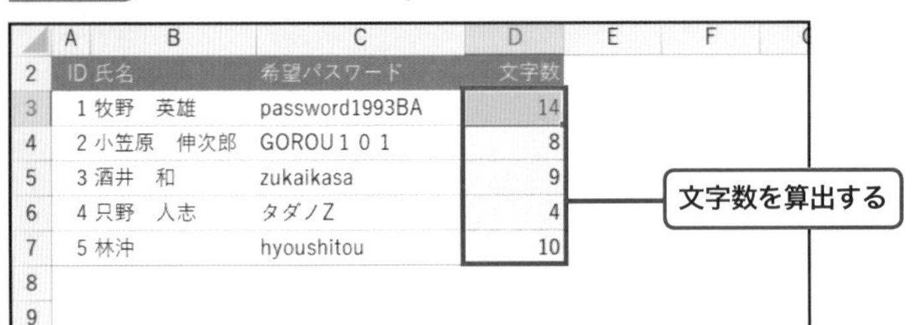

ID	氏名	希望パスワード	文字数
1	牧野　英雄	password1993BA	14
2	小笠原　伸次郎	GOROU１０１	8
3	酒井　和	zukaikasa	9
4	只野　人志	タダノZ	4
5	林沖	hyoushitou	10

 **=LEN（文字列）**

 文字列  長さをチェックしたい文字列、セル参照

 LEN関数は、引数「文字列」に指定した文字列の文字数を返します。

パスワードの「長さ」を求める

C列に、部署内の各人から集めたパスワードとしたい文字列の候補が入力されています。パスワードは「10文字以内」というルールで運用する予定で、そのルールにのっとっているかをチェックします。

❶セルD3にLEN関数を入力します。引数「文字列」にセルC3を指定します。「セルC3の値の文字数を返す」という意味になります。

STEP UP 応用例 条件付き書式と組み合わせて文字数をチェックする

文字数をチェックする作業は、条件付き書式(P.120参照)と組み合わせると格段に使いやすくなります。この例のように文字数制限のあるデータを入力するようなケースでは、入力した文字数がルールを外れた場合はセルに色を付けるように設定しておくと、ルールを外れた文字列が一目でわかり便利です。

❶「10文字以内」というルールでチェックを行うには、セル範囲D3:D7を選択し、<条件付き書式ルールの管理>で「セルの値 >10」の場合に文字や背景の色を変えるよう書式を設定します。

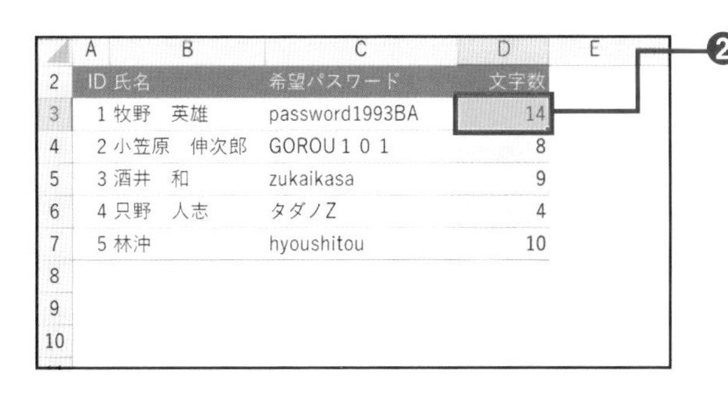

ID	氏名	希望パスワード	文字数
1	牧野　英雄	password1993BA	14
2	小笠原　伸次郎	GOROU１０１	8
3	酒井　和	zukaikasa	9
4	只野　人志	タダノZ	4
5	林沖	hyoushitou	10

❷LEN関数の結果が10を超えると色が付き、文字数をオーバーしたパスワードがひと目でわかります。

対応バージョン 365 2019 2016 2013

SECTION 054 文字列処理

記号や文字を繰り返し表示する

REPT

特定の文字列を繰り返して表示したい場合には、REPT関数を利用します。同じ文字列を表示する回数を調整することで、簡易的なグラフや、文字数の目安となる目盛り、区切り線が簡単に作成できます。

Before

	A	B	C	D	E
1	商品	販売数	簡易確認(単位：20)		
2	A定食	320			
3	B定食	310			
4	クラブハウスサンド	240			
5	カレーライス	280			
6	ミートドリア	160			
7	シーフードドリア	95			

商品の販売数を

After

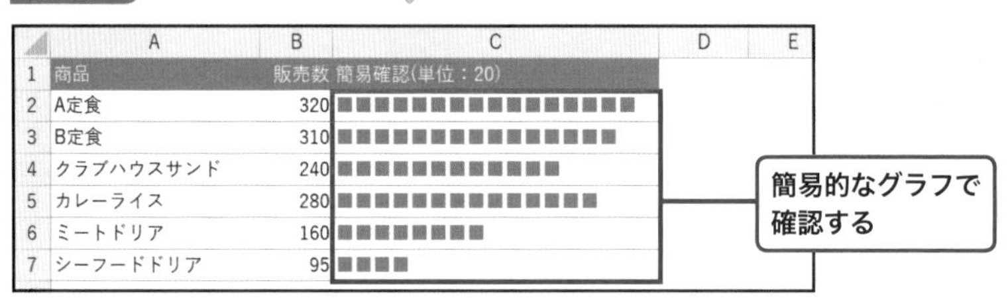

	A	B	C	D	E
1	商品	販売数	簡易確認(単位：20)		
2	A定食	320	■■■■■■■■■■■■■■■■		
3	B定食	310	■■■■■■■■■■■■■■■		
4	クラブハウスサンド	240	■■■■■■■■■■■■		
5	カレーライス	280	■■■■■■■■■■■■■■		
6	ミートドリア	160	■■■■■■■■		
7	シーフードドリア	95	■■■■		

書式 **=REPT(文字列,繰り返し回数)**

引数

文字列	必須	繰り返し表示したい文字列
繰り返し回数	必須	「文字列」を繰り返す回数

説明 REPT 関数は、引数「文字列」に指定した文字列を、「繰り返し回数」分だけ繰り返した値を返します。
「繰り返し回数」に「0」を指定した場合には、「""(空白文字列)」が返され、「1.5」のような小数が指定された場合には、小数点以下の値は無視(切り捨て)されます。

記号の個数で傾向を把握する簡易グラフを作成する

「グラフを作成するまでもないが、値の傾向を把握したい」という場合には、REPT関数を利用した簡易グラフを作成します。REPT関数を入力し、引数「文字列」に「■」を指定して、引数「繰り返し回数」に、「『販売数』列を適当な基準値で除算した値」を指定すれば完成です。

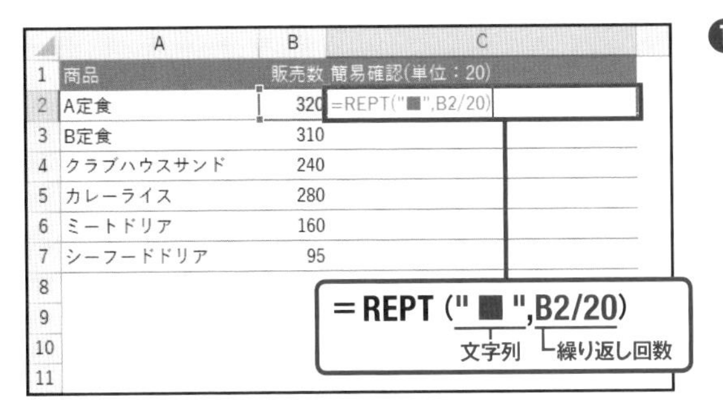

❶セルC2にREPT関数を入力します。引数「文字列」に「■」、引数「繰り返し回数」にB2/20を指定します。「販売数を20で割った数だけ文字列『■』を表示する」という意味になります。

COLUMN

セル範囲いっぱいに文字を繰り返したい場合は「繰り返し」書式を使う

任意のセル範囲いっぱいに同じ文字列を繰り返したい場合は、REPT関数よりも、書式設定が向いています。たとえば、セルA4に「—」と入力し、セル範囲A4:B4を選択してセルの書式設定の<配置>タブで<横位置>を「繰り返し」に設定すると、セル範囲A4:B4いっぱいに「—」が表示されます。列をまたいだ設定が可能な点がREPT関数と異なります。列幅を変更しても、それに応じて繰り返し表示数も変更してくれるため、表を見やすくするための区切り線を入れたい場合に便利です。

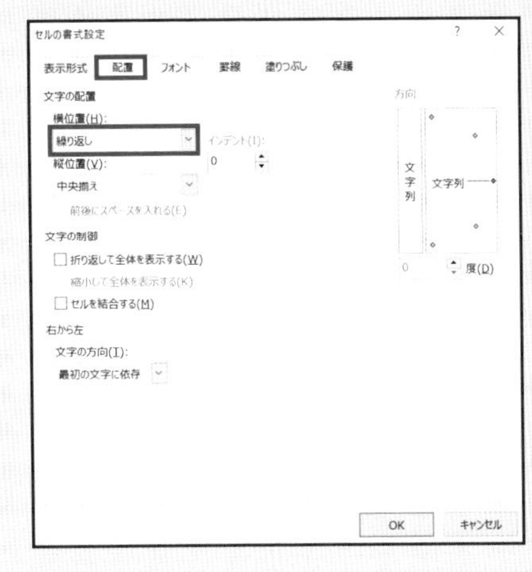

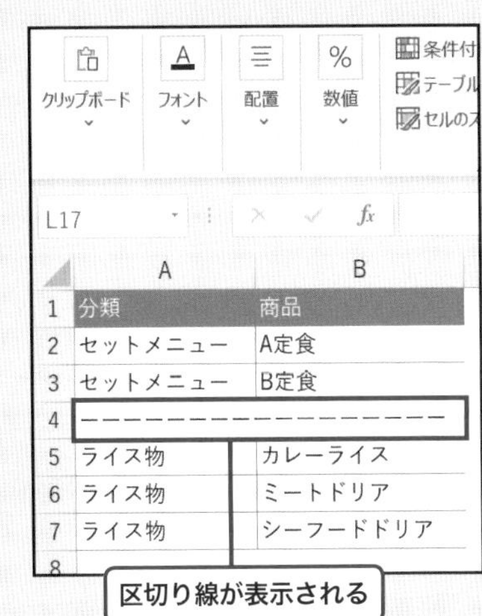

特定の単語を含むか調べる

FIND関数を利用すると、特定の単語がセル内の文字列に含まれている位置が取得できます。この仕組みを利用すると、単語が含まれているかどうかを判定可能です。さらに、含まれている位置から、適切に値が入力されているかどうかのチェックも可能です。

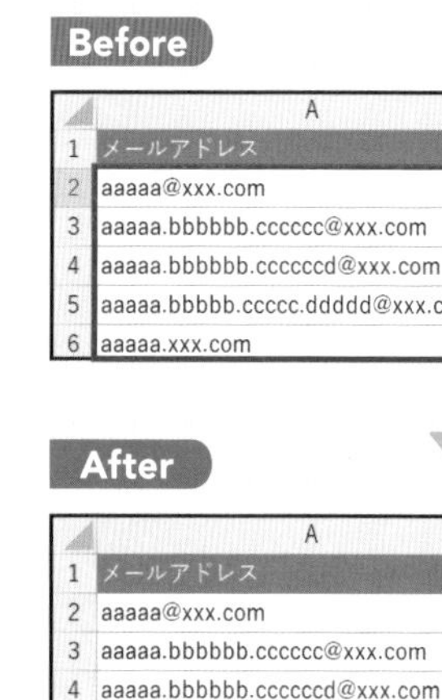
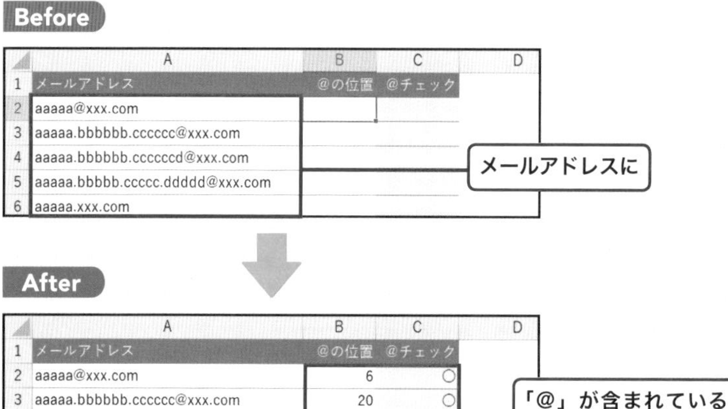

書式 =FIND(検索文字列,対象,[開始位置])

引数		
検索文字列	必須	検索したい文字列
対象	必須	「検索文字列」を探す対象となる文字列やセル参照
開始位置	任意	検索を開始する位置

説明

FIND関数は、「対象」を「検索文字列」で検索し、その文字列が先頭から何文字目にあるかという数値を返します。見つからない場合は#VALUE！エラーを返します。
「開始位置」を利用すると、「対象」の何文字目から検索を開始するかを指定可能です。省略した場合は「1(先頭から)」となります。

「@」が含まれているかをチェックする

A列にメールアドレス一覧が入力されています。規定の形式に沿っているかを、「@」が含まれるか否かで判断します。「@」が含まれていない場合はエラーとなるため、「FIND関数の結果がエラーかどうか」で「含まれているかどうか」が判断可能です。

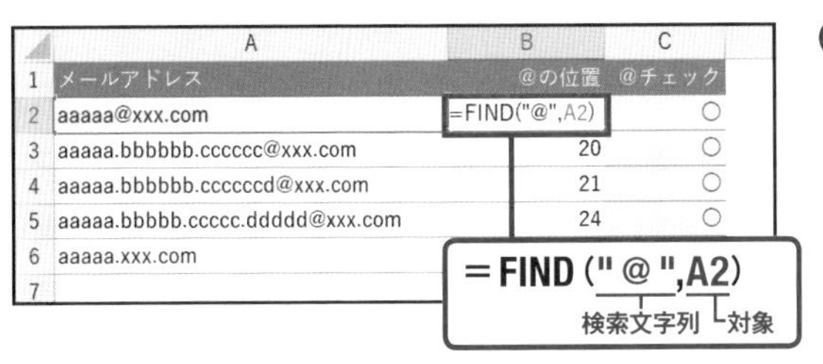

❶セルB2にFIND関数を入力します。引数「検索文字列」に「@」を指定し、引数「対象」にセルA2を指定します。引数「開始位置」は省略します。

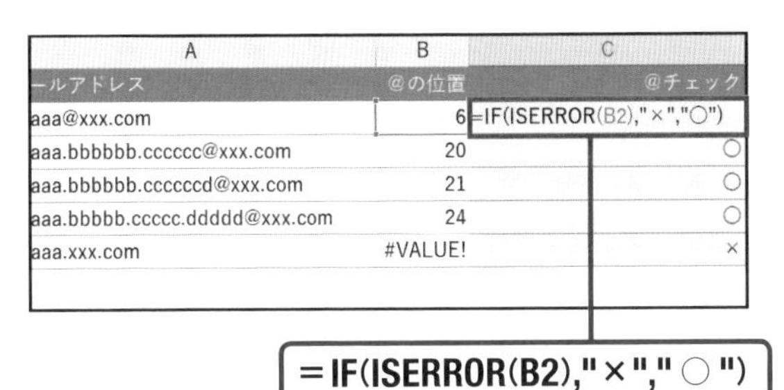

❷B列の結果がエラーかどうかによって「@」が含まれているかどうかを判定します。ここではISERROR関数でチェックを行いました。

STEP UP 応用例 検索対象文字の「位置」を利用してチェックする

FIND関数の結果の値を利用し、IF関数で「適切な長さの文字列になっているかどうか」のチェックも可能です。たとえば「『@』が22文字目より前かどうか」をチェックすることで、メールアドレスの『@』より前の文字列が20文字以内かどうかを判定できます。

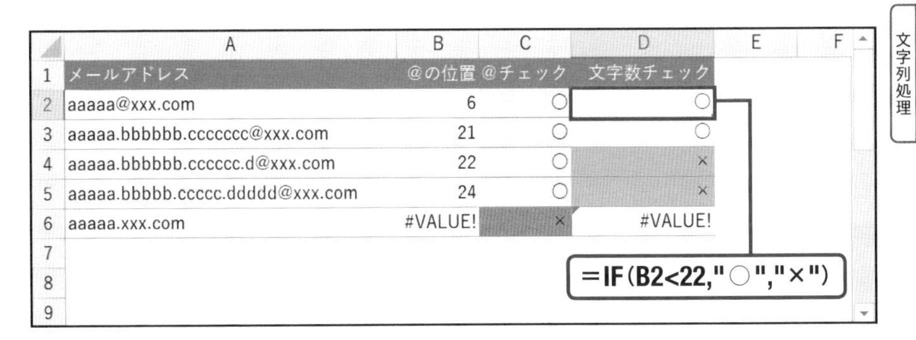

❶セルD2にIF関数を入力します。引数「論理式」には、B2 ＜ 22を指定し、引数「真の場合」に"○"、引数「偽の場合」に"×"を指定します。

対応バージョン 365 2019 2016 2013

SEARCH

特定の単語を含むかあいまい検索する

ある文字列内に、任意の文字列が含まれている位置を、ややあいまいな条件で検索するには、SEARCH関数を利用します。SEARCH関数では、大文字／小文字を区別せず、ワイルドカードを使った判定も利用可能です。

Before

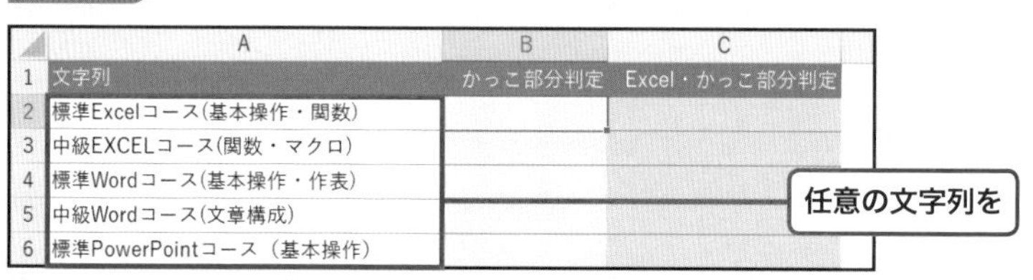

	A	B	C
1	文字列	かっこ部分判定	Excel・かっこ部分判定
2	標準Excelコース(基本操作・関数)		
3	中級EXCELコース(関数・マクロ)		
4	標準Wordコース(基本操作・作表)		
5	中級Wordコース(文章構成)		
6	標準PowerPointコース（基本操作)		

After

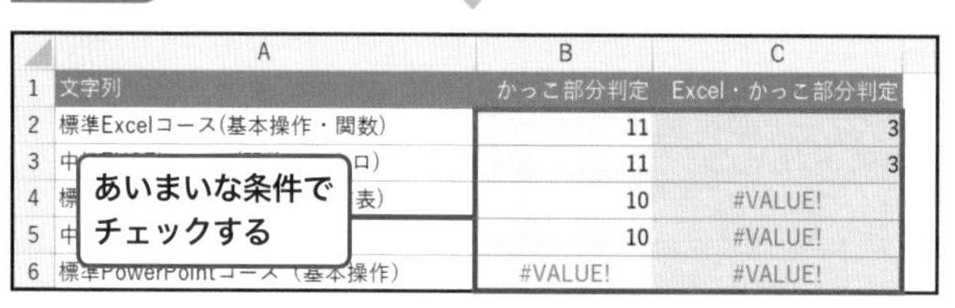

	A	B	C
1	文字列	かっこ部分判定	Excel・かっこ部分判定
2	標準Excelコース(基本操作・関数)	11	3
3	中 … ロ)	11	3
4	標 … 表)	10	#VALUE!
5	中	10	#VALUE!
6	標準PowerPointコース（基本操作)	#VALUE!	#VALUE!

書式 **=SEARCH(検索文字列,対象,[開始位置])**

引数

検索文字列	必須	検索したい文字列。ワイルドカードを使用可能。
対象	必須	「検索文字列」を探す対象となる文字列やセル参照
開始位置	任意	検索を開始する位置

説明 SEARCH関数は、「対象」を「検索文字列」で検索し、その文字列が左から数えて何文字目にあるかという数値を返します。見つからない場合は#VALUE !エラーを返します。
「開始位置」を利用すると、「対象」の何文字目から検索を開始するかを指定可能です。省略した場合は「1(先頭から)」という指定となります。

あいまいな条件で単語が含まれるかどうかをチェックする

A列に入力されている値に「カッコで囲まれた部分」があるどうかをチェックしてみましょう。SEARCH関数は、FIND関数(P.154参照)と同じく検索文字列の位置を返す関数ですが、「大文字小文字を区別しない」「ワイルドカードを利用可能」という特徴があります。検索文字列を「(*)」とすると、「『(』と『)』の間に任意の文字列が挟まれたパターンの文字列」という条件で検索できます。

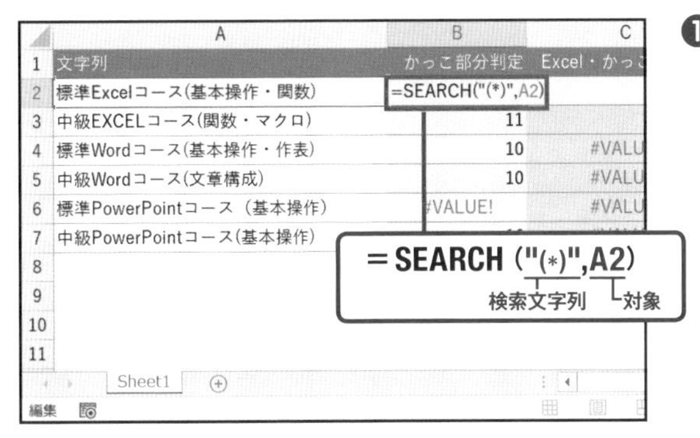

❶セルB2にSEARCH関数を入力します。引数「検索文字列」に「(*)」を指定し、引数「対象」にセルA2を指定します。検索したパターンの文字列が見つかった場合はその先頭の位置を、見つからなかった場合はエラーを返します。つまり、「エラーかどうか」で「パターンの文字列を含むか含まないか」が判定できます。

STEP UP 応用例 複数のワイルドカードを併用してより細かい条件でチェックする

検索文字列には、ワイルドカードを複数指定することも可能です。「"excel*(*)"」とすれば、「『excel』を含み、その後ろにカッコで囲まれた部分がある」文字列を検索できます。

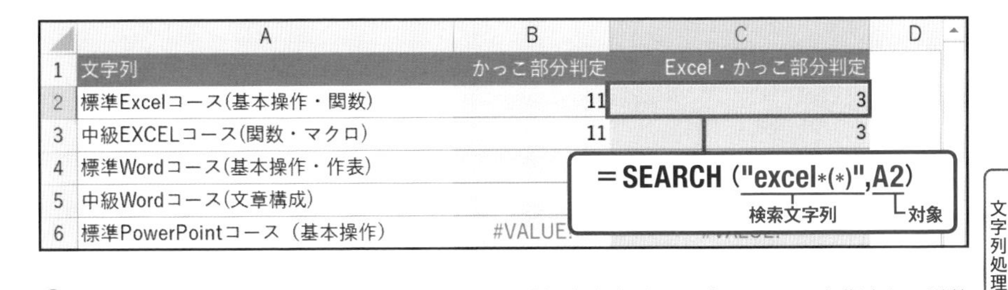

❶セルC2にSEARCH関数を入力します。引数「検索文字列」に「excel*(*)」を指定し、引数「対象」にセルA2を指定します。

COLUMN

全角文字と半角文字は別のものとして判定する

SEARCH関数では、大文字/小文字は区別なく判定しますが、全角/半角は別のものとして扱います。カッコなど、全角/半角の双方がある記号を検索対象にする場合には注意しましょう(サンプルの6～7行目参照)。

対応バージョン 365 2019 2016 2013

SUBSTITUTE

文字列置換を使って間違いを瞬時に直す

表から特定の文字列を任意の文字列に置換するには、SUBSTITUTE関数を利用します。置き換えたい文字列と置き換え後の文字列を指定することで、複数の文字列を一括で置換できます。

第1章 第2章 第3章 第4章 第5章 文字列処理

Before

	A	B	C	D	E	F	G
1	ID	使用ソフト	修正後				
2	1	Excel 2019					
3	2	Excel 2016					
4	3	Excel 2013					
5	4	Excel 2010					

使用ソフト名の「Excel」を

After

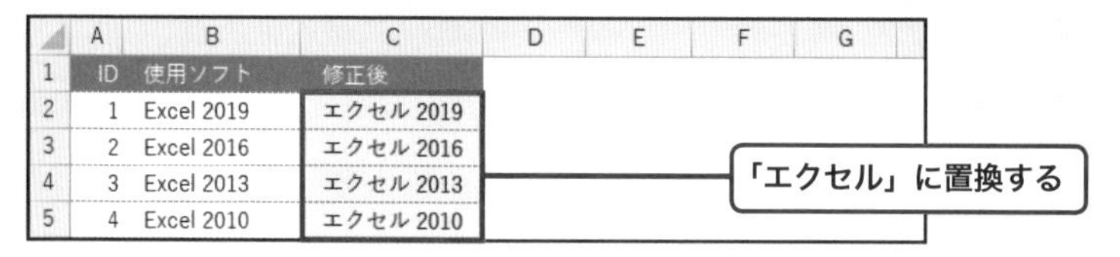

	A	B	C	D	E	F	G
1	ID	使用ソフト	修正後				
2	1	Excel 2019	エクセル 2019				
3	2	Excel 2016	エクセル 2016				
4	3	Excel 2013	エクセル 2013				
5	4	Excel 2010	エクセル 2010				

書式 =SUBSTITUTE(文字列,検索文字列,置換文字列,[置換対象])

引数

引数		説明
文字列	必須	置換を適用したい文字列、セル参照
検索文字列	必須	置換対象となる文字列
置換文字列	必須	置換後に表示する文字列
置換対象	任意	置換候補が複数ある場合の対象を指定する数値

説明 SUBSTITUTE関数は、「文字列」を「検索文字列」で検索し、その文字列を「置換文字列」に置き換えます。
「文字列」に当てはまる対象が複数ある場合、いずれかのみを置換したい場合には「置換対象」に数値を指定します。「1」を指定すると、1つ目の検索文字列だけ置換し、「2」を指定すると2つ目だけ置換されます。省略した場合はすべてが置換されます。

文字列内の単語を置換する

SUBSTITUTE関数を使って、文字列内の単語「Excel」を「エクセル」に置換します。

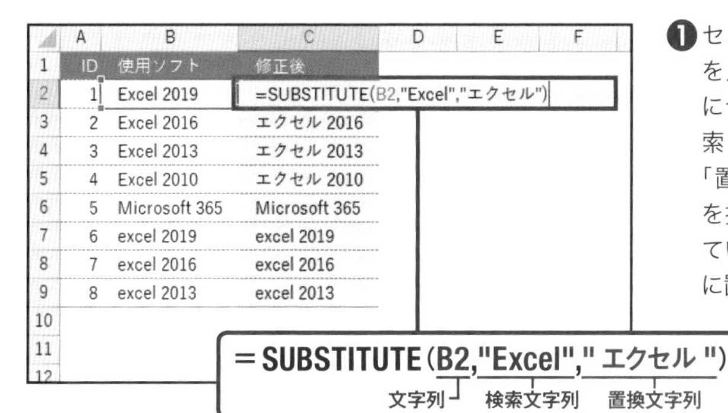

	A	B	C
1	ID	使用ソフト	修正後
2	1	Excel 2019	=SUBSTITUTE(B2,"Excel","エクセル")
3	2	Excel 2016	エクセル 2016
4	3	Excel 2013	エクセル 2013
5	4	Excel 2010	エクセル 2010
6	5	Microsoft 365	Microsoft 365
7	6	excel 2019	excel 2019
8	7	excel 2016	excel 2016
9	8	excel 2013	excel 2013

❶セル C2 に SUBSTITUTE 関数を入力します。引数「文字列」にセル B2 を指定し、引数「検索文字列」に "Excel"、引数「置換文字列」に " エクセル " を指定します。B 列に入力されている「Excel」が「エクセル」に置換されます。

STEP UP 応用例 文字列内の複数の単語を置換する

上の例では「Excel」のみ置換対象となっていますが、「excel」も同時に「エクセル」に置換したい場合、SUBSTITUTE関数を入れ子にすれば、一度に複数の文字列の置換が行えます。

	A	B	C
1	ID	使用ソフト	修正後
2	1	Excel 2019	=SUBSTITUTE(SUBSTITUTE(B2,"Excel","エクセル"),"excel","エクセル")
3	2	Excel 2016	エクセル 2016
4	3	Excel 2013	エクセル 2013
5	4	Excel 2010	エクセル 2010
6	5	Microsoft 365	Microsoft 365
7	6	excel 2019	エクセル 2019
8	7	excel 2016	エクセル 2016
9	8	excel 2013	エクセル 2013

= SUBSTITUTE(SUBSTITUTE(B2,"Excel"," エクセル "),"excel"," エクセル ")

❶セル C2 に = SUBSTITUTE (SUBSTITUTE (B2,"Excel"," エクセル ") ,"excel"," エクセル ") と入力します。「Excel」を「エクセル」に置換する処理と、「excel」を「エクセル」に置換する処理を同時に行います。

COLUMN

「置換」機能とは何が違う?

文字列の置換は、関数を使わずに「置換」機能で行うこともできます。ただし、あとからデータが加えられる場合や、元の文字列を残しておいたほうがよい場合などは、SUBSTITUTE関数を使うのが適しています。

対応バージョン 365 2019 2016 2013

SECTION 058 文字列処理

外部から取り込んだデータから不要な空白を取り除く

TRIM

文字列中の不要なスペース（空白）を削除するには、TRIM関数を利用します。さらに、全角スペースと半角スペースも統一したい場合には、SUBSTITUTE関数でスペースの種類を統一できます。

Before

	A	B	C	D
1	名前	スペース削除	半角スペースに統一	
2	手島　奈央			
3	永田 寿々花			
4	山野 ひかり			
5	川越　　真一			
6	沢田　翔子			
7	上野　　信彦			

名前に含まれる不要なスペースを

After

	A	B	C	D
1	名前	スペース削除	半角スペースに統一	
2	手島　奈央	手島 奈央	手島 奈央	
3	永田 寿々花	永田 寿々花	永田 寿々花	
4	山野 ひかり	山野 ひかり	山野 ひかり	
5	川越　　真一	川越 真一	川越 真一	
6	沢田　翔子	沢田　翔子	沢田 翔子	
7	上野　　信彦	上野　信彦	上野 信彦	

書式 **=TRIM(文字列)**

引数 文字列  必須 余分なスペースを削除したい文字列やセル参照

説明 TRIM関数は、不要なスペースと改行を削除する関数です。全角スペース／半角スペースのどちらも削除されますが、全角／半角に関わらず、文字列の先頭と末尾にあるスペースはすべて削除されます。
また、引数「文字列」の途中にスペースが入っている場合は、全角／半角に関わらず1つだけ残されます。

不要なスペースを一括で削除する

A列に、外部から取り込んだ文字列が入力されています。単語の前後に余計なスペースが挿入されているため、TRIM関数を利用して削除します。

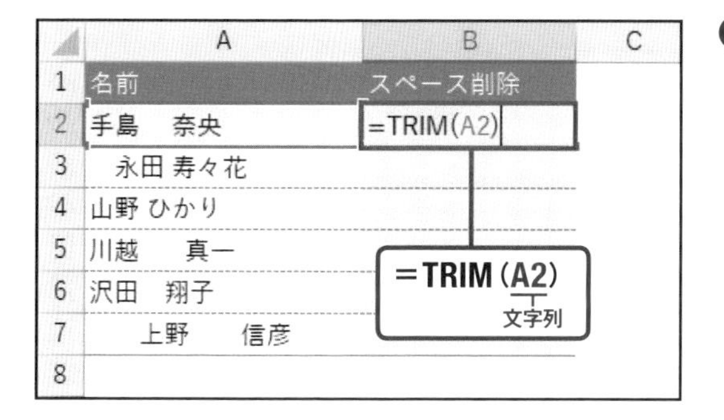

❶セルB2にTRIM関数を入力します。引数「文字列」にセルA2を指定します。単語の前後にあるスペースは削除され、単語の途中にスペースが連続して入っている場合は、スペース1つに整理されます。

STEP UP 応用例 全角スペースと半角スペースを統一する

TRIM関数では、単語の途中に入っているスペースを1つ残しますが、半角／全角を問わないため、全角／半角スペースが混在しているデータの場合、表記がちぐはぐになってしまいます。SUBSTITUTE関数を利用すれば、スペースの種類を統一できます。

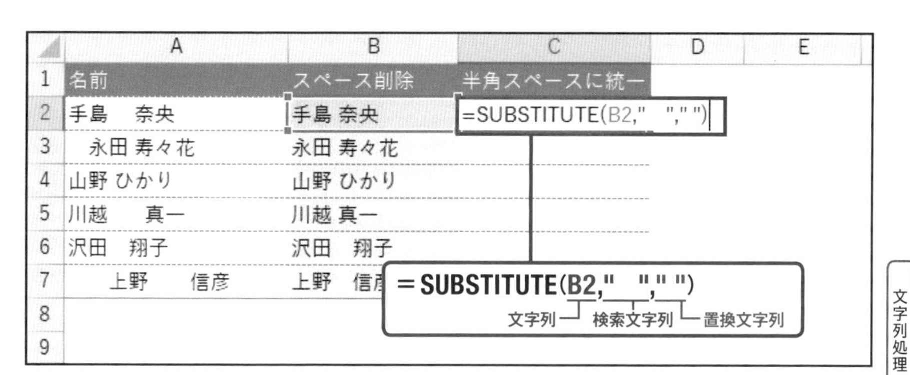

❶セルC2にSUBSTITUTE関数を入力します。引数「文字列」にセルB2を指定し、引数「検索文字列」に"　"（全角スペース）、引数「置換文字列」に" "（半角スペース）を指定します。全角スペースを半角スペースに置換することでスペースの種類を統一しています。

COLUMN

セル内改行も削除可能

TRIM関数は余分なスペースに加え、セル内改行も削除可能です。

SECTION 059 文字列処理

対応バージョン 365 2019 2016 2013

表内の余計な文字列を一発で取り除く

SUBSTITUTE

表から一部の文字列を取り除くには、SUBSTITUTE関数を利用します。置き換えたい文字列と置き換え後の文字列を指定することで、文字列の任意の部分を削除できます。製品の型番など、一定のルールに沿って入力されているデータの修正に適しています。

Before

	A	B	C	D	E	F	G
1	ID	型番	修正後				
2	1	C-77-635					
3	2	C-38-175					
4	3	B-69-646					
5	4	B-82-581					
6	5	A-63-082					
7	6	C-39-205					
8	7	B-12-236					
9	8	B-22-441					
10	9	A-38-761					

決まった形式で入力されている型番の

After

	A	B	C	D	E	F	G
1	ID	型番	修正後				
2	1	C-77-635	C77-635				
3	2	C-38-175	C38-175				
4	3	B-69-646	B69-646				
5	4	B-82-581	B82-581				
6	5	A-63-082	A63-082				
7	6	C-39-205	C39-205				
8	7	B-12-236	B12-236				
9	8	B-22-441	B22-441				
10	9	A-38-761	A38-761				

2文字目の-(ハイフン)を削除する

COLUMN

すべて置換したい場合には「置換」機能も使える

2つあるハイフンのうち1つ目のみ削除するのではなく、「ハイフンをすべて消去したい」というようなケースでは、「置換」機能で一括置換して消去する方法もあります。細かな位置の指定や、結果をいったん視認したい場合にはSUBSTITUTE関数のほうが向いています。状況によって使い分けましょう。

型番の1つ目のハイフンを置換で一括削除する

B列に、ハイフンを2つ含む形で型番が入力されています。このハイフンのうち、1つ目のみを一括削除します。

	A	B	C	D
1	ID	型番	修正後	
2	1	C-77-635	=SUBSTITUTE(B2,"-","",1)	
3	2	C-38-175	C38-175	
4	3	B-69-646	B69-646	
5	4	B-82-581	B82-581	
6	5	A-63-082	A63-082	
7				
8				
9	8	B-22-441	B22-441	
10	9	A-38-761	A38-761	
11	10	A-53-270	A53-270	
12	11	B-59-866	B59-866	
13	12	B-32-521	B32-521	
14	13	B-58-292	B58-292	
15	14	A-37-349	A37-349	
16	15	B-43-163	B43-163	

=SUBSTITUTE (B2,"-","",1)
文字列　検索文字列　置換文字列　置換対象

❶セルC2にSUBSTITUTE関数を入力します。引数「文字列」にセルB2を指定し、引数「検索文字列」に「-」、引数「置換文字列」に「""（空白文字）」、引数「置換対象」に「1」を指定します。すると、1つ目のハイフンのみが置換対象となり、空白文字に置換されます。結果として「1つ目のハイフンを消去した値」が得られます。

STEP UP 応用例　セル内の改行を一括削除する

SUBSTITUTE関数とCHAR関数を組み合わせれば、セル内に含まれる改行を削除することもできます。

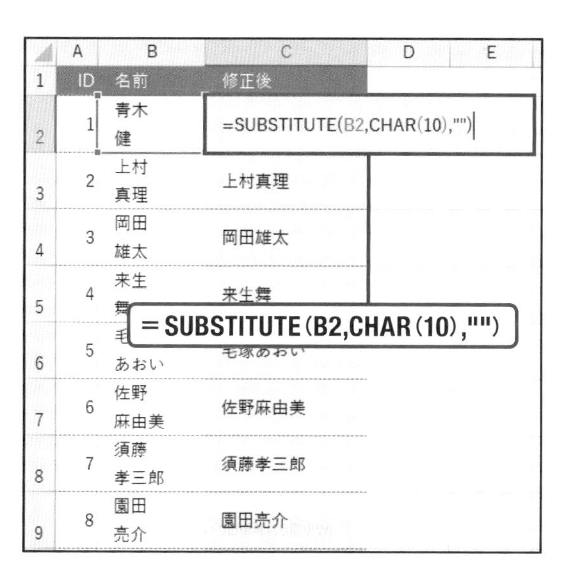

❶セルC2にSUBSTITUTE関数を入力します。引数「文字列」にセルB2を指定し、引数「検索文字列」に「CHAR (10)」、引数「置換文字列」に「""（空白文字）」を指定します。CHAR関数は1～255の範囲内の数値を文字に変換する関数で、「CHAR (10)」はセル内の改行記号を示しています。

対応バージョン 365 2019 2016 2013

商品コードの先頭4桁を取り出す

LEFT

文字列の左側（先頭）から、指定した文字数分だけを取り出したい場合には、LEFT関数を利用します。商品コードから先頭何文字かを取り出したいときや、住所から都道府県名を取り出したいときなどに便利です。

Before

	A	B	C	D
1	商品名	商品コード	国名コード	
2	ダイニングテーブル	JP00-1001		
3	ローテーブル	JP001002		
4	ソファ	US00-1001		
5	チェア	US002001		
6	ベッド	FR01-0005		
7	カーテン	AU120001		
8	ラグ	DK01-8010		

商品コードから

After

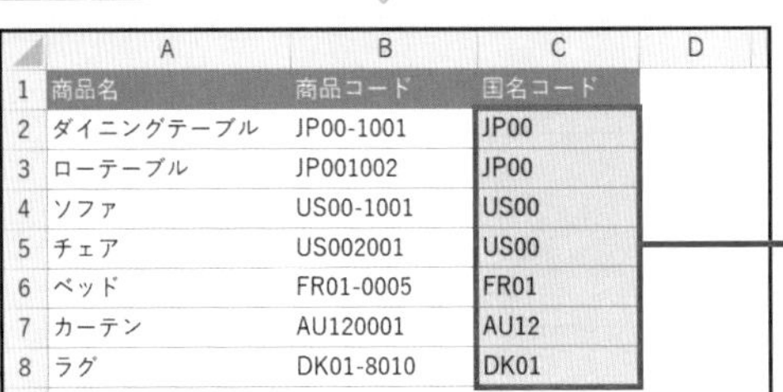

	A	B	C	D
1	商品名	商品コード	国名コード	
2	ダイニングテーブル	JP00-1001	JP00	
3	ローテーブル	JP001002	JP00	
4	ソファ	US00-1001	US00	
5	チェア	US002001	US00	
6	ベッド	FR01-0005	FR01	
7	カーテン	AU120001	AU12	
8	ラグ	DK01-8010	DK01	

先頭4桁のみ取り出す

書式 =LEFT(文字列,[文字数])

文字列　必須　対象となる文字列

文字数　任意　取り出す文字数。省略すると先頭1文字のみ取得

LEFT関数は、「文字列」に指定した文字列の先頭から、「文字数」に指定した文字数分だけの文字列を取り出します。

商品コードから国名コードを抜き出す

B列に、8桁の商品コードが入力されており、先頭4桁が国名コード、残りの4桁が個別コードを表しています。このコードから国名コードのみ抜き出します。文字列の先頭から任意の文字数のみを抜き出すにはLEFT関数を利用します。

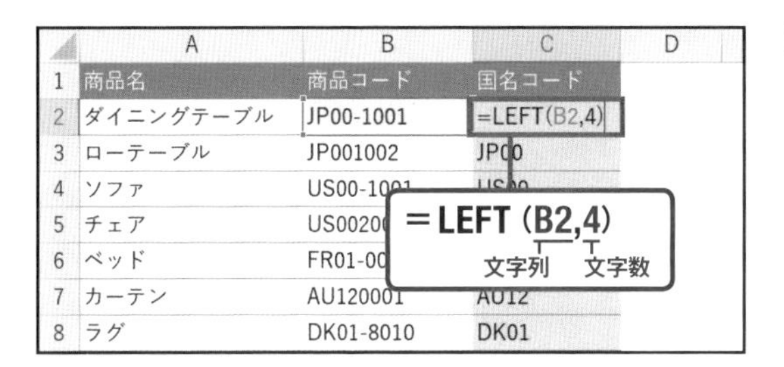

	A	B	C	D
1	商品名	商品コード	国名コード	
2	ダイニングテーブル	JP00-1001	=LEFT(B2,4)	
3	ローテーブル	JP001002	JP00	
4	ソファ	US00-10		
5	チェア	US0020		
6	ベッド	FR01-00		
7	カーテン	AU120001	AU12	
8	ラグ	DK01-8010	DK01	

❶セルC2にLEFT関数を入力します。引数「文字列」にセルB2を指定し、引数「文字数」に4を指定します。「セルB2の先頭4文字」という意味になります。

STEP UP 応用例 抜き出したコードをチェックする

抜き出した文字が妥当なものかどうかをチェックする仕組みも用意してみましょう。たとえば、国名コードのように「正しいコードはリスト中のいずれかのコードと一致する」という性質のものは、ほかの場所にコードのリストを作成しておけば、MATCH関数(P.254)でチェック可能です。リスト内に抜き出した値がなければエラーを表示します。エラーとなった値は「間違った値の可能性が高い」と判断できます。

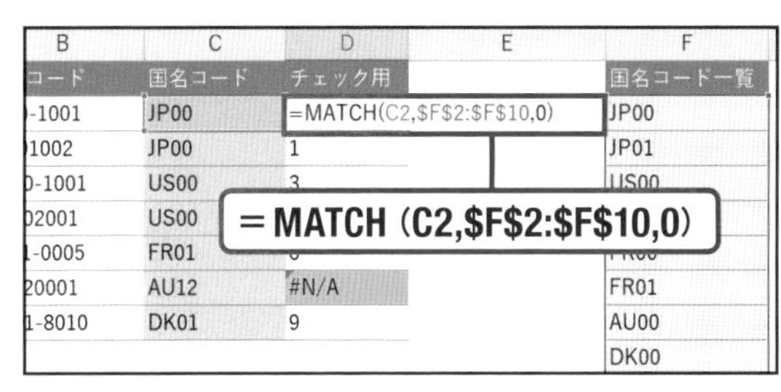

B	C	D	E	F
コード	国名コード	チェック用		国名コード一覧
-1001	JP00	=MATCH(C2,$F$2:$F$10,0)		JP00
1002	JP00	1		JP01
0-1001	US00	3		US00
02001	US00			
1-0005	FR01			
20001	AU12	#N/A		FR01
1-8010	DK01	9		AU00
				DK00

❶セル範囲F2:F10に国名コード一覧を準備し、セルD2に=MATCH (C2,$F$2:$F$10,0)と入力します。セルC2の国名コードが国名コード一覧に含まれるか否かをチェックします。

	B	C	D	E	F
1	商品コード	国名コード	チェック用		国名コー
2	JP00-1001	JP00	1		JP00
3	JP001002	JP00	1		JP01
4	US00-1001	US00	3		US00
5	US002001	US00	3		US01
6	FR01-0005	FR01	6		FR00
7	AU120001	AU12	#N/A		FR01
8	DK01-8010	DK01	9		AU00
9					DK00
10					DK01
11					
12					
13					
14					

抜き出したコードが「国名コード一覧」に存在しないとエラーが表示される

❷既存リスト内に抜き出した値がない場合はエラー(#N/A)が表示されるため、元の商品コードの入力ミスを発見しやすくなります。

SECTION 061 文字列処理

対応バージョン 365 2019 2016 2013

商品コードの末尾4桁を取り出す

RIGHT

文字列の右側（末尾）から、指定した文字数分だけを取り出したい場合には、RIGHT関数を利用します。商品コードから末尾何文字かを取り出したいときや、特定文字列の末尾の記号から分類などを判断したいときなどに便利です。

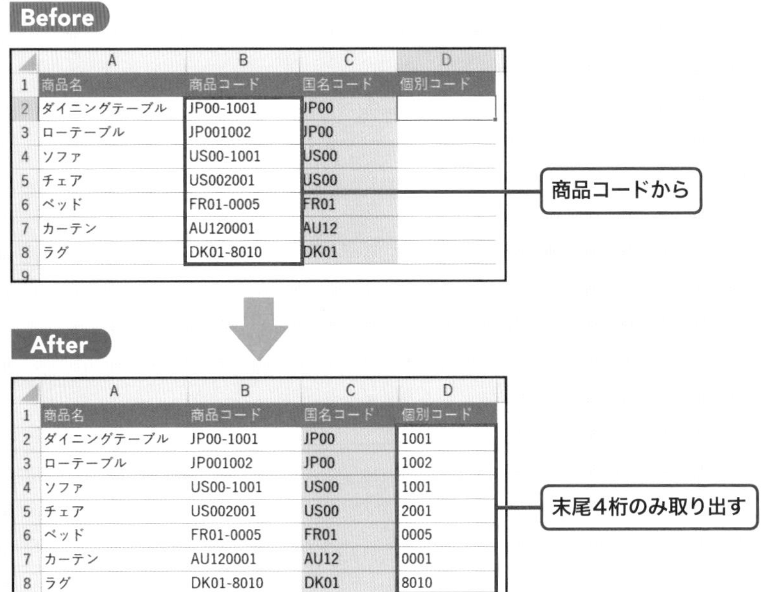

Before

	A	B	C	D
1	商品名	商品コード	国名コード	個別コード
2	ダイニングテーブル	JP00-1001	JP00	
3	ローテーブル	JP001002	JP00	
4	ソファ	US00-1001	US00	
5	チェア	US002001	US00	
6	ベッド	FR01-0005	FR01	
7	カーテン	AU120001	AU12	
8	ラグ	DK01-8010	DK01	

After

	A	B	C	D
1	商品名	商品コード	国名コード	個別コード
2	ダイニングテーブル	JP00-1001	JP00	1001
3	ローテーブル	JP001002	JP00	1002
4	ソファ	US00-1001	US00	1001
5	チェア	US002001	US00	2001
6	ベッド	FR01-0005	FR01	0005
7	カーテン	AU120001	AU12	0001
8	ラグ	DK01-8010	DK01	8010

書式 **=RIGHT（文字列, [文字数]）**

文字列 

対象となる文字列

文字数 

取り出す文字数。省略すると末尾1文字のみ取得

説明 RIGHT 関数は、「文字列」に指定した文字列の末尾から、「文字数」に指定した文字数分だけの文字列を取り出します。

商品コードから個別コードを抜き出す

B列に、8桁の商品コードが入力されており、先頭4桁が国名コード、残りの4桁が個別コードを表しています。このコードから個別コードのみ抜き出します。文字列の末尾から任意の文字数のみを抜き出すにはRIGHT関数を利用します。

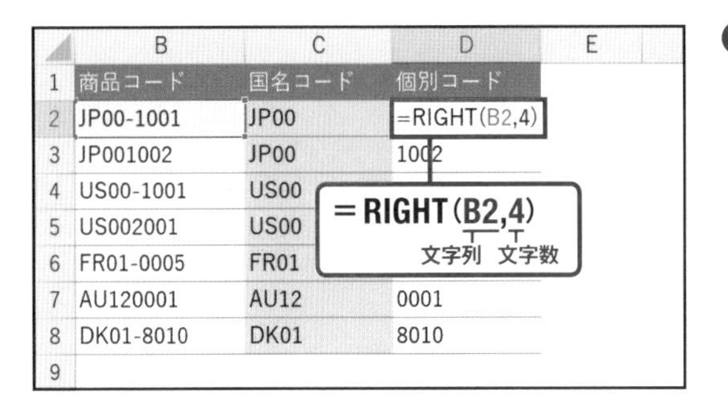

❶セルD2にRIGHT関数を入力します。引数「文字列」にセルB2を指定し、引数「文字数」に4を指定します。「セルB2の末尾4文字」という意味になります。

STEP UP 応用例 文字列の末尾の1文字をチェックする

「宛名ラベルに利用した氏名のデータ末尾に『様』が付いているかチェックしたい」「住所データの末尾が『都・道・府・県』のいずれかになっているかチェックしたい」など、特定のデータの末尾にある1文字をチェックしたいときにもRIGHT関数は便利です。末尾の1文字のみを取り出す場合には、引数「文字数」は省略可能です。

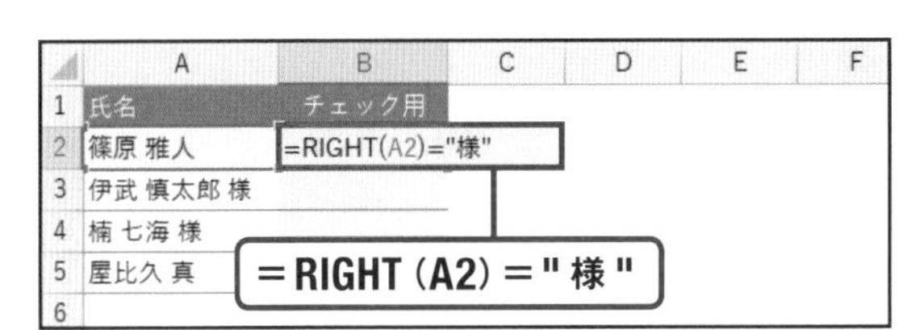

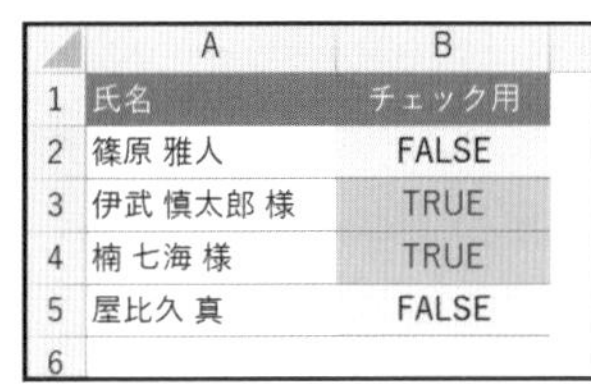

❶セルB2に「＝RIGHT（A2）＝"様"」と入力すると、A2セルの文字列の末尾が「様」かをチェックできます。「様」の場合はTRUEになります。

❷セルB2に「＝FIND（RIGHT（D2）,"都道府県")」と入力すると、D2セルの文字列の末尾が「都・道・府・県」のいずれかを含むかチェックします。異なる場合はエラーになります。

SECTION 062 文字列処理

対応バージョン 365 2019 2016 2013

MID

固定長データから必要な桁のみを切り出す

文字列から特定部分のみ取り出したい場合にはMID関数を利用します。MID関数は「3文字目から5文字分」のように、特定の範囲を指定できるため、あらかじめ桁数が固定されたデータから目的の部分を取り出すような場面で便利です。

Before

	A	B	C	D	E
1	会社名	口座情報	銀行コード	支店コード	口座番号
2	エクセル商事	0615-400-1234567			
3	ワード重工	0733-430-2345678			
4	パワー会計事務所	0676-700-3456789			
5	PA法律事務所	0615-560-4567890			
6	ワンノート山田	0700-540-5678901			
7	マイクロ鈴木ソフト	0666-520-6789012			
8	エッジ製作所	0718-900-7890123			

16文字の「口座情報」から

After

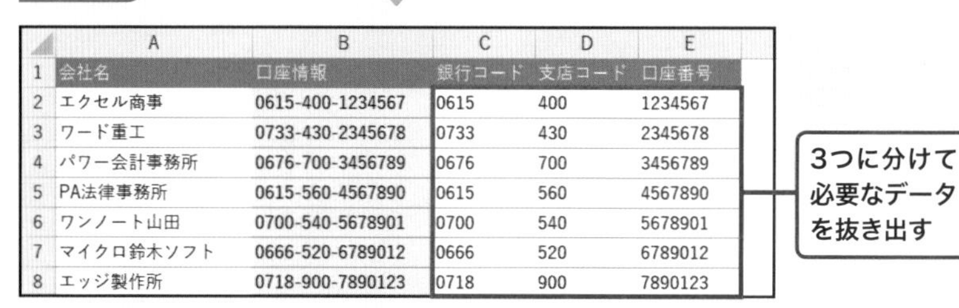

	A	B	C	D	E
1	会社名	口座情報	銀行コード	支店コード	口座番号
2	エクセル商事	0615-400-1234567	0615	400	1234567
3	ワード重工	0733-430-2345678	0733	430	2345678
4	パワー会計事務所	0676-700-3456789	0676	700	3456789
5	PA法律事務所	0615-560-4567890	0615	560	4567890
6	ワンノート山田	0700-540-5678901	0700	540	5678901
7	マイクロ鈴木ソフト	0666-520-6789012	0666	520	6789012
8	エッジ製作所	0718-900-7890123	0718	900	7890123

3つに分けて必要なデータを抜き出す

書式 **=MID(文字列,開始位置,文字数)**

引数		
文字列	必須	対象の文字列、セル参照
開始位置	必須	取り出す位置。先頭文字が「1」
文字数	必須	取り出す文字数

説明 MID関数は、「文字列」に指定した文字列から、「開始位置」の文字から、「文字数」に指定した文字数分だけの文字列を取り出します。

口座情報から銀行コード･支店コード･口座番号を抜き出す

16文字の口座情報から「銀行コード(1～4文字目)」「支店コード(6～8文字目)」「口座番号(10～16文字目)」をそれぞれ抜き出したいとします。このようなケースではMID関数を利用します。MID関数は、対象文字列と、抜き出しを開始する位置、抜き出したい文字数を指定します。

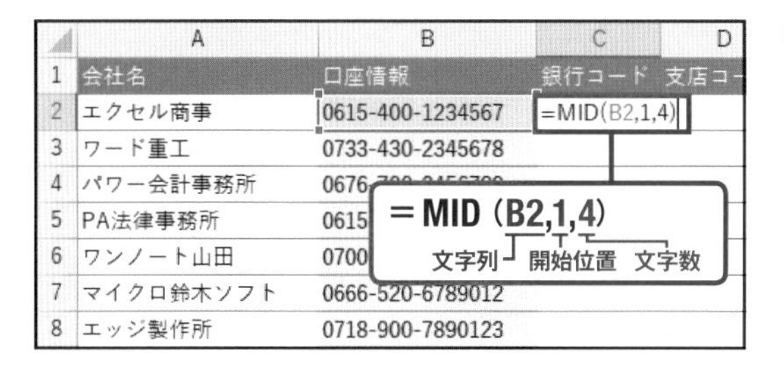

❶セルC2にMID関数を入力します。引数「文字列」にセルB2を指定し、引数「開始位置」に1、引数「文字数」に4を指定すると、「1文字目から4文字分」を抜き出します。

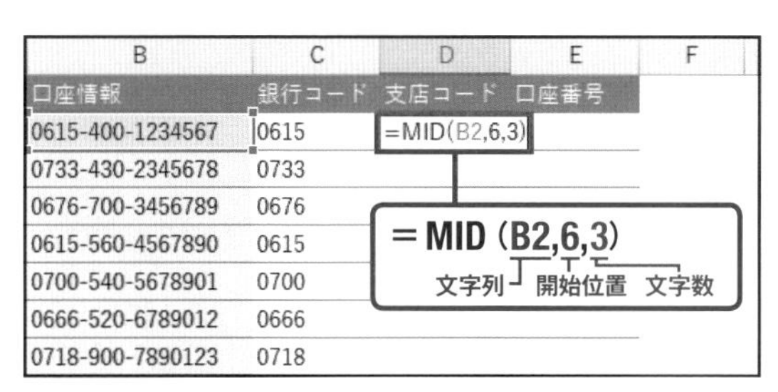

❷同様に支店コードの3桁を抜き出します。D2セルにMID関数を入力し、「6文字目から3文字分」を指定します。

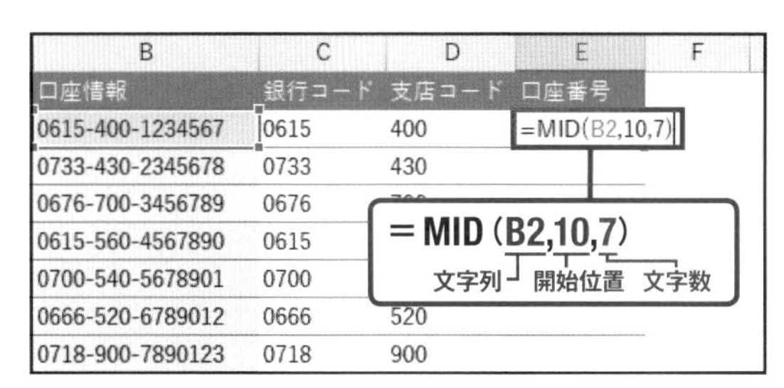

❸最後に口座番号の7桁を抜き出します。E2セルにMID関数を入力し、「10文字目から7文字分」を指定します。

COLUMN

MID関数の引数指定のコツ

文字を抜き出す際は「6～8文字目」のように、「開始位置」と「終了位置」で考えがちですが、この考えをそのままMID関数の引数に指定すると、意図とは違った部分が抜き出されてしまいます。指定するのは、「開始位置」と「文字数」、つまり、「開始位置から何文字抜き出すか」の数値です。「6～8文字目」の場合は「6文字目から、3文字分」となります。

引数「文字数」は「何文字抜き出すかを指定する値である」という点を意識すると、意図した通りの部分を抜き出す関数式がスムーズに作れるでしょう。

SECTION 063 文字列処理

対応バージョン 365 2019 2016 2013

固定長データを一括で修正する

REPLACE

任意の範囲の文字列を置換したい場合は、REPLACE関数を利用します。同じ「置換」用途のSUBSTITUTE関数が「どの単語を置換するか」という考え方であるのに対し、REPLACE関数は「どの範囲を置換するか」という考え方になります。

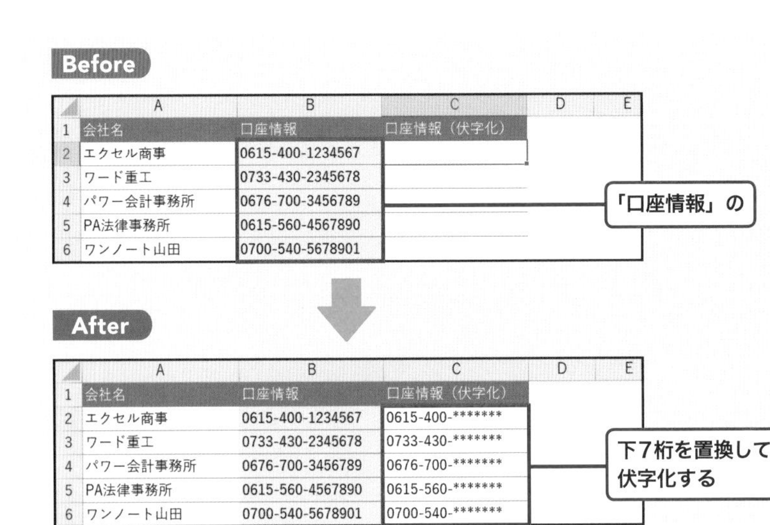

Before

	A	B	C	D	E
1	会社名	口座情報	口座情報（伏字化）		
2	エクセル商事	0615-400-1234567			
3	ワード重工	0733-430-2345678			
4	パワー会計事務所	0676-700-3456789			
5	PA法律事務所	0615-560-4567890			
6	ワンノート山田	0700-540-5678901			

After

	A	B	C	D	E
1	会社名	口座情報	口座情報（伏字化）		
2	エクセル商事	0615-400-1234567	0615-400-*******		
3	ワード重工	0733-430-2345678	0733-430-*******		
4	パワー会計事務所	0676-700-3456789	0676-700-*******		
5	PA法律事務所	0615-560-4567890	0615-560-*******		
6	ワンノート山田	0700-540-5678901	0700-540-*******		

書式

=REPLACE(文字列,開始位置,文字数,置換後文字列)

引数

文字列	必須	対象の文字列、セル参照
開始位置	必須	置換の開始位置。先頭文字が「1」
文字数	必須	置換範囲の文字数
置換後文字列	必須	置換範囲に表示する文字列

説明

REPLACE関数は、「文字列」内の「開始位置」から「文字数」分だけの範囲を、「置換後文字列」へと置換します。
「文字数」に「0」を指定した場合には、「開始位置」の直前の位置に「置換後文字列」が差し込まれます。

口座情報の末尾7桁を伏せて表示する

16文字の口座情報のうち、「10～16文字目(末尾7桁)」を伏せた値を別のセルに表示します。伏せ字として「*(アスタリスク)」を使用します。

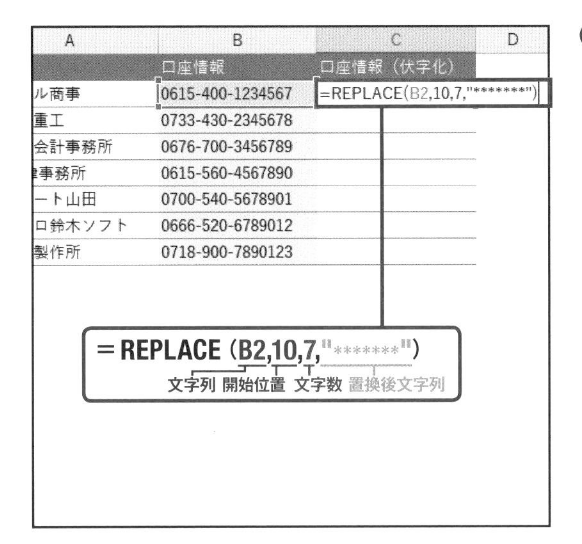

❶セルC2にREPLACE関数を入力します。引数「文字列」にセルB2を指定し、引数「開始位置」に10、引数「文字数」に7、引数「置換後文字列」に「"*******"」を指定します。「10文字目から7文字の範囲を「*」に置換する」という意味になります。

STEP UP 応用例 指定範囲の一括削除や指定位置への一括挿入も可能

引数「置換後文字列」に「""」を指定すれば、指定範囲を一括削除できます。また、引数「文字数」に「0」を指定すると、引数「開始位置」に指定した文字の前に、引数「置換後文字列」に指定した文字を挿入できます。
次の例では、B列でA列の内容の1～5文字目を一括削除し、C列でB列の内容の4文字目の前に「：A」を挿入した結果を得ています。

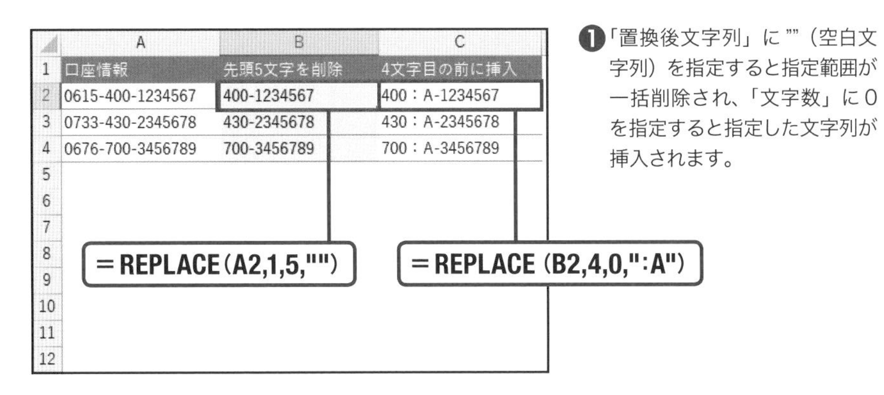

❶「置換後文字列」に""（空白文字列）を指定すると指定範囲が一括削除され、「文字数」に0を指定すると指定した文字列が挿入されます。

SECTION

064

文字列処理

対応バージョン 365 2019 2016 2013

メールアドレスの@より前を取り出す

LEFT
FIND

ある文字列内に任意の文字列が含まれている位置を検索するには、FIND関数を利用します。取得した位置の情報をもとにほかの関数と組み合わせれば、特定の文字を目印にして目的の箇所だけを取り出せます。

Before

	A	B	C
1	メールアドレス	@の前	
2	sample.desuyo.1356@xxx.com		
3	happy.sample.2021@xxx.co.jp		
4	hare.ame.kumori@xxx.com		
5	inu.kuma.neko.usagi@xxx.co.jp		
6	maeushiromigihidari@xxxxx.jp		
7			
8			

「メールアドレス」から

After

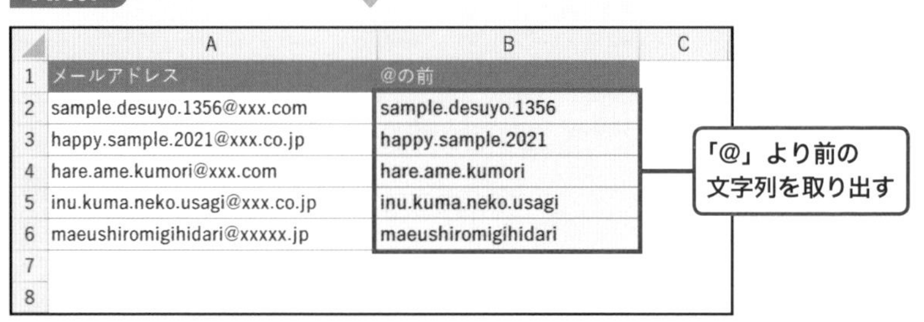

COLUMN

FIND関数とSEARCH関数

FIND関数とSEARCH関数（P.156参照）は、いずれも指定した文字列の位置を調べる関数です。この2つの関数は、大文字と小文字が区別されるか、ワイルドカードが使用できるかという2点において違いがあります。

	FIND 関数	SEARCH 関数
大文字と小文字の区別	区別される	区別されない
ワイルドカード	使用不可	使用可

メールアドレスから@より前の部分を抜き出す

A列に入力されているメールアドレスの「@」より前の部分を抜き出します。FIND関数で「@」の位置を取得し、その値を使ってLEFT関数で目的の範囲のみ取り出します。LEFT関数で取り出したいのは「@の手前」までであるため、FIND関数の結果から1だけ減算して利用します。

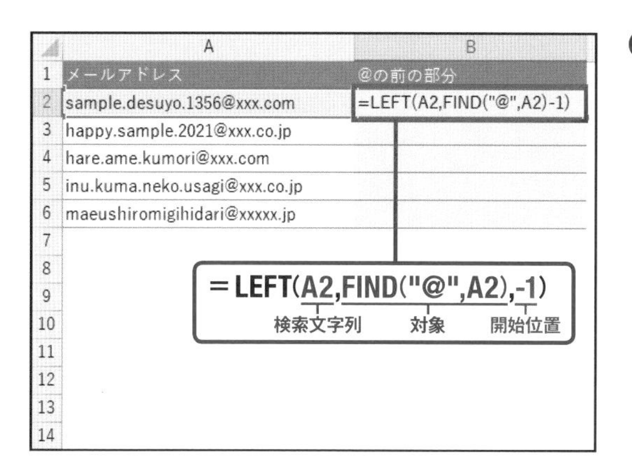

	A	B
1	メールアドレス	@の前の部分
2	sample.desuyo.1356@xxx.com	=LEFT(A2,FIND("@",A2)-1)
3	happy.sample.2021@xxx.co.jp	
4	hare.ame.kumori@xxx.com	
5	inu.kuma.neko.usagi@xxx.co.jp	
6	maeushiromigihidari@xxxxx.jp	
7		
8		
9		
10		
11		
12		
13		
14		

❶セルB2にFIND関数を入力します。引数「検索文字列」に"@"を指定し、引数「対象」にセルA2、引数「開始位置」に-1を指定します。さらにLEFT関数を入力し、引数「文字列」にセルA2、引数「文字数」にFIND関数を指定します。

STEP UP 応用例 「エラーかどうか」で検索文字列を「含むかどうか」チェックする

FIND関数では、対象内に検索文字列が見つからない場合には、#VALUE!エラーを返します。この仕組みを使うと「検索し、エラーが出た場合は検索文字列を含まない」と判断できます。つまり、「エラーが表示されるかどうか」で「検索文字列を含むかどうか」のチェックができるということです。

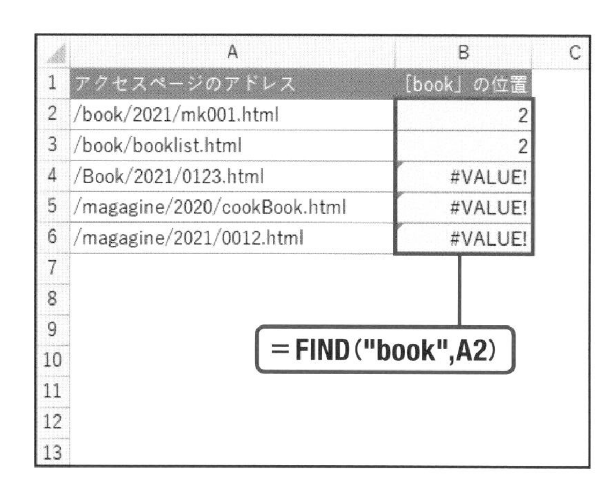

	A	B	C
1	アクセスページのアドレス	[book」の位置	
2	/book/2021/mk001.html	2	
3	/book/booklist.html	2	
4	/Book/2021/0123.html	#VALUE!	
5	/magagine/2020/cookBook.html	#VALUE!	
6	/magagine/2021/0012.html	#VALUE!	
7			
8			
9			
10			
11			
12			
13			

❶引数「検索文字列」に「"book"」を指定すると、「book」を含むかどうかを調べられます。FIND関数の結果がエラーなら、「book」を含まないと判断できます。FIND関数では大文字／小文字を区別するため、「Book」という単語を含んでいても、「bookは含まない」と判定される点もポイントです。

SECTION 065 文字列処理

対応バージョン 365 2019 2016 2013

住所録から都道府県以下を取り出す

RIGHT LEN FIND

特定の文字を目印にし、それ以降だけを取り出すには、FIND関数とLEN関数、そしてRIGHT関数を組み合わせて利用します。やや複雑な式となりますが、ステップを踏んで関数式を作成していきましょう。

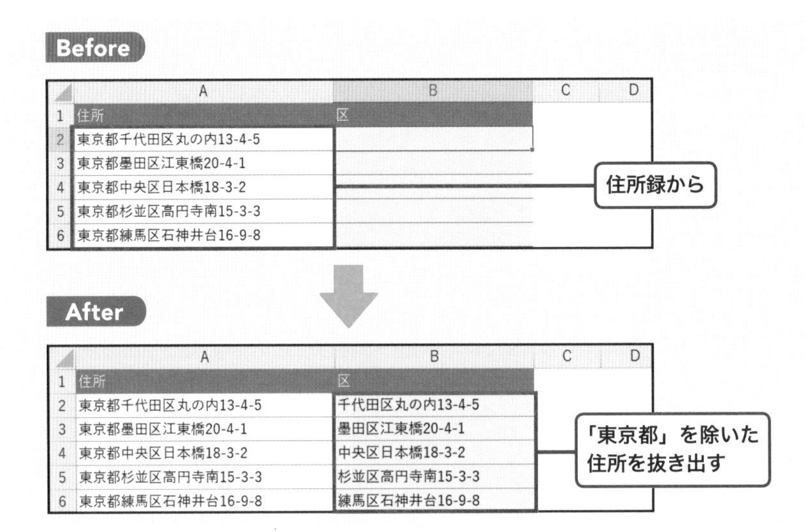

Before

	A	B	C	D
1	住所	区		
2	東京都千代田区丸の内13-4-5			
3	東京都墨田区江東橋20-4-1			
4	東京都中央区日本橋18-3-2			
5	東京都杉並区高円寺南15-3-3			
6	東京都練馬区石神井台16-9-8			

After

	A	B	C	D
1	住所	区		
2	東京都千代田区丸の内13-4-5	千代田区丸の内13-4-5		
3	東京都墨田区江東橋20-4-1	墨田区江東橋20-4-1		
4	東京都中央区日本橋18-3-2	中央区日本橋18-3-2		
5	東京都杉並区高円寺南15-3-3	杉並区高円寺南15-3-3		
6	東京都練馬区石神井台16-9-8	練馬区石神井台16-9-8		

3段階のステップで取り出し位置と文字数を算出する

ある文字列「以降」を取り出す際の基本的な考え方は、「RIGHT関数で末尾から何文字か抜き出す」というものです。では、何文字を抜き出せばよいのでしょうか。その文字数はFIND関数とLEN関数を組み合わせて算出します。

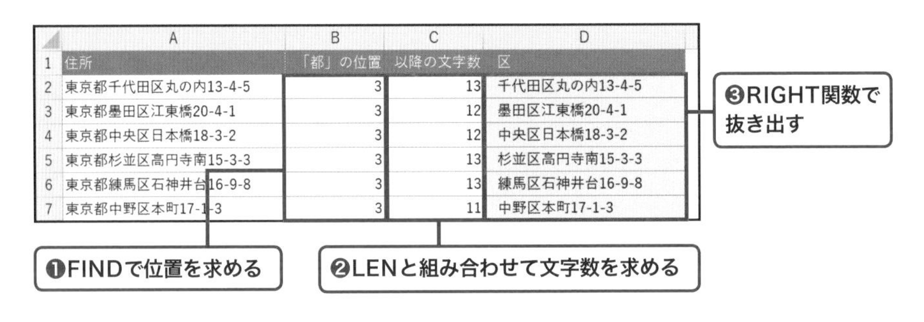

	A	B	C	D
1	住所	「都」の位置	以降の文字数	区
2	東京都千代田区丸の内13-4-5	3	13	千代田区丸の内13-4-5
3	東京都墨田区江東橋20-4-1	3	12	墨田区江東橋20-4-1
4	東京都中央区日本橋18-3-2	3	12	中央区日本橋18-3-2
5	東京都杉並区高円寺南15-3-3	3	13	杉並区高円寺南15-3-3
6	東京都練馬区石神井台16-9-8	3	13	練馬区石神井台16-9-8
7	東京都中野区本町17-1-3	3	11	中野区本町17-1-3

位置と文字数を求めて末尾から抜き出す

A列の値から「都」以降を取り出すための式を分割して順に考えてみましょう。

	A	B	C
1	住所	「都」の位置	以降の文字数
2	東京都千代田区丸の内13-4-5	=FIND("都",A2)	
3	東京都墨田区江東橋20-4-1	3	
4	東京都中央区日本橋18-3-2	3	
5	東京都杉並区高円寺南15-3-3		
6	東京都練馬区石神井台16-9-8		
7	東京都中野区本町17-1-3	3	
8	東京都港区南青山15-8-23	3	

=FIND("都",A2)

❶セルB2にFIND関数を入力し、A列の値の「都」の位置を算出します。

	A	B	C
1	住所	「都」の位置	以降の文字数
2	東京都千代田区丸の内13-4-5	3	=LEN(A2)-B2
3	東京都墨田区江東橋20-4-1	3	12
4	東京都中央区日本橋18-3-2	3	12
5	東京都杉並区高円寺南15-3-3		13
6	東京都練馬区石神井台16-9-8		13
7	東京都中野区本町17-1-3	3	11
8	東京都港区南青山15-8-23	3	12

=LEN(A2)-B2

❷セルC2でLEN関数の結果から手順❶の値を引き、「都」より後ろの文字数を算出します。

	B	C	D
	「都」の位置	以降の文字数	区
-4-5	3	13	=RIGHT(A2, C2)
-1	3	12	墨田区江東橋20-4-1
-2	3	12	中央区日本橋18-3-2
-3-3	3	13	
-9-8	3	13	
	3	11	中野区本町17-1-3
3	3	12	港区南青山15-8-23

=RIGHT(A2,C2)

❸手順❷の値を用い、RIGHT関数で目的の値を抜き出します。

この3手順を1つの数式にまとめると、次のようになります。複雑な式ですが、1つ1つの式はシンプルなので、順番に考えていくことで目的の結果を得る式が作成できます。

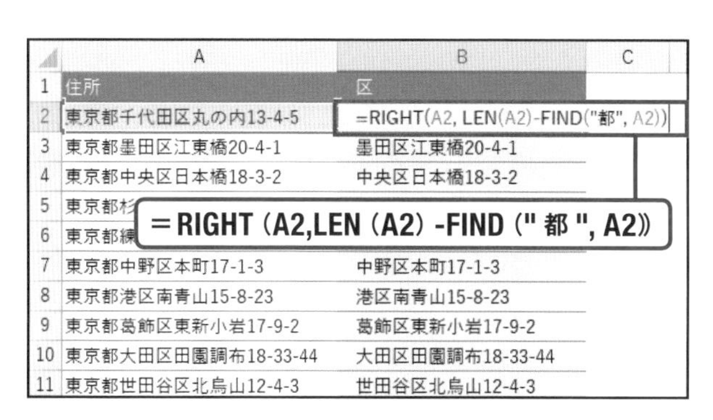

	A	B	C
1	住所	区	
2	東京都千代田区丸の内13-4-5	=RIGHT(A2, LEN(A2)-FIND("都", A2))	
3	東京都墨田区江東橋20-4-1	墨田区江東橋20-4-1	
4	東京都中央区日本橋18-3-2	中央区日本橋18-3-2	
5	東京都杉		
6	東京都練		
7	東京都中野区本町17-1-3	中野区本町17-1-3	
8	東京都港区南青山15-8-23	港区南青山15-8-23	
9	東京都葛飾区東新小岩17-9-2	葛飾区東新小岩17-9-2	
10	東京都大田区田園調布18-33-44	大田区田園調布18-33-44	
11	東京都世田谷区北烏山12-4-3	世田谷区北烏山12-4-3	

❹セルB2に=RIGHT(A2,LEN(A2)-FIND("都",A2))と入力します。

対応バージョン 365 2019 2016 2013

SECTION 066 文字列処理

商品コードの中間の4桁を取り出す

MID FIND

2つの特定の文字に挟まれた部分だけを取り出すには、FIND関数とMID関数を組み合わせます。このとき、2つの文字が同じ場合には、1つ目の文字の位置と、2つ目の文字の位置を得るためにひと手間をかけましょう。

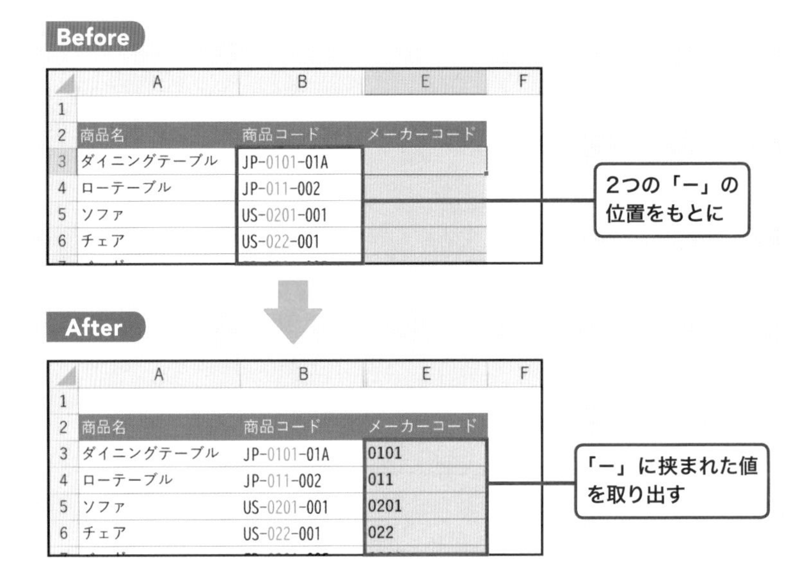

	A	B	E
1			
2	商品名	商品コード	メーカーコード
3	ダイニングテーブル	JP-0101-01A	0101
4	ローテーブル	JP-011-002	011
5	ソファ	US-0201-001	0201
6	チェア	US-022-001	022

第5章 文字列処理

2つの文字の間にある値の取り出し方

2つの目印となる文字の間にある値を取り出すには、「1つ目の位置」と「2つ目の位置」をそれぞれ算出し、その値をもとにMID関数で抜き出すという考え方が基本となります。

	A	B	C	D	E
1			「-」の位置		
2	商品名	商品コード	1つ目	2つ目	メーカーコード
3	ダイニングテーブル	JP-0101-01A	3	8	0101
4	ローテーブル	JP-011-002	3	7	011
5	ソファ	US-0201-001	3	8	0201
6	チェア	US-022-001	3	7	022
7	ベッド	FR-0301-005	3	8	0301
8	カーテン	AUS-1201-001	4	9	1201

1つ目の「−」と2つ目の「−」の位置をそれぞれ算出して取り出す

B列の値から「−」で挟まれた部分を取り出すための式を分割して考えてみましょう。

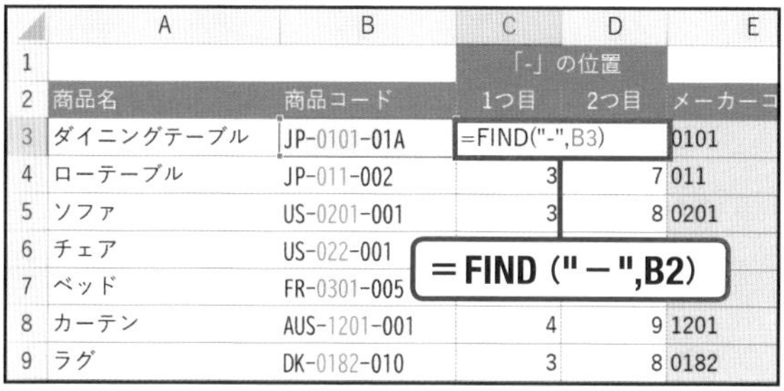

	A	B	C	D	E
1			「-」の位置		
2	商品名	商品コード	1つ目	2つ目	メーカーコ
3	ダイニングテーブル	JP-0101-01A	=FIND("-",B3)		0101
4	ローテーブル	JP-011-002	3	7	011
5	ソファ	US-0201-001	3	8	0201
6	チェア	US-022-001			
7	ベッド	FR-0301-005			
8	カーテン	AUS-1201-001	4	9	1201
9	ラグ	DK-0182-010	3	8	0182

＝FIND（"－",B2）

❶セルC3にFIND関数を入力し、B列の値の「－」の位置を算出します。

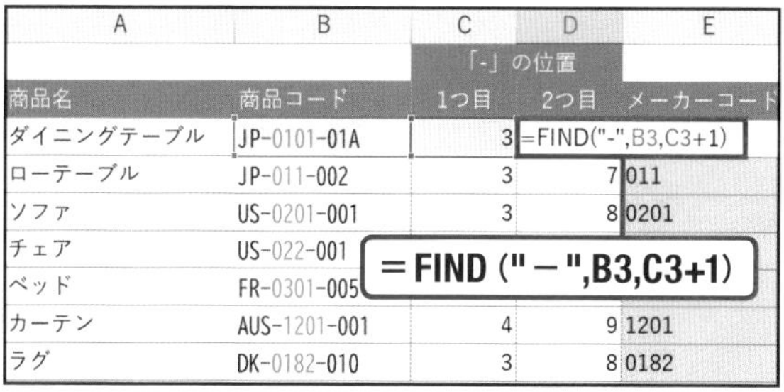

A	B	C	D	E
		「-」の位置		
商品名	商品コード	1つ目	2つ目	メーカーコード
ダイニングテーブル	JP-0101-01A	3	=FIND("-",B3,C3+1)	
ローテーブル	JP-011-002	3	7	011
ソファ	US-0201-001	3	8	0201
チェア	US-022-001			
ベッド	FR-0301-005			
カーテン	AUS-1201-001	4	9	1201
ラグ	DK-0182-010	3	8	0182

＝FIND（"－",B3,C3+1）

❷セルD3にもFIND関数を入力します。❶で見つけた「－」を検索対象から除外するために、今度は「❶の結果の1つ後ろから」検索を行います。

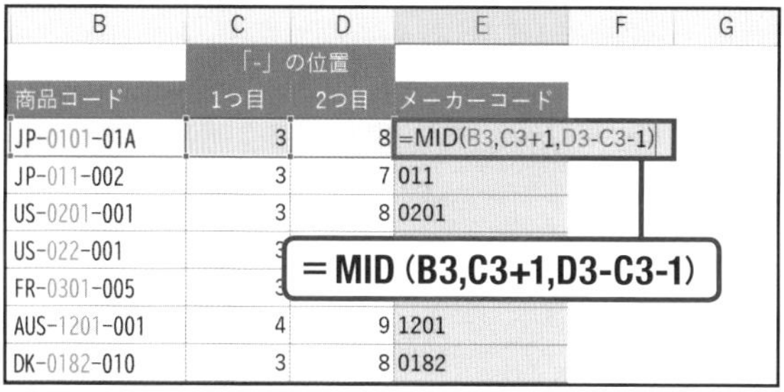

B	C	D	E	F	G
	「-」の位置				
商品コード	1つ目	2つ目	メーカーコード		
JP-0101-01A	3	8	=MID(B3,C3+1,D3-C3-1)		
JP-011-002	3	7	011		
US-0201-001	3	8	0201		
US-022-001	3				
FR-0301-005	3				
AUS-1201-001	4	9	1201		
DK-0182-010	3	8	0182		

＝MID（B3,C3+1,D3-C3-1）

❸❶、❷で得た文字の位置をもとに、MID関数で目的の部分を抜き出します。

COLUMN

途中の式を隠すにはアウトライン機能が便利

式を複数のセルへと分割して整理・入力しておくと、どんな考え方で値を算出したかがわかりやすくなります。しかし、結果だけを知りたい場合など、途中の式は見えないほうがよいこともあります。そんなときは、アウトライン機能を利用して途中の式（ここではC列とD列）を非表示にしましょう。非表示にしたいセルを選択し、<データ>タブ→<グループ化>をクリックして<行>または<列>を選択し、<OK>をクリックするとアウトライン機能が有効になります。

SECTION 067 文字列処理

複数セルの文字列を連結して定型文を作成する

CONCAT

住所データのように、細かな範囲で別々の列に分割されて管理されているデータを、1つの文字列に連結して扱いたい場合にはCONCAT関数を利用します。連結したい値のセルは、個別に指定するほか、セル範囲をまとめて指定することも可能です。

Before

	A	B	C	D
1	都道府県	市区町村	市区町村以下	住所
2	東京都	千代田区	丸の内13-4-5	
3	東京都	墨田区	江東橋20-4-1	
4	千葉県	千葉市	中央区33-6-4	
5	東京都	杉並区	高円寺南15-3-3	
6	大阪府	東大阪市	御厨西ノ町20-6-5	
7	東京都	中野区	本町17-1-3	
8	東京都	港区	南青山15-8-23	

3列に分割されて管理されている住所データを

After

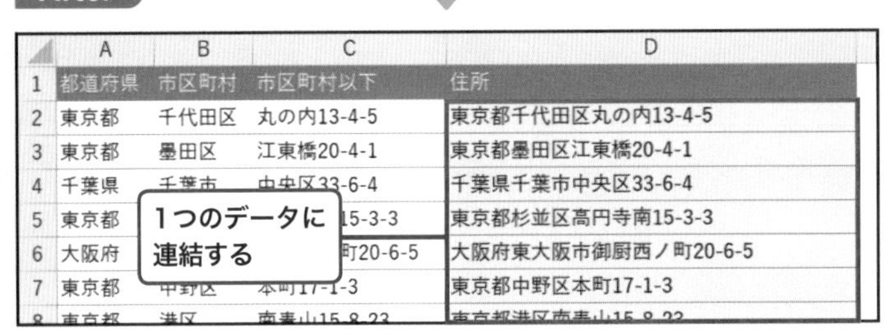

×2016 ×2013

書式 =CONCAT(テキスト1,[テキスト2],…)

引数

テキスト1	必須	連結したい文字列、セル参照
テキスト2	任意	連結したい文字列、セル参照。以降、複数指定可能

説明 CONCAT関数は、引数に指定した文字列をすべて連結した結果を返します。文字列の指定は、1つの文字列／セルや、セル範囲などが指定可能です。

複数のセルに分けられた住所データを1つにまとめる

A～C列に、3つの分類の住所データが入力されています。この3列の値をすべて連結し、1つの文字列として表示してみましょう。
このようなケースではCONCAT関数を利用します。CONCAT関数は、引数に指定した文字列やセル参照を順番にすべて連結した結果を返します。また、セルを指定する際には単一のセルだけでなく、連続するセル範囲をまとめて1つの引数に指定可能です。

	A	B	C	D	E	F
1	都道府県	市区町村	市区町村以下	住所		
2	東京都	千代田区	丸の内13-4-5	=CONCAT(A2:C2)		
3	東京都	墨田区	江東橋20-4-1	東京都墨田区江東橋20-4-1		
4	千葉県	千葉市	中央区33-6-4	千葉県千葉		
5	東京都	杉並区	高円寺南15-3-3	東京都杉並		
6	大阪府	東大阪市	御厨西ノ町20-6-5	大阪府東大		
7	東京都	中野区	本町17-1-3	東京都中野区本町17-1-3		
8	東京都	港区	南青山15-8-23	東京都港区南青山15-8-23		
9	東京都	葛飾区	東新小岩17-9-2	東京都葛飾区東新小岩17-9-2		

= CONCAT (A2:C2)
テキスト1

❶ セルD2にCONCAT関数を入力します。引数「テキスト1」にセル範囲A2:C2を指定します。

STEP UP 応用例　連結した値に文字列を追加する

CONCAT関数はセルの値を連結するだけでなく、直接文字列を引数として指定することもできます。セルに入力されている「名字」と「名前」のデータの間にスペースを含め、末尾に「様」を付加するなどの細かな連結も、引数に順番にセル参照や文字列を指定していけば簡単にできます。

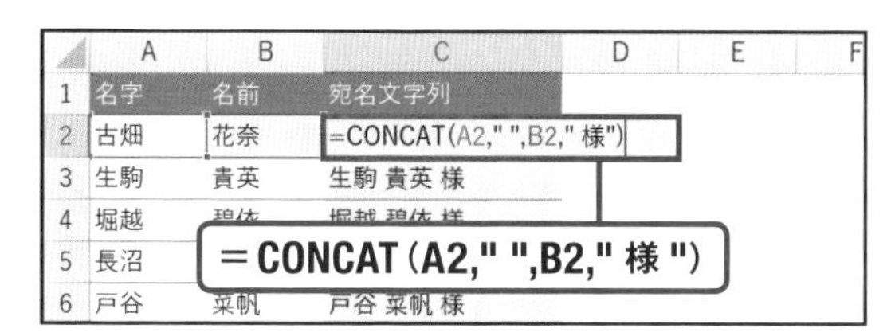

❶ セルC2に＝CONCAT（A2," ",B2," 様"）と入力します。名字と名前の間に半角スペースを入れ、名前の後ろに半角スペースと「様」を入れるという意味になります。

COLUMN

Excel 2016以前ではCONCATENATE関数を活用する

CONCAT関数はExcel 2019以降で利用できる比較的新しい関数です。それ以前のバージョンでは、似た用途の関数としてCONCATENATE関数が用意されています。CONCATENATE関数ではセル範囲を引数に指定することはできませんが、単一のセルや文字列を指定することで、同じように文字列を連結可能です。

SECTION 068 文字列処理

対応バージョン 365 2019 2016 2013

カンマやハイフンで区切ったデータを作成する

TEXTJOIN

ほかのアプリで利用しやすいように、一連のセルの値をカンマ区切りの文字列として連結するなど、規則性を持ってセルの内容を連結したい場合にはTEXTJOIN関数を利用します。TEXTJOIN関数では、カンマやハイフンなど、任意の区切り文字を指定可能です。

Before

	A	B	C	D
1	市区町村以下	市区町村	都道府県	住所
2	13-4-5 Marunouchi	Chiyoda-ku	Tokyo	
3	20-4-1 Kotobashi	Sumida-ku	Tokyo	
4	33-6-4 Chuo-ku	Chiba	Chiba	
5	15-3-3 Koenjiminami	Suginami-ku	Tokyo	
6	17-1-3 Honcho	Nakano-ku	Tokyo	

3列に分けて入力されたデータを

After

	A	B	C	D
1	市区町村以下	市区町村	都道府県	住所
2	1	da-ku	Tokyo	13-4-5 Marunouchi,Chiyoda-ku,Tokyo
3	2	da-ku	Tokyo	20-4-1 Kotobashi,Sumida-ku,Tokyo
4	3		Chiba	33-6-4 Chuo-ku,Chiba,Chiba
5	1	ami-ku	Tokyo	15-3-3 Koenjiminami,Suginami-ku,Tokyo
6	17-1-3 Honcho	Nakano-ku	Tokyo	17-1-3 Honcho,Nakano-ku,Tokyo

カンマ区切りのひとまとまりのデータとして連結する

×2016　×2013

書式 =TEXTJOIN(区切り文字,空白セルの扱い,テキスト1,[テキスト2]…)

引数

区切り文字	必須	連結時の区切り文字
空白のセルの扱い	必須	空白セルを無視するか含めるかを指定
テキスト1	必須	連結したい文字列、セル参照
テキスト2	任意	連結したい文字列、セル参照。以降、複数指定可能

説明 TEXTJOIN関数は、引数「テキスト1」以降に指定したセル／セル範囲や文字列を、引数「区切り文字」で区切って連結した値を返します。
指定したセルが空白だった場合、引数「空白セルの扱い」を利用して、無視する(TRUE)か、空白データとして扱う(FALSE)かを指定します。

区切り文字を指定して連結する

A〜C列に、住所データが分割して入力されています。このデータをほかのアプリやプログラムで扱いやすいように、カンマ区切りで連結します。
このようなケースではTEXTJOIN関数を利用しましょう。TEXTJOIN関数は、引数「テキスト1」以降に指定したセル範囲や文字列を、引数「区切り文字」に指定した区切り文字で連結した結果を返します。

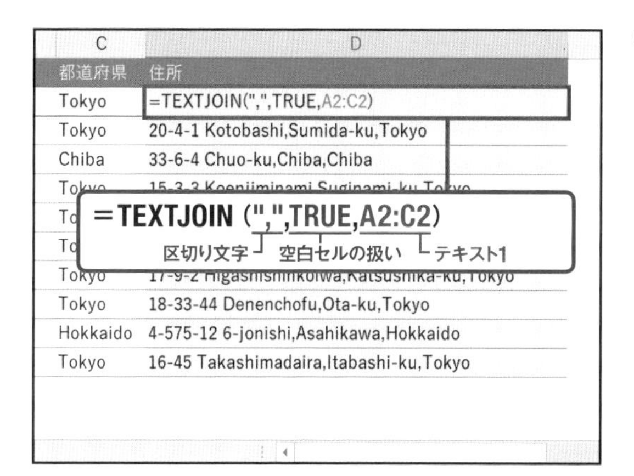

❶セルD2にTEXTJOIN関数を入力します。引数「区切り文字」に「,」、引数「空白セルの扱い」に「TRUE」、引数「テキスト1」にセル範囲A2:C3を指定します。結果として、A1:C3の内容をカンマ区切りで連結した値が表示されます。

STEP UP 応用例 空白セルの扱いを指定する

TEXTJOIN関数でセル／セル範囲の内容を連結する場合、「空白セルの扱いをどうするか」は第2引数で指定します。無視したい場合は「TRUE」、空白データとして扱いたい場合は「FALSE」を指定します。目的に応じて使い分けていきましょう。

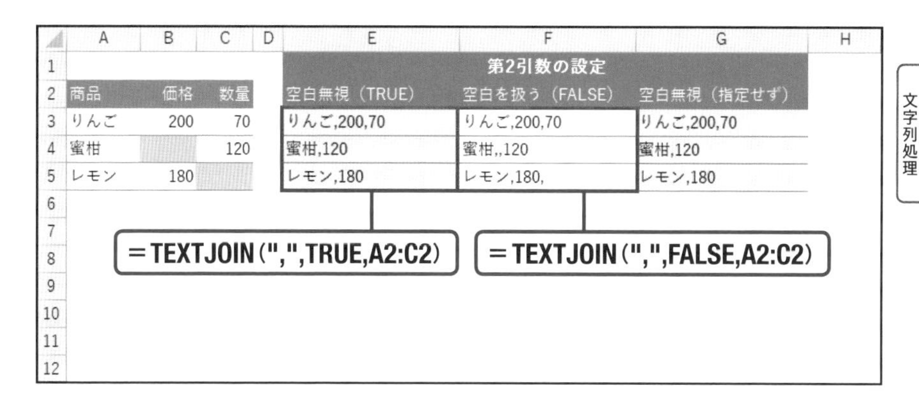

❶空白セルの扱いは、第2引数で指定します。E列のように「TRUE」を指定すると「空白セルはスキップし、値があるものだけを連結」します。F列のように「FALSE」を指定すると「空白セルは『空白』のデータ」として扱います。

対応バージョン 365 2019 2016 2013

SECTION 069 文字列処理

半角／全角の表記ゆれをなくす

JIS ASC

さまざまなデータを集計する際、半角／全角の表記ゆれがあると、同じデータであっても違うデータとして扱われてしまい、正しく集計できません。このような場合には、JIS関数やASC関数を利用して半角／全角の表記を統一すれば、データの集計がしやすくなります。

Before

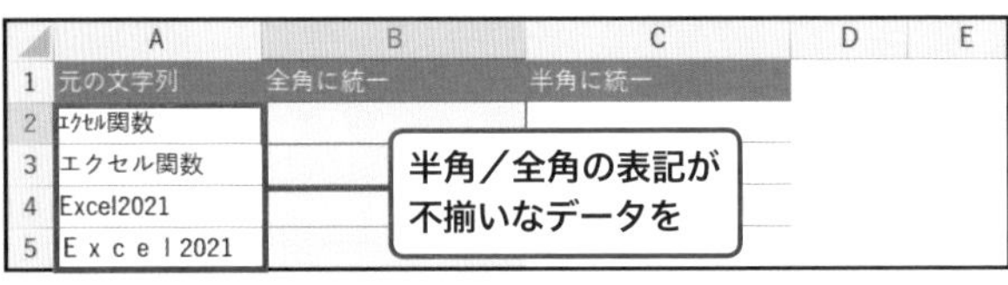

After

	A	B	C	D	E
1	元の文字列	全角に統一	半角に統一		
2	ｴｸｾﾙ関数	エクセル関数	ｴｸｾﾙ関数		
3	エクセル関数	エクセル関数	ｴｸｾﾙ関数		
4	Excel2021	Ｅｘｃｅｌ２０２１	Excel2021		
5	Ｅｘｃｅｌ2021	Ｅｘｃｅｌ２０２１	Excel2021		

一括で全角、もしくは半角に表記を統一する

書式 =JIS（文字列）

引数 文字列 **必須** 対象の文字列、セル参照

説明 JIS関数は「文字列」に指定した文字列のうち、全角に変換できる文字をすべて全角へ変換した結果を返します。

書式 =ASC（文字列）

引数 文字列 **必須** 対象の文字列、セル参照

説明 ASC関数は「文字列」に指定した文字列のうち、半角に変換できる文字をすべて半角へ変換した結果を返します。

文字列を全角に統一する

半角文字と全角文字が混在した文字列の表記を、JIS関数を利用して全角に統一します。

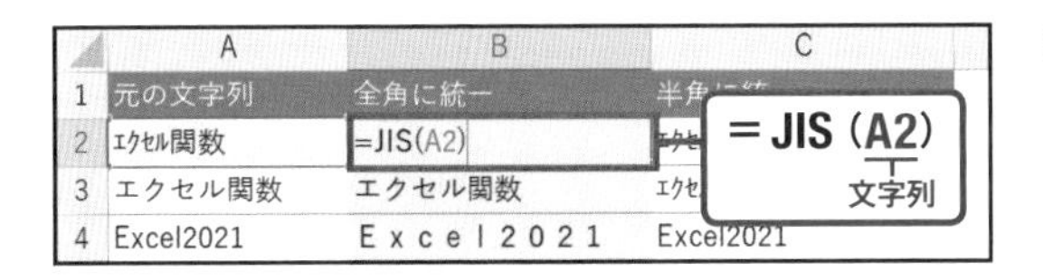

❶セルB2にJIS関数を入力します。引数「文字列」にセルA2を指定します。文字列が全角文字に統一されます。

文字列を半角に統一する

半角文字と全角文字が混在した文字列の表記を、ASC関数を利用して半角に統一します。

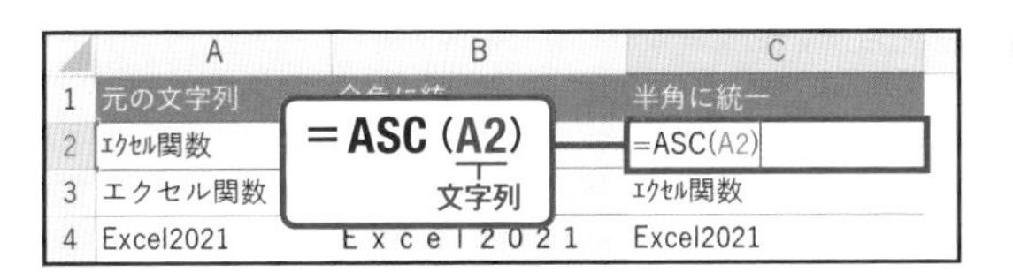

❶セルC2にASC関数を入力します。引数「文字列」にセルA2を指定します。文字列が半角文字に統一されます。

STEP UP 応用例 カタカナだけは全角のままにする

「数値やアルファベットは半角に統一したいが、カタカナは全角にしたい」という場合もあるでしょう。そのような場合は、まず、ASC関数で半角に統一し、その結果のみを別のセル範囲へ「値」のみコピーします。さらにコピーした値のフリガナをPHONETIC関数（P.190参照）で取得すると、カタカナのみ全角にした値が取得できます。
これはPHONETIC関数の「フリガナが設定されていない文字はそのまま表示するが、ひらがなやカタカナ部分はフリガナ設定にしたがったルールで表示する」という仕組みを利用したものです。このため、この方法を利用する際には、フリガナ設定を「全角カタカナ」にしておく必要があります。

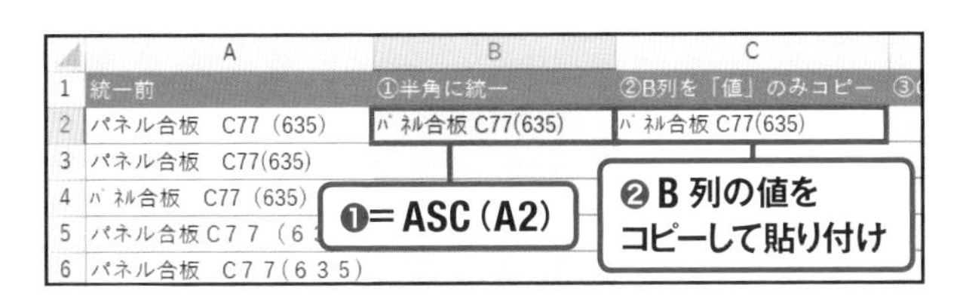

❶セルB2にASC関数を入力し、引数「文字列」にセルA2を指定します。続いてB列の値をC列に「値」のみコピーします。

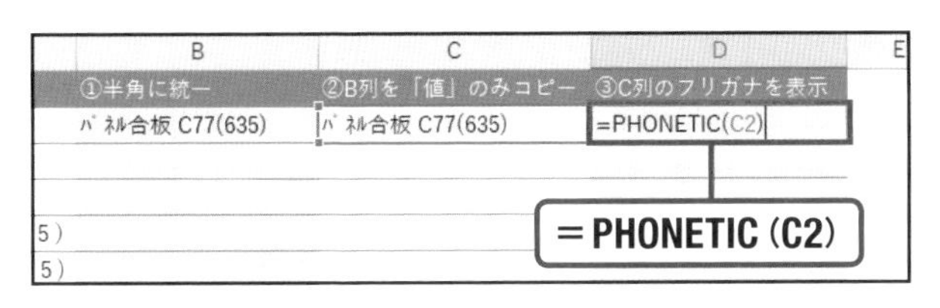

❷セルD2にPHONETIC関数を入力します。引数「参照」にセルC2を指定します。「セルC2のふりがなを表示する」という意味になります。

対応バージョン 365 2019 2016 2013

TEXT

数値を単位付きの文字列にする

数値やシリアル値を任意の表示形式を適用した文字列に変換したい場合には、TEXT関数を利用します。単なる数値を単位付きの文字列へと加工したり、定型的なメッセージにはめ込んだりする際に便利です。

Before

	A	B	C	D	E	F	G
1	元の数値	表示形式					
2		0000	#,###円	00月00日			
3	1231						
4	525						
5	908						
6	1030						
7	11						

最大4桁の数値を

After

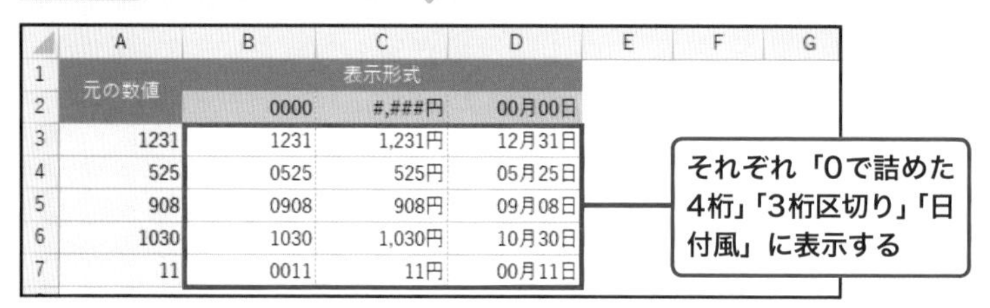

	A	B	C	D	E	F	G
1	元の数値	表示形式					
2		0000	#,###円	00月00日			
3	1231	1231	1,231円	12月31日			
4	525	0525	525円	05月25日			
5	908	0908	908円	09月08日			
6	1030	1030	1,030円	10月30日			
7	11	0011	11円	00月11日			

書式 **=TEXT(値,表示形式)**

引数

値	必須	表示形式を適用したい値、セル参照
表示形式	必須	適用する表示形式

説明 TEXT関数は、「値」に指定した数値に「表示形式」で指定した表示形式を適用した結果を、文字列として返します。
表示形式は、セルの「書式設定」機能と同じように各種のプレースホルダー(数値や年月日を表示する場所を指定する文字)を利用した文字列で指定します。
使用できるプレースホルダーの種類と意味は、P.91を参照してください。

数値の表示形式を単位付きに変更する

A列に入力された、最大4桁の数値の表示形式を変更します。任意の値に指定した書式を適用した結果を得るには、TEXT関数を利用します。

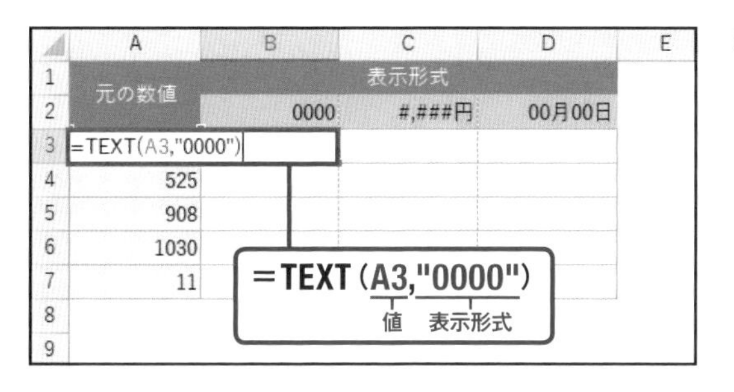

❶セルB3にTEXT関数を入力します。引数「値」にセルA3を指定し、引数「表示形式」には"0000"を指定します。すると「0詰め・4桁の数値」の書式を適用した結果が得られます。

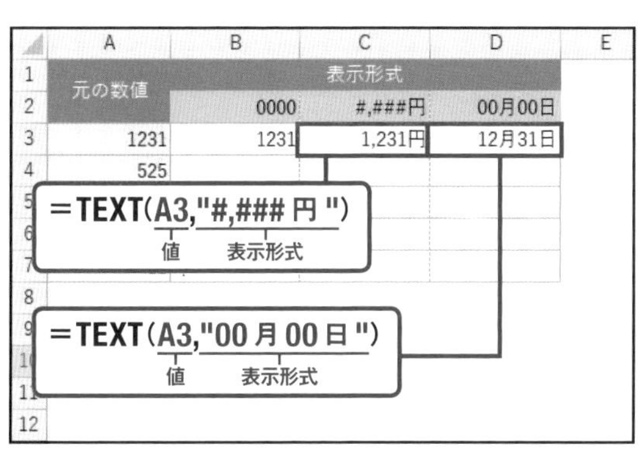

❷桁区切りの数字に「円」を付けて表示する場合は引数「表示形式」に"#,### 円"を、「○月○日」と表示する場合は引数「表示形式」に"00 月 00 日"を指定します。

STEP UP 応用例 名前に「様」を付けて表示する

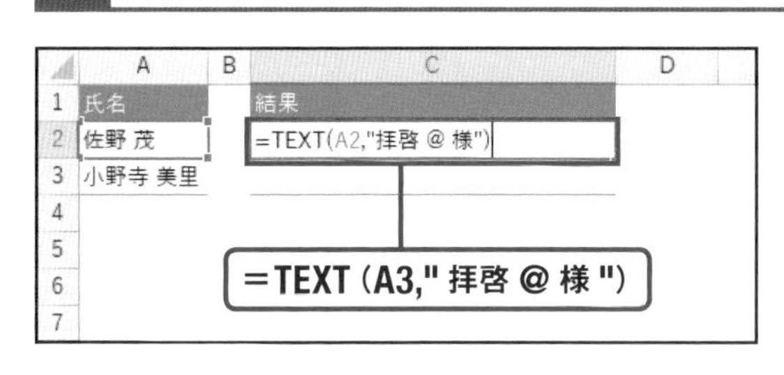

❶セルC2にTEXT関数を入力します。引数「表示形式」に"拝啓 @ 様"を指定します。

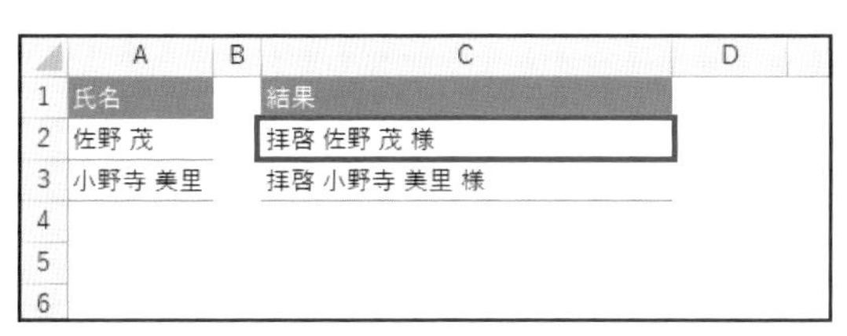

❷「拝啓　○○ ○○ 様」と表示されます。

対応バージョン 365 2019 2016 2013

SECTION 071 文字列処理

文字列を数値や日付値に変換して計算しやすくする

VALUE SUBSTITUTE

ほかのアプリからコピーしてきた値や、LEFT、RIGHT関数で取り出した値、TEXT関数で加工した値などを明示的に数値や日付へと変換するには、VALUE関数やDATEVALUE関数を利用します。

Before

	A	B	C	D
1	名前	受講回数	取り出した数値	単位取得に必要な残り受講数
2	小野田桃子	6回		
3	田代翔	7回		
4	川村雄志	3回		
5	山本良子	8回		
6	田村由香里	12回		

文字列として入力されている「受講回数」の値を

After

	A	B	C	D
1	名前	受講回数	取り出した数値	単位取得に必要な残り受講数
2	小野田桃子	6回	6	9
3	田代翔	7回	7	8
4	川村雄志	3回	3	12
5	山本良子	8回	8	7
6	田村由香里	12回	12	3

数値として取り出し、計算で利用する

書式 =VALUE(文字列)

引数 文字列  数値とみなせる文字列、セル参照

説明 VALUE関数は、「文字列」に指定した文字列が数値にみなせる場合、その数値を返します。数値とみなせない場合には、「#VALUE!」エラーを返します。
数値とみなせる文字列には、「¥1,000」などの円記号を利用した値や「50%」などの表記も含まれます。
また、日付表記の文字列に対して利用すると、その日付のシリアル値を返します。

文字列を数値に変換して計算に利用する

B列に「○○回」という形式で受講回数が入力されています。この値から数値の部分を取り出して、計算で利用できるようにしてみましょう。
なお、文字列の日付値への変換は、VALUE関数でも可能ですが、DATEVALUE関数も利用可能です。DATEVALUE関数のほうが「日付へ変換する」という意図が伝わりやすくなります。

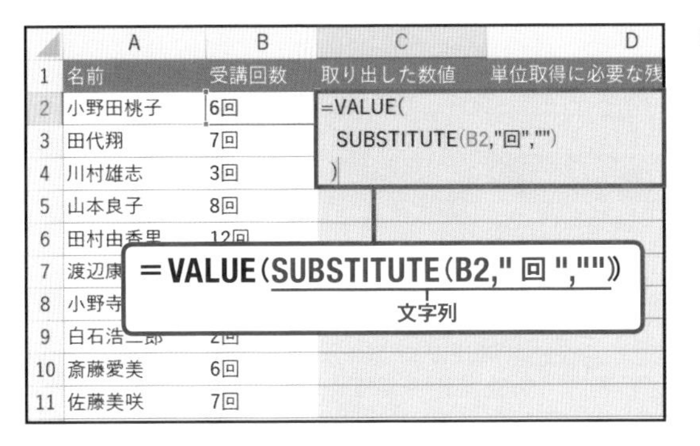

❶セルC2にVALUE関数を入力します。引数「文字列」にSUBSTITUTE（B2," 回 ",""）を指定します。SUBSTITUTE関数で受講回数の「回」の部分を取り除き、数値とみなせる文字列にします。さらにその値をVALUE関数で数値へと変換します。

B	C	D
受講回数	取り出した数値	単位取得に必要な残り受講数
6回	6	=$C$13-C2
7回	7	8
3回	3	12
8回	8	7
12回	12	3
6回	6	9
7回	7	8
2回	2	13
6回	6	9
7回	7	8
15回	15	

＝$C$13-C2

❷取り出した値は数値として扱えるので、計算に利用できます。セルD2に「＝$C$13-C2」と入力すると、セルC13に表示された必要受講数（15）から受講回数を引いた結果、すなわち単位取得に必要な残り受講数が計算できます。

COLUMN

入れ子となる式はセル内改行で整理する

サンプルでは2つの関数を入れ子にして利用しています。入れ子のある数式は複雑になり見づらくなりがちです。そこで、セル内改行を利用して整理してみましょう。数式内でAlt+Enterキーを押せば、改行されます（計算結果に影響はありません）。引数ごとや、入れ子の関数ごとに改行やスペースを入れることで、混乱することなく個々の数式を整理整頓しながら作成できるようになります。

SECTION
072
文字列処理

対応バージョン 365 2019 2016 2013

小文字／大文字の表記ゆれをなくす

LOWER
UPPER
PROPER

セルに入力された英数字の大文字／小文字を統一したい場合には、UPPER関数やLOWER関数を利用します。また、単語の先頭のみを大文字に変更したい場合には、PROPER関数を利用します。

Before

	A	B	C	D	E
1	元の文字列	小文字	大文字	整形	
2	Excel word				
3	eXcEL				
4	this is a pen.				
5	ｅｘｃｅｌ関数				

大文字／小文字の表記が混在している文字列を

After

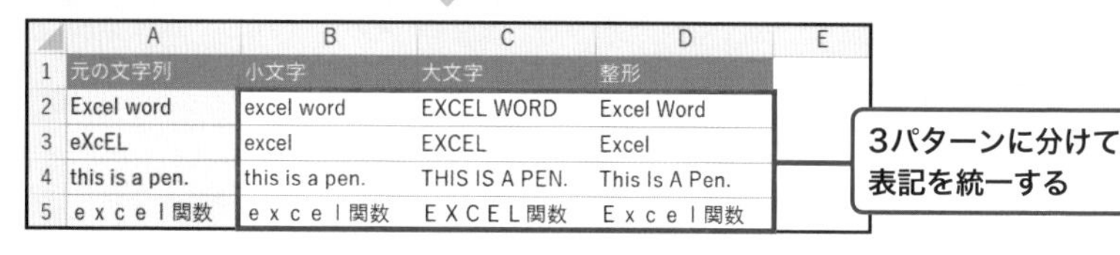

	A	B	C	D	E
1	元の文字列	小文字	大文字	整形	
2	Excel word	excel word	EXCEL WORD	Excel Word	
3	eXcEL	excel	EXCEL	Excel	
4	this is a pen.	this is a pen.	THIS IS A PEN.	This Is A Pen.	
5	ｅｘｃｅｌ関数	ｅｘｃｅｌ関数	ＥＸＣＥＬ関数	Ｅｘｃｅｌ関数	

3パターンに分けて表記を統一する

書式 =LOWER(文字列)

引数 文字列　**必須** 文字列、セル参照

説明 LOWER関数は、「文字列」に指定した文字列を、小文字に統一します。全角／半角の文字列どちらにも利用でき、大文字以外は、元の値のままとなります。

書式 =UPPER(文字列)

引数 文字列　**必須** 文字列、セル参照

説明 UPPER関数は、「文字列」に指定した文字列を、大文字に統一します。全角／半角の文字列どちらにも利用でき、小文字以外は、元の値のままとなります。

引数 文字列　　**必須** 文字列、セル参照

説明 PROPER関数は、「文字列」に指定した文字列内の英字を、単語の1文字目を大文字、残りを小文字に統一します。全角／半角の文字列のどちらにも利用できます。該当するもの以外は元の値のままとなります。

文字列の大文字／小文字を統一する

A列に入力された値の大文字／小文字を統一してみましょう。小文字に統一するには、LOWER関数を利用します。同様に、大文字に統一するには、UPPER関数を利用します。単語の1文字目だけを大文字にするには、PROPER関数を利用します。3つの関数による表記の統一は、全角／半角の違いを問わずに行われます。

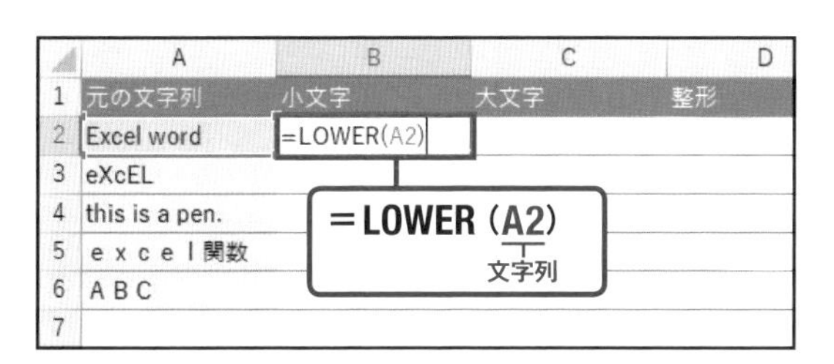

❶セルB2にLOWER関数を入力します。引数「文字列」にセルA2を指定します。文字列が小文字に統一されます。

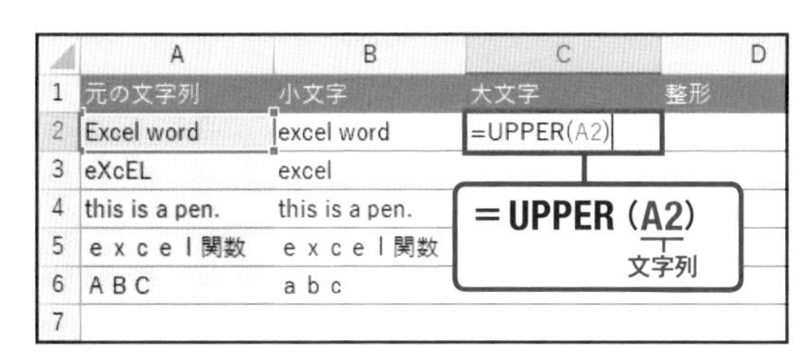

❷セルC2にUPPER関数を入力します。引数「文字列」にセルA2を指定します。文字列が大文字に統一されます。

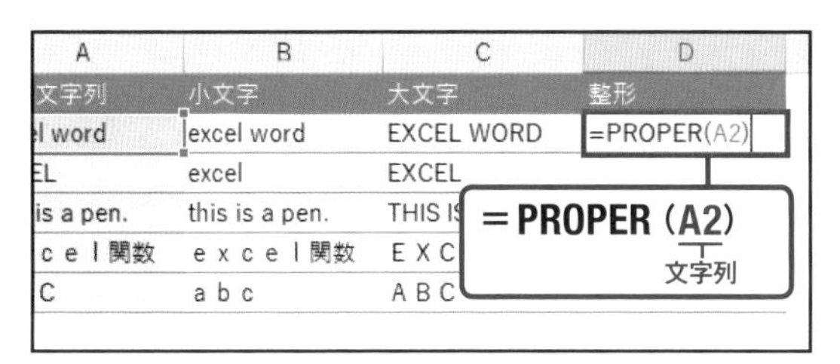

❸セルD2にPROPER関数を入力します。引数「文字列」にセルA2を指定します。文字列の1文字目を大文字、残りが小文字に統一されます。

ふりがなを修正して誤った並び順を直す

PHONETIC

データを並べ替えても思うように並ばない場合、同じ文字でもふりがな情報が誤っているケースがあります。そこで、PHONETIC関数を利用してふりがな情報を別のセルに表示し、正しいデータかどうか確認してみましょう。

Before

	A	B	C	D
1	対象文字列	フリガナ	メモ	
2	東京都		フリガナ情報あり	
3	東京都		フリガナ情報あり	
4	東京都		なし	
5	Excel関数		報一部あり	
6	ﾊﾟﾈﾙ合板 C77-A		フリガナ情報なし	

After

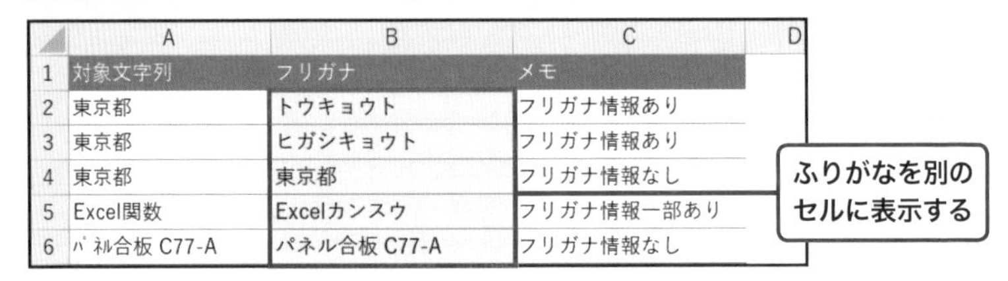

	A	B	C	D
1	対象文字列	フリガナ	メモ	
2	東京都	トウキョウト	フリガナ情報あり	
3	東京都	ヒガシキョウト	フリガナ情報あり	
4	東京都	東京都	フリガナ情報なし	
5	Excel関数	Excelカンスウ	フリガナ情報一部あり	
6	ﾊﾟﾈﾙ合板 C77-A	パネル合板 C77-A	フリガナ情報なし	

書式 **=PHONETIC(セル参照)**

引数 セル参照　**必須**　ふりがな情報を確認したいセル参照

説明 PHONETIC関数は、「参照」に指定したセルのふりがなを表示します。表示されるふりがなの値は、セルに値を入力したときの情報をもとに作成されます。表示形式は、参照セルのふりがなの設定に準じます。設定は、<ホーム>タブをクリックして<ふりがなの表示/非表示>から<ふりがなの設定>をクリックして行います。
「ひらがな」の場合はひらがなで、「カタカナ」の場合はカタカナで表示されます。ふりがな情報を持たない文字の場合は、そのままの文字が表示されます。

セルを指定してふりがな情報を表示する

ふりがなが正しいか確認するために、PHONETIC関数を使ってA列に入力された値のふりがな情報をB列に表示します。

	A	B	C
1	対象文字列	フリガナ	メモ
2	東京都	=PHONETIC(A2)	フリガナ情報あり
3	東京都	ヒガシキョウト	フリガナ情報あり
4	東京都	東京都	フリガナ情報なし
5	Excel関数	Excelカンスウ	フリガナ情報一部あり
6	ﾊﾞﾈﾙ合板 C77-A	パネル合板 C77-A	フリガナ情報なし
7			
8			
9			
10			
11			

＝PHONETIC（A2）
セル参照

❶セルB2にPHONETIC関数を入力します。引数「セル参照」にセルA2を指定します。すると、そのセルに設定されているふりがな情報が表示されます。なお、ふりがなが設定されていない漢字や、そもそもふりがなのない英数字などは、元の値がそのまま表示されます。

STEP UP 応用例 半角カタカナのみを全角に変換する

PHONETIC関数で半角カタカナのふりがな情報を求めた場合、元のセルのふりがな設定に準じた値が取得できます。この仕組みを利用して、「半角の英数字とカタカナが混在したセル」のふりがなを取得してみましょう。すると、ふりがなの設定されていない英数字はそのまま、半角カタカナのみが全角に変換した値が得られます。商品名など、「カナは全角にしたいが英数字は半角のままにしておきたい」というようなケースで役立ちます。

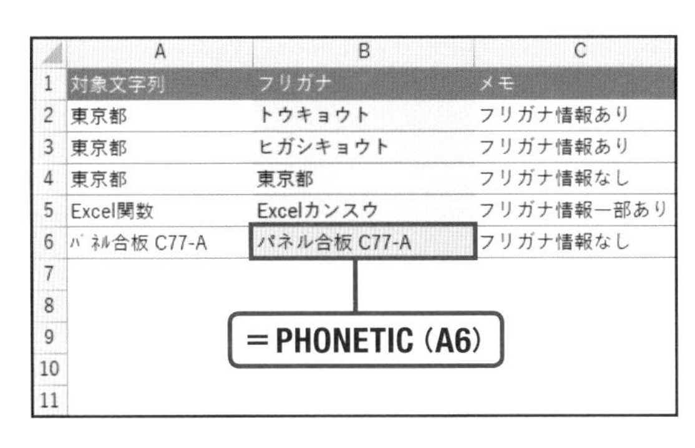

	A	B	C
1	対象文字列	フリガナ	メモ
2	東京都	トウキョウト	フリガナ情報あり
3	東京都	ヒガシキョウト	フリガナ情報あり
4	東京都	東京都	フリガナ情報なし
5	Excel関数	Excelカンスウ	フリガナ情報一部あり
6	ﾊﾞﾈﾙ合板 C77-A	パネル合板 C77-A	フリガナ情報なし
7			
8			
9			
10			
11			

❶PHONETIC関数で半角の英数字とカタカナが混在したセルを引数「セル参照」に指定すると、半角カタカナを全角に変換し、英数字は半角のままの値が得られます。

COLUMN

関数を使わずにふりがな情報を確認する

PHONETIC関数を使わずにふりがな情報を確認したい場合には、セル範囲を選択し、<ホーム>タブの<ふりがなの表示/非表示>から<ふりがなの表示>をクリックすると、設定されているふりがな情報がセル上部に表示されます。

▶ COLUMN

互換性をチェックする

Excelではバージョンが上がるごとに新しい関数が利用できるようになり便利ですが、新しい関数や機能を含むファイルを下位バージョンのExcelで開くと、エラーが発生したり、機能が削除されてしまったりすることがあります。そのため、Excelにはファイルの互換性をチェックする機能が備わっています。
互換性をチェックしたいファイルを開き、＜情報＞→＜問題のチェック＞→＜互換性チェック＞をクリックします。「機能の大幅な損失」「再現性の低下」など、どのバージョンのExcelでどのような問題が発生する可能性があるかを確認できます。

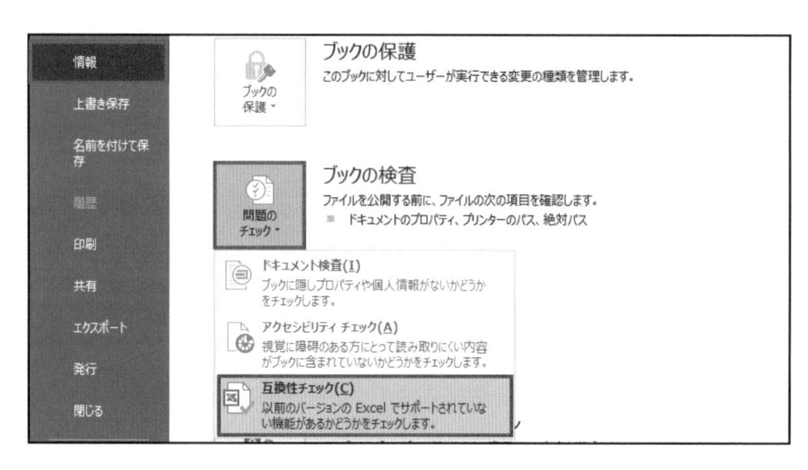

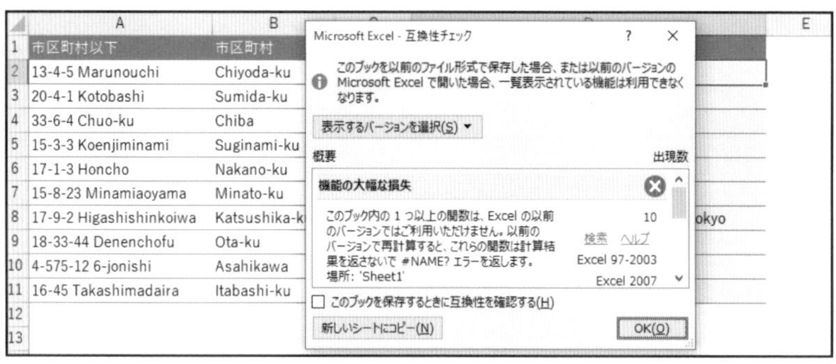

第6章

XLOOKUPで
検索・抽出をマスター!
○○LOOKUP関数

SECTION 074

表引き

対応バージョン 365 2019 2016 2013

テーブルって何? LOOKUP系関数の基本をマスターする

テーブルは、データを意味のあるまとまりとして扱う際の基本の形式です。本章ではテーブル形式のデータから、目的の値を取り出したり集計したりする際に便利な関数を紹介します。

検索に使うテーブル形式の表の基本ルール

最初に、「テーブル形式」がどのようなものなのか見ていきましょう。テーブル形式の表とは、次のような表のことをいいます。どうしてこのような形式でデータを扱うのでしょうか。順を追って考えてみましょう。

	A	B	C	D
1	ID	商品	価格	
2	1	A4ノート	240	
3	2	A5ノート	200	
4	3	油性ボールペン	140	
5	4	ゲルインキボールペン	150	
6	5	定規		
7	6	付箋（大）		
8	7	付箋（小）	380	
9	8	鉛筆		
10	9	ガムテープ		

1行目は見出し

行ごとにひとまとまりのデータ

列ごとに同じ要素のデータ

▶ 行ごとにひとまとまりのデータ

まず、個々のセルへとデータを入力するとします。何もルールを定めず、ただ入力しただけでは、セル1つひとつごとにバラバラに入力されたデータです。そこで、「1つのまとまりのデータは、同じ行に入力する」というルールでデータを入力することにします。
たとえば、商品のデータを扱いたい場合、1つの商品のデータは1つの行にまとめて入力します。ほかの行に入力してはいけません。こういったルールで入力すると、商品が10個あった場合には、10行分のデータになりますね。

▶ 列ごとに同じ要素のデータ

次に、複数行にデータを入力する際には、「同じ要素のデータは、同じ列に入力する」というルールで入力します。上の例でいえば、商品の価格のデータはC列に入力します。行ごとにB列やC列などバラバラな位置に入力してはいけません。

▶ 1行目は見出し

こういったルールで入力する場合、1行目に「その列のデータは、どの要素のデータなのか」を示す見出しがあるとわかりやすくなります。
また、テーブル形式で記述してあるデータの中から、目的のものを取り出すことを「表引き」と呼びます。

テーブル形式でない表は意図した通りに動かない

並べ替え機能や集計機能、ピボットテーブル、そして関数など、Excelの便利な機能の多くは「データがテーブル形式であること」を前提に作られています。それはつまり、「テーブル形式ではないデータは意図通りには動かない」ということです。
テーブル形式ではないデータの例を、次に示します。「分類」列は「ノート」と「ボールペン」の2種類の分類を表す意図の列ですが、分類ごとに一番上の行しか入力されていません。

「テーブル」ではない例

	A	B	C
1			
2	分類	商品	価格
3	ノート	A4ノート	240
4		A5ノート	200
5	ボールペン	油性ボールペン	140
6		ゲルインキボールペン	150
7			
8			

4行目、6行目のデータは「分類」列の値を持たないデータになる

表としては見やすいものの、これでは4行目、6行目のデータは「分類が未入力のデータ」とみなされます。テーブルとして扱いたいのであれば、以下のように修正しましょう。

「テーブル」に修正した例

	E	F	G	H
1				
2	分類	商品	価格	
3	ノート	A4ノート	240	
4	ノート	A5ノート	200	
5	ボールペン	油性ボールペン	140	
6	ボールペン	ゲルインキボールペン	150	
7				
8				

すべての行の「分類」列に値を入れる

すべての行の「分類」列に値を入れることで、その行だけで独立して意味が通るデータの形式になります。

COLUMN

結合セルを使わない

テーブルとして扱いたいデータを入力する際の注意点として、「結合セルを使わない」というものもあります。結合セルを使うことで、「行ごと」「列ごと」に意味のある形式ではなくなってしまうためです。最終的なレポートなどの段階で結合セルを利用して見やすくするのは問題ありませんが、集計・分析の段階では利用しないことが推奨されます。

テーブル形式だと何が便利なのか

テーブル形式でデータを整理しておくと、関数式を利用する際、何が便利なのでしょうか。それは「実際の業務の考え方に近い形で式が作成できるようになる」点です。
たとえば、次のようにセル範囲A1:C11に商品の情報をテーブル形式で入力していたとします。

	A	B	C	D	E	F	G	H	I
1	ID	商品	価格		ID	価格			
2	1	A4ノート	240		3				
3	2	A5ノート	200		5				
4	3	油性ボールペン	140		8				
5	4	ゲルインキボールペン	150						
6	5	定規	110						
7	6	付箋（大）	420						
8	7	付箋（小）	380						
9	8	鉛筆	100						
10	9	ガムテープ	350						
11	10	スケッチブック	500						

このとき、「ID」列の値が、「3、5、8」の商品の「価格」を抜き出します。XLOOPUP関数という関数を利用すると、次の関数式で実現できます。

＝XLOOKUP（E2:E4,A2:A11,C2:C11）

関数の詳細はあとのページで解説しますが、注目してほしいのは「A2:A11」と「C2:C11」という2つの引数を指定している部分です。それぞれ、「『ID』のセル範囲」と「『価格』のセル範囲」を指定しています。実際に商品のデータを調べる際にも「ID」、「価格」など、「個々のデータのうち、どの要素(列)に注目して調べたり、集計したりするのか」という考え方をします。LOOKUP系関数は、これと同じように要素に着目した考え方で、関数で利用するセル範囲を指定できるようになっています。

COLUMN

テーブル機能の自動的に付加される書式を解除するには

「テーブル」機能は便利ですが、右ページのように<挿入>→<テーブル>でテーブル化した際、自動的に書式が設定されます。この書式は、テーブル作成後に「テーブルデザイン」タブ内の「テーブルスタイル」欄右下の<その他>をクリックし、<クリア>をクリックすると解除できます。テーブル化する前に書式が設定されていた場合は、その書式設定へ戻ります。

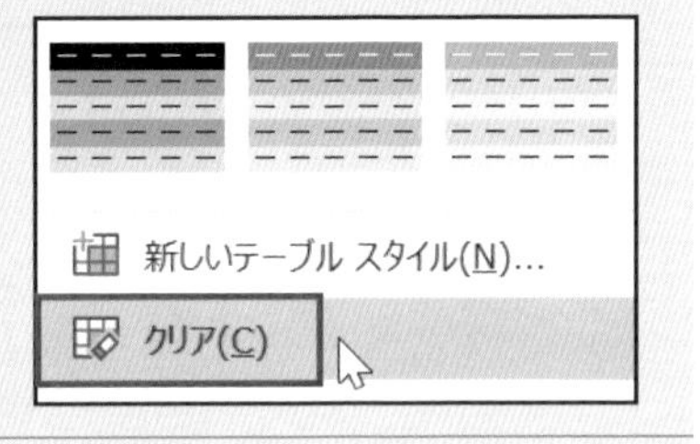

第6章 表引き
第7章
第8章
第9章

Excelの「テーブル」機能を併用してよりわかりやすく

テーブル形式でデータが入力されているセル範囲は、「テーブル」機能により、明示的に「Excelの『テーブル』」として定義することも可能です。

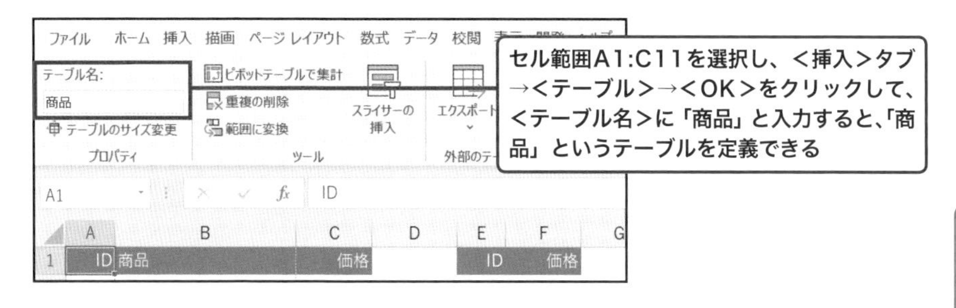

「テーブル」として定義したセル範囲には、「テーブル名(その範囲のデータをまとめて扱うための名前)」を付けることができ、「テーブル」のセル範囲や各列を、テーブル名や1行目の見出し名を使って扱えるようになります。この仕組みを「構造化参照」と呼びます。
たとえば、前ページの関数式は、構造化参照を利用すると次の式で表せます。

=XLOOKUP(E2:E4, 商品[ID], 商品[価格])

「商品」テーブルの「ID」要素　　「商品」テーブルの「価格」要素

構造化参照式では「セル範囲A2:A11」は「商品[ID]」、「セル範囲C2:C11」は「商品[価格]」のように記述できます。パッと見ただけで「『商品』のIDと、『商品』の価格を扱っている」と理解できますね。

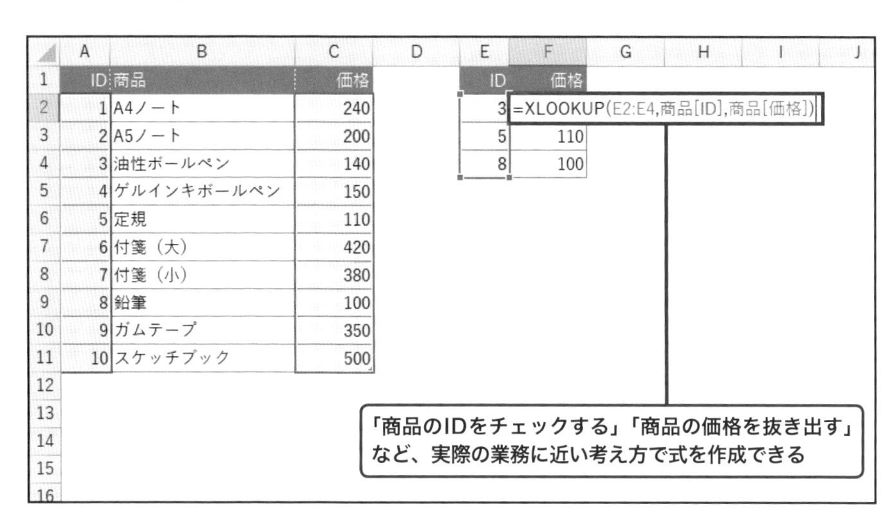

対応バージョン 365 2019 2016 2013

SECTION 075 表引き

XLOOKUP

商品IDから価格を取得する

テーブル形式で入力してある商品データから、IDを指定し、そのIDの商品の価格を取得したいときにはXLOOKUP関数を利用します。XLOOKUP関数はMicrosoft 365版のExcelのみで利用できる関数ですが、このような「表引き」に特化した便利な関数です。

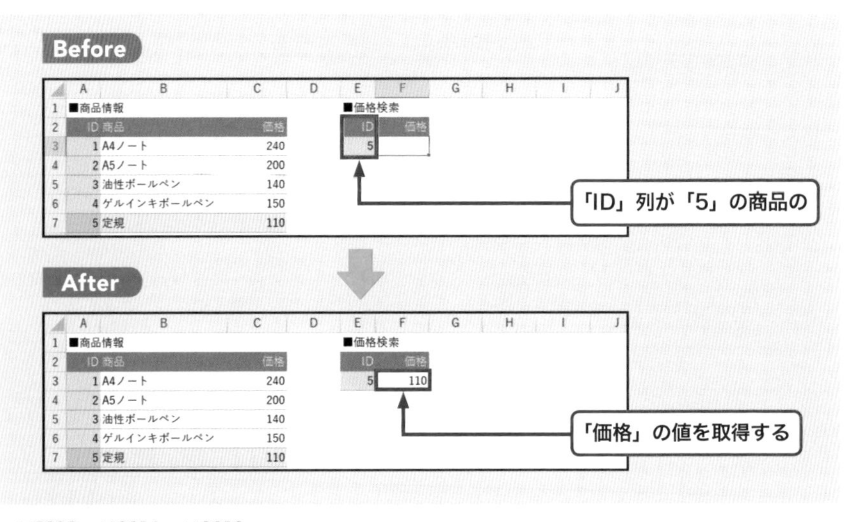

×2019　×2016　×2013

書式 =XLOOKUP(検索値,検索範囲,戻り値範囲,[見つからない場合],[一致モード],[検索モード])

引数

引数		説明
検索値	必須	検索範囲の中から検索したい値
検索範囲	必須	検索値を検索するセル範囲や配列
戻り値範囲	必須	検索範囲に対応したセル範囲や配列
見つからない場合	任意	検索値がなかった場合に表示する値
一致モード	任意	検索値の検索方法設定
検索モード	任意	優先する検索方向設定

説明 XLOOKUP関数は、検索範囲から検索値を検索し、対応する戻り値範囲の値やセル参照を返します。

商品IDをもとに価格を取得する

テーブル形式のセル範囲から、目的の値を取り出す作業全般を「表を引く」や「表引き」と呼びます。この表引きをExcelで行う際に便利な関数が、XLOOKUP関数です。XLOOKUP関数は2021年7月現在、Microsoft 365版のExcelでしか使用できない新しい関数ですが、まずはこの関数を利用して、いろいろな表引きを行ってみましょう。
セル範囲A2:C12に「ID」「商品」「価格」の3列を持つ商品データがテーブル形式で入力されているとします。このとき、「ID」が「5」の商品の「価格」の値を表引きしてみましょう。指定する引数が多いため一見難しそうに見えますが、「検索値」と「検索列」、そして「取り出したい値の列」を指定しているだけなので、1つずつ順に指定すれば難しくありません。

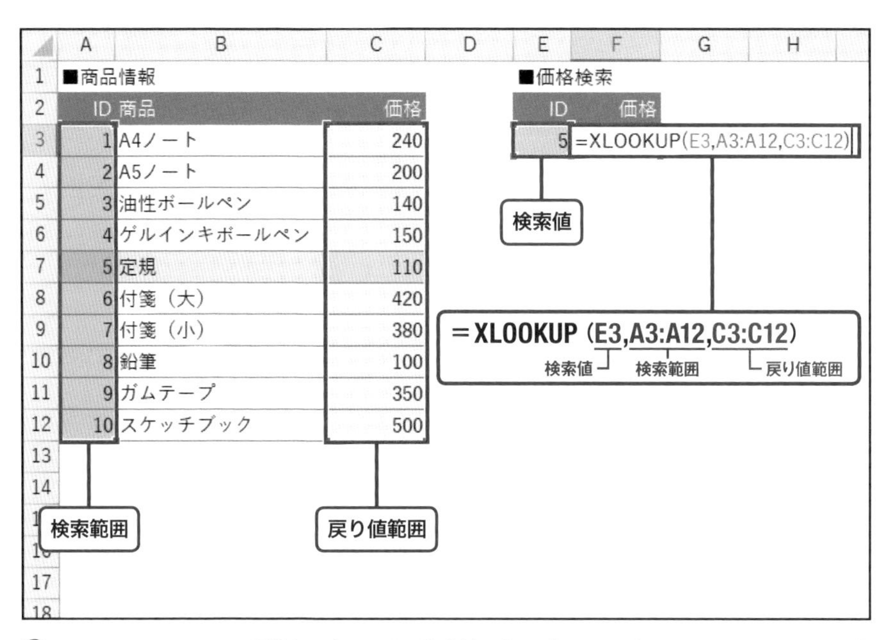

❶ セルF3にXLOOKUP関数を入力します。検索値である「5」の入力されているセルE3を引数「検索値」に指定します。続いて、引数「検索範囲」にセル範囲A3:A12、つまり、「ID」列のセル範囲を指定します。最後に引数「戻り値範囲」にセル範囲C3:C12、つまり、対応する「価格」列のセル範囲を指定します。「ID列を検索し、対応する価格列の値を返す」という意味になります。

COLUMN

XLOOKUP関数の既定の検索方法は「完全一致」

XLOOKUP関数で行う既定の検索方法は、「完全一致」検索です。引数「検索値」に指定した値と完全に一致する値を検索します。この検索方法は、引数「一致モード」によって変更可能です(P.210参照)。

検索値を配列で入力して一括検索する

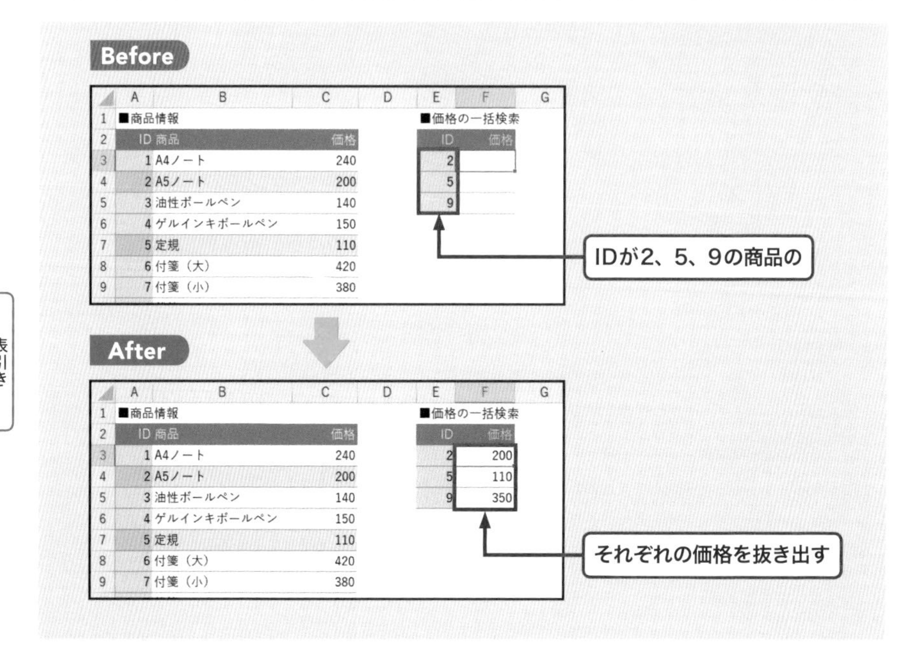

XLOOKUP関数では、複数の検索値をまとめて検索することも可能です。検索値をまとめてセルに入力しておき、そのセル範囲を引数「検索値」に指定するだけです。結果は配列の形で返ってくるため、Microsoft 365版のExcelで採用されているスピルの仕組みでセルへ展開されます。スピル(spill) にはあふれる、こぼれるという意味があり、1つのセルに数式を入力すると、隣接したセルにも結果が表示される(あふれる) 仕組みのことです(詳細はP.320参照)。

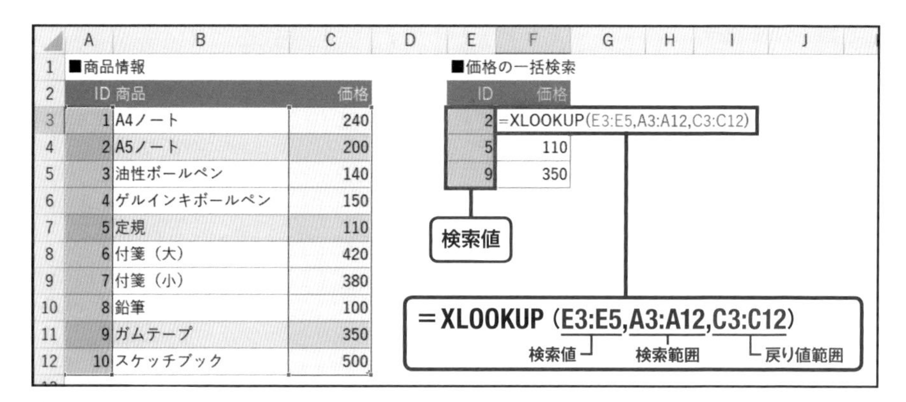

❶セルF3にXLOOKUP関数を入力し、引数「検索値」にセル範囲E3:E5を指定します。引数「検索範囲」「戻り値範囲」は先の例と同じです。

STEP UP 応用例　検索したい値の数が定まっていないときの検索方法

複数の値の一括検索を行う場合、検索する数が固定であれば直接セルに入力するのが手軽ですが、値の数が変わる可能性がある場合は、配列の形式で検索値を一括入力し、そのセル範囲をスピル範囲演算子「#」を利用して参照しておくのが便利です。
次の例では、セルH3に検索値を配列の形で入力しています(詳細はP.203参照)。そしてXLOOKUP関数では引数「検索値」を「H3#」と指定しています。なお、表引きを行う先のセル範囲は「商品」という名前のテーブル範囲となっています。配列入力とスピル範囲演算子を利用すると、検索値の数が変更になっても関数式は修正することなくそのまま利用できます。

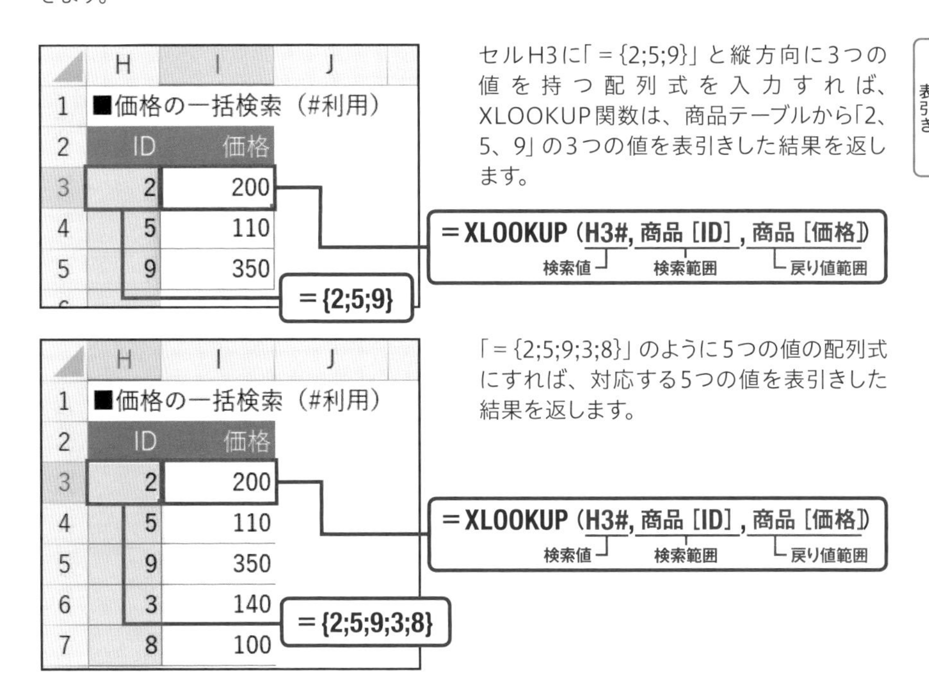

検索値の数が不定な場合や、増えていくことが想定される場合に便利な仕組みです。なお、配列式やスピル対応の関数は、結果が展開されるセルにあらかじめ値が入力されていると、#SPILL!エラーとなり、すべての結果が表示されなくなります。結果が展開されると予想されるセル範囲は空白にしておきましょう。

COLUMN

「#」演算子の名称

「#」演算子は、マイクロソフトの日本語版公式リファレンスでは「こぼれた範囲演算子」と訳されています。しかし、少し違和感がありますね。そこで本書では「#」演算子を「スピル範囲演算子」と呼んでいます。正式名称ではありませんが、上記のセル範囲を指す言葉として捉えてください。

検索範囲の左側の範囲を表引き範囲として指定する

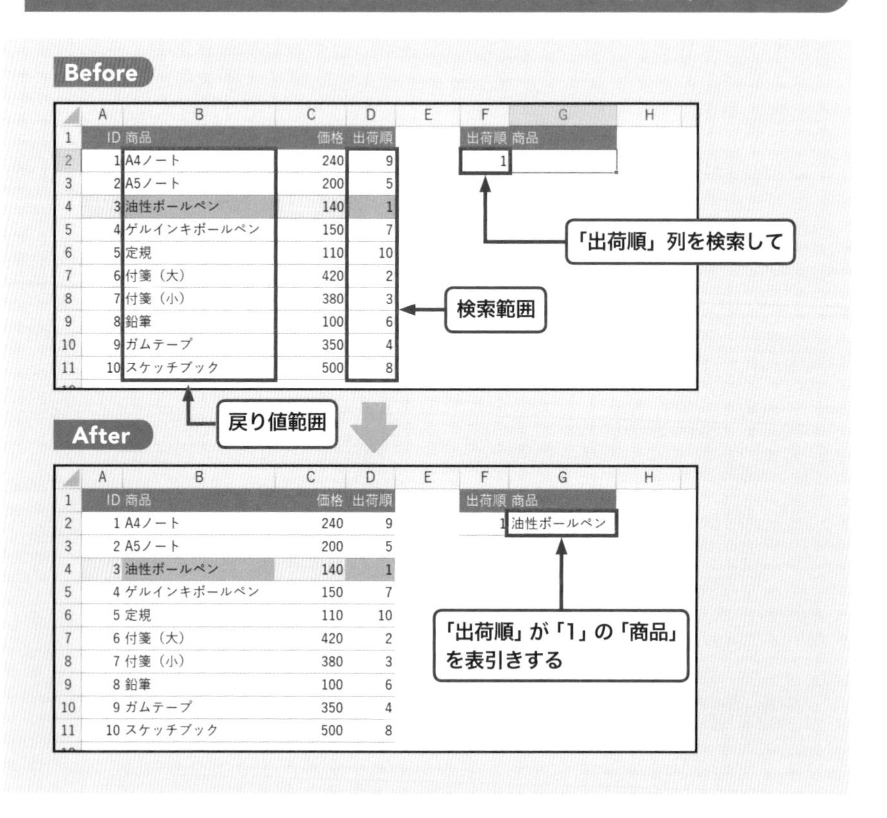

	A	B	C	D	E	F	G	H
1	ID	商品	価格	出荷順		出荷順	商品	
2	1	A4ノート	240	9		1	油性ボールペン	
3	2	A5ノート	200	5				
4	3	油性ボールペン	140	1				
5	4	ゲルインキボールペン	150	7				
6	5	定規	110	10				
7	6	付箋（大）	420	2				
8	7	付箋（小）	380	3				
9	8	鉛筆	100	6				
10	9	ガムテープ	350	4				
11	10	スケッチブック	500	8				

XLOOKUP関数では、検索範囲と戻り値範囲の位置関係は、自由に対応可能です。たとえばテーブル範囲の右端にある「出荷順」列の値を検索し、出荷順列よりも左側にある「商品」列から表引きする、といったことも可能です。
XLOOKUP関数に似た用途で利用するVLOOKUP関数（P.222参照）が「検索範囲に指定できるのは左端の列のみ」であるのと比べると、非常にフレキシブルであるといえます。

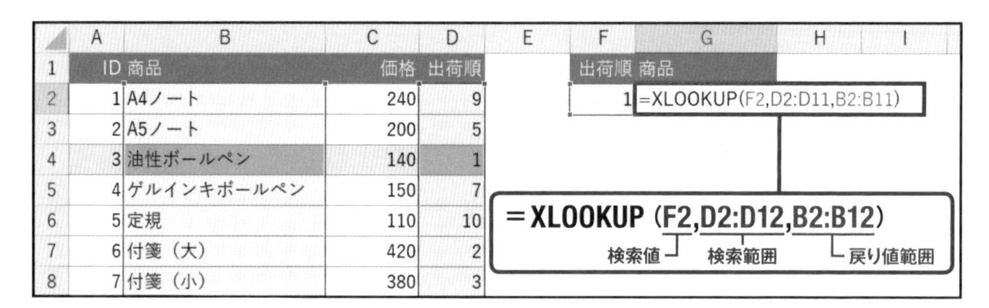

	A	B	C	D	E	F	G
1	ID	商品	価格	出荷順		出荷順	商品
2	1	A4ノート	240	9		1	=XLOOKUP(F2,D2:D11,B2:B11)
3	2	A5ノート	200	5			
4	3	油性ボールペン	140	1			
5	4	ゲルインキボールペン	150	7			
6	5	定規	110	10			
7	6	付箋（大）	420	2			
8	7	付箋（小）	380	3			

❶セルG2にXLOOKUP関数を入力し、引数「検索値」にセルF2、引数「検索範囲」にセル範囲D2:D12、引数「戻り値範囲」にセル範囲B2:B12を指定します。

✔ COLUMN

配列形式での式の入力方法

本文中ではXLOOKUP関数の引数「検索値」を複数一度に入力する方法として、配列式を利用しました。この配列式の入力方法を確認してみましょう。

配列式の入力ルール

1.「=」で開始し、全体を「{　}」で囲む
2. 行方向の値は「,」（カンマ）区切り
3. 列方向の値は「；」（セミコロン）区切り

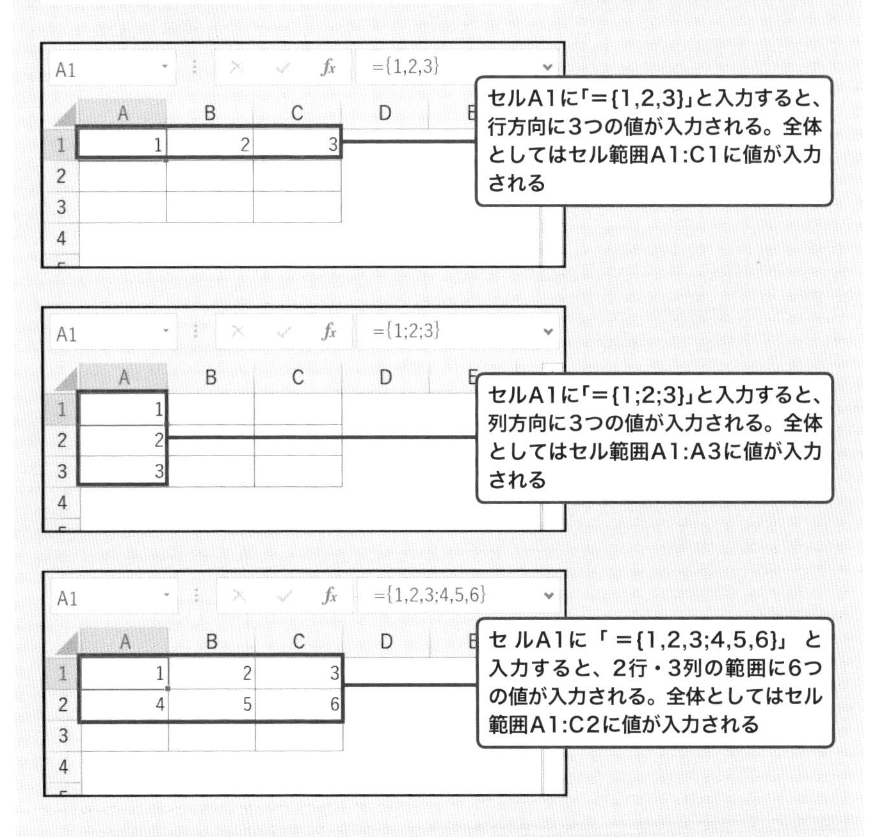

この入力方法は、まとめて値を入力するのにも、スピル範囲演算子を利用するのにも便利ですね。なお、配列式自体の入力はどのバージョンでも行えますが、図のようにスピルの仕組みで表示・利用できるのは、Microsoft 365版のExcelのみです。

SECTION 076 表引き

XLOOKUP

表をヨコ方向に検索する

表をタテ方向ではなくヨコ方向に検索して表引きしたい場合にもXLOOKUP関数が利用できます。クロス集計形式の表など、テーブル形式ではない表からも目的のデータを柔軟に表引きできます。

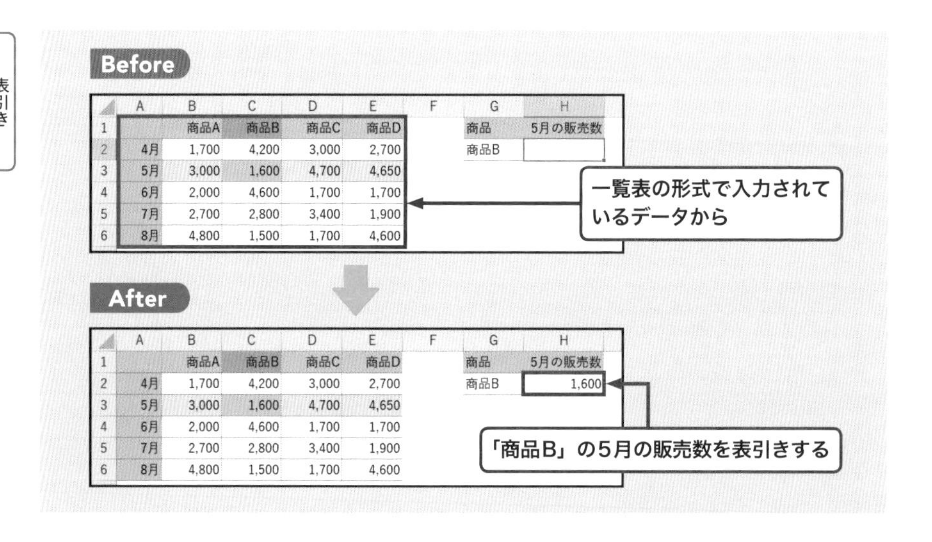

Before

	A	B	C	D	E	F	G	H
1		商品A	商品B	商品C	商品D		商品	5月の販売数
2	4月	1,700	4,200	3,000	2,700		商品B	
3	5月	3,000	1,600	4,700	4,650			
4	6月	2,000	4,600	1,700	1,700			
5	7月	2,700	2,800	3,400	1,900			
6	8月	4,800	1,500	1,700	4,600			

After

	A	B	C	D	E	F	G	H
1		商品A	商品B	商品C	商品D		商品	5月の販売数
2	4月	1,700	4,200	3,000	2,700		商品B	1,600
3	5月	3,000	1,600	4,700	4,650			
4	6月	2,000	4,600	1,700	1,700			
5	7月	2,700	2,800	3,400	1,900			
6	8月	4,800	1,500	1,700	4,600			

商品Bの5月の販売数を表引きする

クロス集計の形式で月ごと・商品ごとの販売数が入力されています。このとき、セルG2に入力した商品の、5月の販売数を表引きしてみましょう。
「商品名が入力されているセル範囲を検索し、対応する5月の販売数が入力されているセル範囲の値を表引きする」という考え方です。

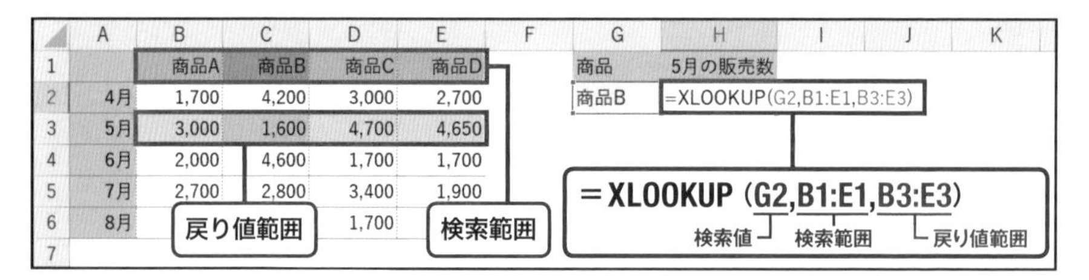

	A	B	C	D	E	F	G	H
1		商品A	商品B	商品C	商品D		商品	5月の販売数
2	4月	1,700	4,200	3,000	2,700		商品B	=XLOOKUP(G2,B1:E1,B3:E3)
3	5月	3,000	1,600	4,700	4,650			
4	6月	2,000	4,600	1,700	1,700			
5	7月	2,700	2,800	3,400	1,900			
6	8月			1,700				
7								

❶セルH2にXLOOKUP関数を入力し、引数「検索値」にセルG2、引数「検索範囲」にセル範囲B1:E1、検索値「戻り値範囲」にセル範囲B3:E3を指定します。

STEP UP 応用例　戻り値範囲を拡張指定して対応する列全体を表引きする

XLOOKUP関数では、戻り値範囲に指定するセル範囲を拡張することで、対応する位置の列全体をまとめて表引きすることも可能です。
前ページで入力したXLOOKUP関数の戻り値範囲を、セル範囲B3:E3という1行のみから、セル範囲B2:E6のように5行・4列の範囲へ変更してみましょう。

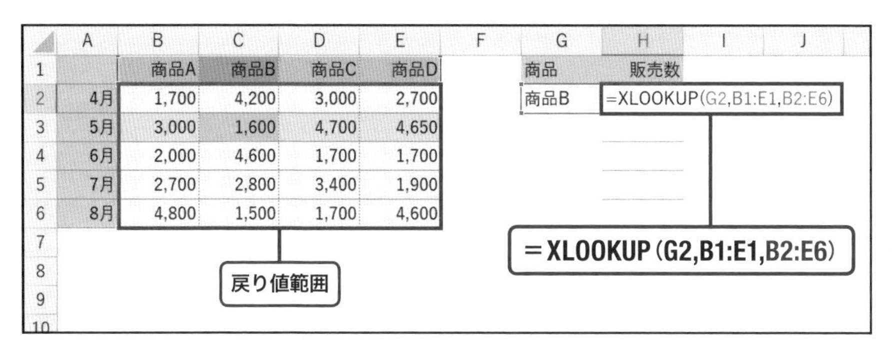

❶ 左ページと同じようにセルH2にXLOOKUP関数を入力し、XLOOKUP関数の戻り値範囲に指定するセル範囲を、「B1:E1」のようにクロス集計表のデータ全体に拡張します。

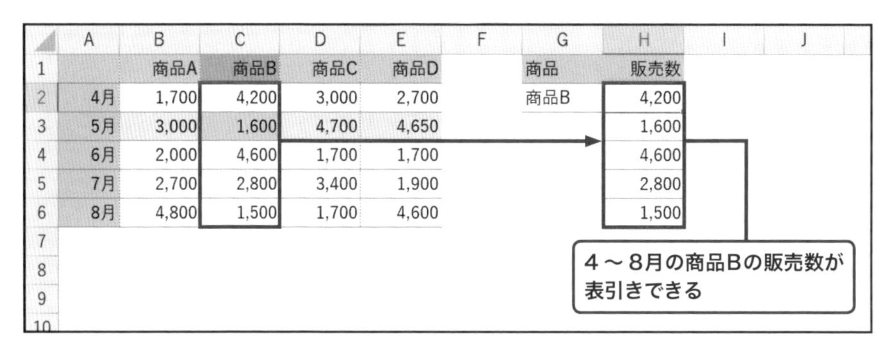

❷ 検索値に対応する列全体の値（セル範囲C2:C6の値）が表引きできます。配列の形で表引きするため、あふれる部分はスピルの仕組みで表示されます。

COLUMN

ピボットテーブルから表引きする場合には

Excelでクロス集計表といえば、ピボットテーブル機能を思い浮かべる方も多いことでしょう。ピボットテーブル機能で作成したクロス集計表から任意のデータを取り出す際、XLOOPUP関数を使うこともできますが、GETPIVOTDATA関数という専用の関数が用意されています（P.300参照）。こちらはXLOOKUP関数と違い、Excel 2019以前のバージョンでも利用可能です。
また、ヨコ方向への検索は、XLOOKUP関数が利用できない環境では、HLOOKUP関数を利用します（P.230参照）。

SECTION 077 表引き

対応バージョン 365 2019 2016 2013

XLOOKUP

商品IDから品名と単価を一括で取得する

テーブル形式で入力してある商品データから、IDを指定し、そのIDの商品の品名と単価をセットで取得してみましょう。このような表引きでもXLOOKUP関数を利用します。戻り値範囲に指定するセルを工夫して、必要な値を一括で表引きしましょう。

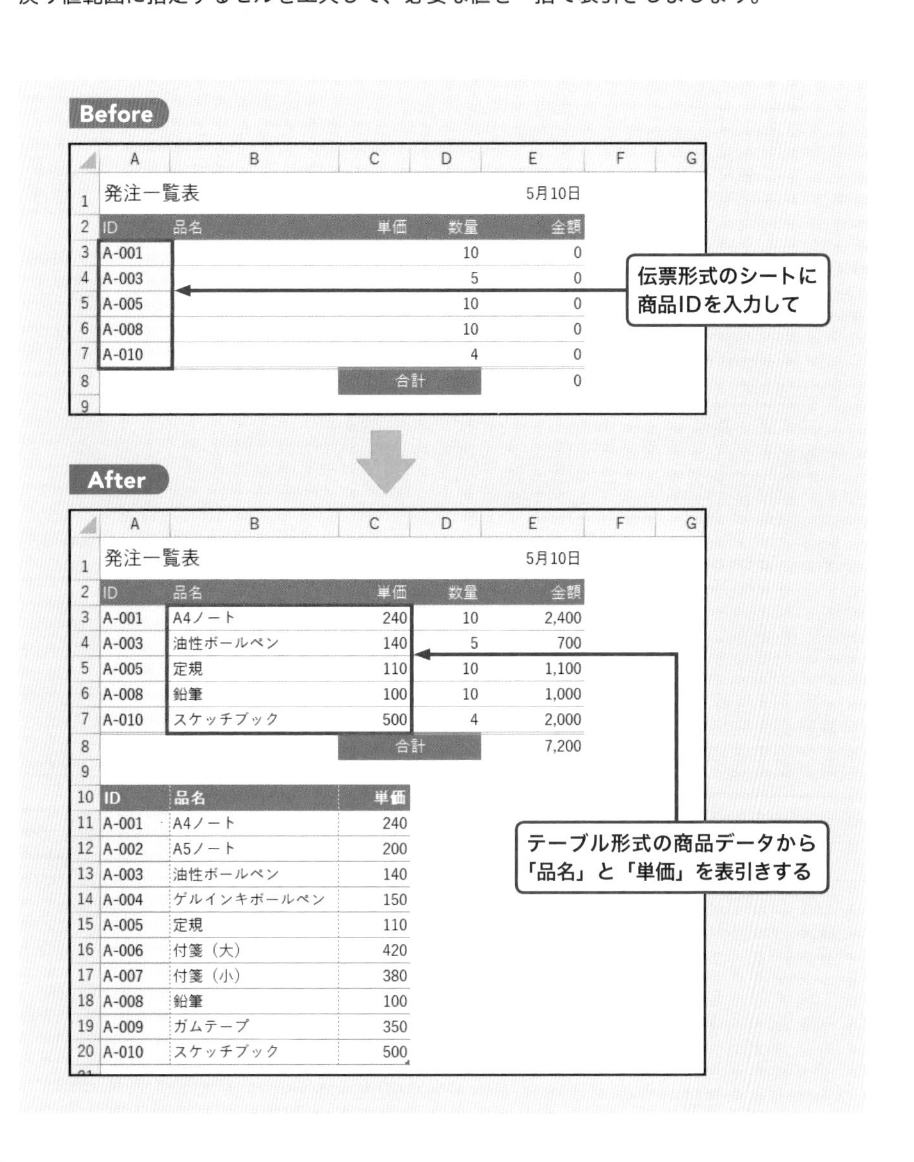

Before

	A	B	C	D	E
1	発注一覧表				5月10日
2	ID	品名	単価	数量	金額
3	A-001			10	0
4	A-003			5	0
5	A-005			10	0
6	A-008			10	0
7	A-010			4	0
8			合計		0

After

	A	B	C	D	E
1	発注一覧表				5月10日
2	ID	品名	単価	数量	金額
3	A-001	A4ノート	240	10	2,400
4	A-003	油性ボールペン	140	5	700
5	A-005	定規	110	10	1,100
6	A-008	鉛筆	100	10	1,000
7	A-010	スケッチブック	500	4	2,000
8			合計		7,200
9					
10	ID	品名	単価		
11	A-001	A4ノート	240		
12	A-002	A5ノート	200		
13	A-003	油性ボールペン	140		
14	A-004	ゲルインキボールペン	150		
15	A-005	定規	110		
16	A-006	付箋（大）	420		
17	A-007	付箋（小）	380		
18	A-008	鉛筆	100		
19	A-009	ガムテープ	350		
20	A-010	スケッチブック	500		

複数行／列を含むセル範囲を戻り値範囲に指定する

XLOOKUP関数を利用して「商品」と名前の付いたテーブル範囲から、指定した「ID」の値に対応する「品名」「単価」の値を表引きしてみましょう。

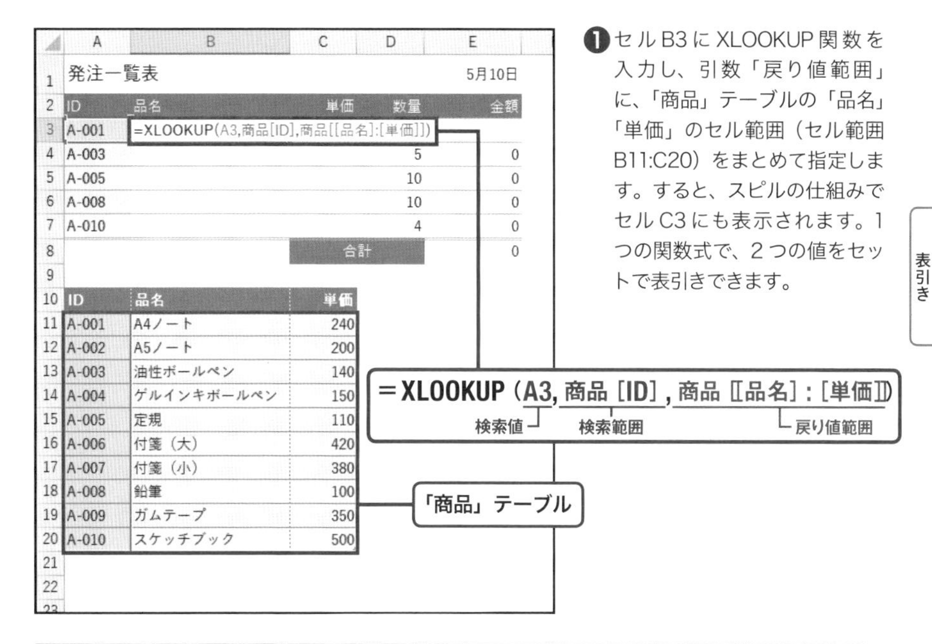

❶セルB3にXLOOKUP関数を入力し、引数「戻り値範囲」に、「商品」テーブルの「品名」「単価」のセル範囲（セル範囲B11:C20）をまとめて指定します。すると、スピルの仕組みでセルC3にも表示されます。1つの関数式で、2つの値をセットで表引きできます。

STEP UP 応用例　ほかのシートから表引きする

XLOOKUP関数で表引きを行うセル範囲は、同じシート内のセル範囲ではなく別のシートのセル範囲を指定してもかまいません。商品データ専用のシートと伝票用のシートに分けると管理しやすいでしょう。

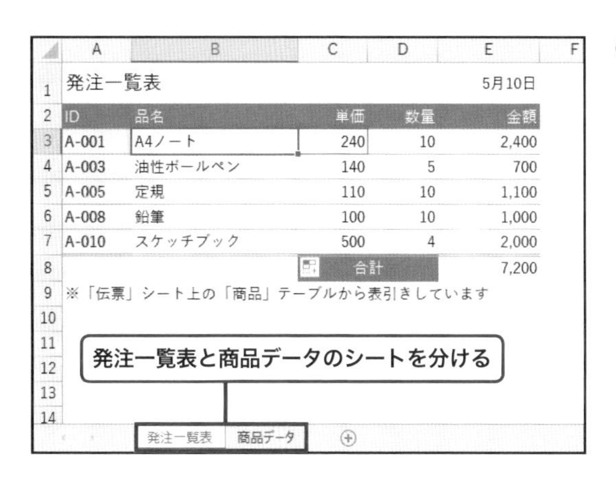

❶別のシートに発注一覧表を作成し、上の例と同じXLOOKUP関数を入力すると、ほかのシートからデータを表引きできます。

検索結果が見つからない場合にハイフンを表示する

XLOOKUP

XLOOKUP関数を利用して表引きした結果、検索値が存在しない場合にはエラー値が表示されます。このエラー値を表示させずに、別の文字列（ハイフン）を表示させてみましょう。あわせて、XLOOKUP関数の少し高度な設定も紹介します。

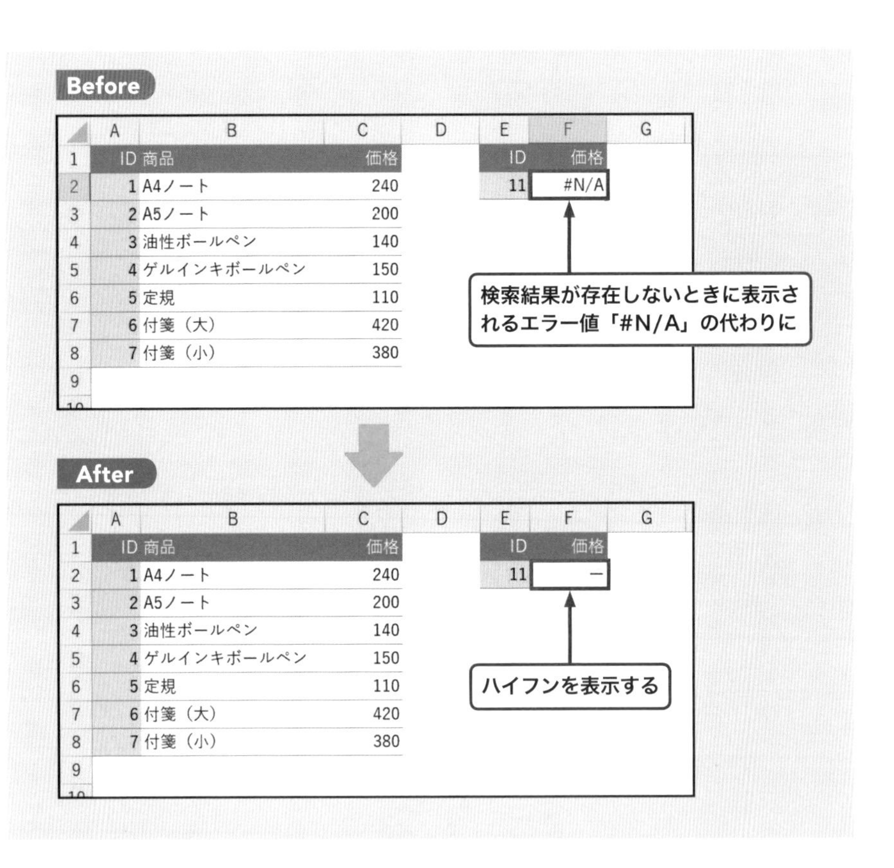

COLUMN

IFERROR関数と組み合わせる

XLOOKUP関数には、検索値が見つからなかった場合に表示する文字をあらかじめ設定できますが、ほかの関数では設定できません。Excel2019以前のバージョンをお使いの場合は、「エラーの場合は指定した値を表示する」関数である、IFERROR関数（P.142参照）を利用しましょう。

検索値が存在しない場合にハイフンを表示する

XLOOKUP関数では、検索値が見つからなかった場合はエラー値「#N/A」が表示されます。ここではエラーの代わりに、ハイフンを表示してみましょう。方法はいたって簡単です。XLOOKUP関数の第4引数に、検索値が見つからなかった場合に表示したい値(ハイフン)を指定するだけです。

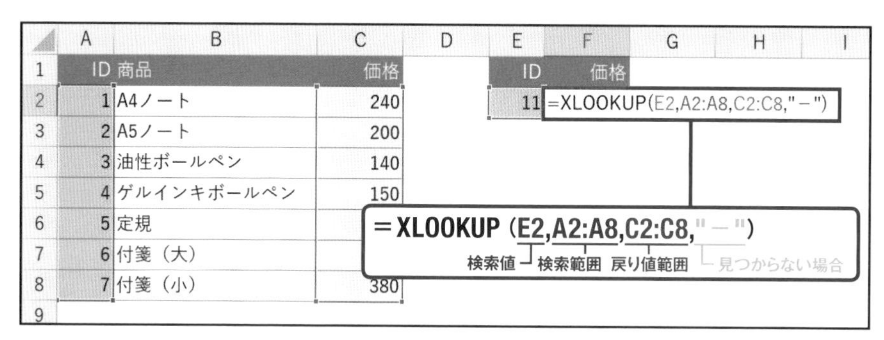

❶セルF2にXLOOKUP関数を入力します。第4引数に、検索値が見つからなかった場合に表示する「-」を指定します。

STEP UP 応用例　検索値が存在しない場合に「何も表示しない」ようにする

検索値が存在しなかった場合や、そもそも、まだ検索値を入力していない場合には「何も表示しない」ようにしたい場合は、第4引数に「""(空白文字)」を指定しておきます。

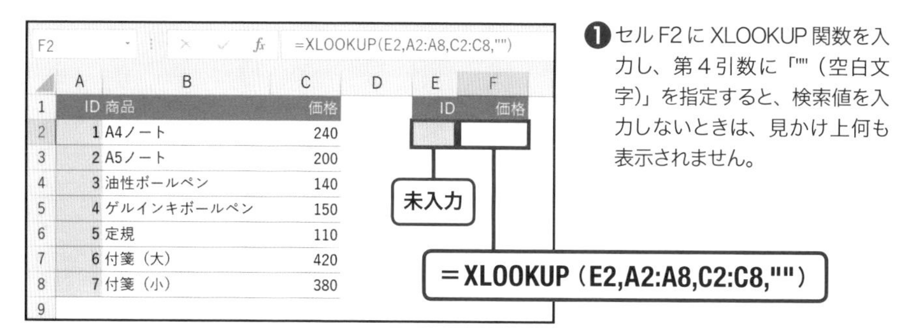

❶セルF2にXLOOKUP関数を入力し、第4引数に「""(空白文字)」を指定すると、検索値を入力しないときは、見かけ上何も表示されません。

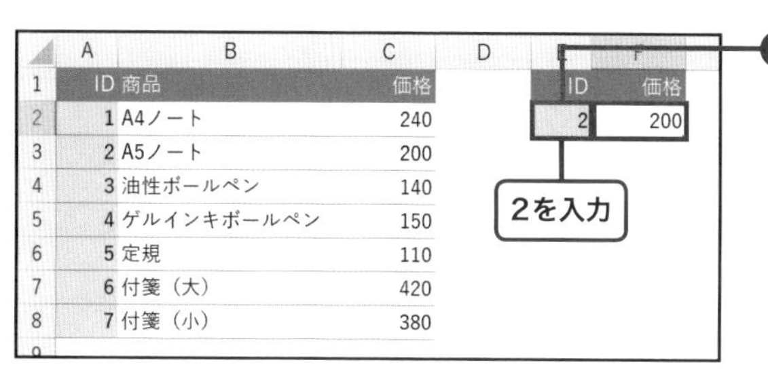

❷セルE2に検索値を入力すると、セルF2に表引きの結果が表示されます。

一致モードを指定して「範囲内の値かどうか」で表引きする

XLOOKUP関数の第5引数「一致モード」を指定すると、検索値の検索方法を変更できます。何も指定しない場合は「完全一致」になります。

引数「一致モード」に指定できる値と設定

値	設定
0	完全一致。既定の設定
-1	直近下位。見つからない場合は、直近の小さな値の箇所を表引き
1	直近上位。見つからない場合は、直近の大きな値の箇所を表引き
2	あいまい検索。「*」「?」「~」のワイルドカードが利用可能

たとえば、考課点の数値をもとに、「0~29、30~49、50~64、65~79、80以上」の5段階に分け、それぞれE判定からA判定というルールで判定を行いたいとします。
このケースでは、図のように各段階における最小値の一覧表を作成した上で、一致モードの値を「-1(直近下位)」に設定します。検索範囲は「考課点」列、戻り値範囲は「判定」と「評価」列です。

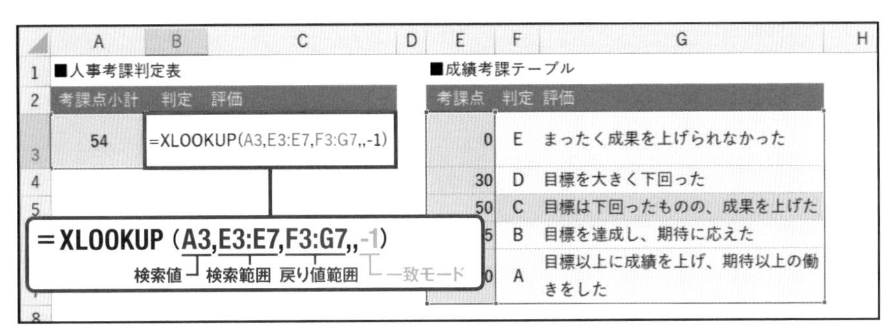

❶セルB3にXLOOKUP関数を入力します。引数「検索値」にセルA3を指定し、引数「検索範囲」にセル範囲E3:E7、引数「戻り値範囲」にセル範囲F3:G7、引数「見つからない場合」は指定なし、引数「一致モード」に「-1」を指定します。

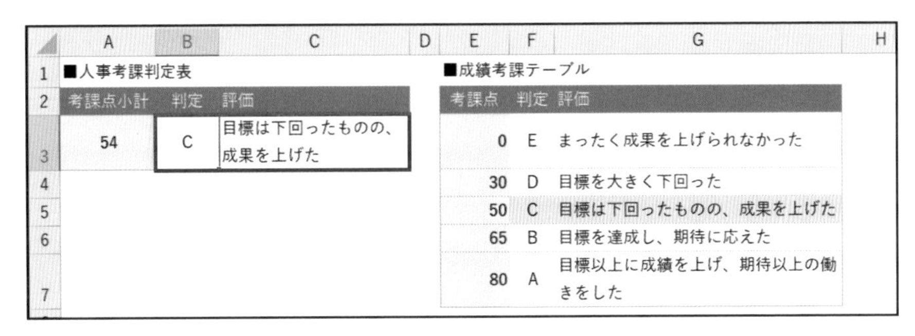

❷この状態で検索値に「54」を指定すると、直近下位である「50」の位置を表引きします。

検索モードを指定して「最新のデータ」を表引きする

XLOOKUP関数の第6引数「検索モード」を指定すると、検索値を検索する順番を変更できます。何も指定しない場合は「先頭から検索」します。

引数「検索モード」に指定できる値と設定

値	設定
1	先頭から検索。既定
-1	末尾から逆方向に検索
2	昇順ソート済みとしてバイナリ検索
-2	降順ソート済みとしてバイナリ検索

たとえば、商品の出荷履歴が日付順に入力されている表があるとします。出荷するごとにデータを表の末尾に追加していくため、下に行くほど新しいデータとなります。
この表から、最新の「A4ノート」のデータを表引きするには、引数「検索モード」を「-1(末尾から逆方向に検索)」に指定して表引きします。

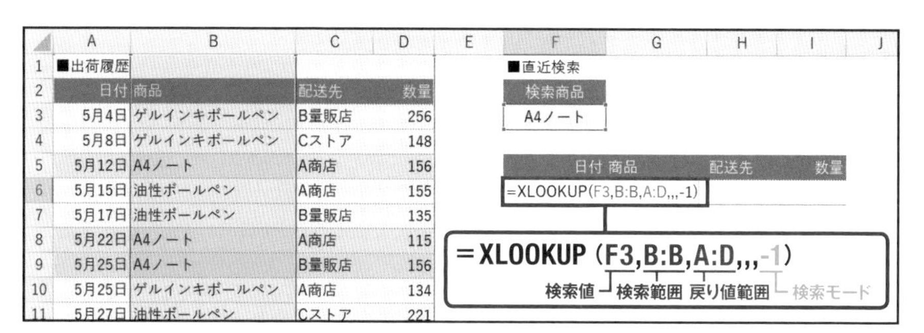

❶ セルF6にXLOOKUP関数を入力します。引数「検索値」にセルF3を指定し、引数「検索範囲」にセル範囲B:B、引数「戻り値範囲」にセル範囲A:D、引数「見つからない場合」「一致モード」は指定なし、引数「検索モード」に「-1」を指定します。

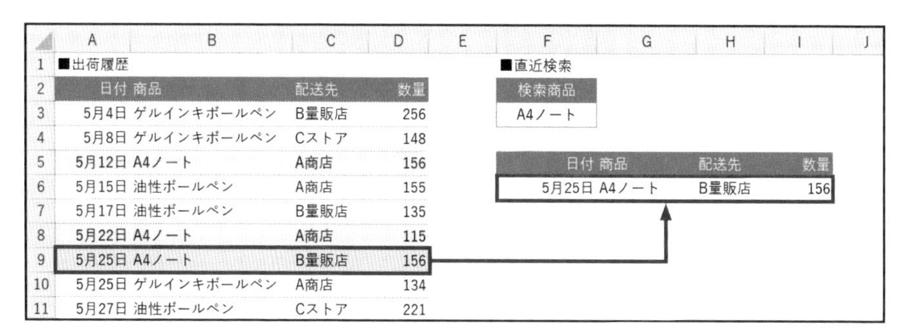

❷ すると、「A4ノート」のデータのうち、一番下のデータ、つまり、直近の取引のデータが表引きできます。

SECTION

079

表引き

対応バージョン 365 2019 2016 2013

XLOOKUP

タテヨコで交わるデータを抽出する

XLOOKUP関数を利用して、クロス集計の形式の表において行見出しと列見出しからそれぞれの値を検索し、その交差する位置にあるセルの値を表引きしてみましょう。XLOOKUP関数を入れ子にすることで、順を追って目的の値を表引き可能です。

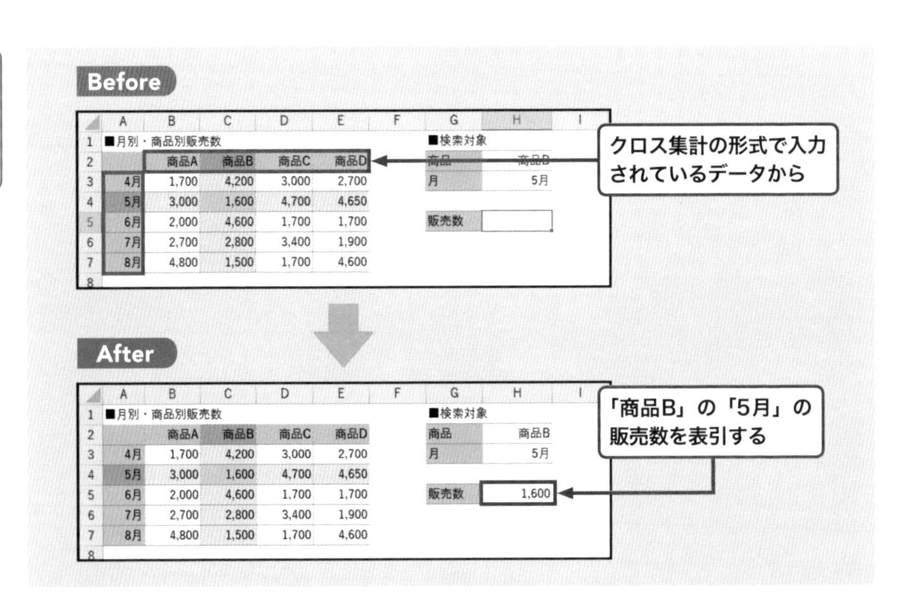

XLOOKUP関数を入れ子にして表引きする

クロス集計の形式で月ごと／商品ごとの販売数が入力されています。このとき、任意の月における、任意の商品の販売数を表引きしてみましょう。
考え方としては、まず、「商品名が入力されているセル範囲を検索し、対応する販売数が入力されているセル範囲の列全体を表引き」します。さらに、その結果から「月数が入力されているセル範囲を検索し、対応する月の位置の値を表引き」のように、2段階に分けて表引きを行います。

=XLOOKUP(「月」の検索値,「月」のセル範囲,「商品B」の列範囲)

XLOOKUP(○○○○○)

ここでは、セル範囲A2:E7に「月別・商品別」の販売数データが入力されているとき、セルH2に入力した商品の、セルH3に入力した月の販売数を表引きするために、次のようにXLOOKUP関数を入れ子にします。

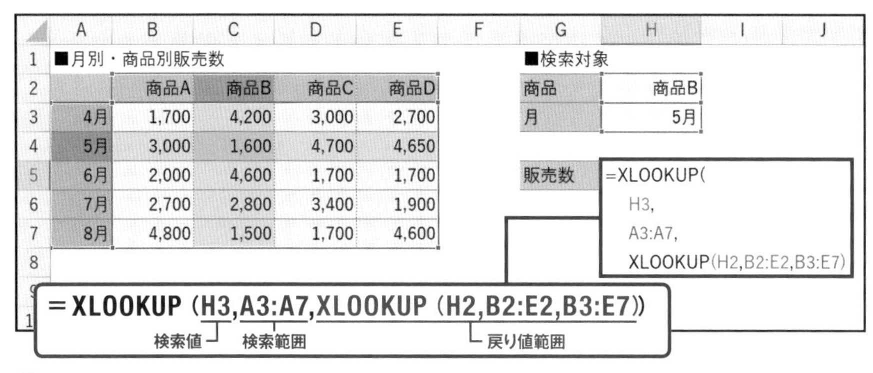

	商品A	商品B	商品C	商品D
4月	1,700	4,200	3,000	2,700
5月	3,000	1,600	4,700	4,650
6月	2,000	4,600	1,700	1,700
7月	2,700	2,800	3,400	1,900
8月	4,800	1,500	1,700	4,600

❶XLOOKUP関数の中に、さらにXLOOKUP関数を指定します。

なお、入れ子の内側にあるXLOOKUP関数を任意のセルに単独で入力すると、次のような結果になります。セルH2に入力した商品名(例では「商品B」)の値の位置にある販売数の列全体を表引きしています。この配列から、セルH3に入力した月数(例では「5月」)の値の位置にある値を表引きすれば、目的の値が求められます。やや複雑な式となりますが、分割して考えることで、意図した値を表引きできる式が作成できるでしょう。

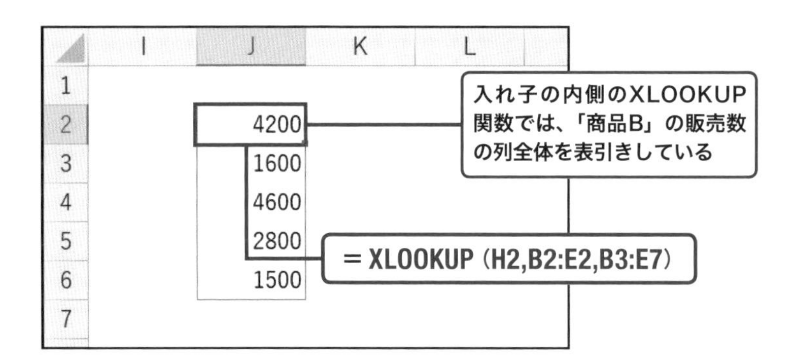

COLUMN

INDEX関数とMATCH関数を組み合わせる

Excel 2019以前のXLOOKUP関数が利用できない環境では、INDEX関数とMATCH関数を組み合わせると、同様の表引きが可能です。関数式の形式は、次のようになります。

=INDEX(データ範囲,MATCH(行検索値,行検索範囲),MATCH(列検索値,列検索範囲))

サンプルと同じ構成の表であれば、次のようになります。

=INDEX(B3:E7,MATCH(H3,A3:A7),MATCH(H2,B2:E2))

詳しくは、P.234を参照してください。

社員番号に紐付く労働時間のセル範囲を合計する

SUM XLOOKUP

XLOOKUP関数の結果は、そのままセル参照としても扱えます。この仕組みを利用して、一覧表の中から目的のセル範囲を表引きし、そのセル範囲の値の集計を行ってみましょう。社員番号や商品番号など、紐付く値が複数あるケースでの集計作業が簡単になります。

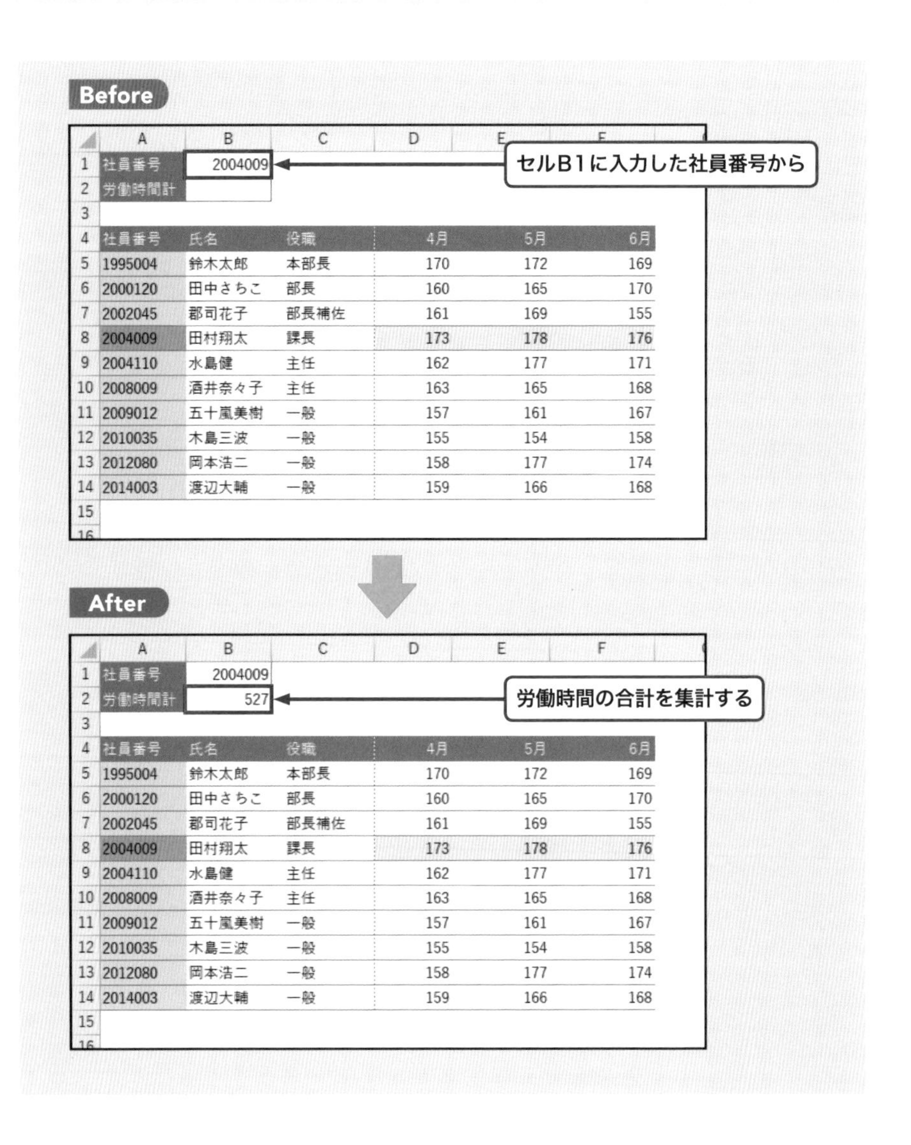

Before

	A	B	C	D	E	F
1	社員番号	2004009				
2	労働時間計					
3						
4	社員番号	氏名	役職	4月	5月	6月
5	1995004	鈴木太郎	本部長	170	172	169
6	2000120	田中さちこ	部長	160	165	170
7	2002045	郡司花子	部長補佐	161	169	155
8	2004009	田村翔太	課長	173	178	176
9	2004110	水島健	主任	162	177	171
10	2008009	酒井奈々子	主任	163	165	168
11	2009012	五十嵐美樹	一般	157	161	167
12	2010035	木島三波	一般	155	154	158
13	2012080	岡本浩二	一般	158	177	174
14	2014003	渡辺大輔	一般	159	166	168
15						

After

	A	B	C	D	E	F
1	社員番号	2004009				
2	労働時間計	527				
3						
4	社員番号	氏名	役職	4月	5月	6月
5	1995004	鈴木太郎	本部長	170	172	169
6	2000120	田中さちこ	部長	160	165	170
7	2002045	郡司花子	部長補佐	161	169	155
8	2004009	田村翔太	課長	173	178	176
9	2004110	水島健	主任	162	177	171
10	2008009	酒井奈々子	主任	163	165	168
11	2009012	五十嵐美樹	一般	157	161	167
12	2010035	木島三波	一般	155	154	158
13	2012080	岡本浩二	一般	158	177	174
14	2014003	渡辺大輔	一般	159	166	168
15						

XLOOKUP関数の戻り値をセル参照として扱う

社員ごとに4月、5月、6月の労働時間が入力された一覧表があります。社員番号から、特定の社員の3カ月間の労働時間の合計を求めてみましょう。
「社員番号をもとに表引きし、その値を集計する」という考え方です。表引きといえばXLOOKUP関数ですが、実はXLOOKUP関数の戻り値は、セル参照としても利用できます。つまり、合計を求めたいのであれば、セル範囲の合計を返すSUM関数と組み合わせ、「XLOOKUP関数の戻り値を、SUM関数で集計」すればよいのです。
サンプルでは、XLOOKUP関数を使い、セルB1に入力した社員番号を、セル範囲A5:A14から検索し、対応するセル範囲D5:F14の行全体を表引きしています。そして、その戻り値をそのままSUM関数で集計しています。
「XLOOKUP関数の戻り値はセル参照として扱える」という仕組みを覚えておくと、さまざまな場面での集計を行う関数式がシンプルになります。

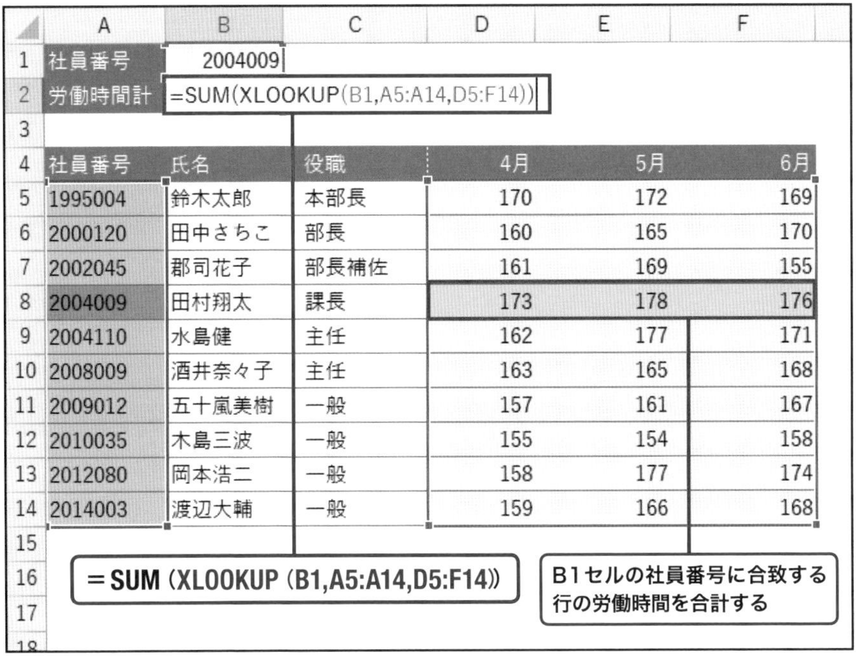

	A	B	C	D	E	F
1	社員番号	2004009				
2	労働時間計	=SUM(XLOOKUP(B1,A5:A14,D5:F14))				
3						
4	社員番号	氏名	役職	4月	5月	6月
5	1995004	鈴木太郎	本部長	170	172	169
6	2000120	田中さちこ	部長	160	165	170
7	2002045	郡司花子	部長補佐	161	169	155
8	2004009	田村翔太	課長	173	178	176
9	2004110	水島健	主任	162	177	171
10	2008009	酒井奈々子	主任	163	165	168
11	2009012	五十嵐美樹	一般	157	161	167
12	2010035	木島三波	一般	155	154	158
13	2012080	岡本浩二	一般	158	177	174
14	2014003	渡辺大輔	一般	159	166	168

=SUM(XLOOKUP(B1,A5:A14,D5:F14))

B1セルの社員番号に合致する行の労働時間を合計する

❶ セルB2にSUM関数を入力します。XLOOKUP関数の戻り値を、そのままSUM関数で集計します。

COLUMN

その他の関数と組み合わせる

ここではXLOOKUP関数の戻り値をSUM関数で集計しましたが、SUMIF関数やCOUNT関数など、さまざまな関数の引数としてXLOOKUP関数の戻り値を利用することができます。

STEP UP 応用例 XLOOKUP関数の戻り値を利用して特定範囲を集計する

Before

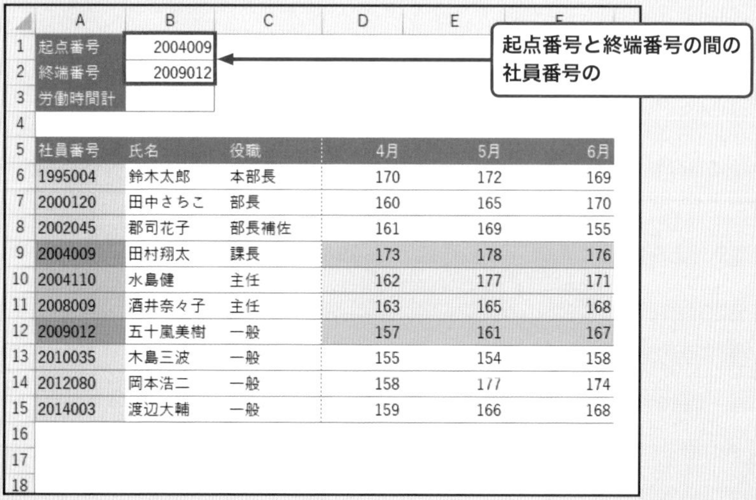

	A	B	C	D	E	F
1	起点番号	2004009				
2	終端番号	2009012				
3	労働時間計					
4						
5	社員番号	氏名	役職	4月	5月	6月
6	1995004	鈴木太郎	本部長	170	172	169
7	2000120	田中さちこ	部長	160	165	170
8	2002045	郡司花子	部長補佐	161	169	155
9	2004009	田村翔太	課長	173	178	176
10	2004110	水島健	主任	162	177	171
11	2008009	酒井奈々子	主任	163	165	168
12	2009012	五十嵐美樹	一般	157	161	167
13	2010035	木島三波	一般	155	154	158
14	2012080	岡本浩二	一般	158	177	174
15	2014003	渡辺大輔	一般	159	166	168
16						
17						
18						

起点番号と終端番号の間の社員番号の

After

	A	B	C	D	E	F
1	起点番号	2004009				
2	終端番号	2009012				
3	労働時間計	2,018				
4						
5	社員番号	氏名	役職	4月	5月	6月
6	1995004	鈴木太郎	本部長	170	172	169
7	2000120	田中さちこ	部長	160	165	170
8	2002045	郡司花子	部長補佐	161	169	155
9	2004009	田村翔太	課長	173	178	176
10	2004110	水島健	主任	162	177	171
11	2008009	酒井奈々子	主任	163	165	168
12	2009012	五十嵐美樹	一般	157	161	167
13	2010035	木島三波	一般	155	154	158
14	2012080	岡本浩二	一般	158	177	174
15	2014003	渡辺大輔	一般	159	166	168
16						
17						
18						

労働時間の合計を求める

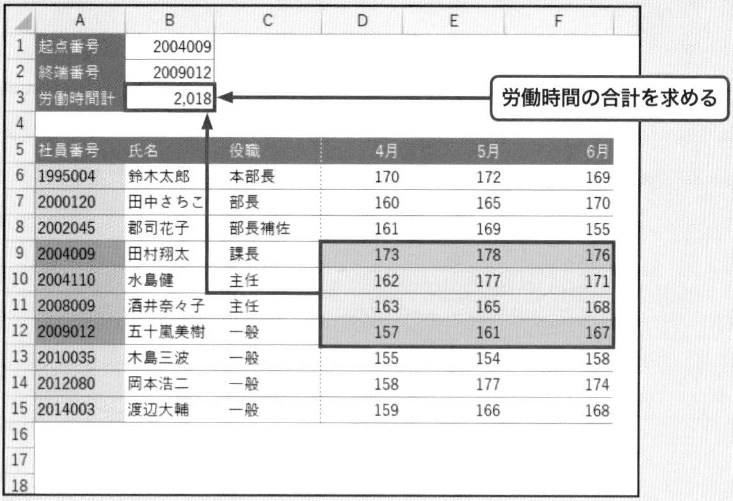

次は2つのXLOOKUP関数の戻り値を利用して、特定のセル範囲を集計してみましょう。起点番号をセルB1に、終端番号をセルB2に入力し、連続した社員番号のセル範囲を集計対象として労働時間の合計を求めます。

まず、セルB1に入力した社員番号に対応するセル範囲と、セルB2に入力した社員番号に対応するセル範囲を、それぞれXLOOKUP関数で求めます。
そして、2つのXLOOKUP関数の結果を「:(コロン)」でつなぐと、セル参照を2つのセル範囲を起点と終点とした範囲へと拡張できます。これは、「A1:C10」のようにセル範囲を指定するのと同じことです。
最後に、拡張したセル範囲をSUM関数で集計すれば、結果としてセル範囲D9:F12の値の合計が算出できます。

	A	B	C	D	E	F	G
1	起点番号	2004009					
2	終端番号	2009012					
3	労働時間計	=SUM(XLOOKUP(B1,A6:A15,D6:F15):XLOOKUP(B2,A6:A15,D6:F15))					
4							
5	社員番号	氏名	役職	4月	5月	6月	
6	1995004	鈴木太郎	本部長	170	172	169	
7	2000120	田中さちこ	部長	160	165	170	
8	2002045	郡司花子	部長補佐	161	169	155	
9	2004009	田村翔太	課長	173	178	176	
10	2004110	水島健	主任	162	177	171	
11	2008009	酒井奈々子	主任	163	165	168	
12	2009012	五十嵐美樹	一般	157	161	167	
13	2010035	木島三波	一般	155	154	158	
14	2012080	岡本浩二	一般	158	177	174	
15	2014003	渡辺大輔	一般	159	166	168	

B1セルとB2セルの社員番号の間の番号に合致する行の労働時間を合計する

=SUM(XLOOKUP(B1,A6:A15,D6:F15):XLOOKUP(B2,A6:A15,D6:F15))

❶セルB3にSUM関数を入力します。2つのXLOOKUP関数の戻り値を「:」でつなぎ、セル範囲を拡張して集計します。

COLUMN

セル範囲の拡張は単一のセル同士でも可能

本文中のサンプルでは、2つの社員番号に対応した「列全体」をそれぞれ算出し、「:」でつなぎましたが、列全体ではなく、それぞれ単一のセルを戻り値として返すXLOOKUP関数の戻り値を利用しても同じようにセル範囲を拡張して扱うことができます。
たとえば、セルD9の値を返すXLOOKUP関数と、セルF12の値を返すXLOOKUP関数を「:」で結べば、セル範囲D9:F12のセル参照として扱うことができます。

SECTION 081 表引き

XLOOKUP

日程表に自動で祝日を表示する

ある日付を入力すると、その後のひと月分の曜日と祝日を一覧表示する仕組みを作成してみましょう。祝日の表をシート上に作成し、日付の値を利用して表引きすると、簡単に作成可能です。

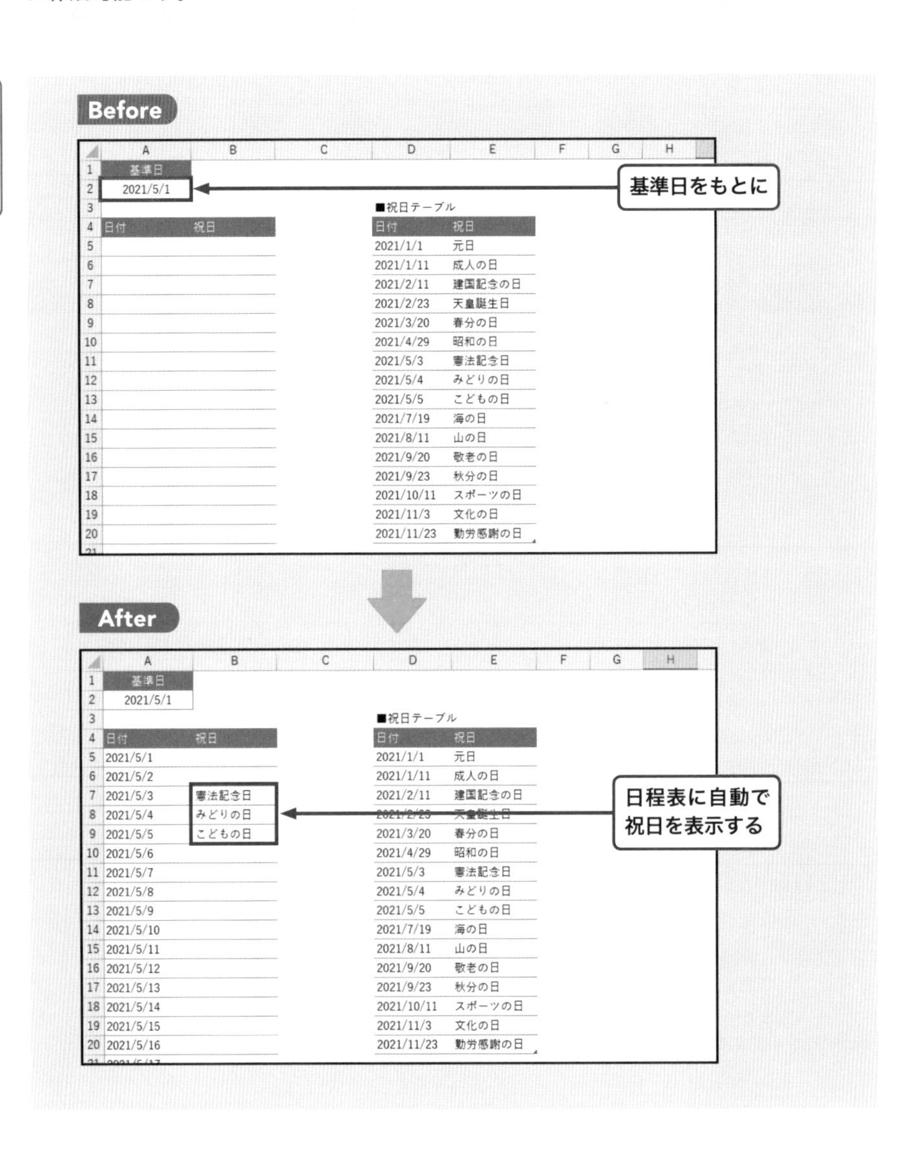

日付値をXLOOKUP関数の検索値として利用する

特定の日付を入力すると、その後のひと月分(31日間)の曜日や祝日の情報を一覧表示する仕組みを作成します。
まず、セルA2に日付を入力すると、セル範囲A5:A35に、対応する31日間の日付値が表示されるよう式を入力します。さまざまな方法がありますが、Microsoft 365版Excelでは、連続した数値を生成するSEQUENCE関数をセルA5に入力し、31行1列の範囲に、「1」ずつ(「1日」ずつ)加算した値を入力するのが簡単です。
曜日が表示できたら、対応する祝日の情報をB列に表示します。あらかじめ祝日の日付と祝日の名前の一覧表を別のセル範囲に作成しておき、その表を表引きします。

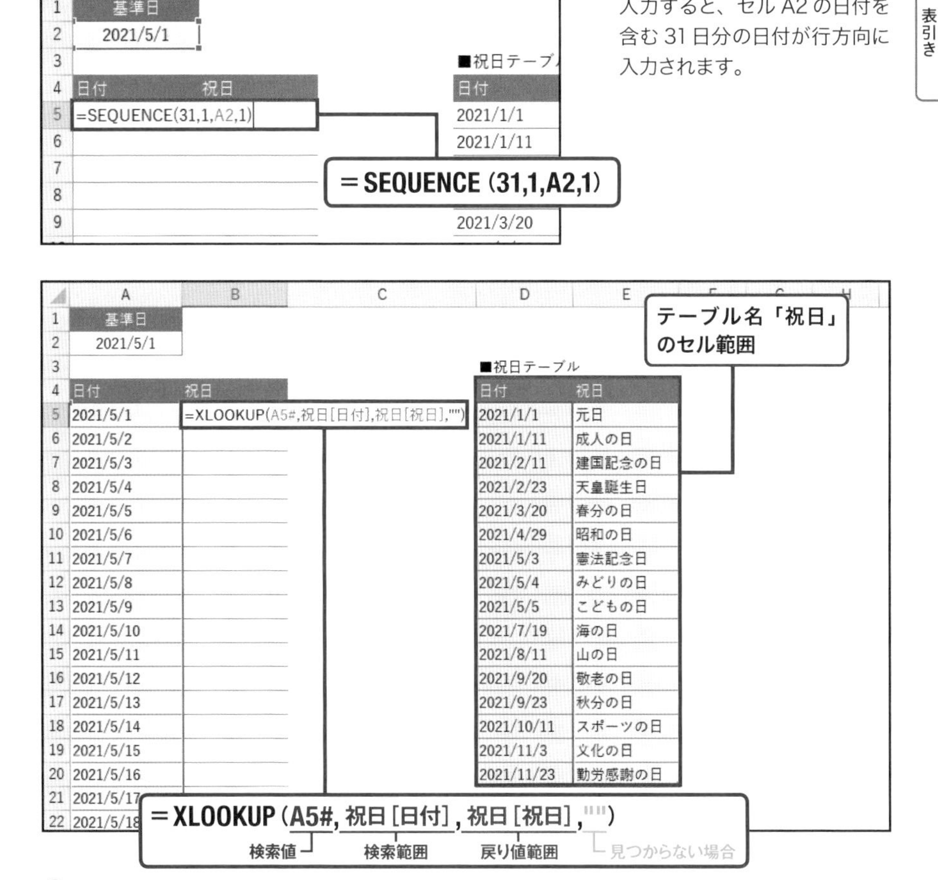

日付	祝日
2021/1/1	元日
2021/1/11	成人の日
2021/2/11	建国記念の日
2021/2/23	天皇誕生日
2021/3/20	春分の日
2021/4/29	昭和の日
2021/5/3	憲法記念日
2021/5/4	みどりの日
2021/5/5	こどもの日
2021/7/19	海の日
2021/8/11	山の日
2021/9/20	敬老の日
2021/9/23	秋分の日
2021/10/11	スポーツの日
2021/11/3	文化の日
2021/11/23	勤労感謝の日

❶ セルA5にSEQUENCE関数を入力すると、セルA2の日付を含む31日分の日付が行方向に入力されます。

❷ セル範囲D4:E20に一覧表を作成し、「祝日」という名前でテーブル範囲とします。

❸ セルB5にXLOOKUP関数を入力し、A5から始まる一連の日付値を検索値として「祝日」テーブルの「日付」列を検索し、対応する「祝日」列から表引きします。

STEP UP 応用例　セルの書式設定で曜日の情報を表示する

Before

	A	B
3		
4	日付	祝日
5	2021/5/1	
6	2021/5/2	
7	2021/5/3	憲法記念日
8	2021/5/4	みどりの日
9	2021/5/5	こどもの日
10	2021/5/6	
11	2021/5/7	
12	2021/5/8	
13	2021/5/9	

After

	A	B
3		
4	日付	祝日
5	2021/5/1 (土)	
6	2021/5/2 (日)	
7	2021/5/3 (月)	憲法記念日
8	2021/5/4 (火)	みどりの日
9	2021/5/5 (水)	こどもの日
10	2021/5/6 (木)	
11	2021/5/7 (金)	
12	2021/5/8 (土)	
13	2021/5/9 (日)	

日付値の入力されたセルに曜日も表示させたい場合には、関数式を利用せず、セルの書式設定を利用する方法もあります。

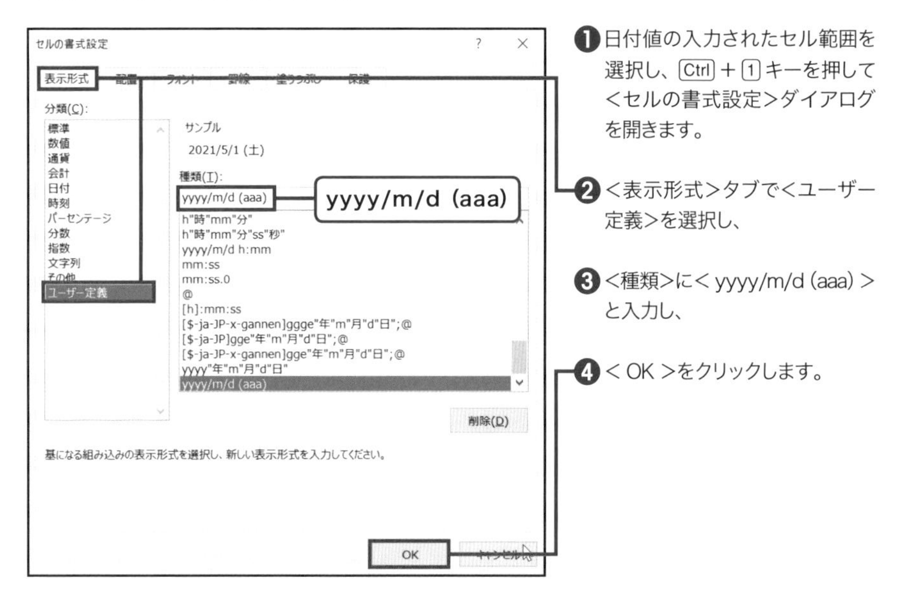

❶ 日付値の入力されたセル範囲を選択し、Ctrl + 1 キーを押して＜セルの書式設定＞ダイアログを開きます。

❷ ＜表示形式＞タブで＜ユーザー定義＞を選択し、

❸ ＜種類＞に＜ yyyy/m/d (aaa) ＞と入力し、

❹ ＜ OK ＞をクリックします。

COLUMN

関数で判定する場合にはWEEKDAY関数を利用する

任意の日付の曜日を関数で判定する場合には、WEEKDAY関数を利用します（P.98参照）。

STEP UP 応用例　休日・祝日情報を使って書式を設定する

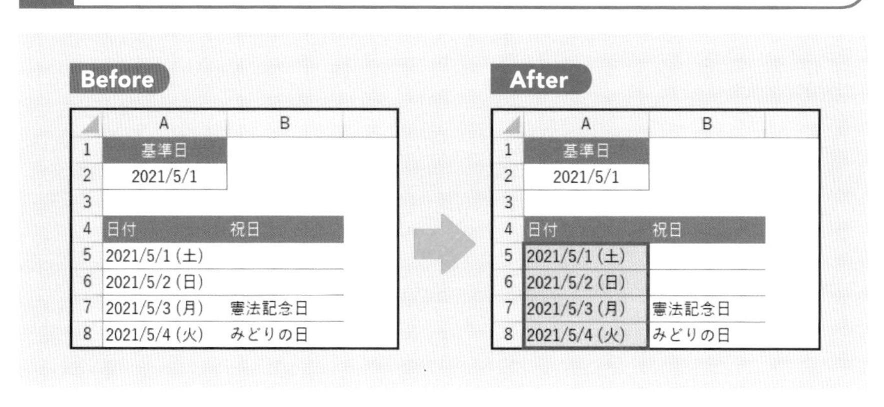

続いて、「条件付き書式」機能を使い、休日・祝日のセルに色を付けます。色を付けることでより直感的に稼働日とそれ以外の日がわかるようになります。

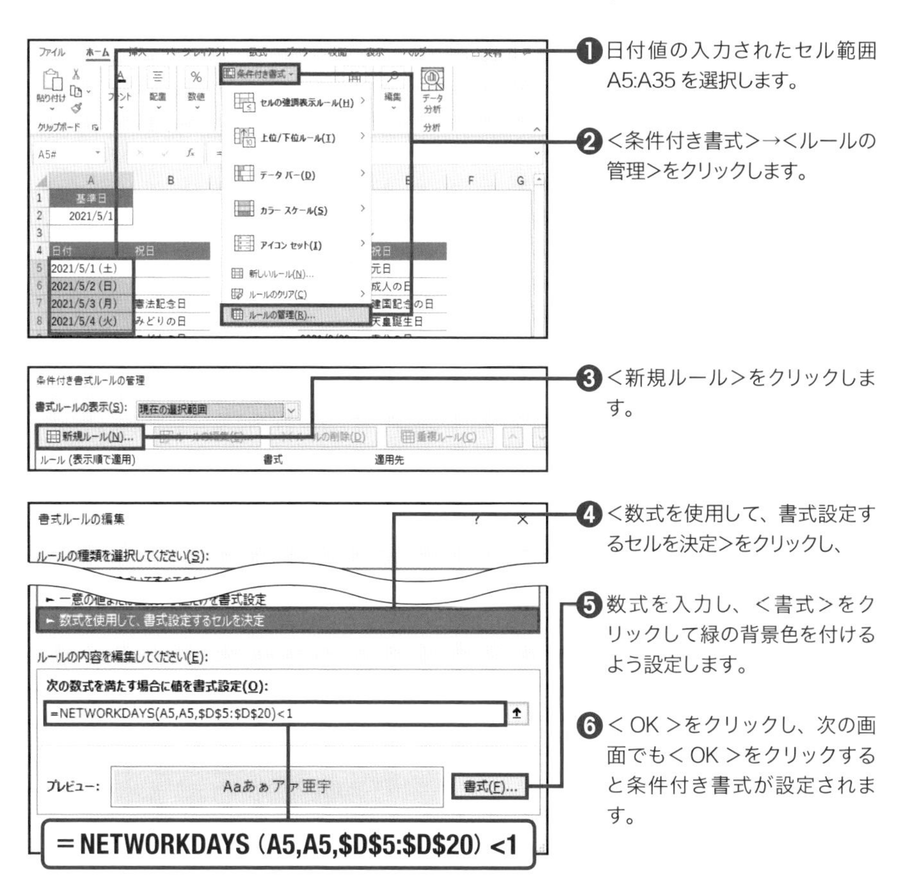

❶日付値の入力されたセル範囲A5:A35を選択します。

❷＜条件付き書式＞→＜ルールの管理＞をクリックします。

❸＜新規ルール＞をクリックします。

❹＜数式を使用して、書式設定するセルを決定＞をクリックし、

❺数式を入力し、＜書式＞をクリックして緑の背景色を付けるよう設定します。

❻＜ OK ＞をクリックし、次の画面でも＜ OK ＞をクリックすると条件付き書式が設定されます。

SECTION

082

表引き

対応バージョン 365 2019 2016 2013

VLOOKUP関数で表引きする

VLOOKUP

XLOOKUP関数が利用できないバージョンのExcelで、テーブル形式の表から表引きをする際に利用できるのがVLOOKUP関数です。特定の値を指定した列から検索し、対応する値を取り出すことができます。

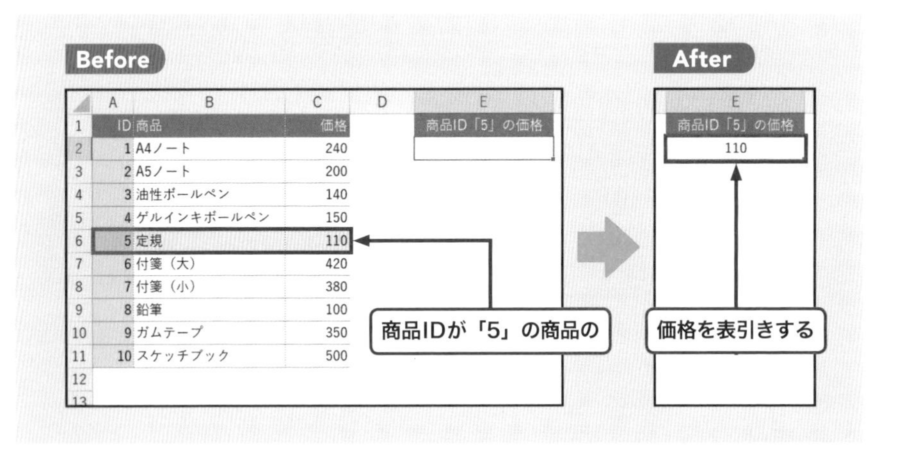

書式 =VLOOKUP(検索値,範囲,列番号,[検索方法])

引数

引数		説明
検索値	必須	検索したい値や値の入力されているセル参照
範囲	必須	先頭列が検索用の列となっているテーブル形式の表
列番号	必須	取り出したいデータが入力されている列番号
検索方法	任意	検索する際のルールを指定する真偽値

説明 VLOOKUP関数は、「範囲」のセル範囲の先頭列から、「検索値」の値を検索し、対応する「列番号」の値を取り出します。
「列番号」は、表内の先頭列が「1」となります。
「検索方法」には、2種類用意されている検索ルールのどちらを利用するかを真偽値で指定します。TRUEは「もっとも近い値(直近下位)」というルール、FALSEは「完全に一致する値」というルールになります。省略した場合はTRUEのルールが適用されます。

商品コードに対応する値を表引きする

セル範囲A1:C11に、テーブル形式で商品情報が入力されています。各列は左から「ID」「商品」「価格」の値が入っています。このとき、任意の「ID」の値の商品の、「価格」列の値を表引きしてみましょう。
ここでのポイントは、引数「範囲」に指定したセル範囲のうち、「一番左の列」を検索する点です。VLOOKUP関数を使いたいときは、あらかじめ、テーブル形式の表の一番左の列に、検索の目印となる（キーとなる）値の列を作成しておきましょう。

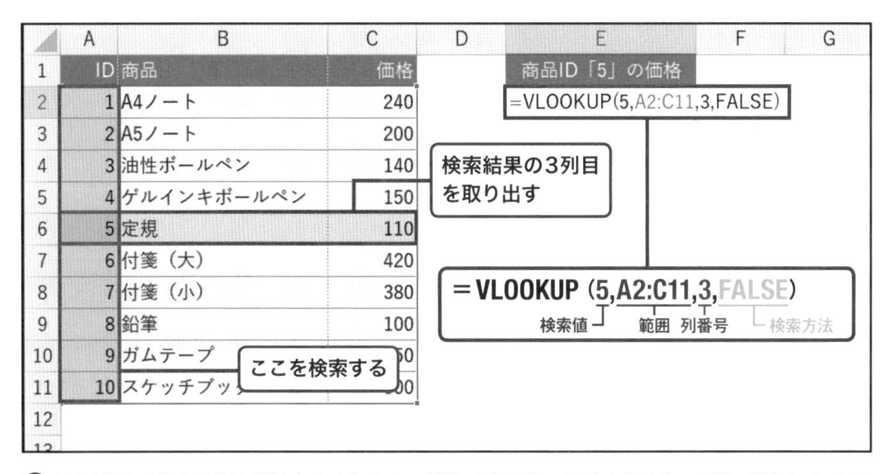

❶ セルE2にVLOOKUP関数を入力します。引数「検索値」に5を指定し、引数「範囲」にセルA2:C11を指定します。引数「列番号」に「3」を指定し、引数「検索方法」に「FALSE」を指定します。これで、IDが「5」の商品の価格が表引きできます。

COLUMN

引数「検索方法」には基本的に「FALSE」を指定する

VLOOKUP関数の引数「検索方法」はFALSEを指定すると、「完全に一致する値」を検索します。省略、あるいはTRUEを指定した場合は「もっとも近い値（直近下位）」を検索するため、完全一致する値が見つからない場合、一番近い値を探して表引きします。存在しない値を検索した場合に、意図していない値を表引きしてしまうことがあるため、通常は「FALSE」を指定しましょう。

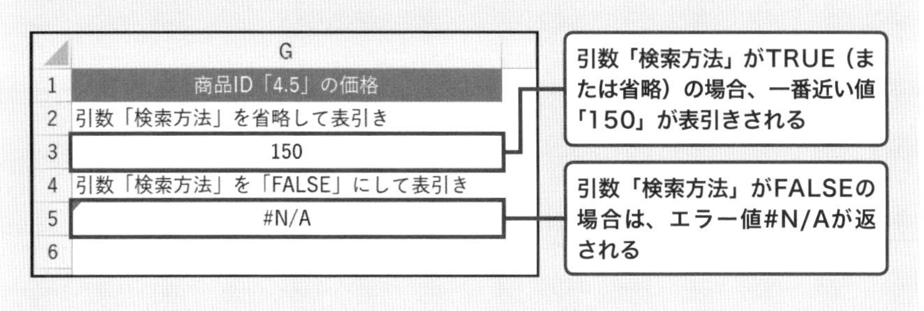

複数の商品コードを同じ範囲から表引きする

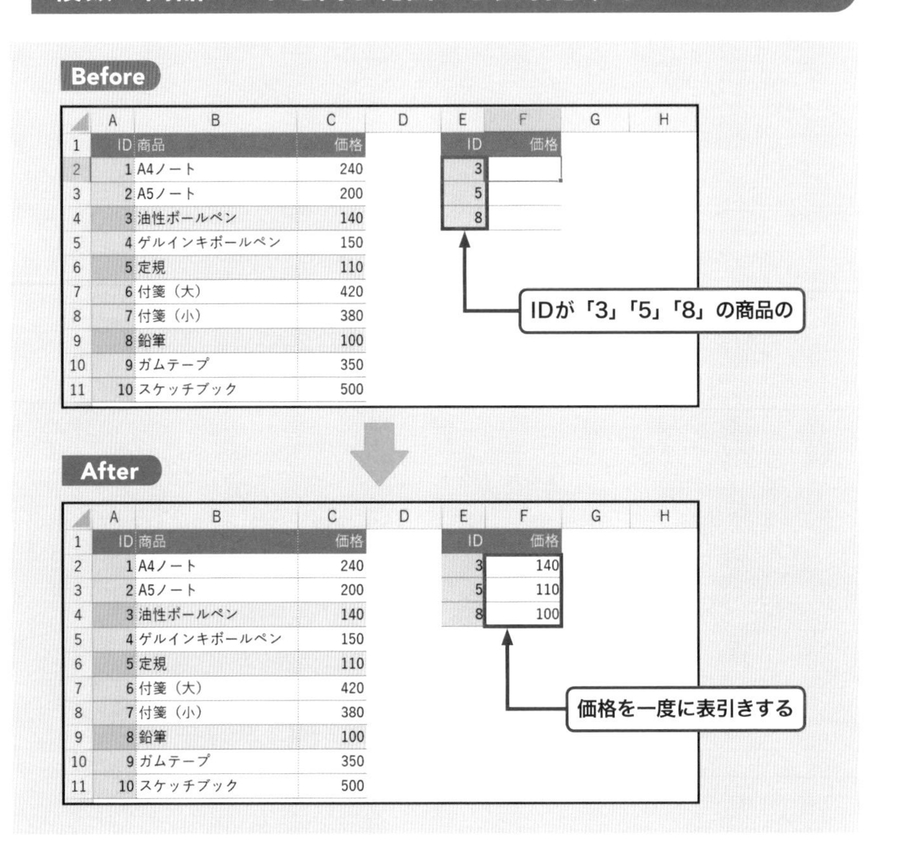

今度は、1つのテーブル形式の表をもとに、複数の商品の価格を一度に表引きしてみましょう。図のようにセル範囲A1:C11に入力された商品のデータから、「ID」列が「3」「5」「8」の商品の「価格」列の値を表引きします。ここでのポイントは、引数「検索値」は相対参照でセルを指定し、引数「範囲」は絶対参照で指定する点です。

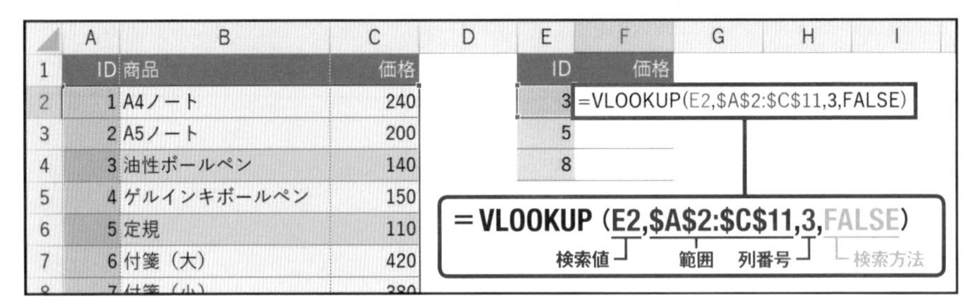

❶セルF2にVLOOKUP関数を入力します。引数「検索値」にE2、引数「範囲」$A$2:$C$11、引数「列番号」に「3」、引数「検索方法」に「FALSE」を指定します。

	A	B	C	D	E	F	G	H
1	ID	商品	価格		ID	価格		
2	1	A4ノート	240		3	140		
3	2	A5ノート	200		5	110		
4	3	油性ボールペン	140		8	100		
5	4	ゲルインキボールペン	150					
6	5	定規	110					
7	6	付箋（大）	420					
8	7	付箋（小）	380					
9	8	鉛筆	100					
10	9	ガムテープ	350					
11	10	スケッチブック	500					
12								
13								

❷セルF2を選択し、オートフィル機能で関数式をコピーします。「ID」列が「3」「5」「8」の商品の「価格」列の値が表引きできました。

COLUMN

「テーブル」機能を使って表引きを行うセル範囲を指定する

VLOOKUP関数は、「テーブル」機能ととても相性のよい関数でもあります。表引きを行いたいセル範囲をテーブル化し、テーブル名を付けておけば、引数「範囲」に指定するセル範囲はテーブル名で指定可能です。
テーブルを使うと関数式の内容がわかりやすくなるだけでなく、テーブルへ新規のデータを追加した際に、それに応じて自動的に参照セル範囲も拡張されるため、引数「範囲」のセル範囲を変更する必要がなくなるというメリットもあります。

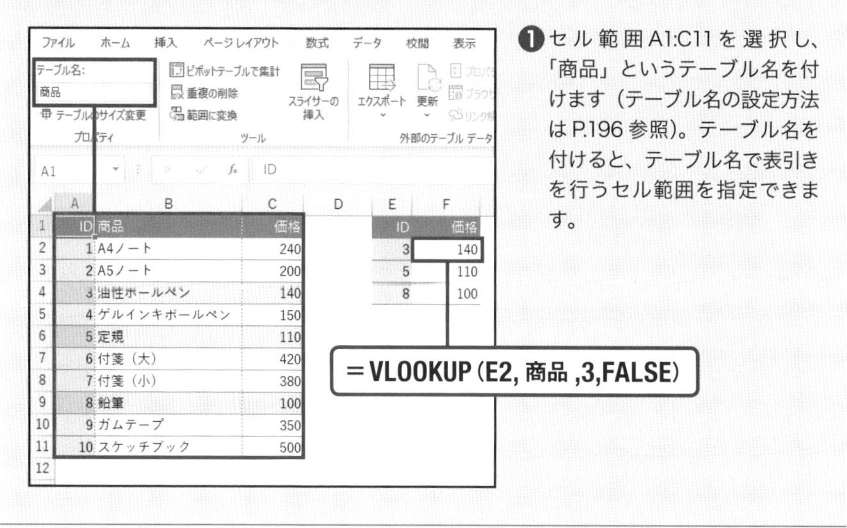

❶セル範囲A1:C11を選択し、「商品」というテーブル名を付けます（テーブル名の設定方法はP.196参照）。テーブル名を付けると、テーブル名で表引きを行うセル範囲を指定できます。

商品コードから対応する商品名と価格を表引きする

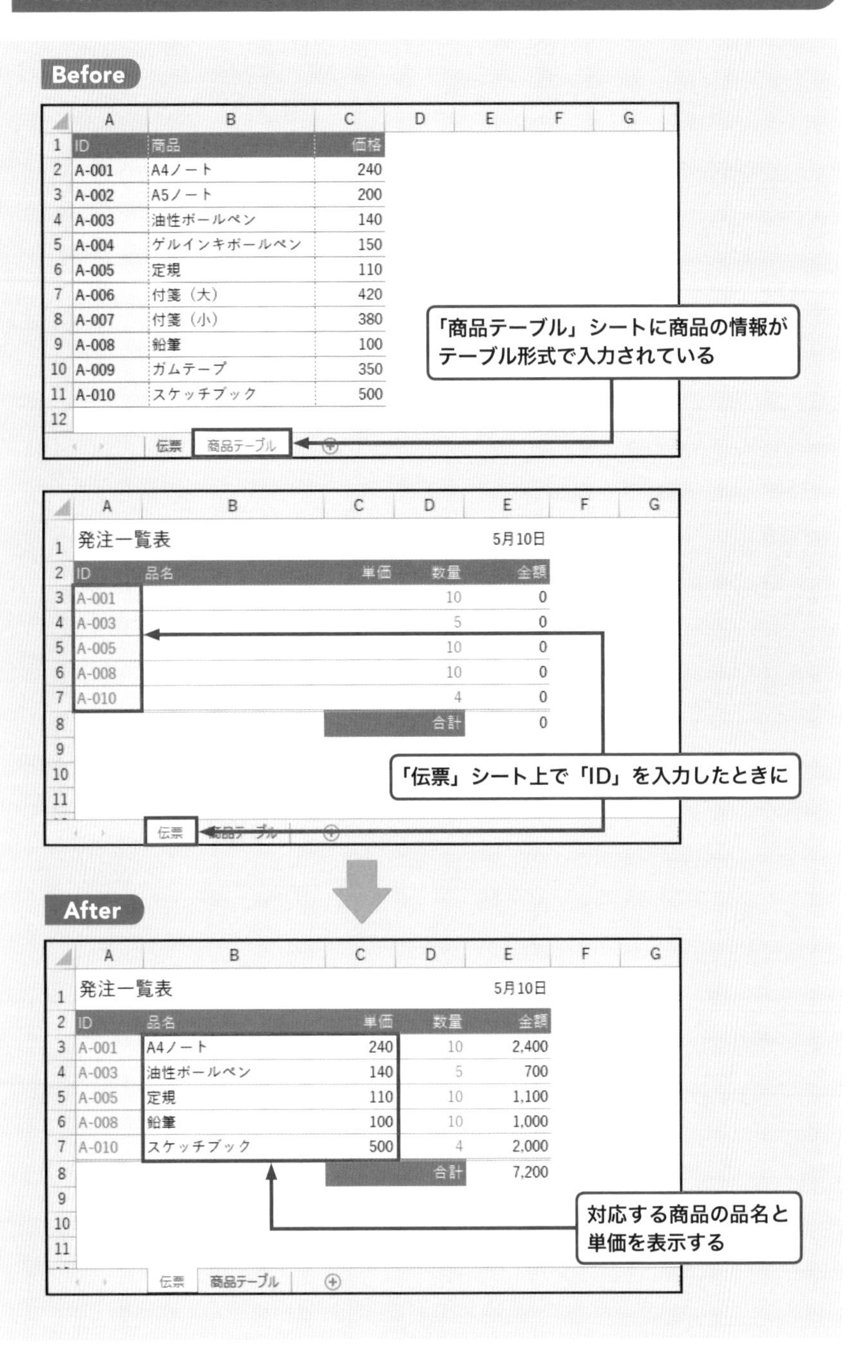

ID	商品	価格
A-001	A4ノート	240
A-002	A5ノート	200
A-003	油性ボールペン	140
A-004	ゲルインキボールペン	150
A-005	定規	110
A-006	付箋（大）	420
A-007	付箋（小）	380
A-008	鉛筆	100
A-009	ガムテープ	350
A-010	スケッチブック	500

発注一覧表　5月10日

ID	品名	単価	数量	金額
A-001			10	0
A-003			5	0
A-005			10	0
A-008			10	0
A-010			4	0
			合計	0

発注一覧表　5月10日

ID	品名	単価	数量	金額
A-001	A4ノート	240	10	2,400
A-003	油性ボールペン	140	5	700
A-005	定規	110	10	1,100
A-008	鉛筆	100	10	1,000
A-010	スケッチブック	500	4	2,000
			合計	7,200

商品のIDを入力すると、対応する品名と単価の2つの要素を表引きする仕組みを、VLOOKUP関数を利用して作成してみましょう。
商品のデータは「商品」シート上のセル範囲A1:C11に入力されています。このとき、「伝票」シートのA列にIDを入力し、B列に対応する品名、C列に対応する単価を表示します。
XLOOKUP関数では、2つの列の値をまとめて表引き可能でしたが(P.206参照)、VLOOKUP関数の場合には、次の例のように、表引きしたい列の数だけ個別にVLOOKUP関数を入力する必要があります。

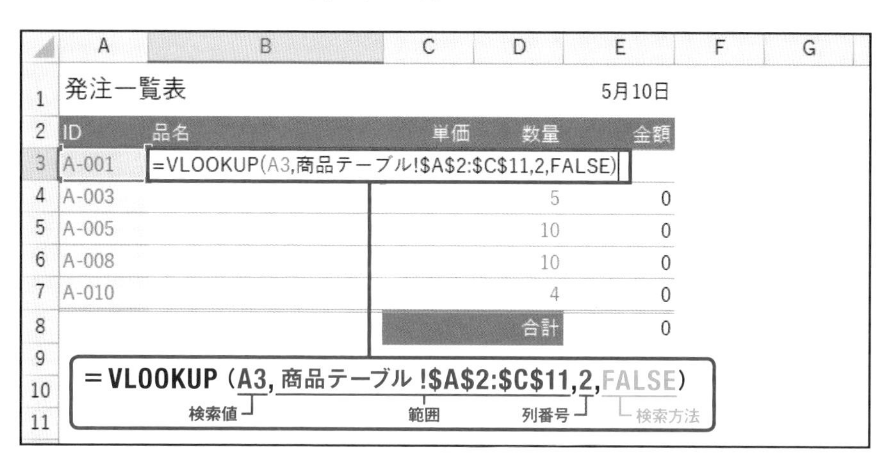

❶セルB3にVLOOKUP関数を入力します。「品名」列は商品データの2列目なので、第3引数「列数」には「2」を指定します。

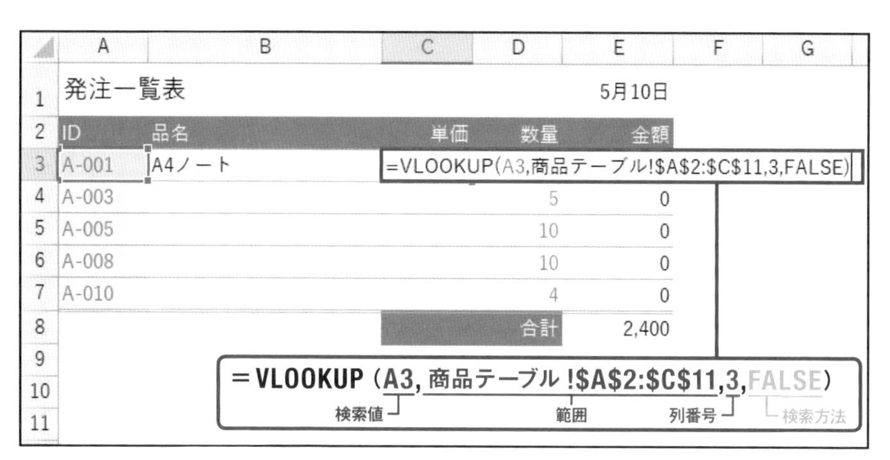

❷セルC3にもVLOOKUP関数を入力します。「単価」列は商品データの3列目なので、第3引数「列数」には「3」を指定します。最後に、伝票形式の表の必要な行まで、2つの関数式をオートフィルでコピー入力すれば完成です。

検索値が特定の範囲に含まれるかどうかで表引きする

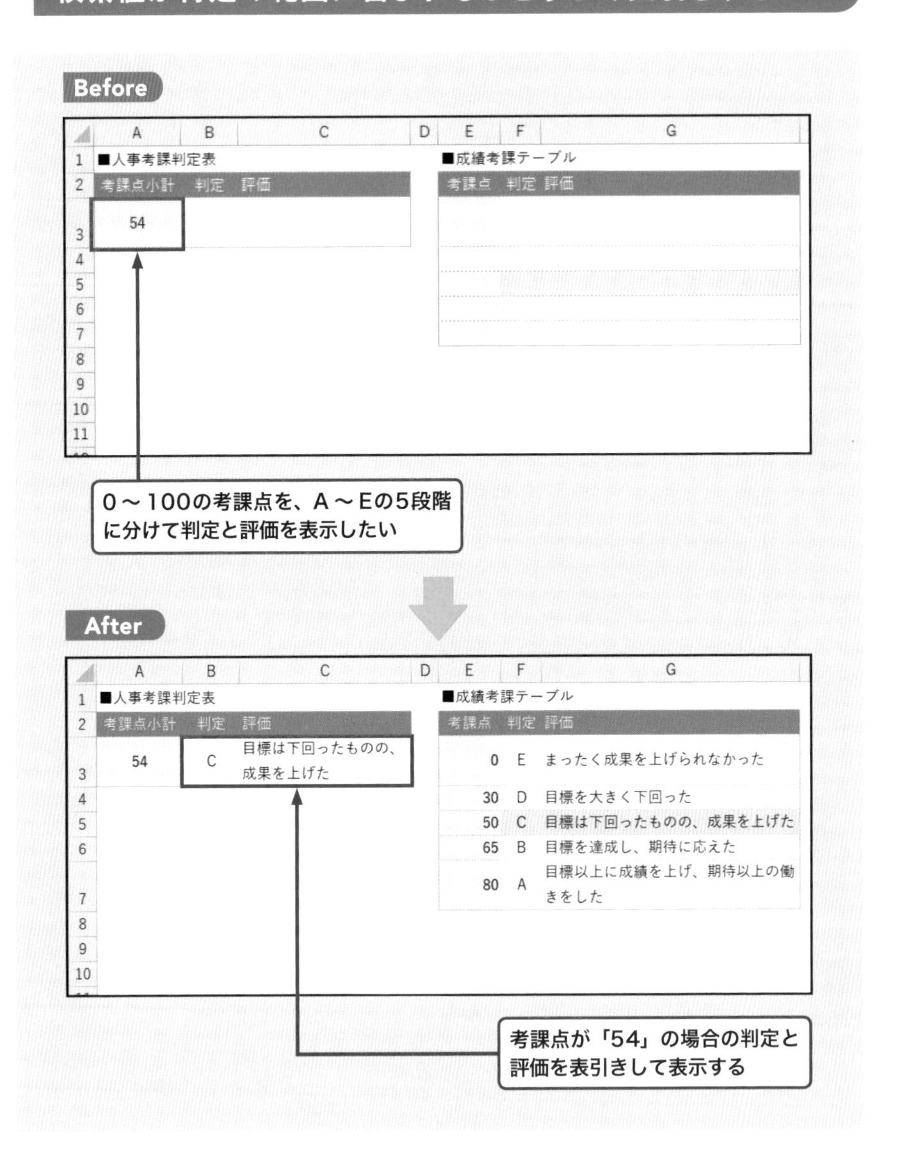

VLOOKUP引数の第4引数「検索方法」を省略またはTRUEに指定すると、「近似一致」ルールで表引きを行います。近似一致ルールでの表引きは、「検索値が特定の範囲に含まれるかどうか」という考え方で表引きを行う作業に向いています。

たとえば、業務の成果を0～100の範囲の考課点で評価し、5段階に分けて判定を行いたいとします。このとき、下記のセル範囲E2:G7のようなテーブル形式の表を作表しておくと、VLOOKUPによる表引きが可能になります。

この仕組みのポイントは、表引きされるテーブルの、検索列の値の並び順です。この例でいうと「考課点」の列が検索列に該当します。
検索列は、「小さい順(昇順)」になるよう値を並べます。VLOOKUP関数の「近似一致」ルールは、検索列が順番に並んでいるものとみなした上で、直近下位ルール、つまり、「検索値が見つからなかった場合は、一番近い小さな値を取得する」ルールで表引きを行います。この仕組みを踏まえて検索列を作成しましょう。「0〜29」の値を検索すると、近似一致ルールにより「0」の行が表引きの対象行と判定されます。同じく、「30〜49」「50〜64」「65〜79」「80以上」の5段階の範囲に分けて表引きされるわけです。

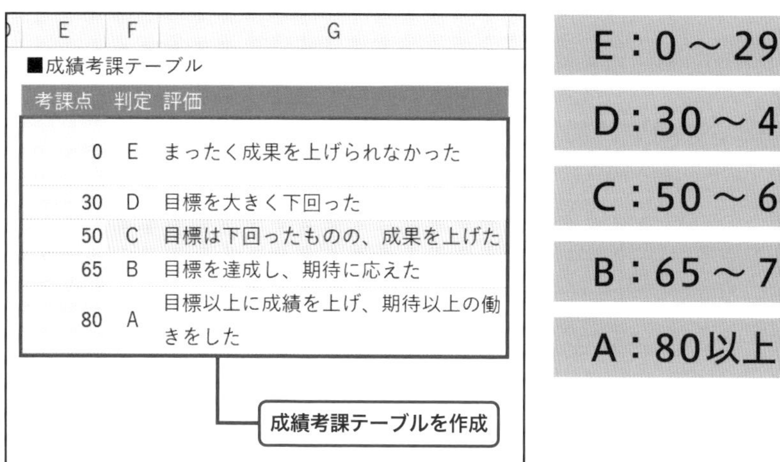

❶「考課点」列、「判定」列、「評価」列に、図を参考に各項目を入力し、成績考課テーブルを作成します。

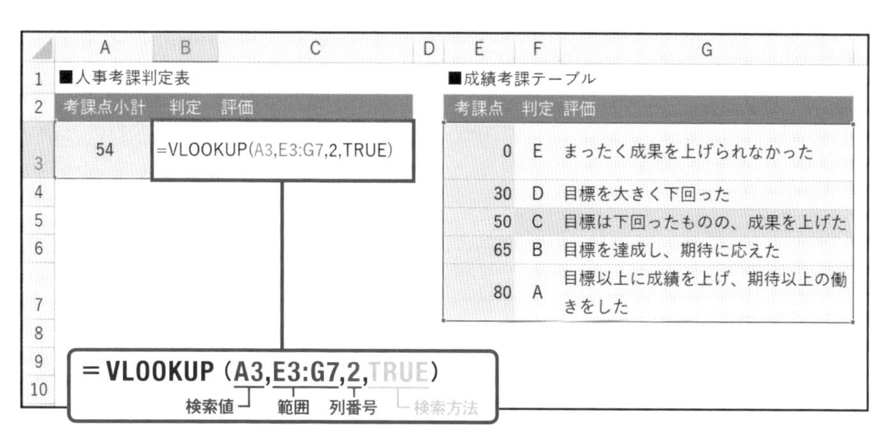

❷セルB3にVLOOKUP関数を入力します。セルA3の値を、セル範囲E3:G7から検索し、2行目の値を表引きします。ただし、第4引数「検索方法」は「TRUE」に指定します。

SECTION 083 表引き

HLOOKUP関数で横方向から表引きする

HLOOKUP

テーブル形式のように縦方向（垂直方向）に個々のデータを列記するセル範囲ではなく、横方向（水平方向）にデータを列記するセル範囲から表引きを行うには、VLOOKUP関数と非常によく似た引数を持つHLOOKUP関数を利用します。

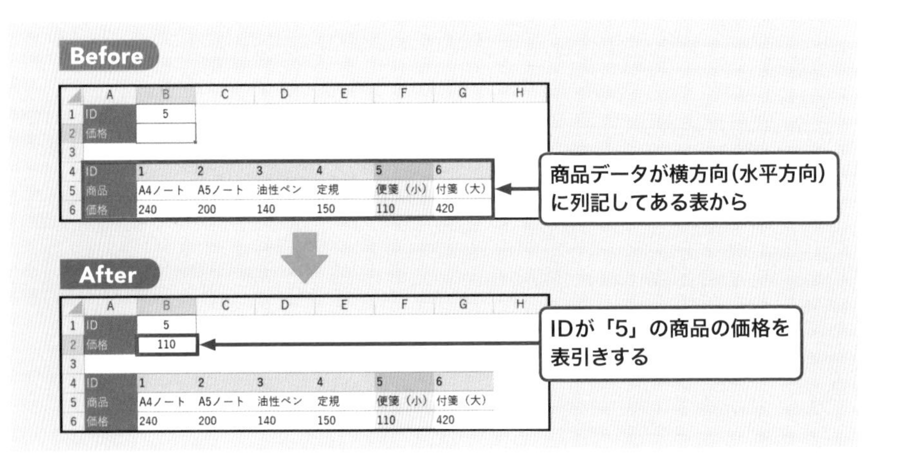

書式 =HLOOKUP(検索値,範囲,行番号,[検索方法])

引数

引数		説明
検索値	必須	検索したい値や値の入力されているセル参照
範囲	必須	先頭列が検索用の列となっているテーブル形式の表
行番号	必須	取り出したいデータが入力されている行番号
検索方法	任意	検索する際のルールを指定する真偽値

説明 HLOOKUP関数は、「範囲」のセル範囲の先頭行から、「検索値」の値を検索し、対応する「行番号」の値を取り出します。
「行番号」は、表内の先頭行が「1」となります。
「検索方法」には、種類用意されている検索ルールのどちらを利用するかを真偽値で指定します。TRUEは「もっとも近い値(直近下位)」というルール、FALSEは「完全に一致する値」というルールになります。省略した場合はTRUEのルールが適用されます。

表から商品のデータを抽出する

HLOOKUP関数は、VLOOKUP関数を横向きで利用するようなイメージです。ポイントは、一番上の行を検索対象行とする点です。
セル範囲A4:G6に、横方向に個々のデータを列記していく形式で商品情報が入力されています。各行は上から「ID」「商品」「価格」の値が入力されています。このとき、任意の「ID」の値の商品の、「価格」列の値を表引きしてみましょう。

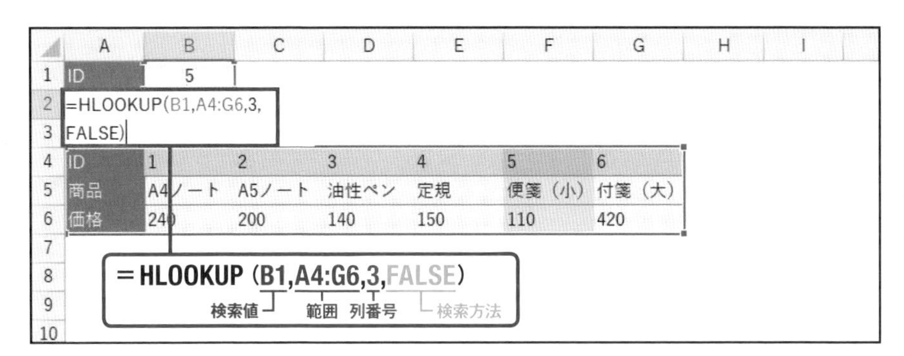

❶セルB2にHLOOKUP関数を入力します。引数「検索値」にセルB1を指定し、引数「範囲」にセル範囲A4:G6を指定します。引数「行番号」には3、引数「検索方法」には、「FALSE（完全一致）」を指定します。セルB1に入力したIDの価格をセル範囲A4:G6から表引きするという意味になります。

STEP UP 応用例　引数「行番号」を自動で修正する

HLOOKUP関数を複数の行に入力する場合、式をコピーしたあと、引数「行番号」は手動で修正する必要があります。ROW関数を活用すれば、自動で引数「行番号」が修正されるので便利です。

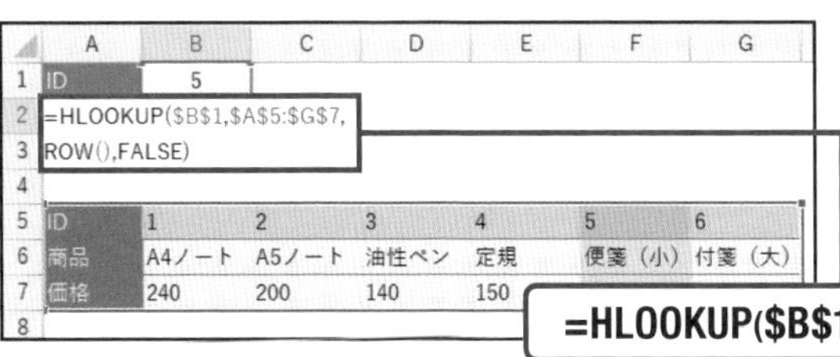

❶セルB2にHLOOKUP関数を入力します。引数「検索値」「範囲」は絶対参照で指定し、引数「行番号」に「ROW()」を指定します。

	A	B	C	D	E	F	G
1	ID	5					
2	商品名	便箋（小）					
3	価格	110					
4							
5	ID	1	2	3	4	5	6
6	商品	A4ノート	A5ノート	油性ペン	定規	便箋（小）	付箋（大）
7	価格	240	200	140	150	110	420

❷商品ID「5」の商品名「便箋（小）」が抽出できます。セルB2の式をセルB3にコピーすると、商品ID「5」の価格「110」が抽出できます。

対応バージョン 365 2019 2016 2013

SECTION 084 表引き

価格の一覧表から予算内に収まるプランを表引きする

LOOKUP

「予算3万円に収まるプランを手軽に調べたい」というような場合には、価格の一覧表を作成しておき、LOOKUP関数で表引きするのがスムーズです。簡単な関数式を使って、任意の値以内のデータを表引きできます。

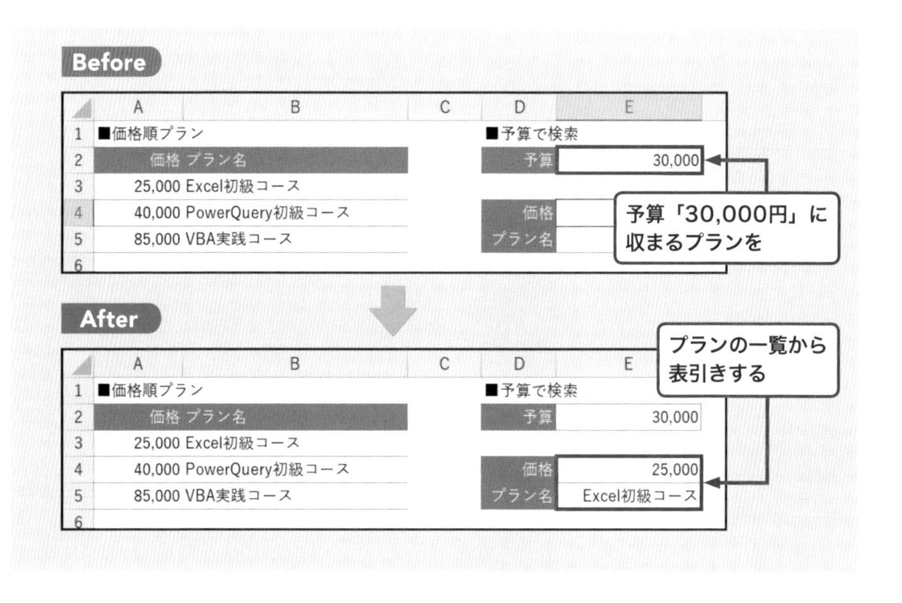

書式 =LOOKUP(検索値,検索範囲,[対応範囲])

引数

検索値	必須	検索したい値や値の入力されているセル参照
検索範囲	必須	検索を行うセル範囲。昇順ソート済みが前提
対応範囲	任意	検索結果に対応する位置の値を取り出したいセル範囲

説明 LOOKUP関数は、「検索範囲」のセル範囲内から、「検索値」の値を検索し、直近下位の値を取り出します。
また、「対応範囲」が指定されている場合は、「検索範囲」内で「検索値」が見つかった位置に対応する位置の値を取り出します。

直近下位の値を表引きする

LOOKUP関数は検索値と検索範囲を指定するだけのシンプルな関数です。ただし、前提条件として、検索範囲に指定するセルのデータは、昇順に並んでいる必要があります。
セル範囲A3:A5に、価格のデータが昇順(安い順)に入力されています。このとき、セルE2に入力された価格以内に収まる価格のうち、最大のもの(直近下位の値)を表引きしてみましょう。

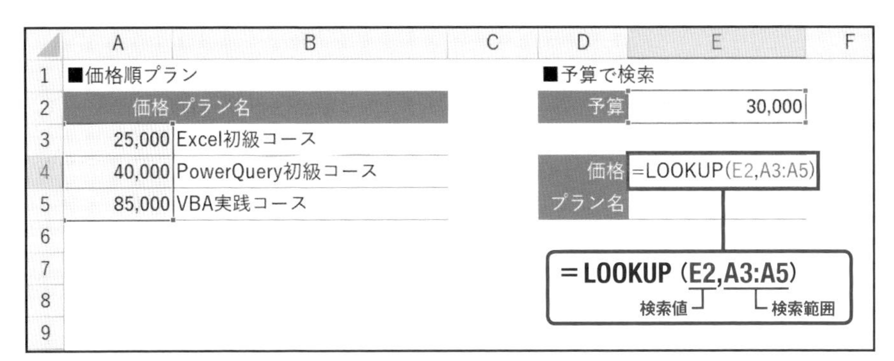

❶ セルE4にLOOKUP関数を入力します。引数「検索値」にセルE2を指定し、引数「検索範囲」にセル範囲A3:A5を指定します。LOOKUP関数では、直近下位の値そのものを表引きできます。サンプルでは「25,000」「40,000」「85,000」の値のリストから、「30,000」を検索し、結果として直近下位の値である「25,000」を表引きしています。

STEP UP 応用例 引数「対応範囲」を指定して異なる列にある値の表引きを行う

任意の引数「対応範囲」を指定すると、引数「検索範囲」内で検索値が見つかった「位置」に対応する値を、対応範囲に指定した範囲から表引きします。これはXLOOKUP関数と似ています。

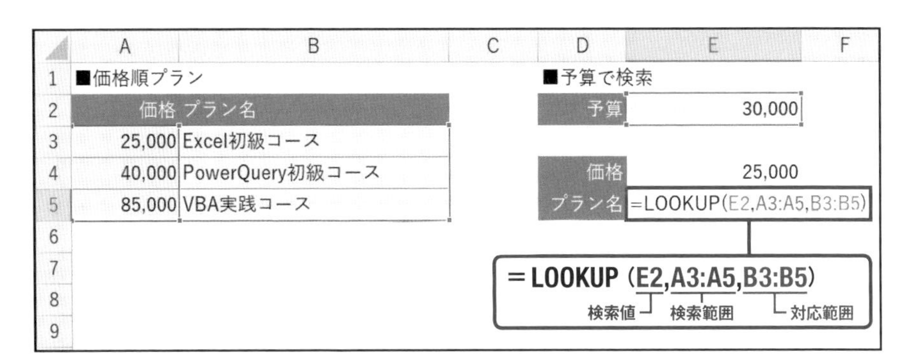

❶ 上の例と同じ関数式で引数「対応範囲」に「B3:B5」を指定すると、指定範囲内から検索値に対応する「位置」の値を表引きします。結果として、「30,000」を検索した直近下位の値である「25,000」のプラン名「Excel初級コース」が表示されます。

SECTION 085 表引き

対応バージョン 365 2019 2016 2013

INDEX MATCH

タテヨコの項目の交差する位置の値を表引きする

クロス集計形式の表から、タテヨコそれぞれの値を検索し、その交差する位置にある値を求めてみましょう。XLOOKUP関数が利用できる環境ではXLOOKUP関数で表引きできますが、利用できない環境の場合はINDEX関数とMATCH関数を組み合わせて表引きします。

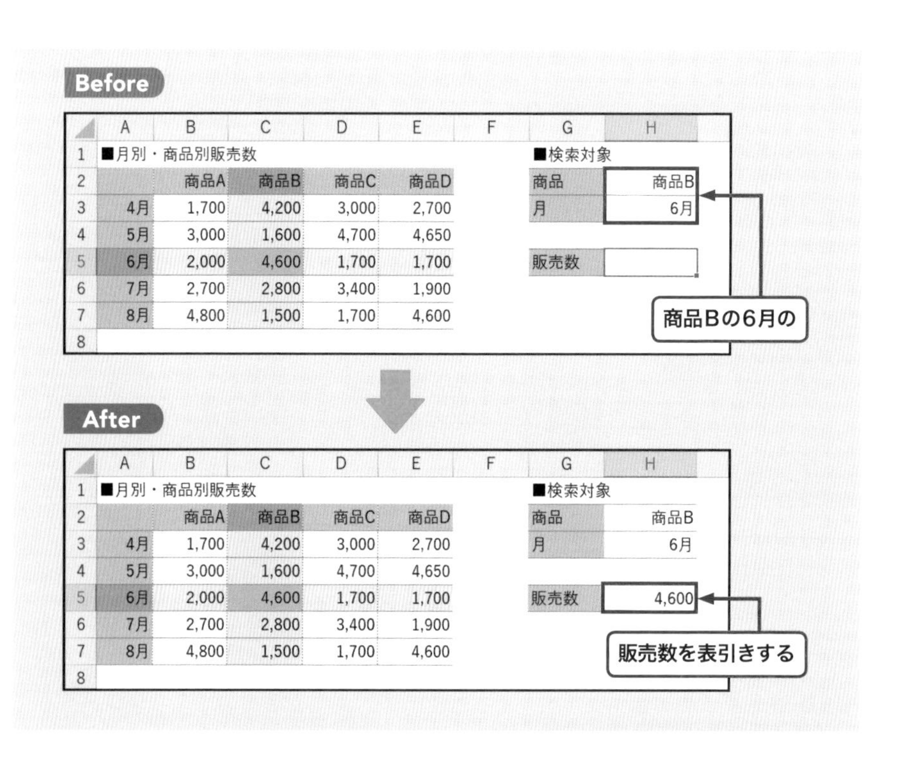

	商品A	商品B	商品C	商品D
4月	1,700	4,200	3,000	2,700
5月	3,000	1,600	4,700	4,650
6月	2,000	4,600	1,700	1,700
7月	2,700	2,800	3,400	1,900
8月	4,800	1,500	1,700	4,600

INDEX関数とMATCH関数を組み合わせて表引きする

セル範囲A2:E7には、行方向に月数、列方向に商品名を列記し、その交差する位置に各商品の月ごとの販売数が入力されています。この表から、任意の月における、任意の商品のデータを表引きする仕組みを作成してみましょう。
XLOOKUP関数が利用できる環境では、XLOOKUP関数を入れ子にすることで表引き可能です(P.212参照)。Excel2019以前の環境では、INDEX関数とMATCH関数を入れ子にすることで同様の表引きができます。
なお、INDEX関数の詳しい利用法はP.246を、MATCH関数の詳しい利用方法はP.254を参照してください。

■月別・商品別販売数

	商品A	商品B	商品C	商品D
4月	1,700	4,200	3,000	2,700
5月	3,000	1,600	4,700	4,650
6月	2,000	4,600	1,700	1,700
7月	2,700	2,800	3,400	1,900
8月	4,800	1,500	1,700	4,600

■検索対象

商品	商品B
月	6月

販売数

```
=INDEX(
    B3:E7,
    MATCH(H3,A3:A7,0),
    MATCH(H2,B2:E2,0)
)
```

＝INDEX(B3:E7,MATCH(H3,A3:A7,0),MATCH(H2,B2:E2,0))

❶ セルH5にINDEX関数を入力し、セル範囲B3:E7から、指定行・列番号の位置の値を取り出します。行・列位置はMATCH関数で求めます。

このとき、行・列の位置は、それぞれMATCH関数を利用して求めます。行側はセルH2に入力した「商品名」を、セル範囲A3:A7から検索して求め、列側は同じくセルH3に入力した「月名」をセル範囲B2:E2から検索して求めます。ちょうど、INDEX関数の第1引数に指定したセル範囲のタテ・ヨコの見出しとなる位置のセル範囲を検索するわけです。やや複雑な関数式となりますが、クロス集計表のようなタテヨコの見出しを持つ表内から表引きをしたいときに役立ちます。

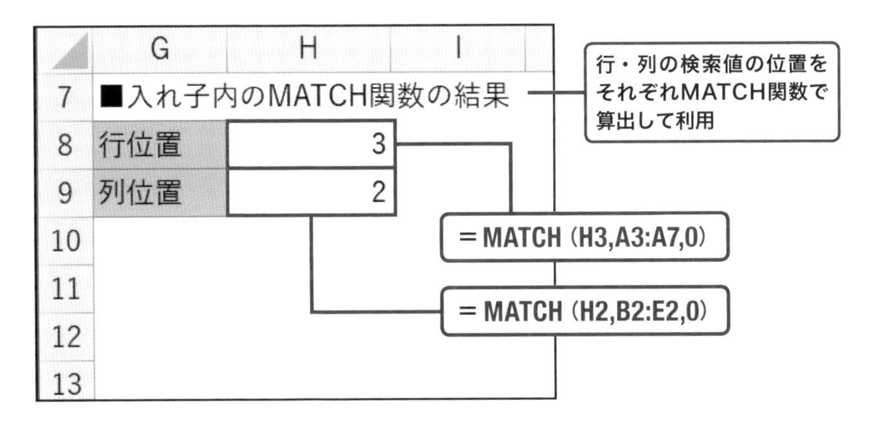

COLUMN

Microsoft 365版のExcelならINDEX関数&XMATCH関数も使える

Microsoft 365版のExcelでも、INDEX関数をベースとして、タテヨコの項目をそれぞれ検索した位置を求めて取り出す手法は有効です。XLOOKUP関数を入れ子にするよりも、このやり方のほうがシンプルです。

また、Microsoft 365版のExcelには、MATCH関数よりも使いやすいXMATCH関数が追加されています。そのため、INDEX関数とXMATCH関数を組み合わせるのがおすすめです。

検索対象のシートやセルを自動で切り替える

INDIRECT

「通常価格用とセール価格用の2つの表を作成しておき、その都度切り替えながら利用したい」という場合、セルに入力した値によって簡単に表引きの元となる表を切り替えられる仕組みがあると便利です。INDIRECT関数を使ってこの仕組みを作成してみましょう。

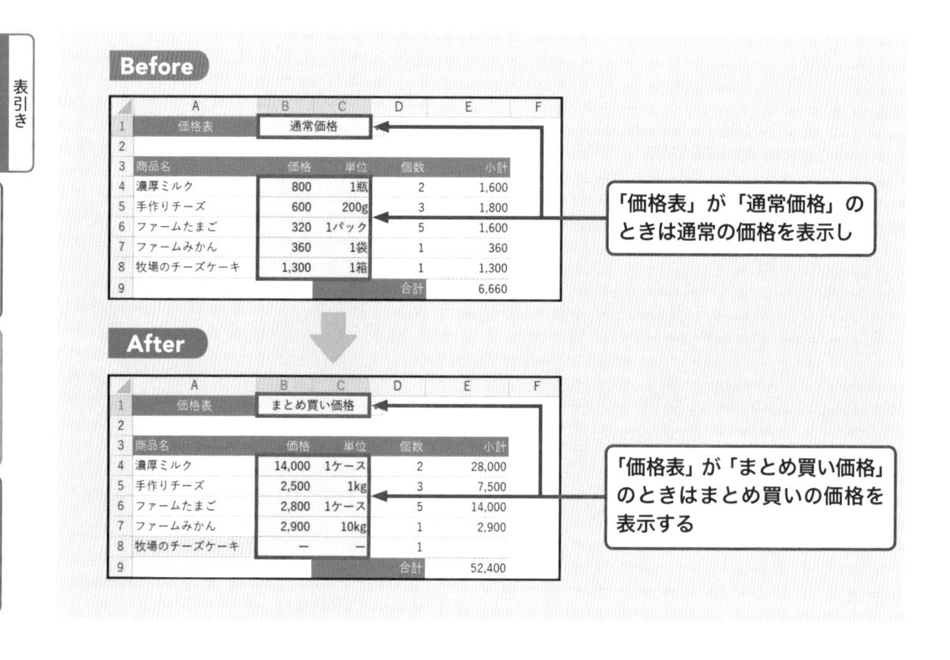

Before

	A	B	C	D	E	F
1	価格表	通常価格				
2						
3	商品名	価格	単位	個数	小計	
4	濃厚ミルク	800	1瓶	2	1,600	
5	手作りチーズ	600	200g	3	1,800	
6	ファームたまご	320	1パック	5	1,600	
7	ファームみかん	360	1袋	1	360	
8	牧場のチーズケーキ	1,300	1箱	1	1,300	
9				合計	6,660	

After

	A	B	C	D	E	F
1	価格表	まとめ買い価格				
2						
3	商品名	価格	単位	個数	小計	
4	濃厚ミルク	14,000	1ケース	2	28,000	
5	手作りチーズ	2,500	1kg	3	7,500	
6	ファームたまご	2,800	1ケース	5	14,000	
7	ファームみかん	2,900	10kg	1	2,900	
8	牧場のチーズケーキ	–	–	1		
9				合計	52,400	

書式 **=INDIRECT(参照文字列, [参照形式])**

引数

引数		説明
参照文字列	必須	参照先のセル範囲を表す文字列
参照形式	任意	A1参照形式かR1C1参照形式かを指定する真偽値

説明 INDIRECT関数は、「参照文字列」をセルへの参照と解釈し、参照先のセルの値を返します。「参照形式」は省略するか、「TRUE」を指定した場合には、A1参照形式として解釈します。「FALSE」を指定した場合には、R1C1参照形式として解釈します。

INDIRECT関数で参照セル範囲を文字列で指定する

INDIRECT関数は、引数に指定した文字列を、セル参照として解釈した結果を返すという関数です。たとえば、「INDIRECT("A1:C1")」という式は、セル範囲A1:C1を扱えます。単体ではあまり役に立ちませんが、ほかの関数と組み合わせることで、手軽に関数で扱うセル範囲を変更できるようになります。最初に、指定したセル範囲の合計を返すSUM関数と組み合わせた例を見ていきます。

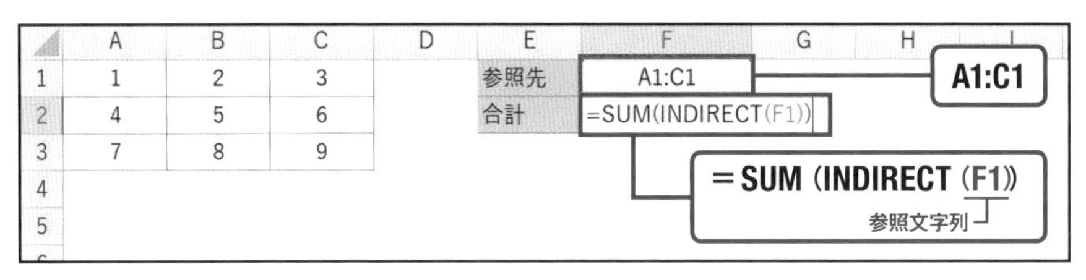

❶セルF2に「= SUM (INDIRECT (F1))」という関数式を入力し、セルF1に「A1:C1」と入力します。

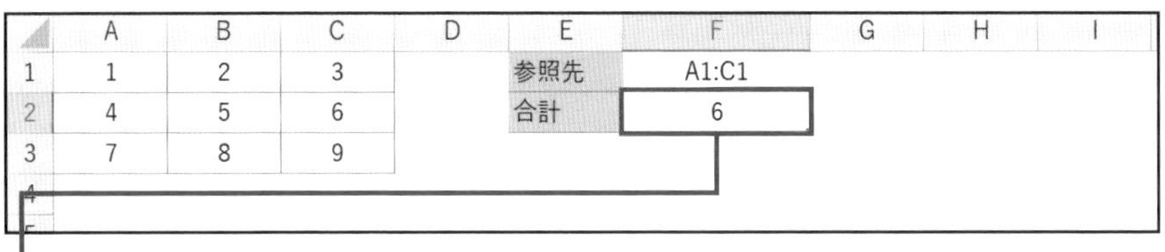

❷セルF2にA1:C1の値の合計「6」が表示されます。

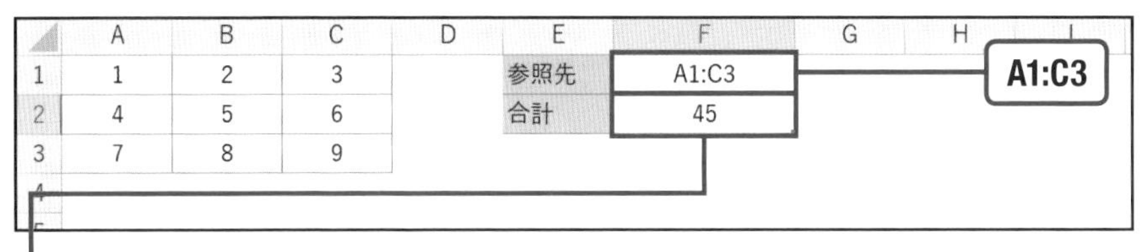

❸この状態で、セルF1を「A1:C3」に変更すると、セルF2にA1:C3の値の合計「45」が表示されます。

つまり、SUM関数で合計を求めるセル範囲を、INDIRECT関数を組み合わせることで、セルF1に入力した文字列をもとに指定できるようになったということです。

COLUMN

参照先の指定方法

INDIRECT関数でセルを参照する文字列は、「A1:C3」などの形式のほか、「Sheet4 ! A1:A3」などの別シート上のセル範囲を指定したり、「名前付きセル範囲」機能でセル範囲に付けた名前を利用したりすることもできます。

STEP UP 応用例　表引き用の関数で利用する表のセル範囲を切り替える

INDIRECT関数を表引きする関数と組み合わせると、表引きに利用するセル範囲を、セルの値によって簡単に切り替えられます。
たとえば、「価格表」というシート上に、次のように2つの表を作成し、それぞれのセル範囲に、名前付きセル範囲機能(P.324参照)を利用して「通常価格」「まとめ買い価格」と名前を付けておくとします。

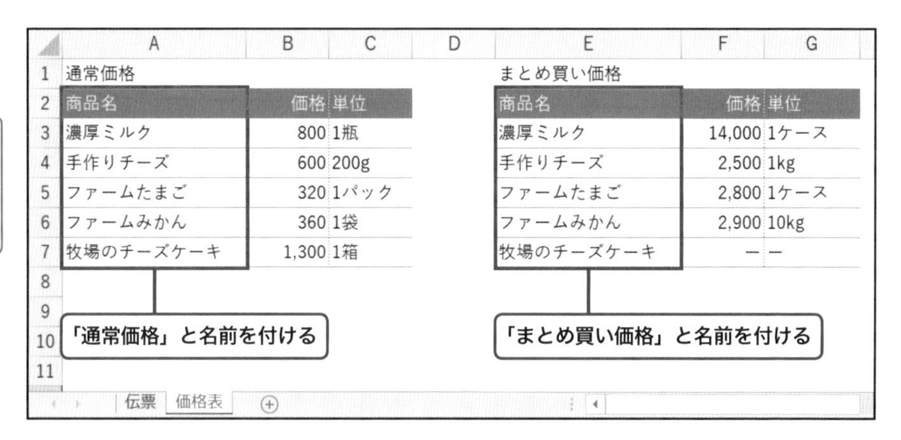

	A	B	C	D	E	F	G
1	通常価格				まとめ買い価格		
2	商品名	価格	単位		商品名	価格	単位
3	濃厚ミルク	800	1瓶		濃厚ミルク	14,000	1ケース
4	手作りチーズ	600	200g		手作りチーズ	2,500	1kg
5	ファームたまご	320	1パック		ファームたまご	2,800	1ケース
6	ファームみかん	360	1袋		ファームみかん	2,900	10kg
7	牧場のチーズケーキ	1,300	1箱		牧場のチーズケーキ	ー	ー

すると、このセル範囲はそれぞれ「INDIRECT("通常価格")」「INDIRECT("まとめ買い価格")」という式で参照可能になります。
次に、伝票形式のシートを用意し、「セルB1へ利用したいセル範囲を入力する」というルールで作表します。続いて、商品名に対応する価格や単位といったデータを、「セルB1に入力したセル範囲から」表引きするように関数を作成します。サンプルでは、VLOOKUP関数を利用して関数式を作成しました。あらかじめ何パターンかに分けて表引き用の表を用意し、切り替えながら利用したい場合に覚えておくと便利な組み合わせです。

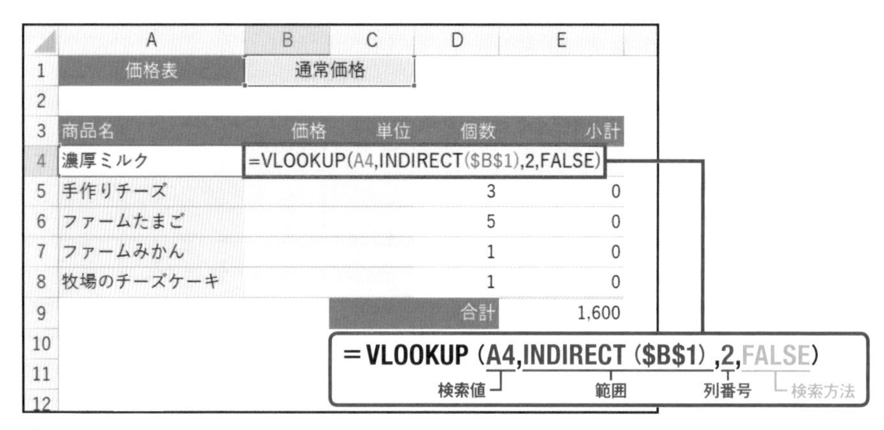

	A	B	C	D	E
1	価格表	通常価格			
2					
3	商品名	価格	単位	個数	小計
4	濃厚ミルク	=VLOOKUP(A4,INDIRECT($B$1),2,FALSE)			
5	手作りチーズ			3	0
6	ファームたまご			5	0
7	ファームみかん			1	0
8	牧場のチーズケーキ			1	0
9				合計	1,600

❶セルF2に「= SUM (INDIRECT (F1))」という関数式を入力し、セルF1に「A1:C1」と入力します。

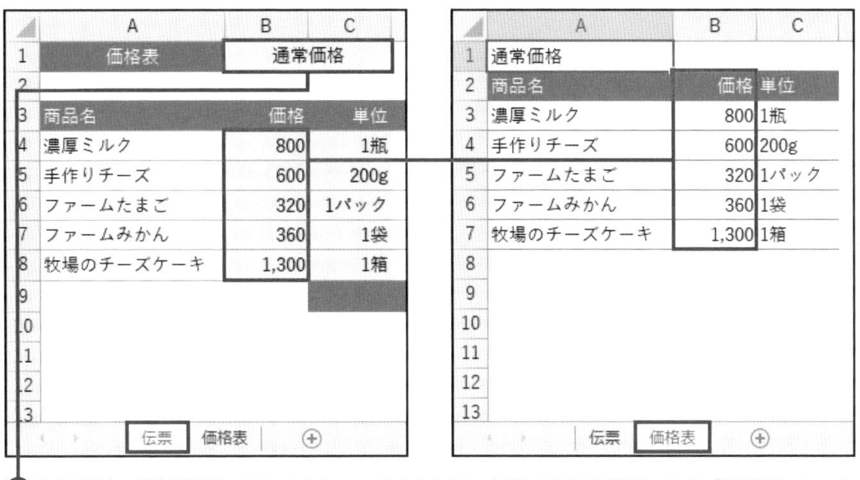

❷セル B1 に「通常価格」と入力されているときには、対応するセル範囲である「価格表」シート上のセル範囲 A2:C7 から表引きを行います。セル B1 を「まとめ買い価格」に変更すると、対応するセル範囲である「価格表」シート上のセル範囲 E2:G7 から表引きを行います。

COLUMN

「データの入力規則」と組み合わせるとさらに便利に

サンプルでは、参照セル範囲を入力するセルB1に「データの入力規則」を設定し、「通常価格」「まとめ買い価格」のどちらかをリストから選択できるようにしています。リストの切り替えが容易になり、同時に、意図していないセル範囲を参照されることを防ぐことができます。

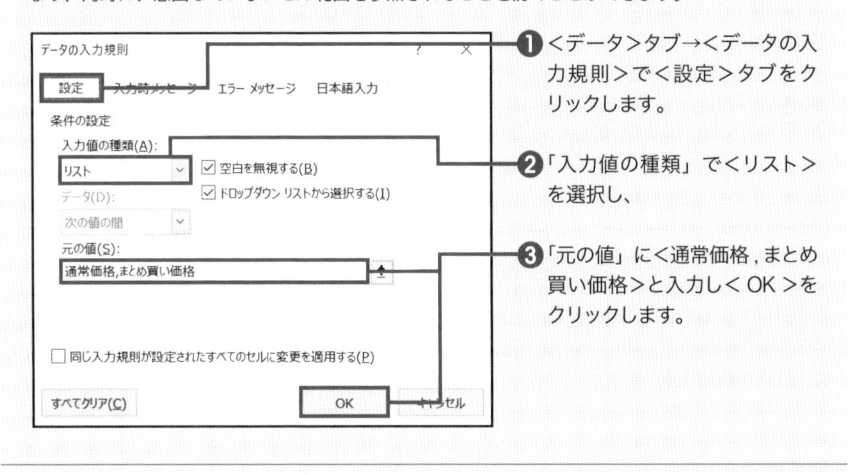

▶ COLUMN

表引きの際に便利な「ユニークな列」という考え方

XLOOKUP関数やVLOOKUP関数等を利用した表引きを行う際は、「ユニークな列(もしくは行)」を表に用意しておくと便利です。
「ユニーク(unique)」は、「一意の、重複のない」という意味のある英単語で、「ユニークな列」とは、「同一の列に、同じ値を持たない列」のことを指します。つまり、このような列は「必ずほかのデータの固まりと区別できる目印となる列」ということです。

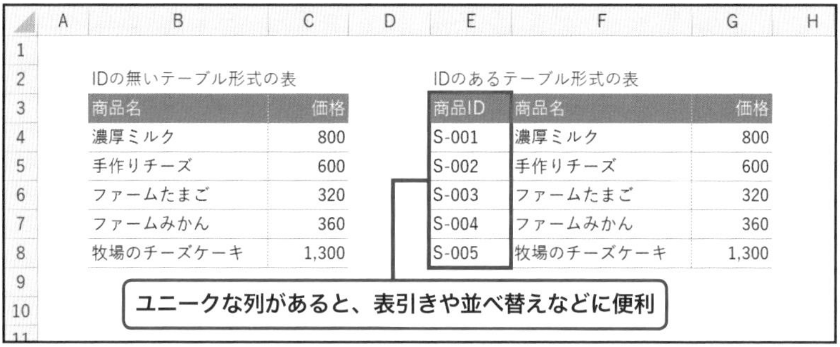

	A	B	C	D	E	F	G	H
1								
2		IDの無いテーブル形式の表			IDのあるテーブル形式の表			
3		商品名	価格		商品ID	商品名	価格	
4		濃厚ミルク	800		S-001	濃厚ミルク	800	
5		手作りチーズ	600		S-002	手作りチーズ	600	
6		ファームたまご	320		S-003	ファームたまご	320	
7		ファームみかん	360		S-004	ファームみかん	360	
8		牧場のチーズケーキ	1,300		S-005	牧場のチーズケーキ	1,300	
9								
10								

ユニークな列があると、表引きや並べ替えなどに便利

商品データや社員データを入力する際、商品や社員にほかと重複しない「商品ID」や「社員ID」を振るのが一般的です。
商品IDなどのユニークな列があれば、その列の値を基準に個々のデータを区別し、表引きするのが簡単になります。もし将来、同じ商品の価格が改定になったり、同名の社員が入社したりすることがあっても、別のIDを振って同じ商品名や社員名のデータを作成し、以前のものと区別することができます。
それに加え、ユニークな列に連番の性質を持たせれば、データを集計・分析する用途で並べ替えたあとに、元の並び順に戻すのも簡単です。
また、データベース的な用途でデータを運用する際には、ユニークな列はたいていそのまま「主キー(データを一意に扱うためにもっとも好ましい列・要素)」としても扱えるほか、複数の表を組み合わせて運用する際の目印となる列としても活用できます。
すべてのテーブル形式の表にユニークな列を用意しなくてはいけないというわけではありませんが、あると便利な仕組み、それがユニークな列なのです。
作表する際や、データを収集する際、その時点ではあまり必要でない場合でも、ひとまず、個々のデータを個別に認識できる列を用意しておくと、あとでデータを再利用する際に役に立ってくれるでしょう。

第7章

Excelを本格データベースとして使おう!

検索関数とデータベース関数

SECTION 087 データベース

対応バージョン 365 2019 2016 2013

指定したセルの文字数をチェックする

ROWS COLUMNS

データを入力した件数を求め、その数に合わせて次の計算の準備や作表を行う際に便利なのがROWS関数とCOLUMNS関数です。2つの関数は、それぞれ引数に指定したセル範囲の行数と列数を返します。

Before

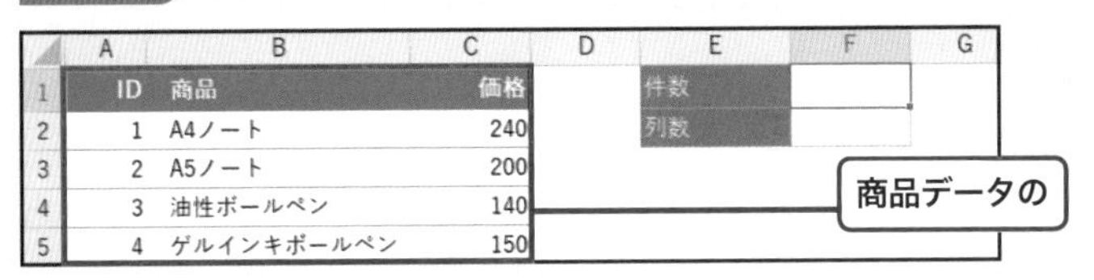

	A	B	C	D	E	F	G
1	ID	商品	価格		件数		
2	1	A4ノート	240		列数		
3	2	A5ノート	200				
4	3	油性ボールペン	140				
5	4	ゲルインキボールペン	150				

After

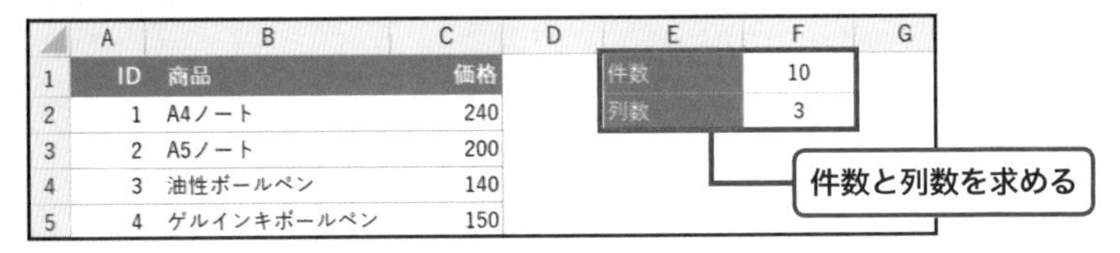

	A	B	C	D	E	F	G
1	ID	商品	価格		件数	10	
2	1	A4ノート	240		列数	3	
3	2	A5ノート	200				
4	3	油性ボールペン	140				
5	4	ゲルインキボールペン	150				

書式 **=ROWS（範囲）**

 範囲  行数を求めたいセル範囲や配列

 ROWS関数は、「範囲」に指定したセル範囲や配列の行数を返します。

 **=COLUMNS（範囲）**

 範囲  列数を求めたいセル範囲や配列

 COLUMNS関数は、「範囲」に指定したセル範囲や配列の列数を返します。

テーブル名を使ってセル範囲の行数を取得する

セルA1から始まるセル範囲にデータを入力し、「商品」というテーブル名を付けます。続いて「商品」テーブルに入力されたデータの行数をROWS関数で求めます。
テーブル化したセル範囲は、関数式内でテーブル名を記述すると、「テーブル内のデータ範囲（見出し行を除いたセル範囲）」として扱えます。この仕組みを利用して、引数の行数を求めるROWS関数を利用すれば、データの件数がわかります。テーブルにデータを追加しても、関数式を変更することなく件数が求められます。

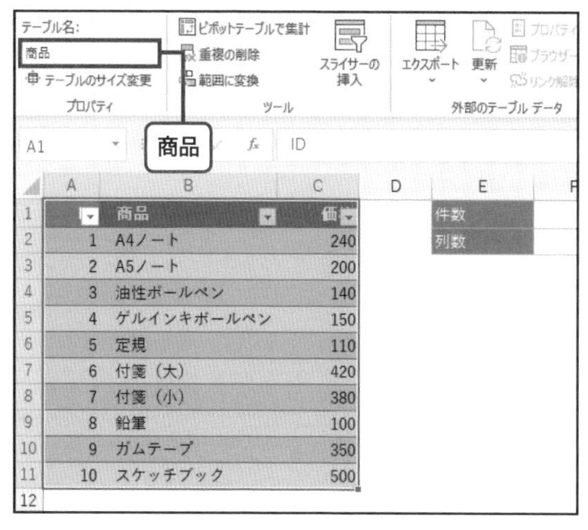

	商品	価格
1	A4ノート	240
2	A5ノート	200
3	油性ボールペン	140
4	ゲルインキボールペン	150
5	定規	110
6	付箋（大）	420
7	付箋（小）	380
8	鉛筆	100
9	ガムテープ	350
10	スケッチブック	500

❶セル範囲A1:C11を選択して<挿入>タブの<テーブル>をクリックし、テーブルに変換するデータ範囲を確認して<OK>をクリックしたら、<テーブル名>に<商品>と入力します。

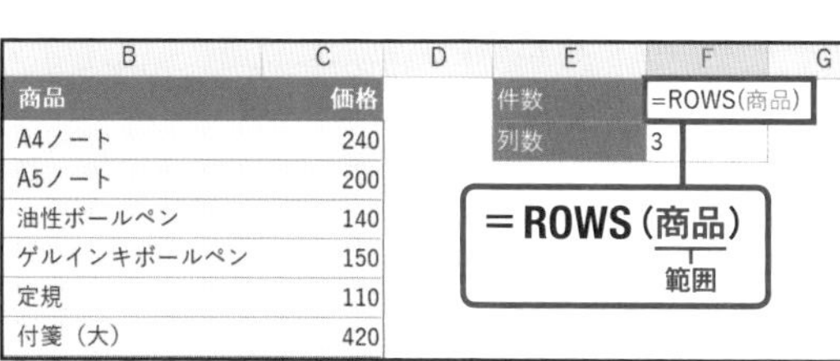

商品	価格
A4ノート	240
A5ノート	200
油性ボールペン	140
ゲルインキボールペン	150
定規	110
付箋（大）	420

❷セルF1にROWS関数を入力します。引数「範囲」にテーブル「商品」を指定します。これにより、テーブル「商品」の行数、すなわちデータの件数が求められます。

テーブル名を使ってセル範囲の列数を取得する

ROWS関数と同様に、COLUMNS関数を使ってテーブルの列数を取得します。

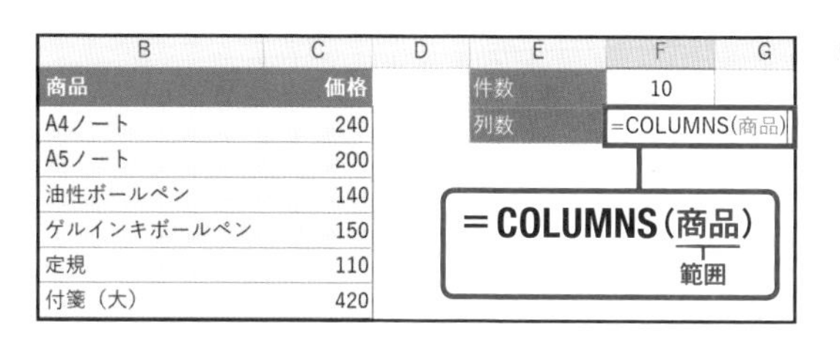

商品	価格
A4ノート	240
A5ノート	200
油性ボールペン	140
ゲルインキボールペン	150
定規	110
付箋（大）	420

❶セルF2にCOLUMNS関数を入力します。引数「範囲」にテーブル「商品」を指定します。テーブル「商品」の列数が求められます。

SECTION 088 データベース

行･列の追加／削除／並べ替えをしてもズレない連番を振る

ROW COLUMN

作業手順書やランキング表などの順番や順位の連番を持つ表では、一度できあがった表に行や列を追加／削除すると、連番がズレてしまうという問題が発生します。ROW関数やCOLUMN関数を利用すると、追加／削除／並べ替えをしてもズレない連番が作成できます。

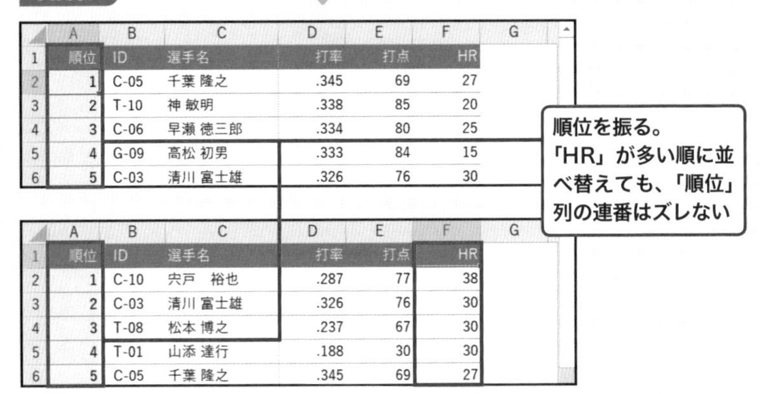

Before

	A	B	C	D	E	F	G
1	順位	ID	選手名	打率	打点	HR	
2		C-05	千葉 隆之	.345	69	27	
3		T-10	神 敏明	.338	85	20	
4		C-06	早瀬 徳三郎	.334	80	25	
5		G-09	高松 初男	.333	84	15	
6		C-03	清川 富士雄	.326	76	30	

After

	A	B	C	D	E	F	G
1	順位	ID	選手名	打率	打点	HR	
2	1	C-05	千葉 隆之	.345	69	27	
3	2	T-10	神 敏明	.338	85	20	
4	3	C-06	早瀬 徳三郎	.334	80	25	
5	4	G-09	高松 初男	.333	84	15	
6	5	C-03	清川 富士雄	.326	76	30	

	A	B	C	D	E	F	G
1	順位	ID	選手名	打率	打点	HR	
2	1	C-10	宍戸　裕也	.287	77	38	
3	2	C-03	清川 富士雄	.326	76	30	
4	3	T-08	松本 博之	.237	67	30	
5	4	T-01	山添 達行	.188	30	30	
6	5	C-05	千葉 隆之	.345	69	27	

=ROW（[範囲]）

範囲 

行番号を求めたいセル

ROW関数は、「範囲」に指定したセルの行番号を返します。引数を省略した場合は、関数式が入力されているセルの行番号を求めます。

 **=COLUMN([範囲])**

 範囲  列番号を求めたいセル

 COLUMN関数は、「範囲」に指定したセルの列番号を返します。引数を省略した場合は、関数式が入力されているセルの列番号を求めます。

セルの行番号を求めて連番を振る

A列に、データを追加／削除／並べ替えを行ってもズレない連番を振ってみましょう。ROW関数は引数なしで入力すると「ROW関数を入力してあるセルの行番号」を返します。この値をもとに、最初のデータが入力されている行の値が「1」となるよう差分の値を減算します。

	A	B	C	D	E	F	G
1	順位	ID	選手名	打率	打点	HR	
2	=ROW()-1		千葉 隆之	.345	69	27	
3	2	T-10	神 敏明	.338	85	20	
4	3	C-06	早瀬 徳三郎	.334	80	25	
5	4	[illegible]	[illegible]	.333	84	15	
6	[illegible]	[illegible]	[illegible]	.326	76	30	
7	[illegible]	[illegible]	[illegible]	.325	78	2	
8	7	G-06	向山 智博	.325	80	1	
9	8	T-03	緒方 浩秋	.325	84	0	
10	9	T-06	小田 富士夫	.318	84	14	
11	10	T-04	勝野 隆明	.318	87	2	

=ROW()-1

❶セルA2にROW関数を引数なしで入力し、その結果から1を引きます。

セルの列番号を求めて連番を振る

商品リストが入力されている表の2行目に、データの追加／削除／並べ替えを行ってもズレない連番を振ります。列番号を求めて連番を振るには、COLUMN関数を使います。

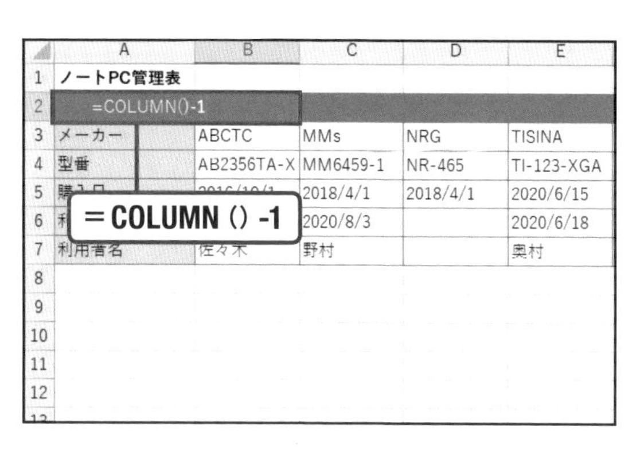

	A	B	C	D	E
1	ノートPC管理表				
2		=COLUMN()-1			
3	メーカー	ABCTC	MMs	NRG	TISINA
4	型番	AB2356TA-X	MM6459-1	NR-465	TI-123-XGA
5	[illegible]	[illegible]	2018/4/1	2018/4/1	2020/6/15
6	[illegible]	[illegible]	2020/8/3		2020/6/18
7	利用者名	佐々木	野村		奥村
8					
9					
10					
11					
12					

=COLUMN()-1

❶セルB2にCOLUMN関数を引数なしで入力し、その結果から1を引きます。

対応バージョン 365 2019 2016 2013

SECTION 089 データベース

○行目の△列目にあるデータを取り出す

INDEX

まとめてデータを入力されているセル範囲から、「○行△列目のデータ」という考え方で値を取り出したいときには、INDEX関数が便利です。また、1行・1列のみのデータから、特定の順番の値を取り出すことも可能です。

Before

	A	B	C	D	E	F
1	ID	商品	価格		2つ目の価格	
2	1	A4ノート	240			
3	2	A5ノート	200			
4	3	油性ボールペン	140			
5	4	ゲルインキボールペン	150			
6	5	定規	110			
7	6	付箋（大）	420			

商品リストから

After

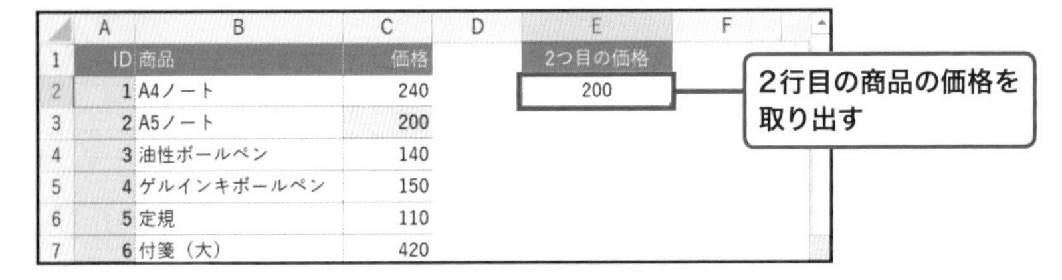

	A	B	C	D	E	F
1	ID	商品	価格		2つ目の価格	
2	1	A4ノート	240		200	
3	2	A5ノート	200			
4	3	油性ボールペン	140			
5	4	ゲルインキボールペン	150			
6	5	定規	110			
7	6	付箋（大）	420			

書式 **=INDEX(配列,行番号,[列番号])**

引数

配列	必須	元となるセル範囲
行番号	必須	取得したい値の表内での行番号 (1行・1列の場合は順番)
列番号	任意	取得したい値の表内での列番号

説明 INDEX関数は、「配列」のセル範囲の値から、「行番号」「列番号」の位置にある値を取得して返します。
「配列」に指定したセル範囲が1行、もしくは1列の場合には、「行番号」に指定した順番の値を返します。

行と列を指定して商品データを抜き出す

セル範囲A1:C11に商品データが入力されています。このデータから「2行目・3列目」の値を取り出してみましょう。
このような考え方で値を取り出すには、INDEX関数が便利です。まず、引数「範囲」には、見出し部分を除いたセル範囲であるA2:C11を指定します。続いて目的の行番号「2」と列番号「3」を指定すれば、範囲内の2行目・3列目のデータが取得できます。

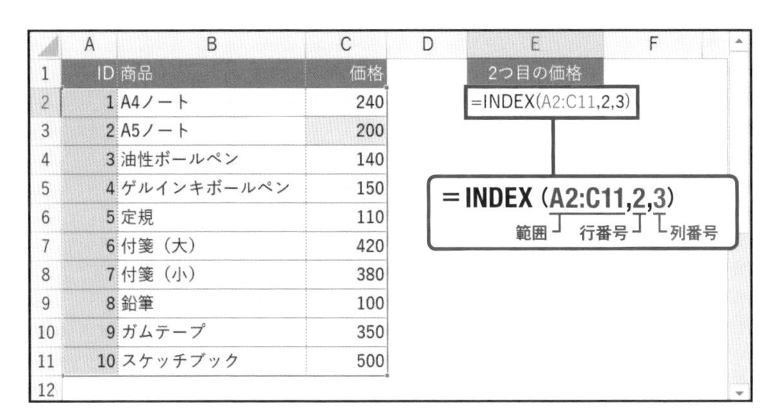

	A	B	C	D	E	F
1	ID	商品	価格		2つ目の価格	
2	1	A4ノート	240		=INDEX(A2:C11,2,3)	
3	2	A5ノート	200			
4	3	油性ボールペン	140			
5	4	ゲルインキボールペン	150			
6	5	定規	110			
7	6	付箋（大）	420			
8	7	付箋（小）	380			
9	8	鉛筆	100			
10	9	ガムテープ	350			
11	10	スケッチブック	500			
12						

❶セルE2にINDEX関数を入力し、引数「配列」に「A2:C11」を指定し、引数「行番号」に「2」、引数「列番号」に「3」を指定します。

STEP UP 応用例 「価格」列の2行目にある値を抜き出す

第1引数に指定するセル範囲は、1行、もしくは1列のみの範囲も指定可能です。この場合、第2引数のみで順番を指定して値を取り出します。たとえば、「=INDEX(C2:C11,2)」という関数式は、「セル範囲C2:C11内の、2行目の値」を取り出します。

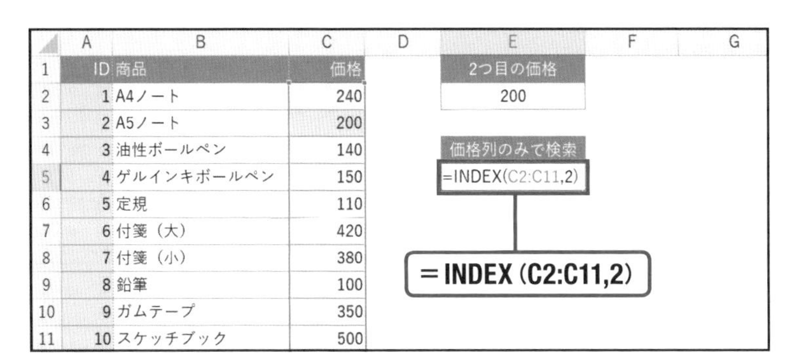

	A	B	C	D	E	F	G
1	ID	商品	価格		2つ目の価格		
2	1	A4ノート	240		200		
3	2	A5ノート	200				
4	3	油性ボールペン	140		価格列のみで検索		
5	4	ゲルインキボールペン	150		=INDEX(C2:C11,2)		
6	5	定規	110				
7	6	付箋（大）	420				
8	7	付箋（小）	380				
9	8	鉛筆	100				
10	9	ガムテープ	350				
11	10	スケッチブック	500				

❶1列のみのセル範囲から指定順の値を取り出すには、引数「配列」に「C2:C11」、引数「行番号」に「2」を指定します。結果としてセル範囲C2:C11内の「2」行目の値である「200」が取り出せます。

対応バージョン 365 2019 2016 2013

INDEX

1行または1列分のデータを取り出す

テーブル形式の表から、任意の1行／1列のデータを取り出したい場合は、INDEX関数と配列数式を組み合わせることで一連のデータをまとめて取り出せます。少しコツがいりますが、XLOOKUPが利用できない環境でも利用できる形式です。

Before

	A	B	C	D	E	F	G	H	I
1	選手名	打率	打点	HR		■順位で検索			
2	千葉 隆之	.345	69	27		順位	3		
3	神 敏明	.338	85	20					
4	早瀬 徳三郎	.334	80	25		選手名	打率	打点	HR
5	高松 初男	.333	84	15					
6	清川 富士雄	.326	76	30					
7	手嶋 重雄	.325	78	2					

成績データから

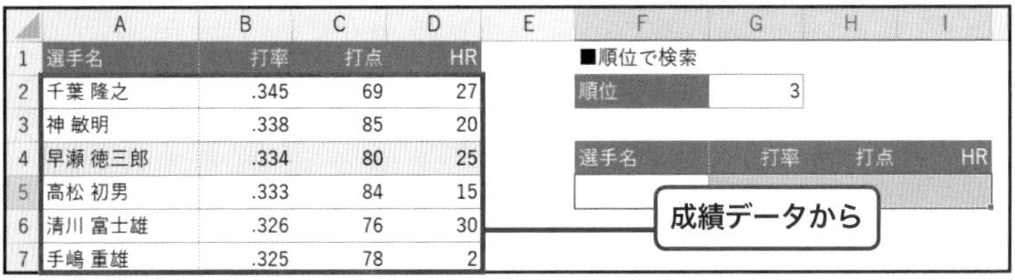

After

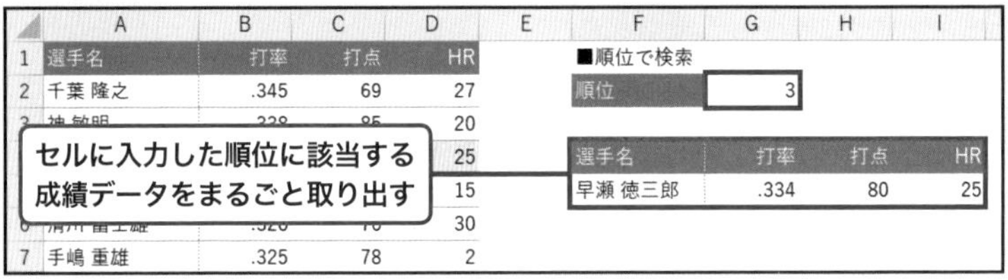

	A	B	C	D	E	F	G	H	I
1	選手名	打率	打点	HR		■順位で検索			
2	千葉 隆之	.345	69	27		順位	3		
3				20					
4				25		選手名	打率	打点	HR
5				15		早瀬 徳三郎	.334	80	25
6				30					
7	手嶋 重雄	.325	78	2					

セルに入力した順位に該当する成績データをまるごと取り出す

INDEX関数で行、または列の配列を取り出す

前トピックで紹介したINDEX関数は、第2引数の行番号、もしくは、第3引数の列番号に「0」を指定すると、「第1引数に指定したセル範囲の、指定した行、もしくは、列全体」を配列の形で返します。この仕組みを利用すると、指定した順番の行・列全体をまとめて取り出せます。行／列全体を取り出したい場合の引数の指定方法は次の通りです。

行全体を取り出したい	= INDEX（範囲 , 行番号 ,0）
列全体を取り出したい	= INDEX（範囲 ,0, 列番号）

取り出した配列をまとめてセルに入力するには、配列の持つ値の数に応じたセル範囲をまとめて選択し、配列数式(P.318参照）としてINDEX関数を入力します。

ここではセル範囲A2:C17に入力されているデータのうち、セルG2に入力した順位のデータをまるごと取り出してみましょう。
まず、列数に応じて取り出した値を表示するセル範囲を選択してからINDEX関数を入力します。関数式の入力を確定する際に Ctrl + Shift + Enter キーを押すと、配列数式になります。

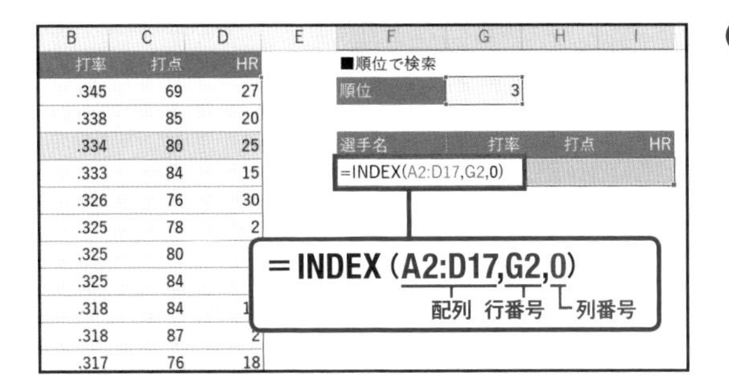

❶セル範囲F5:I5を選択し、INDEX関数を入力します。引数「配列」にセル範囲A2:D7を指定し、引数「行番号」にセルG2、引数「列番号」に「0」を指定します。

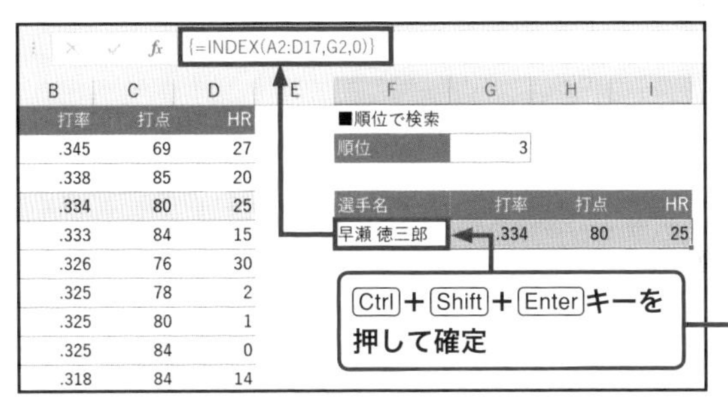

❷入力を確定させるときに Ctrl + Shift + Enter キーを押し、指定した行の値をまるごと取り出します。

STEP UP 応用例 スピル機能を使って表引きする(Microsoft 365版Excel)

Microsoft 365版のExcelでは、配列数式として入力せずとも、単一のセルにINDEX関数を入力すれば、スピルの仕組みで自動的に値が表示されます。

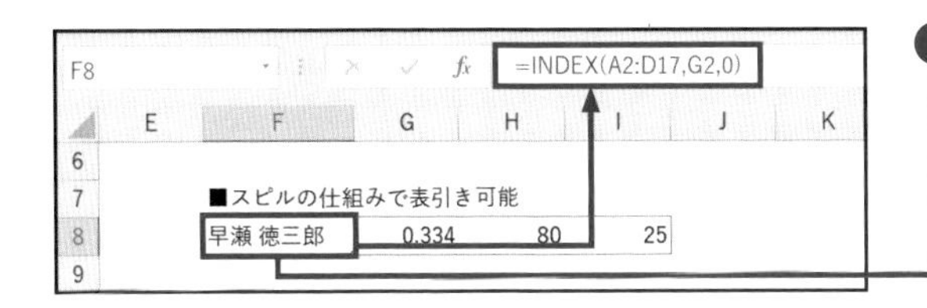

❶セルF8に上記のINDEX関数を入力すると、セル範囲G8:I8にもINDEX関数が自動的に入力され、値をまるごと取り出せます。

COLUMN

配列数式の範囲はまとめて扱う

配列数式をまとめて入力したセル範囲のうち、特定のセルのみを消去したり修正したりすることはできません。まとめて入力したセル範囲を選択して消去しましょう。

第6章 第7章 データベース 第8章 第9章

SECTION 091 データベース

対応バージョン 365 2019 2016 2013

OFFSET

表の中から指定した範囲を抜き出す

表の中から特定の位置のデータを抜き出したい場合や、特定範囲のデータをまとめて抜き出したいときに便利なのがOFFSET関数です。基準となるセルをもとに、いろいろな形でデータを抜き出すことが可能です。

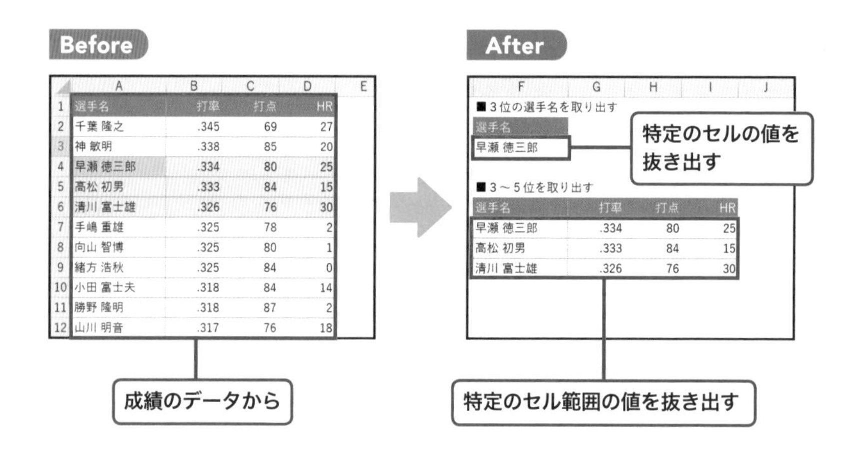

	A	B	C	D
1	選手名	打率	打点	HR
2	千葉 隆之	.345	69	27
3	神 敏明	.338	85	20
4	早瀬 徳三郎	.334	80	25
5	高松 初男	.333	84	15
6	清川 富士雄	.326	76	30
7	手嶋 重雄	.325	78	2
8	向山 智博	.325	80	1
9	緒方 浩秋	.325	84	0
10	小田 富士夫	.318	84	14
11	勝野 隆明	.318	87	2
12	山川 明音	.317	76	18

選手名
早瀬 徳三郎

選手名	打率	打点	HR
早瀬 徳三郎	.334	80	25
高松 初男	.333	84	15
清川 富士雄	.326	76	30

書式 =OFFSET(参照,行数,列数,[高さ],[幅])

引数

参照	必須	基準となるセル参照
行数	必須	行方向(タテ)のオフセット数
列数	必須	列方向(ヨコ)のオフセット数
高さ	任意	配列形式で一括入力する際の行数
幅	任意	配列形式で一括入力する際の列数

説明 OFFSET関数は「参照」のセルから、「行数」「列数」分だけ離れた位置のセルの値を取得します。
「高さ」や「幅」を指定すると、「参照」とは異なる大きさのセル範囲を取得可能です。省略した場合は、「参照」と同じ大きさのセル範囲の値を取得します。

基準のセルをもとにセルの値を取り出す

頻繁に行や列の並べ替えを行う範囲では、並べ替えのたびに数式の参照セルも移動してしまい、いつのまにか意図したセルを参照できなくなってしまいがちです。
そこで、OFFSET関数を利用して、見出し行などの「原則として移動しないセル」を基準に、表内のデータを取り出す仕組みを用意してみましょう。たとえば、セルA1を基準に「3行」「0列」離れた位置にあるセルの値を取り出すには、以下のように関数式を入力します。これで何度データを並べ替えたとしても、常に「上から3番目」の値が取り出せます。

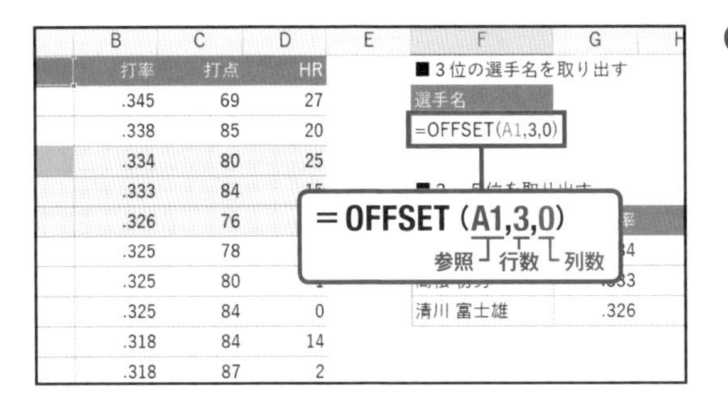

❶セルF3にOFFSET関数を入力します。引数「参照」にセルA1を指定し、引数「行数」に3、引数「列数」に0を指定します。セルA1を基準に、3行・0列離れた位置のセルの値を取り出すという意味になります。結果として、セルA4の値が取り出せます。

STEP UP 応用例 「高さ」や「幅」を指定してセル範囲をまとめて取り出す

引数「参照」に単一のセルでなくセル範囲を指定したり、「高さ」や「幅」を指定したりすることによって、単一のセルの値ではなく、任意のセル範囲にある値をまとめて取り出すことも可能です。たとえば、引数「参照」を見出しの範囲である「A1:D1」とし、「3行」「0列」離れた位置から「高さ3」つまり、3行分の範囲を取り出すと、結果としてセル範囲A4:D6の値がまとめて取り出せます。
セル範囲をまとめて取り出す場合、Microsoft 365版のExcelならスピルの仕組みを利用して表示できます。それ以前のバージョンでは、取り出すセル範囲と同じ大きさのセル範囲を選択しておき、配列数式の形でOFFSET関数を入力します。

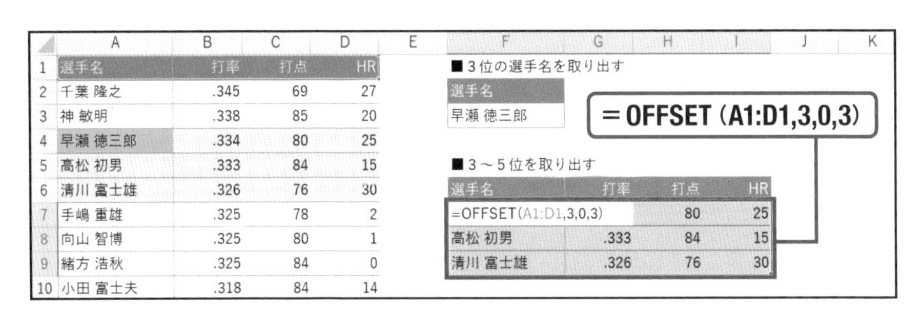

	A	B	C	D
1	選手名	打率	打点	HR
2	千葉 隆之	.345	69	27
3	神 敏明	.338	85	20
4	早瀬 徳三郎	.334	80	25
5	高松 初男	.333	84	15
6	清川 富士雄	.326	76	30
7	手嶋 重雄	.325	78	2
8	向山 智博	.325	80	1
9	緒方 浩秋	.325	84	0
10	小田 富士夫	.318	84	14

選手名	打率	打点	HR
=OFFSET(A1:D1,3,0,3)		80	25
高松 初男	.333	84	15
清川 富士雄	.326	76	30

❶セル範囲F7:I9を選択し、OFFSET関数を入力します。Excel 2019以前のバージョンでは入力を確定させるときに Ctrl + Shift + Enter キーを押すと、見出しのセル範囲を基準に、3行・0列離れた位置から3行分のセル範囲をまとめて取り出せます。

SECTION

092

データベース

対応バージョン 365 2019 2016 2013

4行おきにデータを取り出す

TRANSPOSE
OFFSET

関数は完成された表の要素として利用するだけでなく、雑多なデータを利用しやすいように整える際にも役立ちます。イレギュラーな形式で扱いづらいデータを、OFFSET関数やTRANSPOSE関数を利用してテーブル形式に整形してみましょう。

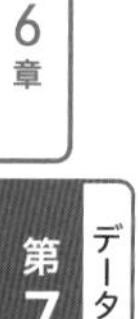

Before

	A	B	C	D	E	F	G	H
1	■元の表		■成形した表					
2	千葉 隆之		行位置	OFFSET関数で取り出した値				
3	.345		0					
4	69		4					
5	27		8					
6	神 敏明		12					
7	.338		16					
8	85		20					
9	20		24					
10	早瀬 徳三郎		28					

名前と成績が1列に並んだ表から

After

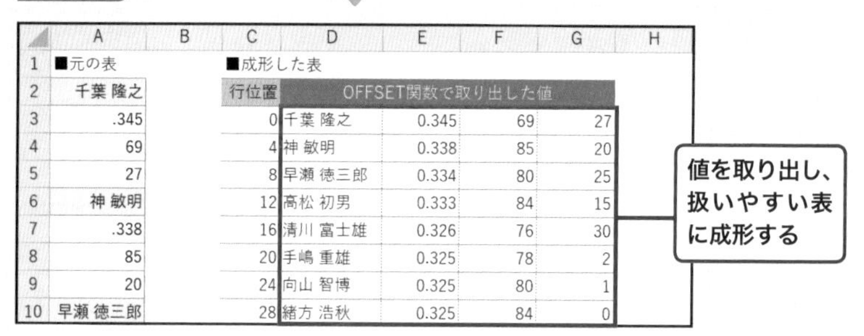

	A	B	C	D	E	F	G	H
1	■元の表		■成形した表					
2	千葉 隆之		行位置	OFFSET関数で取り出した値				
3	.345		0	千葉 隆之	0.345	69	27	
4	69		4	神 敏明	0.338	85	20	
5	27		8	早瀬 徳三郎	0.334	80	25	
6	神 敏明		12	高松 初男	0.333	84	15	
7	.338		16	清川 富士雄	0.326	76	30	
8	85		20	手嶋 重雄	0.325	78	2	
9	20		24	向山 智博	0.325	80	1	
10	早瀬 徳三郎		28	緒方 浩秋	0.325	84	0	

値を取り出し、扱いやすい表に成形する

=TRANSPOSE(配列)

配列  行・列を入れ替えたい配列・セル範囲

TRANSPOSE関数は「配列」に指定した配列やセル範囲の、行・列を入れ替えた配列を返します。

データを取り出してタテとヨコを入れ替える

A列に、4行ごとにまとまったデータが入力されています。このデータをテーブル形式に整形してみましょう。まず、OFFSET関数で4行ごとのセル範囲を取得し、そのセル範囲をTRANSPOSE関数でヨコ方向に変換します。
最初に、基準となる最初のデータのかたまりとなるセル範囲をOFFSET関数で抜き出します。その後、OFFSET関数の結果が横向きになるように、TRANSPOSE関数で変換します。なお、関数式はMicrosoft 365版のExcelではスピルの仕組みを利用して表示し、それ以前のバージョンでは取り出す4つのデータに対応する4列のセル範囲を選択し、配列数式として入力します(P.248参照)。

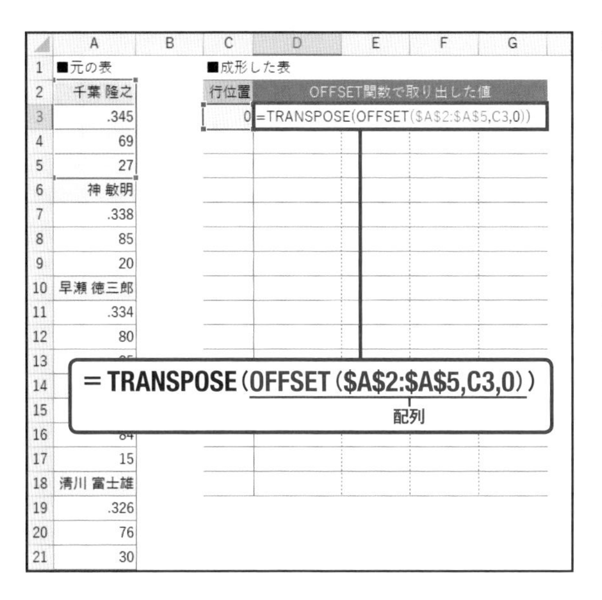

❶セルD3に関数式を入力します。OFFSET関数の引数「セル範囲」に$A$2:$A$5を指定し、引数「行数」に「0」を入力したセルC3を、引数「列数」に「0」を指定します。

MEMO Excel 2019以前の場合

Excel 2019以前のバージョンでは、セル範囲D3:G3を選択してからセルD3に関数式を入力し、Ctrl+Shift+Enterキーを押します。

	A	B	C	D	E	F	G
1	■元の表		■成形した表				
2	千葉 隆之		行位置	OFFSET関数で取り出した値			
3	.345		0	千葉 隆之	0.345	69	27
4	69		4	神 敏明	0.338	85	20
5	27		8	早瀬 徳三郎	0.334	80	25
6	神 敏明		12	高松 初男	0.333	84	15
7	.338		16	清川 富士雄	0.326	76	30
8	85		20	手嶋 重雄	0.325	78	2
9	20		24	向山 智博	0.325	80	1
10	早瀬 徳三郎		28	緒方 浩秋	0.325	84	0
11	.334		32	小田 富士夫	0.318	84	14
12	80		36	勝野 隆明	0.318	87	2
13	25		40	山川 明音	0.317	76	18
14	高松 初男		44	宮村 正博	0.316	60	6
15	.333		48	小幡 勝哉	0.299	71	27
16	84		52	江原 邦彦	0.295	60	10

Sheet1
準備完了

❷C列に4行ずつ離れた位置を指定するために、オートフィル機能などを利用して「0、4、8、12」のように4刻みで数値を入力します。

❸最後に、関数式を下方向にコピーします。結果として、4行ごとにまとまったデータから目的の値を抜き出せます。

SECTION 093 データベース

対応バージョン 365 2019 2016 2013

MATCH

検索したい値が表のどの位置にあるかを調べる

MATCH関数を使うと、任意の値が指定セル範囲や配列の何番目にあるかわかります。この「位置」の値は、INDEX関数と組み合わせることで、「同じ大きさのセル範囲の、同じ位置にあるセルの値」を取得する際に利用できます。

Before

	A	B	C	D	E	F
1	ID	品名	単価		検索する見出し	単価
2	A-001	A4ノート	240		見出しの位置	
3	A-002	A5ノート	200			
4	A-003	油性ボールペン	140		検索するID	A-005
5	A-004	ゲルインキボールペン	150		見出しの位置	
6	A-005	定規	110		同じ位置の単価	

表の見出し行にある任意の見出しが

After

	A	B	C	D	E	F
1	ID	品名	単価		検索する見出し	単価
2	A-001	A4ノート	240		見出しの位置	3
3	A-002	A5ノート	200			
4	A-003	油性ボールペン	140		検索するID	A-005
5	A-004	ゲルインキボールペン	150		見出しの位置	
6	A-005	定規	110		同じ位置の単価	

どの列にあるか位置を取得する

書式 =MATCH(検査値,検査範囲,[照合の種類])

引数

検査値	必須	位置を調べる値、セル参照
検査範囲	必須	値のリストが入力されているセル範囲
照合の種類	任意	照合する際のルール

説明 MATCH関数は、「検査範囲」を「検査値」で検索し、その位置を返します。
検査値が見つからない場合は、#N/Aエラーを返します。
「検査範囲」は、1行、もしくは、1列のセル範囲を指定します。
「照合の種類」を指定することで、3種類の方法から検索値のマッチングルールを選択できます(右ページのCOLUMN参照)。

検索値と範囲を指定して位置を調べる

MATCH関数では、引数「検索値」が引数「検索範囲」内でどの位置にあるかを取得します。「検索範囲」は、1行／1列からなるセル範囲を指定します。
たとえば、表の見出し行から「単価」という名前の列の位置を取得するには、「検索範囲」に見出しのセル範囲、「検索値」に「単価」が入力されたセルを指定します。

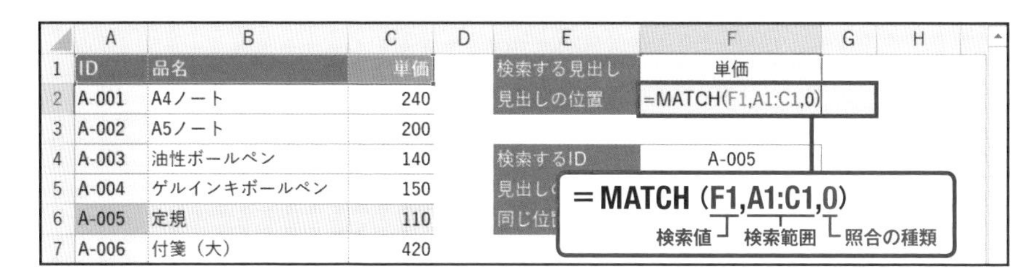

❶ セルF2にMATCH関数を入力します。引数「検索値」にセルF1を指定し、引数「検索範囲」にセル範囲A1:C1、引数「照合の種類」に0を指定します。結果は「3」と表示されます。

STEP UP 応用例 「ID」列の位置を調べて同じ位置の「価格」の値を取得する

MATCH関数とINDEX関数を組み合わせれば、「ID」列の位置を調べて同じ位置の「価格」の値を取得するといったような、表引きの用途でも利用可能です。まずは、MATCH関数で「ID」列の検索値の位置を調べ、その値を利用してINDEX関数で値を取り出します。

	A	B	C	E	F
1	ID	品名	単価		
2	A-001	A4ノート	240		
3	A-002	A5ノート	200		
4	A-003	油性ボールペン	140	検索するID	A-005
5	A-004	ゲルインキボールペン	150	見出しの位置	=MATCH(F4,A2:A11,0)
6	A-005	定規	110	同じ位置の単価	110

＝MATCH（F4,A2:A11,0）

❶ セルF5にMATCH関数を入力し、「ID」列から「A-005」の位置を検索します。

	A	B	C	E	F
1	ID	品名	単価		
2	A-001	A4ノート	240		
3	A-002	A5ノート	200		
4	A-003	油性ボールペン	140	検索するID	A-005
5	A-004	ゲルインキボールペン	150	見出しの位置	5
6	A-005	定規	110	同じ位置の単価	=INDEX(C2:C11,F5,0)

＝INDEX（C2:C11,F5,0）

❷ セルF6にINDEX関数を入力し、「単価」列から❶で得た位置の値を取り出します。

COLUMN

引数「照合の種類」の値の指定

引数「照合の種類」には、0、1、−1の3種類の値が指定できます。「0」は検索値と等しい値を検索、「1」または省略時は検査値以下の最大の値を検索、「−1」は検査値以上の最小の値を検索します。通常は、検査値と同じ値を検索することが多いため、「0」を指定します。

対応バージョン 365 2019 2016 2013

SECTION 094 データベース

マクロ不要！　Excelをデータベースのように使う

DGET

DGET関数などの各種データベース関数を利用すると、シート上に記述した条件式を満たすデータを表引き・集計可能です。記述方法はやや複雑ですが、複数列に渡る条件を細かく指定できるため、一度覚えてしまえば便利な仕組みです。

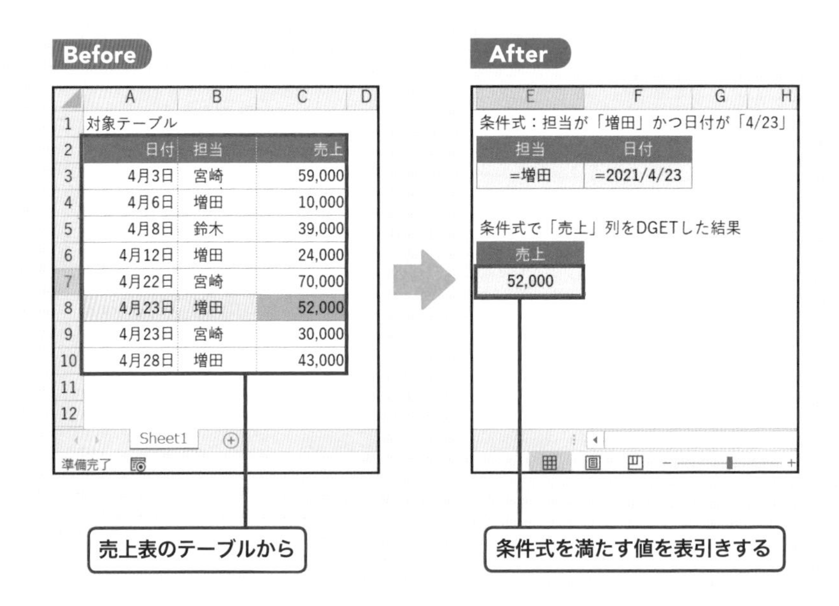

書式 **=DGET(データベース,フィールド,条件)**

引数

データベース	必須	表引きするテーブル形式のセル範囲
フィールド	必須	対象の列見出し名、または、列番号
条件	必須	条件式を記述したセル範囲

説明 DGET関数は「データベース」のセル範囲内の「フィールド」列から、「条件」を満たす値を取得します。満たす値がない場合は#VALUE!エラーを、複数の候補が存在する場合は、#NUM!エラーを返します。

シート上に条件式を記述して表引きする

DGET関数はデータベース関数の1つです。データベース関数を使うと、テーブル形式のセル範囲から、シート上に記述した条件式を満たすデータを取り出したり、集計したりすることができます。
たとえば、セル範囲A2:C10から、セル範囲E2:F3に記述した条件式で「売上」列の値を表引きするには、次のようにE7セルにDGET関数を入力します。

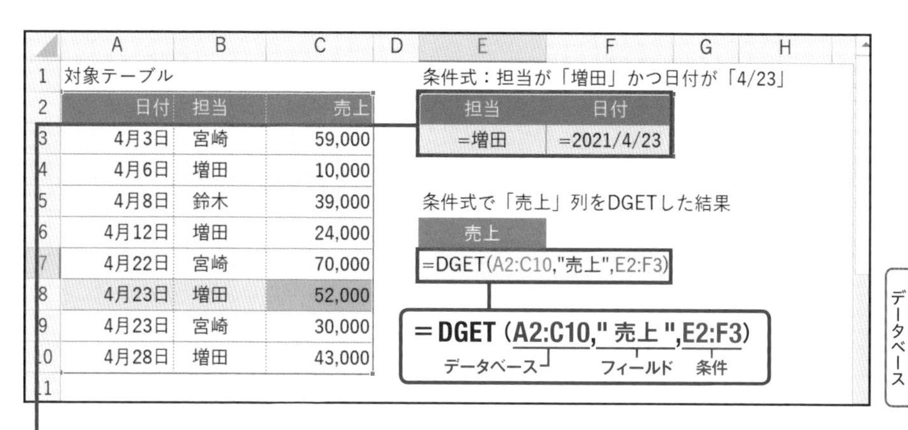

❶セル範囲E2：F3にテーブル形式のセル範囲の「列見出し」と「条件式」をセットで記述します。条件式を「=」から入力する際、数式として判断されないよう、セルの表示形式を「文字列」にするか、先頭に「'（アポストロフィー）」を付けて入力します。

❷セルE7にDGET関数を入力し、引数「データベース」にセル範囲A2:C10、引数「フィールド」に"売上"、引数「条件」にセル範囲E2:F3を指定します。

COLUMN

OR条件式とAND条件式

同じ列見出しの行方向に複数の条件式を列記すると、各条件式のいずれかを満たす条件式（OR条件式）となります。また、列見出しと条件式のセットを列方向に列記すると、各条件式のすべてを満たす条件式（AND条件式）となります。

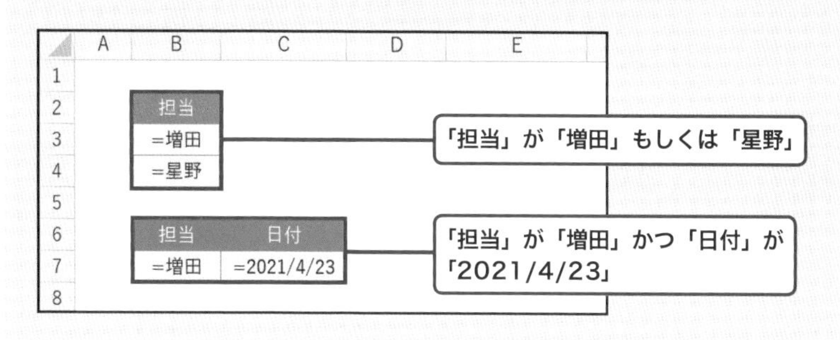

いろいろなデータベース関数

セルに条件式を記述して利用するデータベース関数には、さまざまなものが用意されています。テーブル形式のデータの検索・集計を、セルに条件式を記述しながら算出していきたい場合に利用しましょう。主なデータベース関数は次の表の通りです。

関数	用途
DGET 関数	条件を満たす単一の値を取得
DSUM 関数	条件を満たすレコードの合計を算出
DAVERAGE 関数	条件を満たす平均値を算出
DMAX 関数	条件を満たすレコード内の最大値を算出
DMIN 関数	条件を満たすレコード内の最小値を算出
DCOUNT 関数	条件を満たすレコードの個数を算出
DCOUNTA 関数	条件を満たす空白でないレコードの個数を算出
DPRODUCT 関数	条件を満たすレコードの積を算出
DSTDEV 関数	条件を満たすレコードを母集団の標本とみなして標準偏差を算出
DSTDEVP 関数	条件を満たすレコードを母集団全体とみなして標準偏差を算出
DVAR 関数	条件を満たすレコードを母集団の標本とみなして分散を算出
DVARP 関数	条件を満たすレコードを母集団全体とみなして分散を算出

データベース関数は、DGET関数同様に、次の書式で利用します。

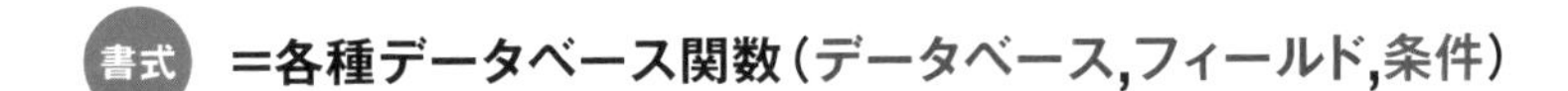

引数

データベース	必須	表引きするテーブル形式のセル範囲
フィールド	必須	対象の列見出し名、または、列番号
条件	必須	条件式を記述したセル範囲

説明　第1引数「データベース」にはテーブル形式のセル範囲を指定します。第2引数の「フィールド」は、「ID」「社員名」などのフィールド見出しに記述してあるフィールド名を指定するほかにも、「1」「2」等の列番号で指定することも可能です。第3引数「条件」には条件式を記述したセル範囲を指定します。

「担当」が「増田」もしくは「星野」の売上合計を調べる(DSUM)

同じ列で複数の条件式のいずれかを満たすレコードを対象に指定したい場合には、条件式はタテ方向に列記しOR条件とします。

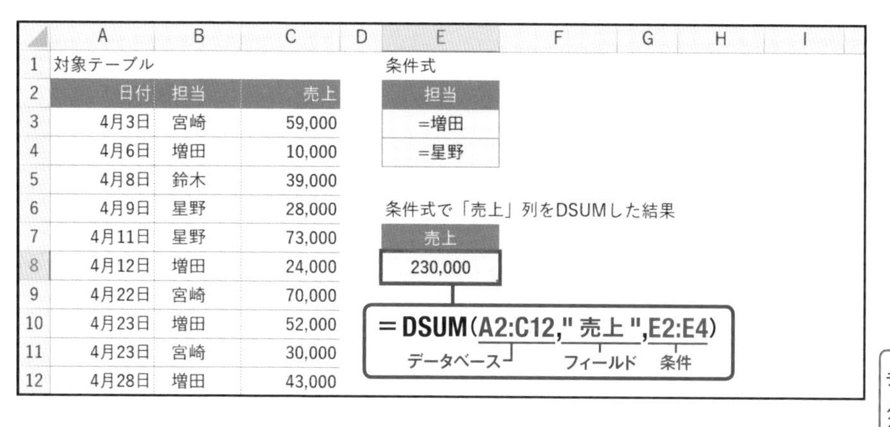

	A	B	C	D	E
1	対象テーブル				条件式
2	日付	担当	売上		担当
3	4月3日	宮崎	59,000		=増田
4	4月6日	増田	10,000		=星野
5	4月8日	鈴木	39,000		
6	4月9日	星野	28,000		条件式で「売上」列をDSUMした結果
7	4月11日	星野	73,000		売上
8	4月12日	増田	24,000		230,000
9	4月22日	宮崎	70,000		
10	4月23日	増田	52,000		
11	4月23日	宮崎	30,000		
12	4月28日	増田	43,000		

「計測地点」が「東京」から始まるレコードの平均を調べる(DAVERAGE)

文字列データの条件式には、「*(アスタリスク)」をワイルドカードとして使用できます。「東京から始まる」という条件式にするのであれば「=東京*」とします。

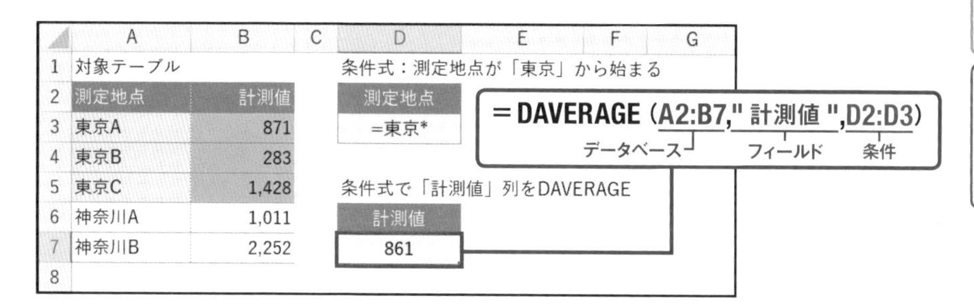

	A	B	C	D
1	対象テーブル			条件式：測定地点が「東京」から始まる
2	測定地点	計測値		測定地点
3	東京A	871		=東京*
4	東京B	283		
5	東京C	1,428		条件式で「計測値」列をDAVERAGE
6	神奈川A	1,011		計測値
7	神奈川B	2,252		861
8				

COLUMN

条件式に「東京」と入力した場合

上の例のように「東京」のデータを対象にしたい場合、条件式のセルに、「=」を付けずに単に「東京」と入力すると、「東京から始まる値」という意味になります。「=東京*」と同じ意味ですね。この形式で目的のレコードが集計できる場合には、「=」を付加せずに条件式を記述したほうが手軽です。

反面、意図していないレコードも集計対象としてしまうケースも出てくるでしょう。「東京」に完全一致するレコードのみを対象としたい場合は、「=東京」と、「=」から入力しましょう。

「日付」が「4/10」〜「4/24」の範囲内の最大の売上を調べる（DMAX）

条件式をヨコ方向に列記するとAND条件になります。同じ列見出しを列記し、不等号と組み合わせると、特定範囲のレコードを対象として指定できます。

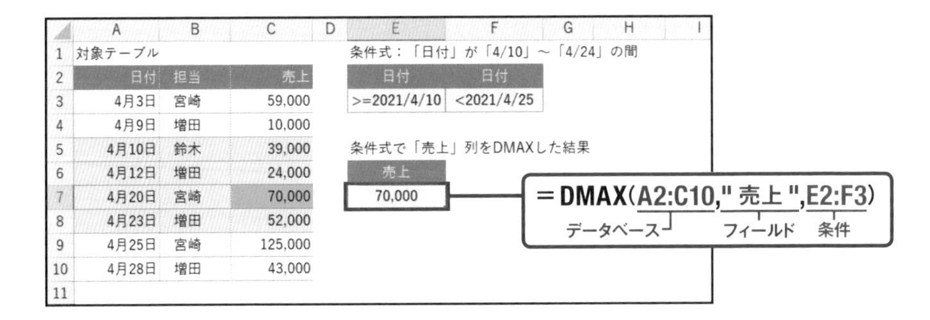

	A	B	C
1	対象テーブル		
2	日付	担当	売上
3	4月3日	宮崎	59,000
4	4月9日	増田	10,000
5	4月10日	鈴木	39,000
6	4月12日	増田	24,000
7	4月20日	宮崎	70,000
8	4月23日	増田	52,000
9	4月25日	宮崎	125,000
10	4月28日	増田	43,000
11			

「区分」が「不明」もしくは「摘要」が空白のレコードの合計金額を調べる（DMAX）

空白セルを指定する条件式は「=」のみを記述します。単に「=」を入力すると数式とみなされるため、表示形式を文字列とするか「'=」と入力しましょう。
また、条件式内の空白セルは「すべての値（どの値でもかまわない）」という条件式になります。下記の例では「区分」「摘要」見出しに関する条件式を2行記述しています。1行目が、「『区分』が『不明』かつ、『摘要』がすべての値」、2行目が「『区分』がすべての値、かつ、『摘要』が『空白』」という意味です。
2つの条件式がタテに並んでいるので、結果として、2つの条件式のいずれかを満たすレコードが集計対象となります。

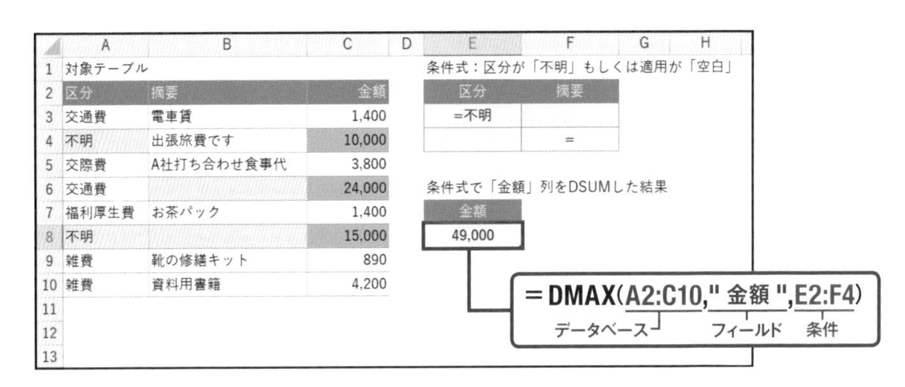

	A	B	C
1	対象テーブル		
2	区分	摘要	金額
3	交通費	電車賃	1,400
4	不明	出張旅費です	10,000
5	交際費	A社打ち合わせ食事代	3,800
6	交通費		24,000
7	福利厚生費	お茶パック	1,400
8	不明		15,000
9	雑費	靴の修繕キット	890
10	雑費	資料用書籍	4,200
11			
12			
13			

COLUMN

「空白ではない」セルの条件式

「空白ではない」セルを対象とする条件式は「<>」、もしくはワイルドカードを利用する「=*」です。

STEP UP 応用例 テーブル機能や名前付きセル範囲と組み合わせる

データベース関数は、テーブル機能や名前付きセル範囲と組み合わせても便利です。テーブル形式のセル範囲にテーブル名や名前を付けておけば、データが増減した際にも関数式は変更せずに運用可能です。
また、「条件式中の空白セルは『すべての値』という条件となる」仕組みを利用し、条件式のセル範囲のみを確保しておけば、最初は「すべてのレコードの集計」値を表示します。絞り込みを行いたい場合は条件式をセルに入力すれば、その条件に合うデータの集計をすばやく確認できます。

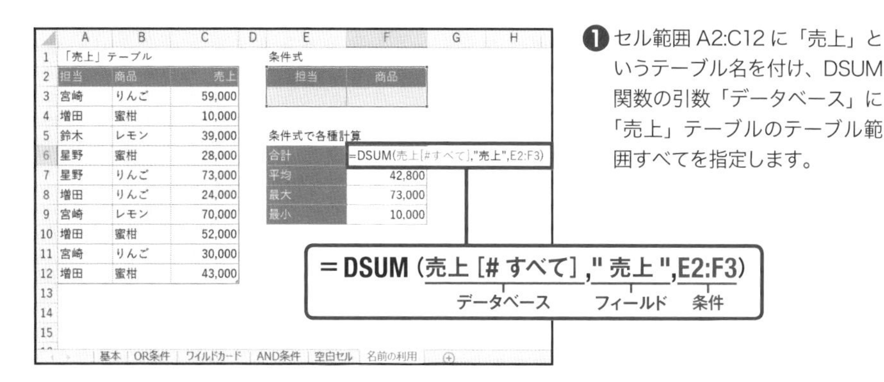

	A	B	C
1	「売上」テーブル		
2	担当	商品	売上
3	宮崎	りんご	59,000
4	増田	蜜柑	10,000
5	鈴木	レモン	39,000
6	星野	蜜柑	28,000
7	星野	りんご	73,000
8	増田	りんご	24,000
9	宮崎	レモン	70,000
10	増田	蜜柑	52,000
11	宮崎	りんご	30,000
12	増田	蜜柑	43,000

	E	F
1	条件式	
2	担当	商品
3		
5	条件式で各種計算	
6	合計	=DSUM(売上[#すべて],"売上",E2:F3)
7	平均	42,800
8	最大	73,000
9	最小	10,000

❶セル範囲 A2:C12 に「売上」というテーブル名を付け、DSUM関数の引数「データベース」に「売上」テーブルのテーブル範囲すべてを指定します。

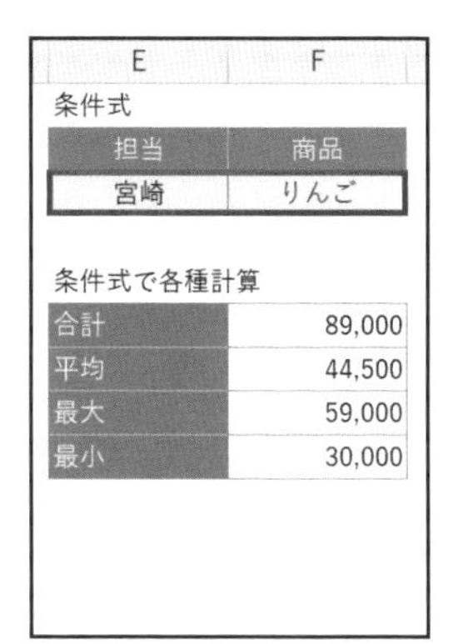

E	F
条件式	
担当	商品
宮崎	りんご
条件式で各種計算	
合計	89,000
平均	44,500
最大	59,000
最小	30,000

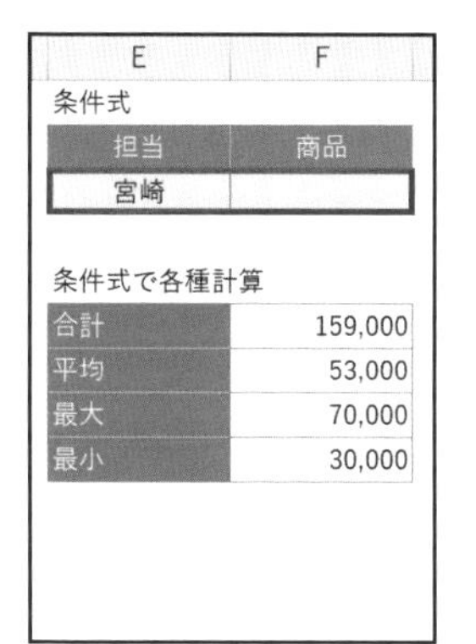

E	F
条件式	
担当	商品
宮崎	
条件式で各種計算	
合計	159,000
平均	53,000
最大	70,000
最小	30,000

❷セル範囲 E3:F3 に入力した条件式を変更すれば、自動的に再計算されます。フィルター機能やピボットテーブルでも同様のことができますが、マウス操作する作業がなく、キーボードから手を離さずに行えるのが便利です。

COLUMN

テーブル機能と組み合わせる際は「#すべて」を指定

テーブル機能と組み合わせた際のセル範囲の指定は「テーブル名」だけではなく、「テーブル名［#すべて］」とします。［#すべて］を付加しないと、テーブル内のデータ範囲のみが対象となるため、データベース関数が正しく機能しません。

COLUMN

ステータスバーでセル範囲の合計や平均を確認する

Excelでは、セル範囲を選択すると、セル範囲内に入力されているデータの個数や合計がステータスバーに表示されます。この機能を「オートカルク」といいます。データの合計などを簡単に確認したい場合に便利です。なお、ステータスバーを右クリックすると表示されるメニューで計算方法を選択し、チェックを付け外しすると、計算方法を追加／削除できます。

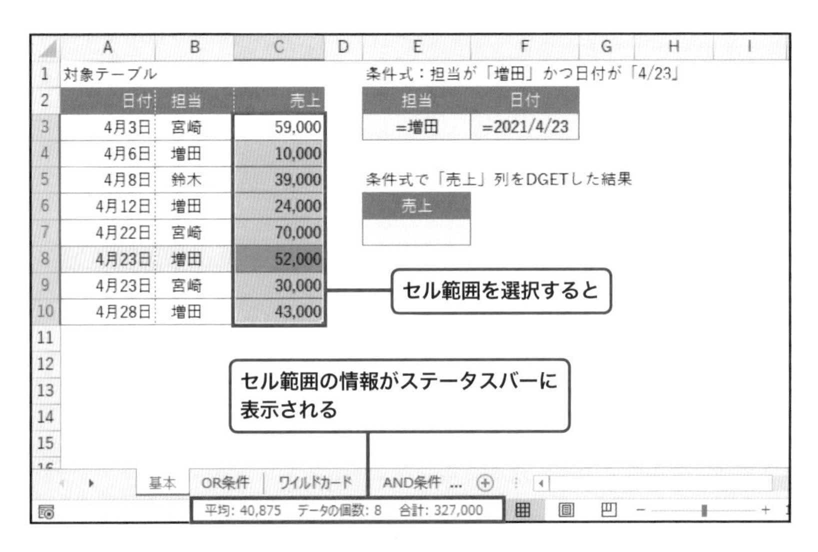

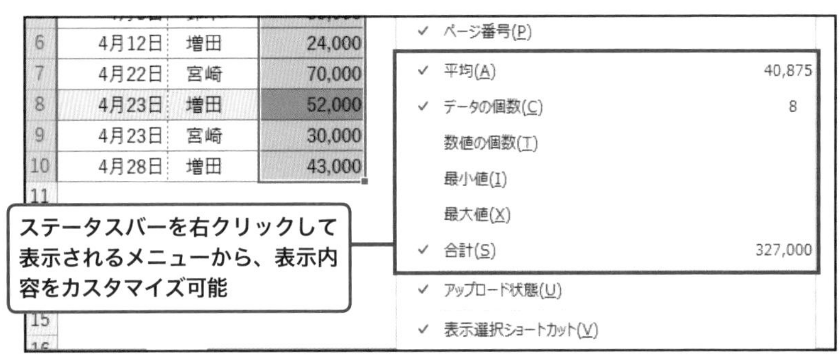

第8章

ビジネスデータの
分析に役立つ!
統計・抽出・並び替えの関数

SECTION 095 統計・抽出・並べ替え

対応バージョン 365 2019 2016 2013

Excelを使ってデータ分析をするには？

Excelには、シート上に集めたデータを統計的に分析するための関数が豊富です。各種関数を利用する際にはどのような点に注意して使い分ければよいのでしょうか。そのポイントとなる考え方を見てみましょう。

どの関数を利用するかを決めるポイント

集積・蓄積したデータから意味合いや傾向を読み取るために、データを分析します。Excelにも統計的な分析に役立つ関数が用意されています。関数のグループとしては、「統計」に分類されています。これらの関数は、どのように使い分ければよいのでしょうか。整理してみましょう。

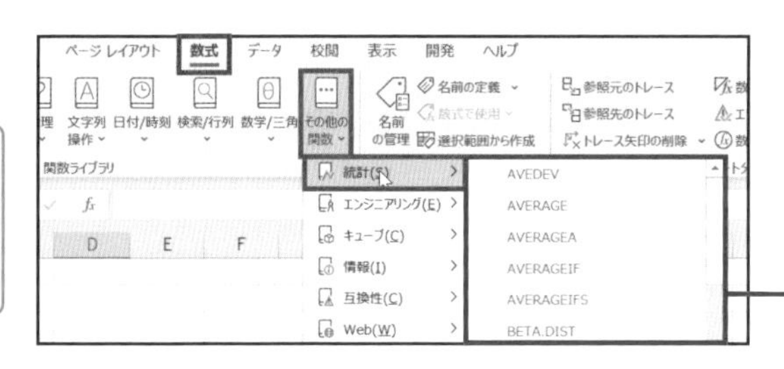

統計・分析に役立つ関数は、<数式>タブ→<その他の関数>→<統計>から確認・入力できます。

統計に関するデータの分析で役立つ関数

▶ 傾向を把握する

全体の傾向を把握したい場合には、平均値や分散・標準偏差が利用を利用します。また、データの性質や分布によっては、平均値よりも中央値・最頻値のほうが実態を把握しやすいでしょう。

傾向を把握する関数
平均値（AVERAGE 関数）
中央値（MEDIAN 関数）
最頻値（MODE 関数）
分散（VAR.P 関数など）
標準偏差（STDEV.P 関数など）

▶ 注目する値を取り出す

グループの中で突出した値に注目し、なぜ、その値となっているのを調査・分析するきっかけとしたい場合には、最大値や最小値を利用できます。順位や上位・下位のいくつかの値を取り出して注目するのも効果的でしょう。

値を取り出す関数
最大値（MAX 関数）
最小値（MIN 関数）
順位（RANK 関数など）
上位の値（LARGE 関数）
下位の値（SMALL 関数）

一定のルールでグループ化して集計する

データの量が多い場合は、1つひとつのデータに着目するよりも「年代ごと」「商品ごと」「月ごと」など、一定のルールを設けてグループ化し、そのグループ単位で集計してから比較・分析したほうが意味を見いだしやすくなります。
また、数値をある幅ごとに区切ったり(度数分布)、注目したい商品や年代のみのデータを抽出したりしてから分析するのも効果的でしょう。

グループ化する関数
全体量の把握（COUNT 関数）
条件付きで集計（COUNTIF 関数など）
度数分布表作成（FRUQUENCY 関数）
ユニーク値抽出（UNIQUE 関数）
特定条件のデータ抽出（FILTER 関数）

関連性を探る

「季節ごとの商品の販売量から、2つの項目に関連性があるのかを検討したい」など、異なる指標同士の関連性を把握したい場合には、いわゆるクロス集計表を作成するのが便利です。
Excelでクロス集計といえば、ピボットテーブル機能です。また、ピボットテーブルの集計結果から、注目したい結果のみを取り出すGETPIVOTDATA関数も用意されています。

ピボットテーブルですばやく集計する

データを統計的に分析する際、特に分類・集計作業の局面においては、いくつかの関数を組み合わせて目的の集計を行うよりも、ピボットテーブルを作成したほうが短時間で集計できるケースも多くあります。そこで本書では、関数だけでなくピボットテーブルの作成方法もあわせて紹介します(P.300参照)。

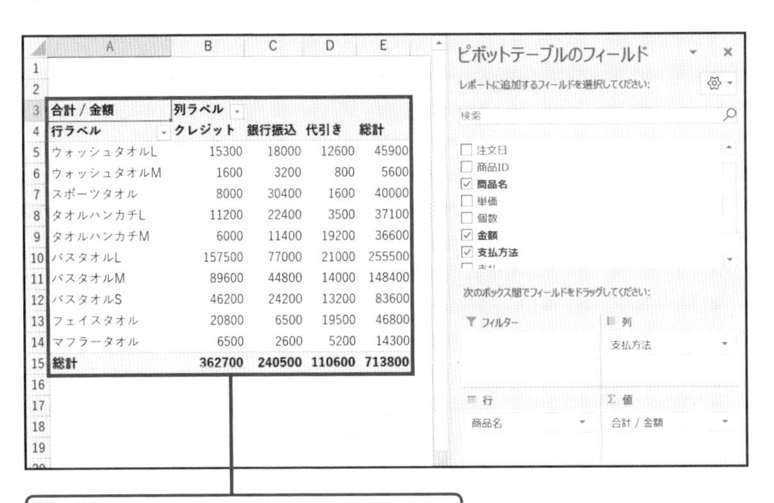

合計 / 金額	列ラベル			
行ラベル	クレジット	銀行振込	代引き	総計
ウォッシュタオルL	15300	18000	12600	45900
ウォッシュタオルM	1600	3200	800	5600
スポーツタオル	8000	30400	1600	40000
タオルハンカチL	11200	22400	3500	37100
タオルハンカチM	6000	11400	19200	36600
バスタオルL	157500	77000	21000	255500
バスタオルM	89600	44800	14000	148400
バスタオルS	46200	24200	13200	83600
フェイスタオル	20800	6500	19500	46800
マフラータオル	6500	2600	5200	14300
総計	362700	240500	110600	713800

データの集計は関数を組み合わせるよりも、ピボットテーブルを作るほうが手軽な場合もある

AVERAGE

データの平均値を求める

表に記録されている数値の平均値を求めるには、AVERAGE関数を使います。SUM関数と並んでよく利用される関数の1つです。なお、空白セルを除くすべてのセルの値の平均を求めたい場合は、AVERAGEA関数（P.268参照）を使います。

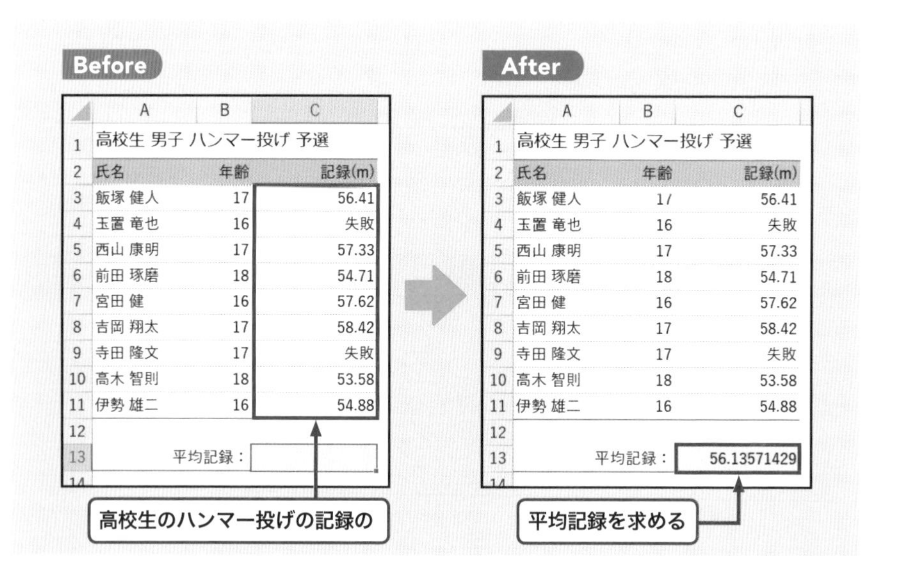

書式 **=AVERAGE(数値1,[数値2],...)**

引数

数値1	必須	平均を計算する1つ目の数値やセル参照、セル範囲
数値2	任意	平均を計算する2つ目以降の数値やセル参照、セル範囲

説明 AVERAGE関数は、数値の平均を計算します。引数には、数値か、数値を含む名前、セル範囲、またはセル参照を指定します。0は計算の対象になりますが、文字列や論理値、空白のセルは計算の対象になりません。エラー値または数値に変換できない文字列を引数に指定すると、エラーになります。引数「数値」は最大255個まで指定できます。

セル範囲を指定して平均値を算出する

AVERAGE関数を使って、高校生のハンマー投げの記録の平均値を算出してみましょう。引数「数値1」にC列のデータが入力されているセル範囲を指定します。セル範囲は、まとめて1つの引数として指定可能です。

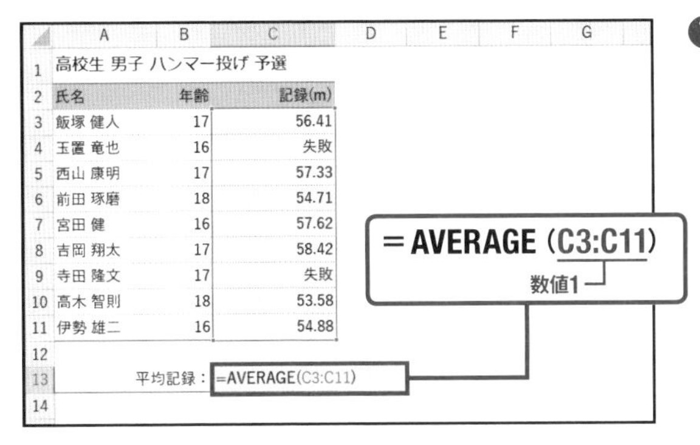

	A	B	C
1	高校生 男子 ハンマー投げ 予選		
2	氏名	年齢	記録(m)
3	飯塚 健人	17	56.41
4	玉置 竜也	16	失敗
5	西山 康明	17	57.33
6	前田 琢磨	18	54.71
7	宮田 健	16	57.62
8	吉岡 翔太	17	58.42
9	寺田 隆文	17	失敗
10	高木 智則	18	53.58
11	伊勢 雄二	16	54.88
12			
13		平均記録：	=AVERAGE(C3:C11)
14			

❶セルC13にAVERAGE関数を入力します。引数「数値1」に「記録」列のセル範囲C3:C11を指定します。

COLUMN

文字列や空白のセルは集計の対象外になる

AVERAGE関数では集計対象のセル範囲に文字列が含まれていた場合、集計対象としてカウントされません。サンプルの「失敗」のように、引数「数値」に文字列が含まれていたとしても、エラーにはなりません。わざわざ数値のセルのみを指定しなくてもよいのです。

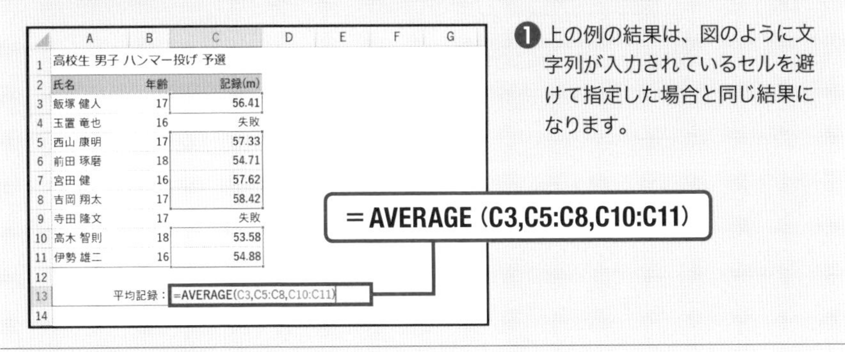

	A	B	C
1	高校生 男子 ハンマー投げ 予選		
2	氏名	年齢	記録(m)
3	飯塚 健人	17	56.41
4	玉置 竜也	16	失敗
5	西山 康明	17	57.33
6	前田 琢磨	18	54.71
7	宮田 健	16	57.62
8	吉岡 翔太	17	58.42
9	寺田 隆文	17	失敗
10	高木 智則	18	53.58
11	伊勢 雄二	16	54.88
12			
13		平均記録：	=AVERAGE(C3,C5:C8,C10:C11)
14			

❶上の例の結果は、図のように文字列が入力されているセルを避けて指定した場合と同じ結果になります。

COLUMN

データの中心傾向を求める

AVERAGE関数に似ている関数に、MEDIAN関数（P.276参照）やMODE関数（P.278参照）があります。これらはいずれもデータの中心傾向を求めます。「2、8、3、2、10」というデータがあった場合、AVERAGE関数は平均値「5」を返し、MEDIAN関数は中央値「3」を返します。MODE関数は、最頻値「2」を返します。

対応バージョン 365 2019 2016 2013

文字データを0とみなして平均値を求める

AVERAGEA

数値のほかに文字列や論理値など、空白セルを除くすべてのセルの値の平均を計算するには、AVERAGEA関数を使います。このとき、数値以外のデータが入力されているセルは、0もしくは1として扱われます。

Before

	A	B	C
1	高校生 男子 ハンマー投げ 予選		
2	氏名	年齢	記録(m)
3	飯塚 健人	17	56.41
4	玉置 竜也	16	失敗
5	西山 康明	17	57.33
6	前田 琢磨	18	54.71
7	寺田 隆文	17	失敗
8	高木 智則	18	53.58
9	伊勢 雄二	16	54.88
10			
11		平均記録：	55.38
12	平均記録(失敗は0扱い)：		
13			

高校生のハンマー投げの記録の

After

	A	B	C
1	高校生 男子 ハンマー投げ 予選		
2	氏名	年齢	記録(m)
3	飯塚 健人	17	56.41
4	玉置 竜也	16	失敗
5	西山 康明	17	57.33
6	前田 琢磨	18	54.71
7	寺田 隆文	17	失敗
8	高木 智則	18	53.58
9	伊勢 雄二	16	54.88
10			
11		平均記録：	55.38
12	平均記録(失敗は0扱い)：		39.56
13			

「失敗」を「0m」として平均を求める

書式 **=AVERAGEA(値1,[値2],...)**

引数

値1	必須	平均を計算する1つ目の数値やセル参照、セル範囲
値2	任意	平均を計算する2つ目以降の数値やセル参照、セル範囲

説明 AVERAGEA関数は数値の平均を計算します。AVERAGE関数と異なり、数値、数値配列、数値を表す文字列、論理値など、空白を除くすべてのデータも計算の対象になります。このとき、文字列は0とみなされます。論理値の場合は、TRUEが1、FALSEが0とみなされます。空白のセルは計算の対象になりません。
引数「値」は最大で255個まで指定できます。

「失敗」は0mとして記録の平均値を算出する

データの入力されているセル範囲A2:C9から、C列の値の平均値を算出してみましょう。このとき、失敗した記録は計算から除外するのではなく記録「0m」として集計したいときは、AVERAGEA関数を使い、文字列は0として集計します。

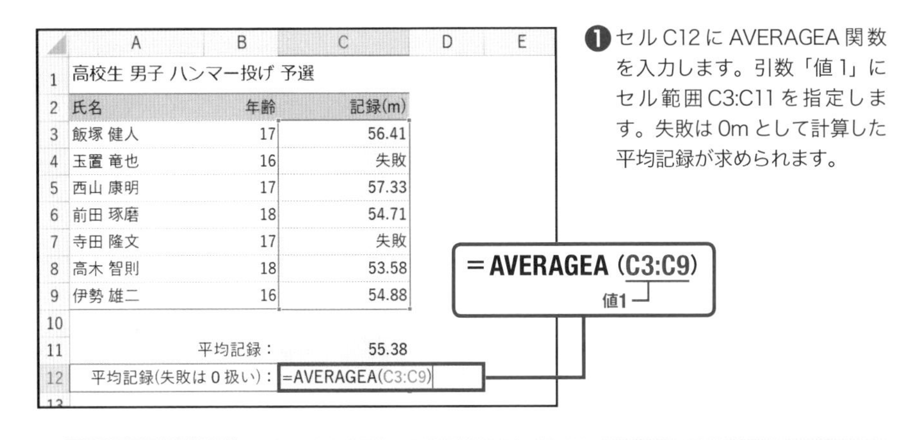

	A	B	C	D	E
1	高校生 男子 ハンマー投げ 予選				
2	氏名	年齢	記録(m)		
3	飯塚 健人	17	56.41		
4	玉置 竜也	16	失敗		
5	西山 康明	17	57.33		
6	前田 琢磨	18	54.71		
7	寺田 隆文	17	失敗		
8	高木 智則	18	53.58		
9	伊勢 雄二	16	54.88		
10					
11	平均記録：		55.38		
12	平均記録(失敗は0扱い)：		=AVERAGEA(C3:C9)		

❶セルC12にAVERAGEA関数を入力します。引数「値1」にセル範囲C3:C11を指定します。失敗は0mとして計算した平均記録が求められます。

COLUMN

空白セルは集計対象に含まれない

集計対象のセル範囲に空白セルが含まれていた場合、「データが未入力」とみなされ、集計対象としてカウントされません。0のつもりで空白セルを利用すると、意図した集計結果にならない点に注意しましょう。

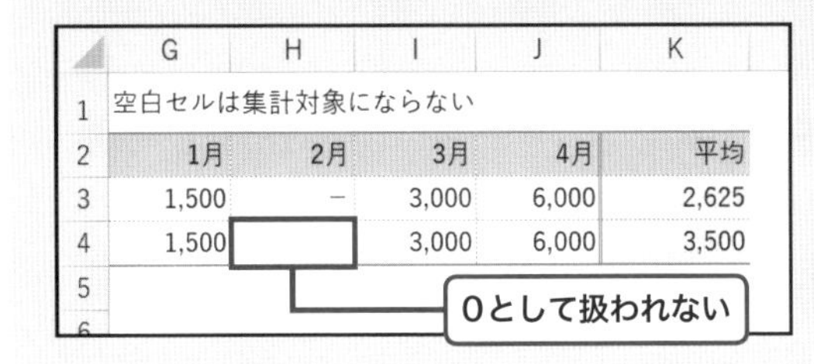

	G	H	I	J	K
1	空白セルは集計対象にならない				
2	1月	2月	3月	4月	平均
3	1,500	−	3,000	6,000	2,625
4	1,500		3,000	6,000	3,500
5					

❶AVERAGEA関数では、文字列は「0」として扱われますが、空白セルは「0」として扱われず、集計の対象外となります。

COLUMN

非表示の0に注意

AVERAGEまたはAVERAGEA関数を使って平均を計算する際、いずれの関数も空白セルは計算の対象になりません。ただし、「非表示の0」は計算の対象となります。
非表示の0とは、<Excelのオプション>の<詳細設定>にある<ゼロ値のセルにゼロを表示する>をオフにしている、または関数を使って、セルに入力されている0を非表示している場合が該当します。この場合、見た目は空白セルに見えますが、実際には空白セルではないため計算の対象に含まれます。

SECTION **098** 統計・抽出・並べ替え

指摘一覧表で対応済みの指摘の割合を集計する

COUNTA
COUNTIF

特定の値が全体の何パーセントかを集計するには、データの全体数を数えるCOUNTA関数と、個別のデータ数を数えるCOUNTIF関数を組み合わせて利用します。列全体を集計対象とすることで、全体のデータ数が増減しても自動的に再計算されます。

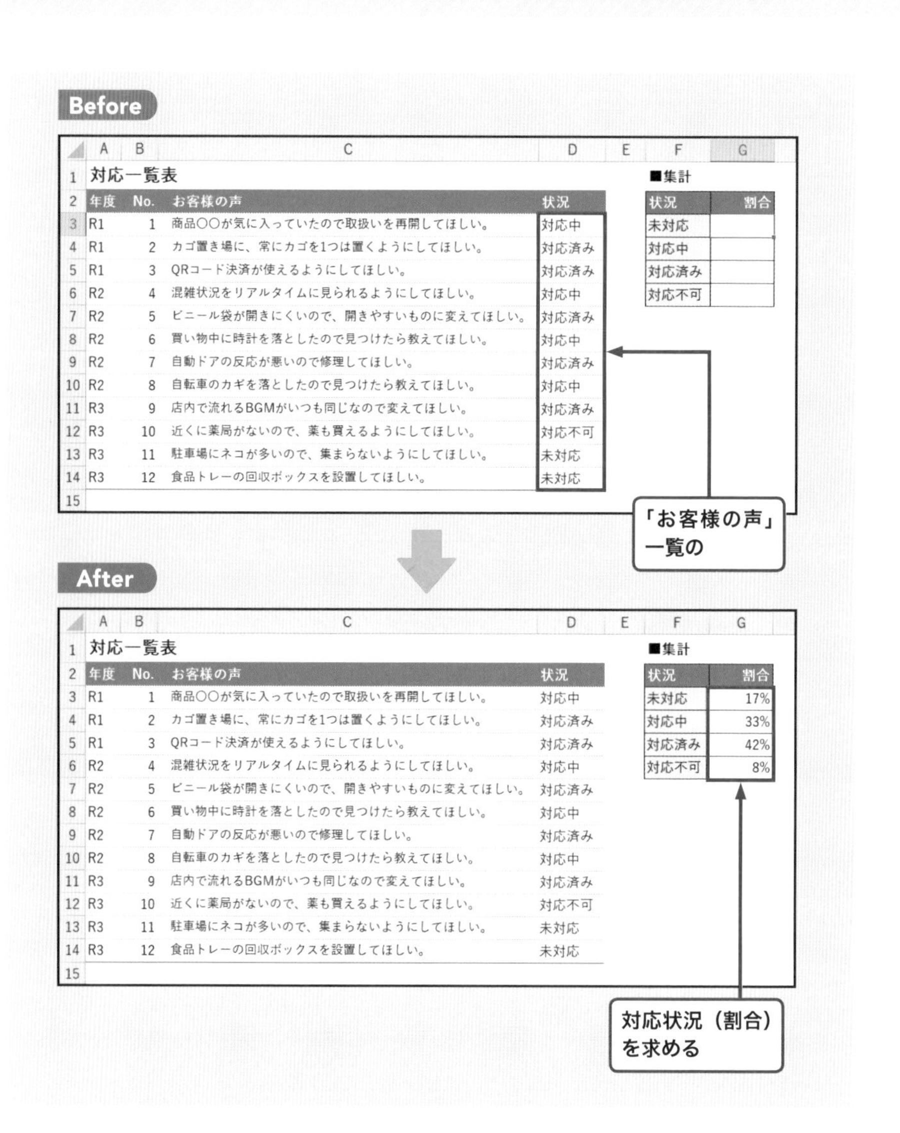

Before

	A	B	C	D	E	F	G
1	対応一覧表					■集計	
2	年度	No.	お客様の声	状況		状況	割合
3	R1	1	商品○○が気に入っていたので取扱いを再開してほしい。	対応中		未対応	
4	R1	2	カゴ置き場に、常にカゴを1つは置くようにしてほしい。	対応済み		対応中	
5	R1	3	QRコード決済が使えるようにしてほしい。	対応済み		対応済み	
6	R2	4	混雑状況をリアルタイムに見られるようにしてほしい。	対応中		対応不可	
7	R2	5	ビニール袋が開きにくいので、開きやすいものに変えてほしい。	対応済み			
8	R2	6	買い物中に時計を落としたので見つけたら教えてほしい。	対応中			
9	R2	7	自動ドアの反応が悪いので修理してほしい。	対応済み			
10	R2	8	自転車のカギを落としたので見つけたら教えてほしい。	対応中			
11	R3	9	店内で流れるBGMがいつも同じなので変えてほしい。	対応済み			
12	R3	10	近くに薬局がないので、薬も買えるようにしてほしい。	対応不可			
13	R3	11	駐車場にネコが多いので、集まらないようにしてほしい。	未対応			
14	R3	12	食品トレーの回収ボックスを設置してほしい。	未対応			
15							

After

	A	B	C	D	E	F	G
1	対応一覧表					■集計	
2	年度	No.	お客様の声	状況		状況	割合
3	R1	1	商品○○が気に入っていたので取扱いを再開してほしい。	対応中		未対応	17%
4	R1	2	カゴ置き場に、常にカゴを1つは置くようにしてほしい。	対応済み		対応中	33%
5	R1	3	QRコード決済が使えるようにしてほしい。	対応済み		対応済み	42%
6	R2	4	混雑状況をリアルタイムに見られるようにしてほしい。	対応中		対応不可	8%
7	R2	5	ビニール袋が開きにくいので、開きやすいものに変えてほしい。	対応済み			
8	R2	6	買い物中に時計を落としたので見つけたら教えてほしい。	対応中			
9	R2	7	自動ドアの反応が悪いので修理してほしい。	対応済み			
10	R2	8	自転車のカギを落としたので見つけたら教えてほしい。	対応中			
11	R3	9	店内で流れるBGMがいつも同じなので変えてほしい。	対応済み			
12	R3	10	近くに薬局がないので、薬も買えるようにしてほしい。	対応不可			
13	R3	11	駐車場にネコが多いので、集まらないようにしてほしい。	未対応			
14	R3	12	食品トレーの回収ボックスを設置してほしい。	未対応			
15							

集計したい値のリストを作成して割合を算出する

対応一覧表のD列にある「状況」から、それぞれの状況の占める割合を算出します。まずは、調べたい値のリストをセル上に作成します。続いて、隣の列にCOUNTIF関数とCOUNTA関数を組み合わせた関数式を入力します。

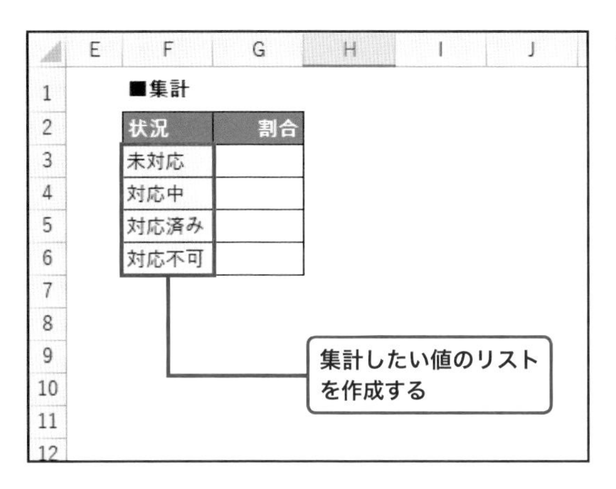

❶セル範囲F3:F6に割合を算出したい値のリストを入力します。ここでは「状況」として「未対応」「対応中」「対応済み」「対応不可」の4つを入力します。

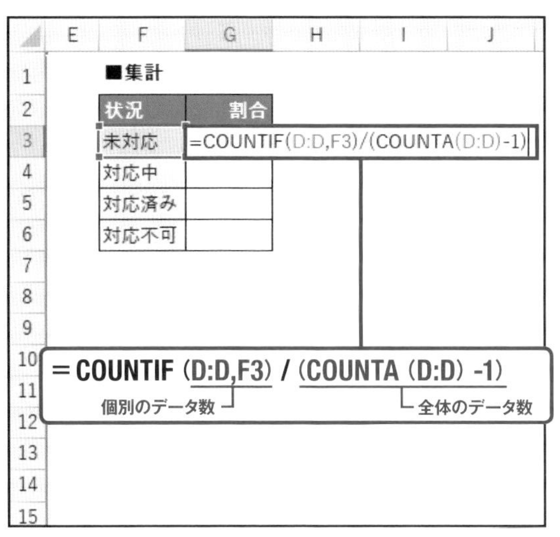

❷セルG3に「F列の値のデータ数／D列全体のデータ数」となるよう関数式を入力します。COUNTIF関数では、D列内に含まれるF列のリストの値を数え、COUNTA関数ではD列全体のデータが入力されているセル範囲を数えます。2つの結果を利用し、「個別の値の数」で「全体のデータ数」を割り、全体に占める割合を算出します。

MEMO 全体のデータ数

全体のデータ数はD列の見出し「状況」を含まないように「COUNTA(D:D) -1」としています。

COLUMN

列全体を集計対象に指定する

集計対象のセル範囲を「D:D」という形で指定すると、列全体を集計対象に指定できます。このように指定すると、タテ方向にデータが増減しても、関数式を変更することなく自動的に集計される式となります。

対応バージョン 365 2019 2016 2013

MAX

データの最大値を求める

年齢やテストの結果、営業成績などの表の中から、一番大きな数値を求めたいときは、MAX関数を使います。MAX関数では、数値以外にも日付や時刻のデータも扱うことができます。この場合はもっとも新しい日付・時刻が抽出されます。

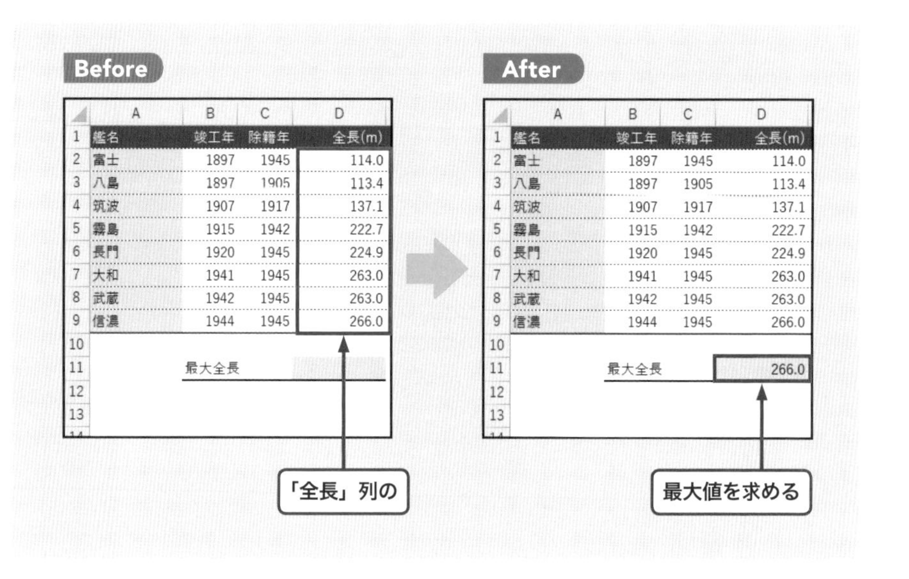

書式 **=MAX(数値1,[数値2],...)**

引数

数値1	必須	最大値を計算する1つ目の数値やセル参照、セル範囲
数値2	任意	最大値を計算する2つ目以降の数値やセル参照、セル範囲

説明

MAX関数は引数に指定した数値の中から、もっとも大きい数値を返します。引数には、数値や数値を含むセル範囲を指定します。文字列や論理値、空白のセルが含まれている場合、それらは計算の対象になりません。
なお、指定したセル範囲内にエラー値があると、計算結果もエラーになります。引数「数値」は最大255個まで指定できます。

戦艦のリストから最大全長を算出する

MAX関数を使い、D列に入力されている戦艦の最大全長を求めます。

	A	B	C	D	E
1	艦名	竣工年	除籍年	全長(m)	全幅(m)
2	富士	1897	1945	114.0	22.3
3	八島	1897	1905	113.4	22.5
4	筑波	1907	1917	137.1	23.0
5	霧島	1915	1942	222.7	31.0
6	長門	1920	1945	224.9	34.6
7	大和	1941	1945	263.0	38.9
8	武蔵	1942	1945	263.0	38.9
9	信濃	1944	1945	266.0	38.9
10					
11		最大全長		=MAX(D2:D9)	
12					
13					

＝MAX (D2:D9)
数値1

❶セルD11にMAX関数を入力します。引数「数値1」にセル範囲D2:D9を指定します。セル範囲に含まれるデータの最大値が表示されます。

STEP UP 応用例　下限を設定して料金を算出する

「必要経費を請求するが、基本料金として最低でも30,000円は請求する」など、下限の値を設定した計算を行う際にもMAX関数が利用できます。第1引数に下限の値を設定し、第2引数に経費の集計値を指定すれば、結果として高いほうの値が算出されます。

	A	B	C	D	E
1				基本料金	30,000
2					
3	交通費	消耗品費	飲食費	経費小計	請求金額
4	8,400	25,000	4,800	38,200	=MAX($E$1,D4)
5	4,900	10,840	900	16,640	30,000
6	18,000	18,500	3,900	40,400	40,400
7	5,200	8,840	650	14,690	30,000
8					
9					

＝MAX ($E$1,D4)

❶セルE4にMAX関数を入力します。引数「数値1」にセル範囲$E$1を指定し、引数「数値2」にセルD4を指定します。「経費が基本料金を下回る場合には、基本料金の値を算出する」という関数式になります。

	A	B	C	D	E
1				基本料金	30,000
2					
3	交通費	消耗品費	飲食費	経費小計	請求金額
4	8,400	25,000	4,800	38,200	38,200
5	4,900	10,840	900	16,640	30,000
6	18,000	18,500	3,900	40,400	40,400
7	5,200	8,840	650	14,690	30,000
8					
9					

❷料金が算出されます。4行目は経費が基本料金を上回るため経費小計の「38,200」が、5行目は経費が基本料金を下回るため基本料金の「30,000」が計算結果として表示されます。

SECTION 100 統計・抽出・並べ替え

MIN

データの最小値を求める

MAX関数とは逆に、表の中から一番小さい数値を求めたいときもあるでしょう。このようなときは、MIN関数を使います。MIN関数では、数値以外に日付や時刻のデータも扱うことができます。

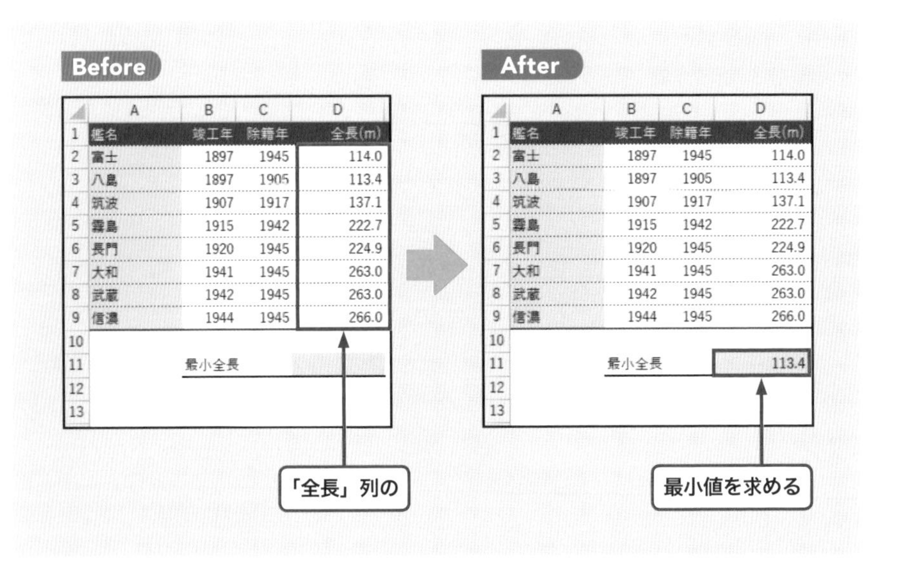

書式 **=MIN(数値1,[数値2],...)**

引数

数値1	必須	最小値を計算する1つ目の数値やセル参照、セル範囲
数値2	任意	最小値を計算する2つ目以降の数値やセル参照、セル範囲

説明

MIN関数は引数に指定した数値の中から、もっとも小さい数値を返します。引数には、数値や数値を含むセル範囲を指定します。文字列や論理値、空白のセルが含まれている場合、それらは計算の対象になりません。
なお、指定したセル範囲内にエラー値があると、計算結果もエラーになります。引数「数値」は最大255個まで指定できます。

戦艦のリストから最小全長を算出する

MIN関数を使い、D列に入力されている戦艦の最小全長を求めます。

	A	B	C	D	E
1	艦名	竣工年	除籍年	全長(m)	全幅(m)
2	富士	1897	1945	114.0	22.3
3	八島	1897	1905	113.4	22.5
4	筑波	1907	1917	137.1	23.0
5	霧島	1915	1942	222.7	31.0
6	長門	1920	1945	224.9	34.6
7	大和	1941	1945	263.0	38.9
8	武蔵	1942	1945	263.0	38.9
9	信濃	1944	1945	266.0	38.9
10					
11		最小全長		=MIN(D2:D9)	
12					

=MIN（D2:D9）
数値1

❶セルD11にMIN関数を入力します。引数「数値1」にセル範囲D2:D9を指定します。セル範囲に含まれるデータの最小値が表示されます。

STEP UP 応用例　上限を設定して料金を算出する

「経費を支払うが、上限を30,000円とする」など、上限の値を設定した計算を行う際にもMIN関数が利用できます。第1引数に上限金額を設定し、第2引数に経費の集計値を指定すれば、結果として低いほうの値が算出されます。

	A	B	C	D	E
1				上限金額	30,000
2					
3	交通費	消耗品費	飲食費	経費小計	支払金額
4	8,400	25,000	4,800	38,200	=MIN($E$1,D4)
5	4,900	10,840	900	16,640	16,640
6	18,000	18,500	3,900	40,400	30,000
7	5,200	8,840	650	14,690	14,690
8					
9					

=MIN（$E$1,D4）

❶セルE4にMIN関数を入力します。引数「数値1」にセル範囲$E$1を指定し、引数「数値2」にセルD4を指定します。「経費が上限金額を上回る場合には、上限金額の値を算出する」という関数式になります。

	A	B	C	D	E
1				上限金額	30,000
2					
3	交通費	消耗品費	飲食費	経費小計	支払金額
4	8,400	25,000	4,800	38,200	30,000
5	4,900	10,840	900	16,640	16,640
6	18,000	18,500	3,900	40,400	30,000
7	5,200	8,840	650	14,690	14,690
8					
9					

❷経費が算出されます。4行目は経費が上限金額を上回るため上限金額の「30,000」が、5行目は経費が上限金額を下回るため経費の「16,640」が計算結果として表示されます。

SECTION 101 統計・抽出・並べ替え

対応バージョン 365 2019 2016 2013

中央値と平均値の違いを理解する

MEDIAN

データを小さい順に並べたときにちょうど真ん中に来る値を中央値といい、MEDIAN関数を使って求められます。極端なデータが含まれている場合でもその影響を受けにくいため、平均値の代わりに使われることがあります。

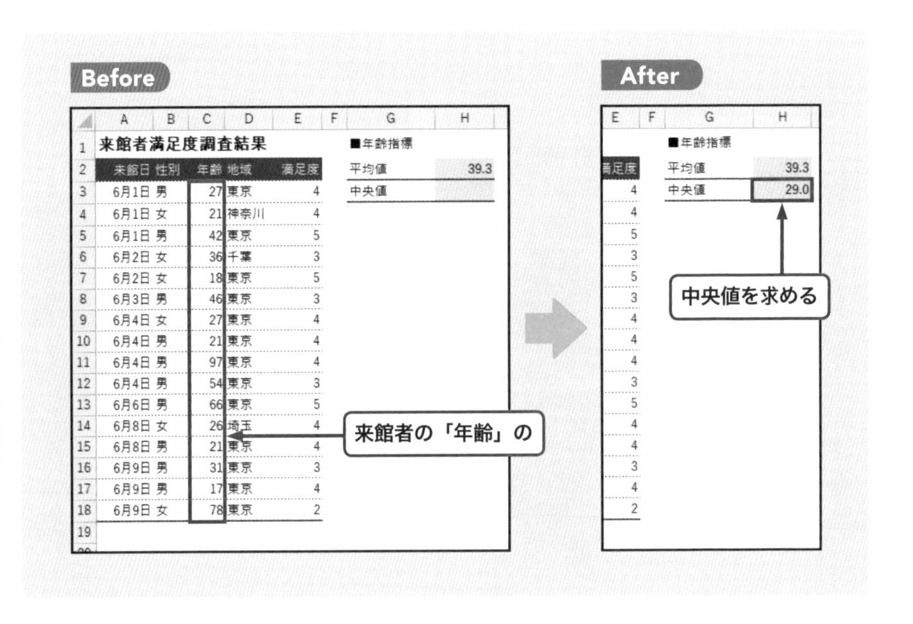

書式 **=MEDIAN(数値1, [数値2] ,...)**

引数

数値1	必須	中央値を計算する1つ目の数値やセル参照、セル範囲
数値2	任意	中央値を計算する2つ目以降の数値やセル参照、セル範囲

説明 MEDIAN関数は、指定した数値の中から中央値を求める関数です。文字列や論理値、空白のセルは計算の対象になりません。数値の個数が偶数である場合、中央に位置する2つの数値の平均値が中央値として計算されます。

年齢の中央値を求める

MEDIAN関数を使い、C列に入力されている年齢の中央値を算出します。なお、引数にC列全体を指定すると、C列に含まれる数値がすべて集計対象になります。

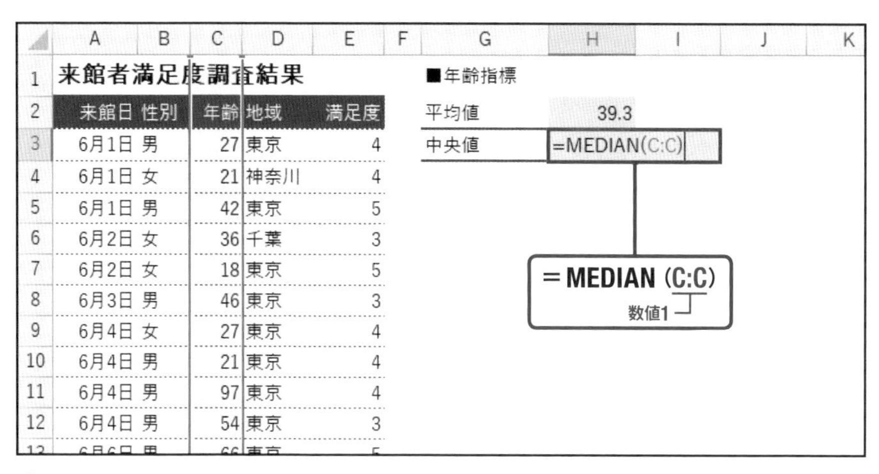

	A	B	C	D	E	F	G	H
1	来館者満足度調査結果						■年齢指標	
2	来館日	性別	年齢	地域	満足度		平均値	39.3
3	6月1日	男	27	東京	4		中央値	=MEDIAN(C:C)
4	6月1日	女	21	神奈川	4			
5	6月1日	男	42	東京	5			
6	6月2日	女	36	千葉	3			
7	6月2日	女	18	東京	5			
8	6月3日	男	46	東京	3			
9	6月4日	女	27	東京	4			
10	6月4日	男	21	東京	4			
11	6月4日	男	97	東京	4			
12	6月4日	男	54	東京	3			

❶ セルH3にMEDIAN関数を入力します。引数「数値1」にセル範囲C:Cを指定します。「C列に入力された年齢の中央値を求める」という意味になります。

平均値と中央値の違い

平均値と中央値は、どちらも複数のデータの傾向分析に利用する値ですが、算出方法が異なります。平均値は、集団内の値の合計を値の数で割って算出するのに対し、中央値は、集団内の値を大きさ順に並べ、その中央の値を算出します。
このため、平均値は、一部の大きな数値によって平均値が大きくなってしまい、実態とかけ離れてしまうことがあります(年収の平均値と中央値では大きな違いが出るのがよい例です)。このような場合には、より正確な実態を表すため中央値を使うのが適しています。分析を行うデータの傾向に合わせて使い分けましょう。

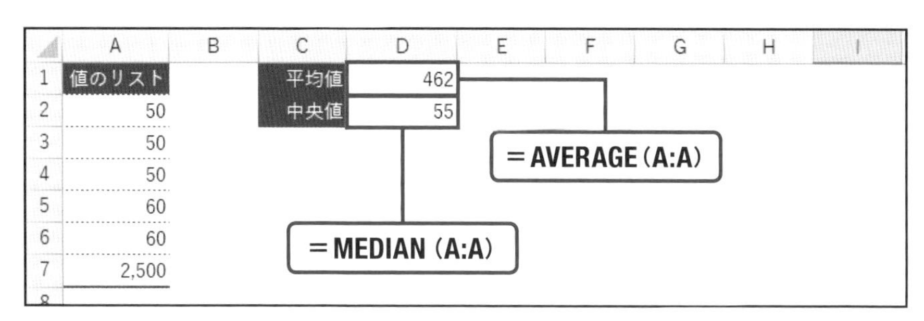

	A	B	C	D
1	値のリスト		平均値	462
2	50		中央値	55
3	50			
4	50			
5	60			
6	60			
7	2,500			

❶ 同じ値のリストの平均値と中央値を求めた例。値のリストに極端な値（2,500）が含まれるため、平均値が実態とかけ離れたものになっています。

データ量が多いとき便利な「最頻値」を使う

MODE

表の中でもっとも多く登場する数値のことを「最頻値」といいます。この最頻値を求めるには、MODE関数を使います。アンケートの結果でもっとも多い回答を調べるときなどに便利な関数です。

第6章
第7章
第8章 統計・抽出・並べ替え
第9章

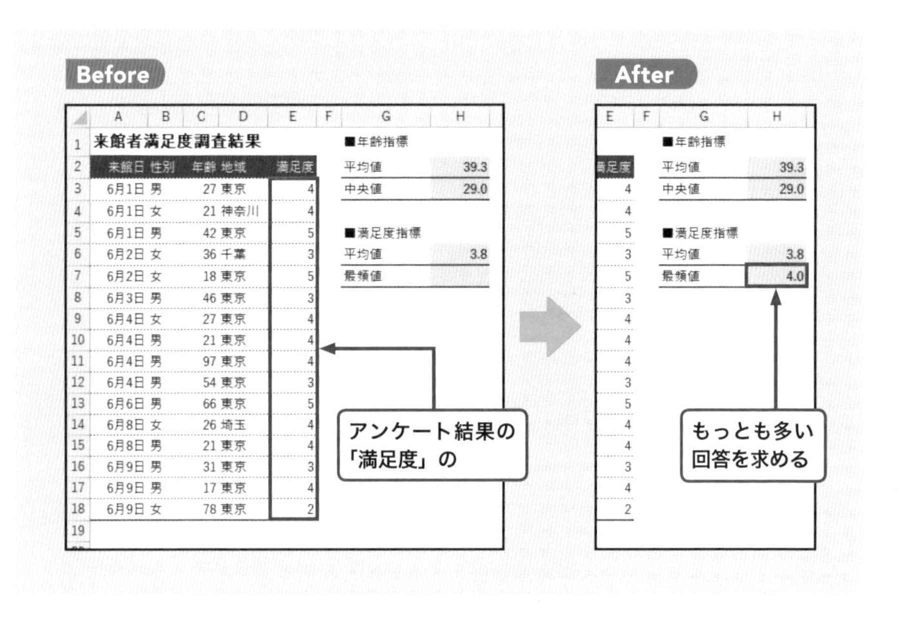

来館日	性別	年齢	地域	満足度
6月1日	男	27	東京	4
6月1日	女	21	神奈川	4
6月1日	男	42	東京	5
6月2日	女	36	千葉	3
6月2日	女	18	東京	5
6月3日	男	46	東京	3
6月4日	女	27	東京	4
6月4日	男	21	東京	4
6月4日	男	97	東京	4
6月4日	男	54	東京	3
6月6日	男	66	東京	5
6月8日	女	26	埼玉	4
6月8日	男	21	東京	4
6月9日	男	31	東京	3
6月9日	男	17	東京	4
6月9日	女	78	東京	2

書式 
=MODE(数値1,[数値2],...)

引数

数値1	必須	最頻値を計算する1つ目の数値やセル参照、セル範囲
数値2	任意	最頻値を計算する2つ目以降の数値やセル参照、セル範囲

説明　MODE関数は、数値の中からもっとも多く現れる値(最頻値)を求める関数です。文字列や論理値、空白のセルは計算の対象になりません。最頻値が重複する場合、先に見つかった数値が最頻値として返されます。また、2回以上表れる数値がない場合は、エラー値#N/Aが返されます。

5段階評価のうちもっとも多い回答を調べる

満足度の調査結果データから、もっとも多く回答されたもの(最頻値)を求めます。MODE関数は、「限られた種類の選択肢から1つを選択するアンケート」のような形式のデータと相性がよい関数です。たとえ大量のデータが存在しても、簡単に「もっとも支持された選択肢」を把握できます。

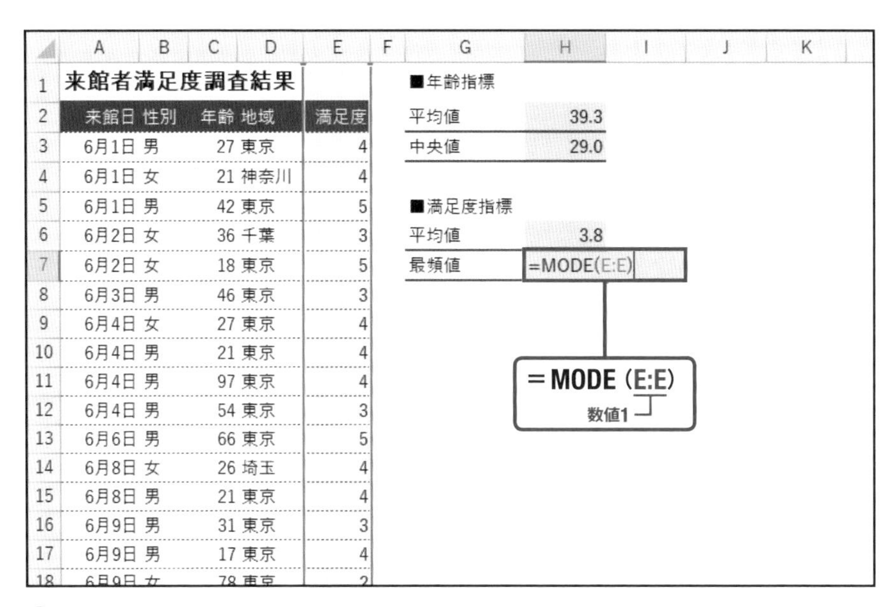

❶セルH7にMODE関数を入力します。引数「数値1」にセル範囲E:Eを指定します。E列に入力された数値のうち、もっとも多く現れる値を求められます。

COLUMN

分散や標準偏差を調べる関数

ここまで、平均値/中央値/最頻値の3つの指標を算出する関数を紹介しました。このほか、よく利用される指標としてデータの散らばり具合、いわゆる分散や標準偏差があります。本書では扱いませんが、Excelで算出する場合には以下の関数を利用します。興味のある方は、調べてみるとよいでしょう。

分散を算出する関数	
VAR.P関数	引数を母集団全体とみなして分散を算出
VAR.S関数	引数を母集団の標本とみなして分散を算出
標準偏差を算出する関数	
STDEV.P関数	引数を母集団全体とみなして標準偏差を算出
STDEV.S関数	引数を母集団の標本とみなして標準偏差を算出

SECTION 103

統計・抽出・並べ替え

指定した範囲に含まれるデータの個数を求める

FREQUENCY

表の中のデータを「10代」「20代」など、特定の範囲ごとに区切ってカウントしたい場合に便利なのがFREQUENCY関数です。範囲の指定方法さえ覚えれば、範囲を区切った集計が簡単に行えるようになります。

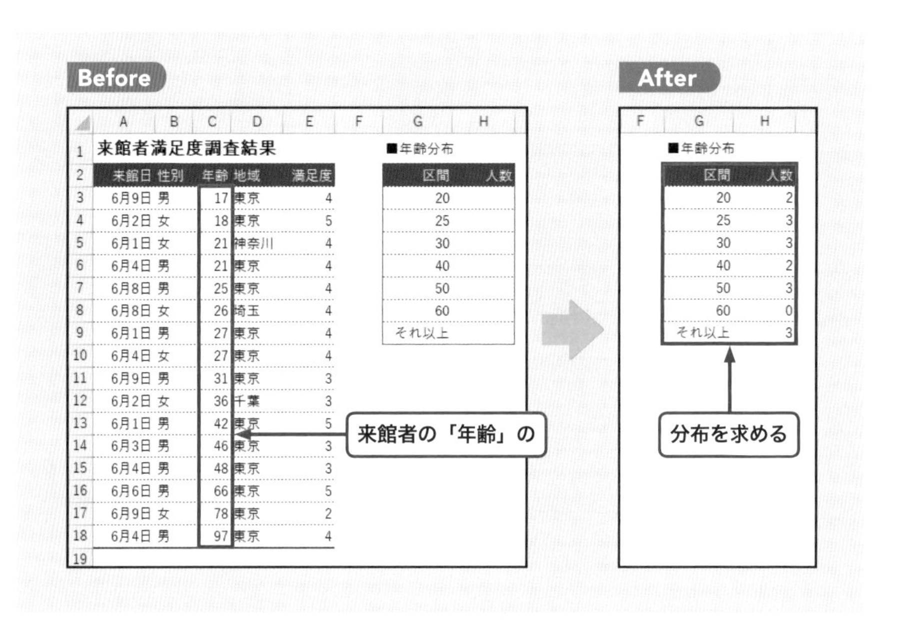

来館者満足度調査結果

来館日	性別	年齢	地域	満足度
6月9日	男	17	東京	4
6月2日	女	18	東京	5
6月1日	女	21	神奈川	4
6月4日	男	21	東京	4
6月8日	男	25	東京	4
6月8日	女	26	埼玉	4
6月1日	男	27	東京	4
6月4日	女	27	東京	4
6月9日	男	31	東京	3
6月2日	女	36	千葉	3
6月1日	男	42	東京	5
6月3日	男	46	東京	3
6月4日	男	48	東京	3
6月6日	男	66	東京	5
6月9日	女	78	東京	2
6月4日	男	97	東京	4

■年齢分布 (After)

区間	人数
20	2
25	3
30	3
40	2
50	3
60	0
それ以上	3

書式 **=FREQUENCY(データ配列,区間配列)**

引数

データ配列	必須	集計したい値が入力されているセル範囲、配列
区間配列	必須	区間のルールを記述したセル範囲、配列

説明 FREQUENCY関数は、「データ配列」に指定したデータ群を、「区間配列」で指定した区間ごとにカウントした結果の配列を返します。
区間配列は、昇順(小さい順)に記述します。たとえば、区間配列のセル範囲に「10」「20」「30」と入力すると、「10以下」「10より大きく20以下」「20より大きく30以下」「30より大きい」という4つの区間が設定されます。

区間の値のリストを作成してカウントする

満足度調査結果の回答者の年齢を、区間を設けてカウントします。
まずは、区間の区切りとなる値を昇順で入力します。区間の値が用意できたら、区間の値よりも1行分だけ大きなセル範囲を選択し、FREQUENCY関数を入力します。第1引数に集計したい値の範囲を、第2引数に用意した区間のリストを指定し、Ctrl + Shift + Enter キーを押して配列数式として入力すれば完成です。

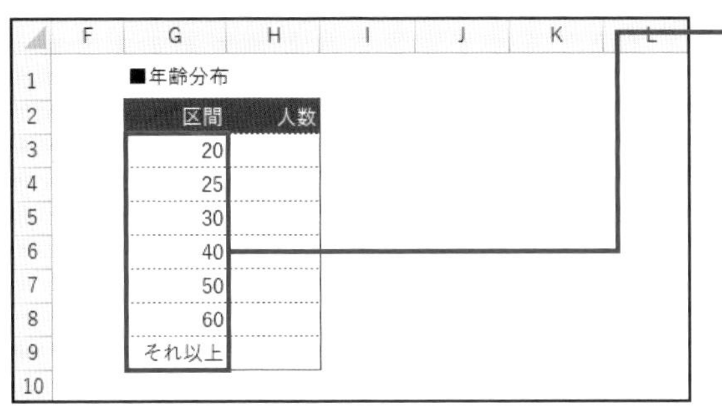

❶セル範囲G3:G8に、昇順（値の小さい順）に7つの区間を入力します。

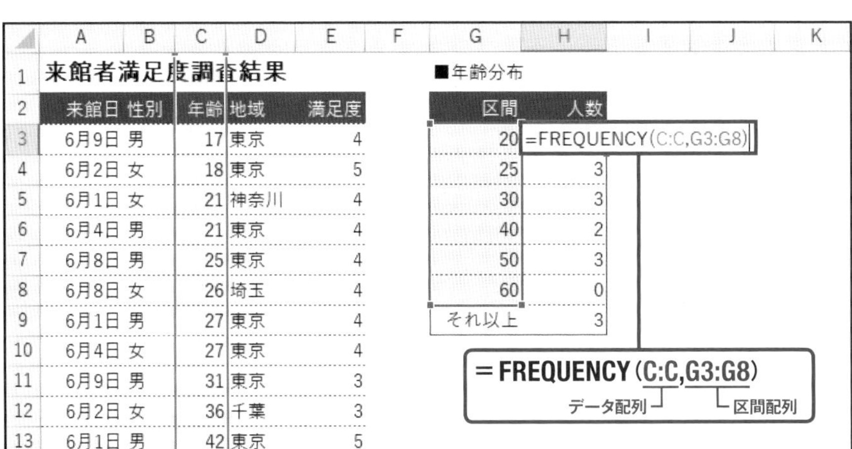

❷セル範囲H3:H9にFREQUENCY関数を入力します。引数「データ配列」にセル範囲C:Cを指定し、引数「区間配列」にセル範囲G3:G8を指定して、Ctrl + Shift + Enter キーを押します。「年齢」列の区間ごとの人数を求められます。

COLUMN

Microsoft 365版のExcelではスピルの仕組みが便利

FREQUENCY関数は配列の形で結果を返します。Microsoft 365版のExcelではスピルの仕組みを使って入力・表示できます。Excel 2019以前のバージョンでは、ここで解説したように配列数式で入力しましょう。

SECTION 104 統計・抽出・並べ替え

対応バージョン 365 2019 2016 2013

データの順位を求める

RANK
RANK.EQ

テストの点数や売上成績の一覧で、ある人の数値が全体の何番目に位置するかを知りたいときは、順位を計算するRANK関数を使います。昇順、降順のどちらでも順位を数えることができます。

Before

	A	B	C
1	ID	動物名	大きさ(cm)
2	1	エゾシカ	180
3	2	オオカミ	130
4	3	カバ	460
5	4	キリン	480
6	5	クマ	150
7	6	ゴリラ	180
8	7	シマウマ	240
9	8	シロサイ	500
10	9	ゾウ	750
11	10	トラ	330
12	11	ヒト	170
13	12	ライオン	250

動物の大きさ一覧から

After

C	D	E
大きさ(cm)	ベスト順	ワースト順
180	8	4
130	12	1
460	4	9
480	3	10
150	11	2
180	8	4
240	7	6
500	2	11
750	1	12
330	5	8
170	10	3
250	6	7

大きい順、小さい順の順位を求める

書式 **=RANK(数値,参照,[順序])**

引数

数値	必須	順位を調べたい値
参照	必須	全体の数値が入力されているセル範囲
順序	任意	順位の調べ方

説明 RANK関数は、指定したセル範囲内における指定した数値の順位を計算します。重複する数値は同じ順位とみなし、以降の順位がずれます。
引数「順序」は、0または省略すると降順(大きい順)、1または0以外を指定すると昇順(小さい順)で計算します。

グループ内の数値の順位（大きい順）を求める

動物の大きさの表から順位をD列に表示してみましょう。RANK関数では、文字列や空白セルなどは集計の対象に含めないため、数値が入力されているセルのみが集計対象となります。なお、同値の場合は順位が重複します。

	A	B	C	D	E
1	ID	動物名	大きさ(cm)	ベスト順	ワースト順
2	1	エゾシカ	180	=RANK(C2,C:C)	
3	2	オオカミ	130	12	1
4	3	カバ	460	4	9
5	4	キリン	480	3	10
6	5	クマ	150	11	2
7	6	ゴリラ	180	8	4
8	7	シマウマ	240	7	6
9	8	シロサイ	500	2	11
10	9	ゾウ	750	1	12
11	10	トラ	330	5	8
12	11	ヒト	170	10	3

=RANK (C2,C:C)
数値 参照

❶セルD2にRANK関数を入力します。引数「数値」にセルC2を指定し、引数「参照」にセル範囲C:Cを指定します。

グループ内の数値の順位（小さい順）を求める

RANK関数の第3引数「順序」に「1」を指定すると、昇順（小さい順）で順位が付けられます。

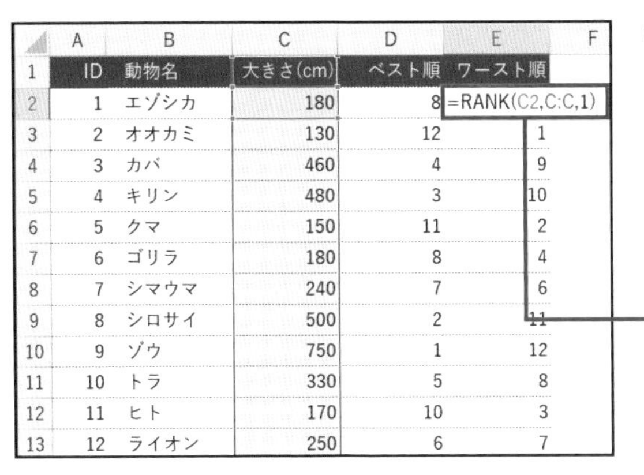

	A	B	C	D	E	F
1	ID	動物名	大きさ(cm)	ベスト順	ワースト順	
2	1	エゾシカ	180	8	=RANK(C2,C:C,1)	
3	2	オオカミ	130	12	1	
4	3	カバ	460	4	9	
5	4	キリン	480	3	10	
6	5	クマ	150	11	2	
7	6	ゴリラ	180	8	4	
8	7	シマウマ	240	7	6	
9	8	シロサイ	500	2	11	
10	9	ゾウ	750	1	12	
11	10	トラ	330	5	8	
12	11	ヒト	170	10	3	
13	12	ライオン	250	6	7	

=RANK (C2,C:C,1)
数値 参照 順序

❶セルE2にRANK関数を入力します。第3引数「順序」に「1」を指定すると、小さい順に順位が付けられます。

COLUMN

RANK関数と同じ機能を持つRANK.EQ関数

RANK.EQ関数は、Excel 2010以降で使用できる、RANK関数と同じ機能を持つ関数です。RANK関数は互換性のために残されていますが、Excelの将来のバージョンでは利用できなくなる可能性があります。今後は新しい関数を使用することを検討しましょう。

SECTION 105 統計・抽出・並べ替え

トップ3、ワースト3の値を表にまとめる

LARGE SMALL

売上やテスト等のデータを大きいほうから数えたときに一番大きい値を求めるには、LARGE関数が便利です。最大値だけならMAX関数でも求められますが、LARGE関数では2番目や3番目に大きい数値も求められます。また、ワーストの値を求めるにはSMALL関数を利用します。

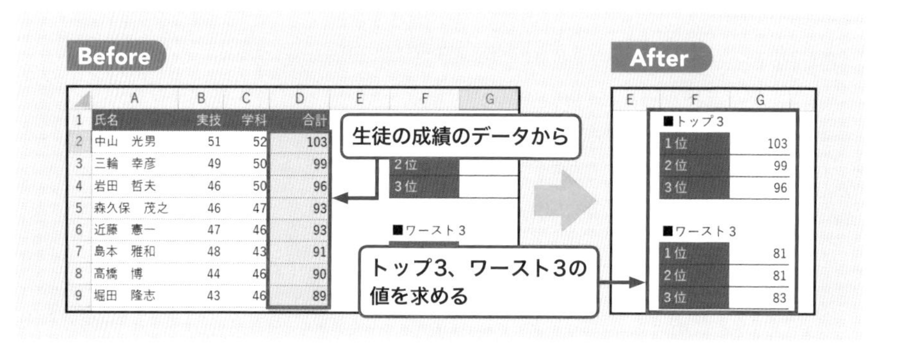

書式 **=LARGE(配列,順位)**

引数
- 配列 必須 全体の数値が入力されているセル範囲、配列
- 順位 必須 調べたい順位

説明 LARGE関数は、「配列」内の値を大きい順に管理し、「順位」で指定した順位の値を返します。

書式 **=SMALL(配列,順位)**

引数
- 配列 必須 全体の数値が入力されているセル範囲、配列
- 順位 必須 調べたい順位

説明 SMALL関数は、「配列」内の値を小さい順に管理し、「順位」で指定した順位の値を返します。

成績のトップ3を求める

成績データから、LARGE関数を使って大きい順に3つずつ値を算出します。

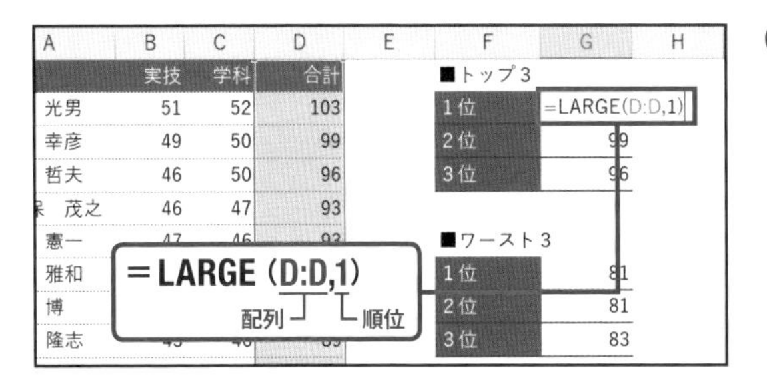

❶セルG2にLARGE関数を入力します。引数「配列」にセル範囲D:Dを指定し、引数「順位」に1を指定すると、もっとも大きい値が求められます。2位、3位の場合は、引数「順位」にそれぞれ「2」「3」を指定します。

成績のワースト3を求める

成績データから、SMALL関数を使って小さい順に3つずつ値を算出します。

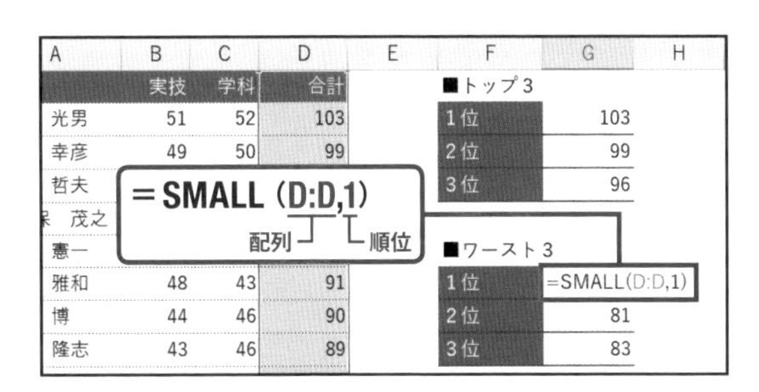

❶セルG7にSMALL関数を入力します。引数「配列」にセル範囲D:Dを指定し、引数「順位」に1を指定すると、もっとも小さい値が求められます。2位、3位の場合は、引数「順位」にそれぞれ「2」「3」を指定します。

STEP UP 応用例　重複を取り除いてトップ3を求める

LARGE関数とSMALL関数は、重複値をそのまま扱います。100点満点のデータにおいて、「100」が3つある場合、トップ3の値はすべて「100」になります。
重複を取り除いた値を求めたい場合は、元のデータから「重複の削除」機能で重複を取り除いてから計算します。Microsoft 365版のExcelなら、LARGE関数とUNIQUE関数(P.290参照)を組み合わせることで、重複を取り除いたトップ3を求められます。

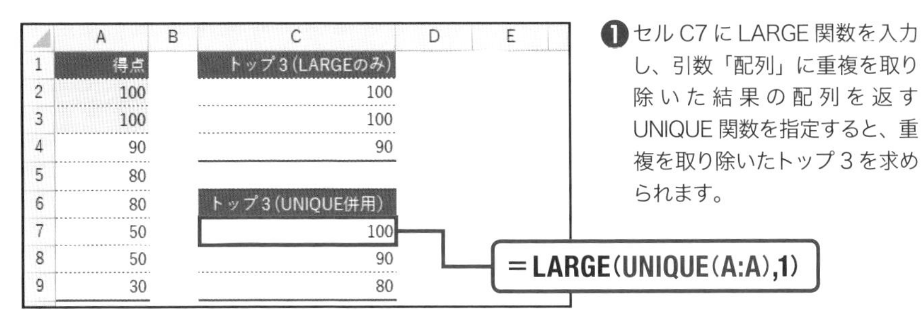

❶セルC7にLARGE関数を入力し、引数「配列」に重複を取り除いた結果の配列を返すUNIQUE関数を指定すると、重複を取り除いたトップ3を求められます。

SECTION 106

統計･抽出･並べ替え

対応バージョン 365 2019 2016 2013

元データとは別に並べ替えたデータを表示する

SORT

SORTBY

日々入力するデータや、抽出したデータを、常に見やすい順序で並べ替えて表示したい場合には、SORT関数を利用します。また、テーブル形式のデータを、複数の列を基準に並べ替えたい場合には、SORTBY関数が便利です。

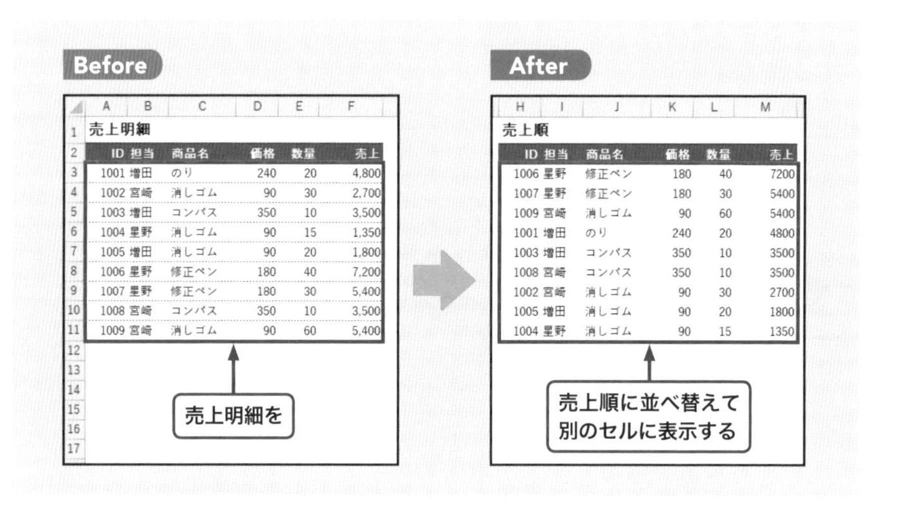

×2019 ×2016 ×2013

書式 **=SORT(配列, [基準位置], [並べ替え方法], [方向])**

引数

引数		説明
配列	必須	並べ替えたいセル範囲、配列
基準位置	任意	並べ替えの基準となる位置の番号。先頭が「1」
並べ替え方法	任意	並べ替えの方法。昇順(小さい順)が「1」、降順(大きい順)が「-1」。省略した場合は昇順。
方向	任意	並べ替えの方向。行方向が「TRUE」、列方向が「FALSE」。省略した場合は行方向。

説明 SORT関数は､「配列」を並べ替えた結果を返します。「方向」に指定した行、または列方向に､「基準位置」に指定した位置の行、または列を基準として、「並べ替え方法」で指定した順に並べ替えます。

元データとは別に計算結果を並べ替えて表示する

売上明細のデータを、「売上」列を基準に並べ替えます。SORT関数を入力すると、スピルの仕組みで並べ替えた結果が表示されます。

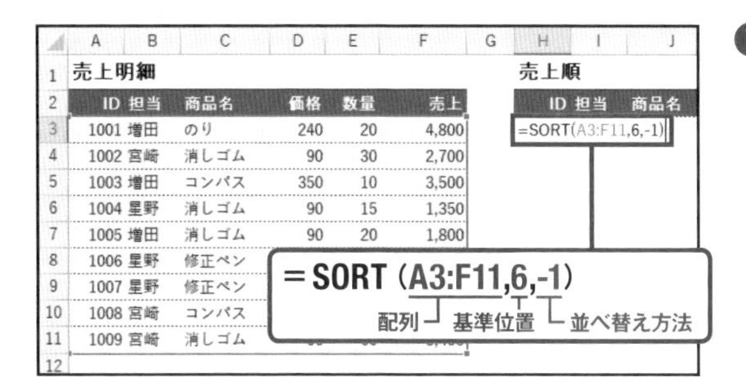

❶セルH3にSORT関数を入力します。引数「配列」にセル範囲A3:F11を指定し、引数「基準位置」に6、引数「並べ替え方法」に「-1」を指定します。「売上明細の6列目（売上）を基準に大きい順に並べ替える」という意味になります。

STEP UP 応用例　ほかの関数の結果を並べ替えて表示する

SORT関数は単体で使用するよりも、ほかの関数と組み合わせて利用する機会が多い関数です。たとえば、FILTER関数で任意の列のみのデータを抽出し、その結果を並べ替えるなどの用途があります。
次の例では、元のデータから「担当」「売上」列のみを抽出し、その結果を「売上」列順に並べ替えています。

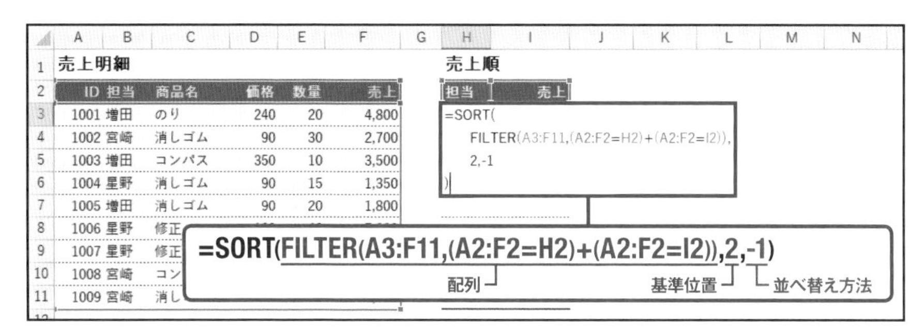

❶FILTER関数の結果を引数「配列」に指定し、「2列目」を「降順」に並べ替えます。

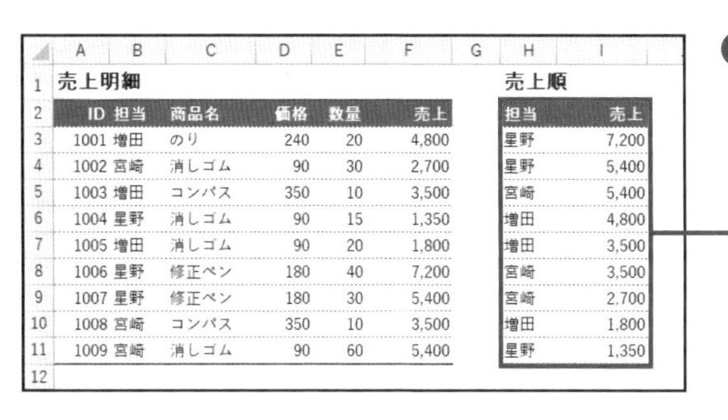

	A	B	C	D	E	F	G	H	I
1	売上明細							売上順	
2	ID	担当	商品名	価格	数量	売上		担当	売上
3	1001	増田	のり	240	20	4,800		星野	7,200
4	1002	宮崎	消しゴム	90	30	2,700		星野	5,400
5	1003	増田	コンパス	350	10	3,500		宮崎	5,400
6	1004	星野	消しゴム	90	15	1,350		増田	4,800
7	1005	増田	消しゴム	90	20	1,800		増田	3,500
8	1006	星野	修正ペン	180	40	7,200		宮崎	3,500
9	1007	星野	修正ペン	180	30	5,400		宮崎	2,700
10	1008	宮崎	コンパス	350	10	3,500		増田	1,800
11	1009	宮崎	消しゴム	90	60	5,400		星野	1,350
12									

❷FILTER関数の結果が売上順に表示されます。

複数の列を基準にデータを並べ替える

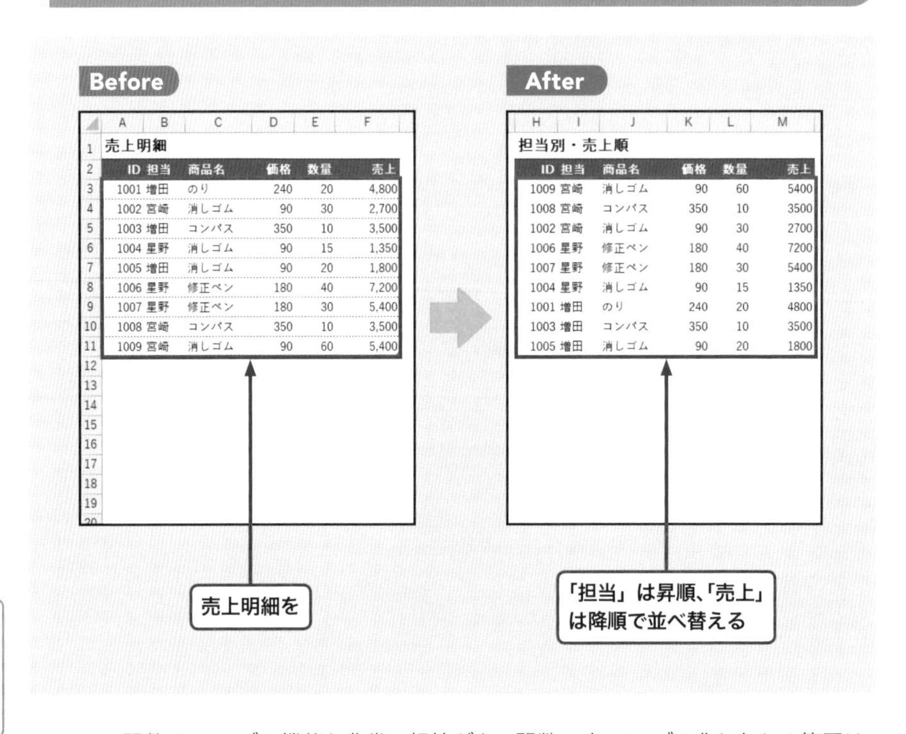

売上明細

ID	担当	商品名	価格	数量	売上
1001	増田	のり	240	20	4,800
1002	宮崎	消しゴム	90	30	2,700
1003	増田	コンパス	350	10	3,500
1004	星野	消しゴム	90	15	1,350
1005	増田	消しゴム	90	20	1,800
1006	星野	修正ペン	180	40	7,200
1007	星野	修正ペン	180	30	5,400
1008	宮崎	コンパス	350	10	3,500
1009	宮崎	消しゴム	90	60	5,400

担当別・売上順

ID	担当	商品名	価格	数量	売上
1009	宮崎	消しゴム	90	60	5400
1008	宮崎	コンパス	350	10	3500
1002	宮崎	消しゴム	90	30	2700
1006	星野	修正ペン	180	40	7200
1007	星野	修正ペン	180	30	5400
1004	星野	消しゴム	90	15	1350
1001	増田	のり	240	20	4800
1003	増田	コンパス	350	10	3500
1005	増田	消しゴム	90	20	1800

SORTBY関数は、テーブル機能と非常に相性がよい関数です。テーブル化したセル範囲は、データ部分のセル範囲や、列ごとのセル範囲を構造化参照形式で利用できるため、関数式が格段にわかりやすくなります。並べ替えたいセル範囲を指定し、その後に基準とする範囲と並べ替え方法を列記する形で指定します。

×2019　×2016　×2013

書式 **=SORTBY(配列,基準範囲1,[並べ替え方法1],[基準範囲2…])**

引数

配列	必須	並べ替えたいセル範囲、配列
基準範囲1	必須	並べ替えの基準となる範囲
並べ替え方法1	任意	並べ替えの方法。昇順(小さい順)が「1」、降順(大きい順)が「-1」。省略した場合は昇順。

説明 SORTBY関数は、「配列」を並べ替えた結果を返します。第2引数以降は、優先したい順に、並べ替えの基準となる範囲と、並べ替え方法をセットで記述していきます。

左ページの例では、セル範囲A2:F11を、テーブル名「売上明細」としてテーブル化しています。データ全体のセル範囲は「売上明細」で、「担当」列のデータは「売上明細[担当]」で、「売上」列のデータは「売上明細[売上]」で扱えます。

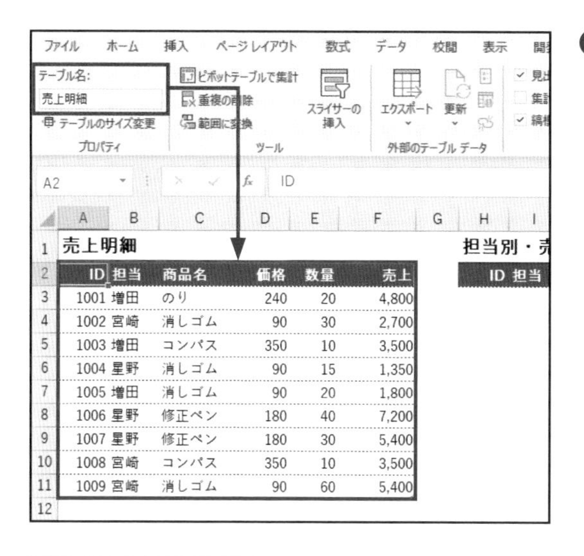

ID	担当	商品名	価格	数量	売上
1001	増田	のり	240	20	4,800
1002	宮崎	消しゴム	90	30	2,700
1003	増田	コンパス	350	10	3,500
1004	星野	消しゴム	90	15	1,350
1005	増田	消しゴム	90	20	1,800
1006	星野	修正ペン	180	40	7,200
1007	星野	修正ペン	180	30	5,400
1008	宮崎	コンパス	350	10	3,500
1009	宮崎	消しゴム	90	60	5,400

❶セル範囲A2:F11のセル範囲をテーブル化し、テーブル名を「売上明細」とします。

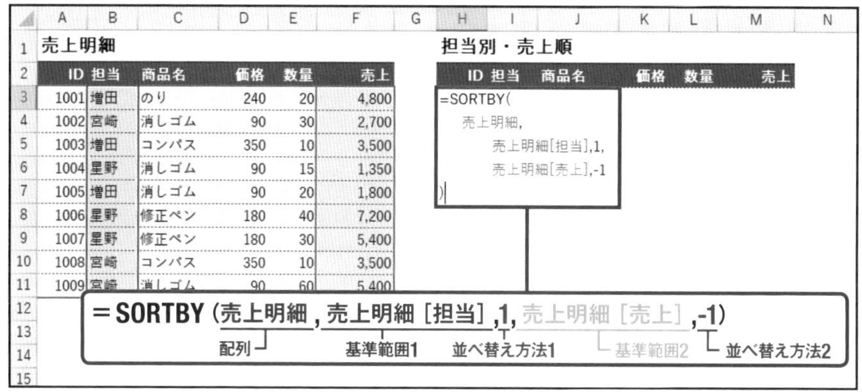

❷セルH3にSORTBY関数を入力します。引数「配列」に「売上明細」を指定し、引数「基準範囲1」に「売上明細[担当]」、引数「並べ替え方法1」に1を指定します。さらに引数「基準範囲2」に「売上明細[売上]」、引数「並べ替え方法2」に-1を指定します。「「担当」列を昇順、「売上」列を昇順の優先順位で並べ替える」という意味になります。

COLUMN

SORTBY関数による並べ替えは通常のセル参照でも可能

本文中では関数式を理解しやすくする目的でテーブル範囲を利用していますが、テーブル化していない通常のセル範囲でも、同じようにSORTBY関数による並べ替えができます。

対応バージョン 365 2019 2016 2013

SECTION 107 統計・抽出・並べ替え

UNIQUE

売上表で商品が何種類あるかを調べる

特定期間の販売データから、販売した商品名のリストを漏れなく取得したい場合には、UNIQUE関数を利用します。指定範囲から重複を削除したリスト、いわゆる「ユニークなリスト」が簡単に作成可能です。

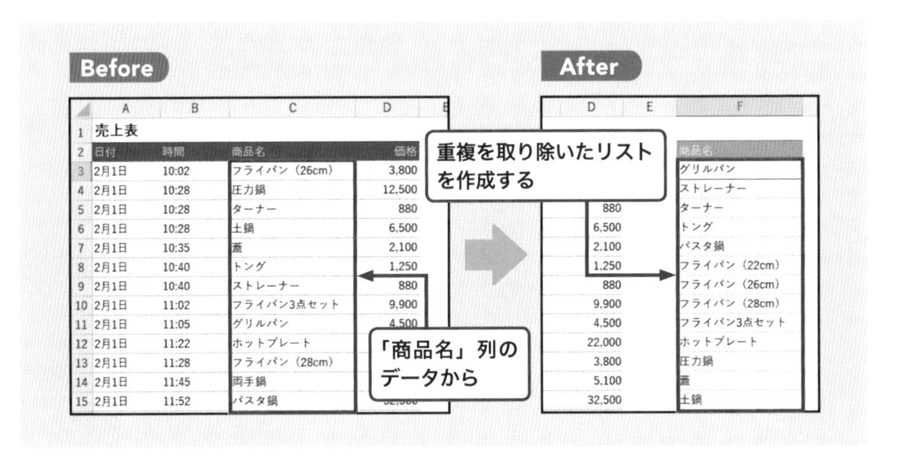

×2019 ×2016 ×2013

書式 =UNIQUE(配列, [列の比較], [回数指定])

引数

配列	必須	全体のデータが入力されているセル範囲、配列
列の比較	任意	比較方法を示す論理値
回数指定	任意	範囲または配列内で1回だけ発生する行または列を返す論理値

説明 UNIQUE関数は、「配列」から重複データを取り除いた結果の配列を返します。
引数「値の比較」は、「TRUE」を指定すると列方向に比較します。省略、もしくは「FALSE」を指定すると行方向に比較します。
引数「回数指定」に「TRUE」を指定すると、1回のみ出現する値のリストを作成します。省略、もしくは「FALSE」を指定するとユニークな値のリストを作成します。

売上表から売り上げた商品のリストを作成する

UNIQUE関数を使って、商品名のデータから重複を取り除いたリストを作成します。

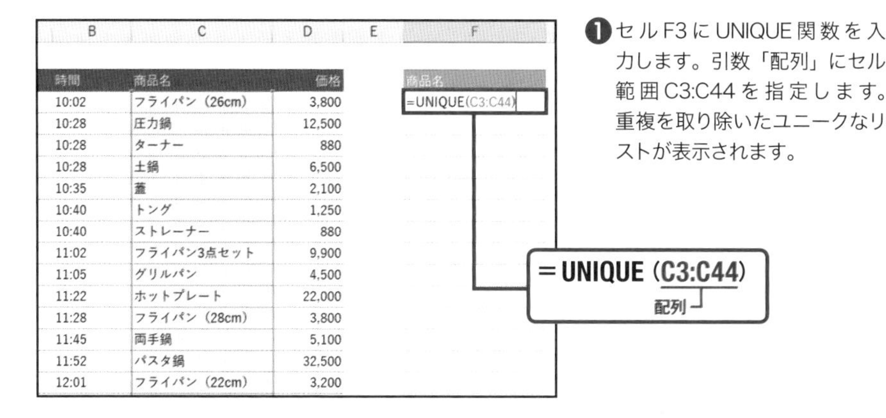

時間	商品名	価格		商品名
10:02	フライパン（26cm）	3,800		=UNIQUE(C3:C44)
10:28	圧力鍋	12,500		
10:28	ターナー	880		
10:28	土鍋	6,500		
10:35	蓋	2,100		
10:40	トング	1,250		
10:40	ストレーナー	880		
11:02	フライパン3点セット	9,900		
11:05	グリルパン	4,500		
11:22	ホットプレート	22,000		
11:28	フライパン（28cm）	3,800		
11:45	両手鍋	5,100		
11:52	パスタ鍋	32,500		
12:01	フライパン（22cm）	3,200		

❶セルF3にUNIQUE関数を入力します。引数「配列」にセル範囲C3:C44を指定します。重複を取り除いたユニークなリストが表示されます。

STEP UP 応用例　商品のリストを見やすく並べ替える

上の例で求めたUNIQUE関数の結果をSORT関数と組み合わせることで、リストを見やすく並べ替えることができます。

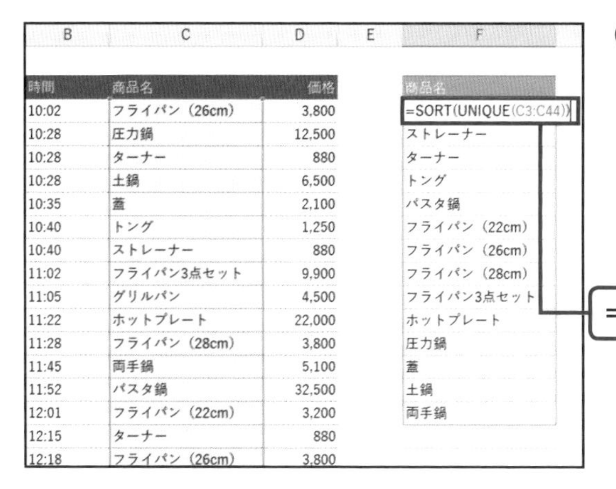

時間	商品名	価格		商品名
10:02	フライパン（26cm）	3,800		=SORT(UNIQUE(C3:C44))
10:28	圧力鍋	12,500		ストレーナー
10:28	ターナー	880		ターナー
10:28	土鍋	6,500		トング
10:35	蓋	2,100		パスタ鍋
10:40	トング	1,250		フライパン（22cm）
10:40	ストレーナー	880		フライパン（26cm）
11:02	フライパン3点セット	9,900		フライパン（28cm）
11:05	グリルパン	4,500		フライパン3点セット
11:22	ホットプレート	22,000		ホットプレート
11:28	フライパン（28cm）	3,800		圧力鍋
11:45	両手鍋	5,100		蓋
11:52	パスタ鍋	32,500		土鍋
12:01	フライパン（22cm）	3,200		両手鍋
12:15	ターナー	880		
12:18	フライパン（26cm）	3,800		

❶上記のUNIQUE関数の式全体をSORT関数で並べ替えると、同じ単語から始まる商品がきれいに整列し、見やすくなります。

COLUMN

UNIQUE関数で複数の列を対象にする

UNIQUE関数の引数「配列」は、上の例のように単一の列のみならず、複数の列を指定することも可能です。たとえば、「A:C」のように指定すると、A列・B列・C列で重複を削除した結果を返します。

SECTION 108 統計・抽出・並べ替え

条件を満たすデータを抽出する

FILTER

売上の明細データから特定商品のみのデータを抽出したり、特定の価格以下のデータのみを抽出したりしたいときはFILTER関数が便利です。指定した値やセルに入力した値に応じて、手軽に抽出内容を切り替えられます。

第6章
第7章
第8章 統計・抽出・並べ替え
第9章

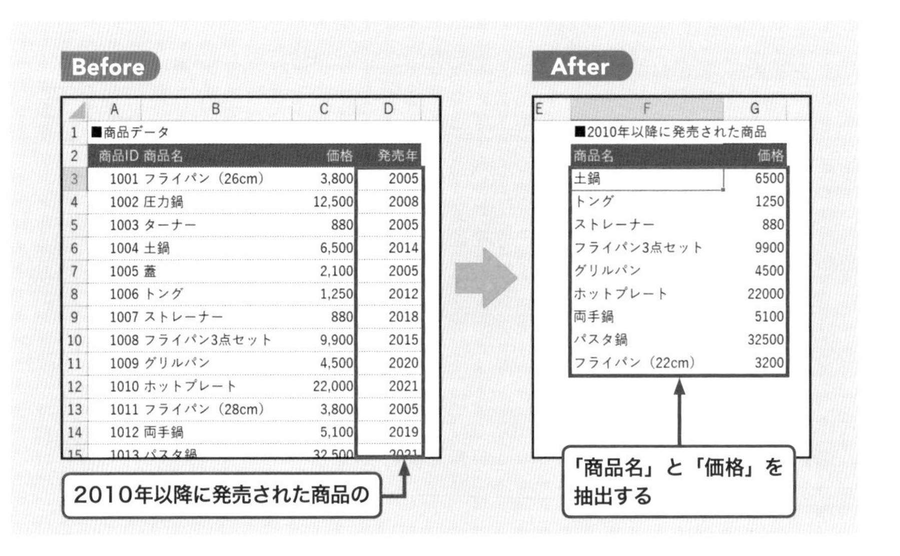

Before

	A	B	C	D
1	■商品データ			
2	商品ID	商品名	価格	発売年
3	1001	フライパン（26cm）	3,800	2005
4	1002	圧力鍋	12,500	2008
5	1003	ターナー	880	2005
6	1004	土鍋	6,500	2014
7	1005	蓋	2,100	2005
8	1006	トング	1,250	2012
9	1007	ストレーナー	880	2018
10	1008	フライパン3点セット	9,900	2015
11	1009	グリルパン	4,500	2020
12	1010	ホットプレート	22,000	2021
13	1011	フライパン（28cm）	3,800	2005
14	1012	両手鍋	5,100	2019
15	1013	パスタ鍋	32,500	2021

After

■2010年以降に発売された商品

商品名	価格
土鍋	6500
トング	1250
ストレーナー	880
フライパン3点セット	9900
グリルパン	4500
ホットプレート	22000
両手鍋	5100
パスタ鍋	32500
フライパン（22cm）	3200

×2019 ×2016 ×2013

書式 =FILTER(配列,抽出条件,[空の場合])

引数

配列	必須	抽出を行うセル範囲、配列
抽出条件	必須	抽出のルール。「配列」と同じ行数、もしくは列数の配列で指定
空の場合	任意	1件も抽出されなかった場合に表示する値

説明 FILTER関数は、「配列」に指定したデータを「抽出条件」に応じた内容で抽出した結果を返します。
何も抽出されなかった場合、引数「空の場合」が指定されていればその値を、省略した場合はエラー値#CALC!を返します。

商品データから2010年以降に発売された商品を抽出する

FILTER関数は、引数「配列」の内容を、引数「抽出条件」に従って抽出した結果を返します。例として、商品データから「発売年」が2010年以降のデータを抽出します。

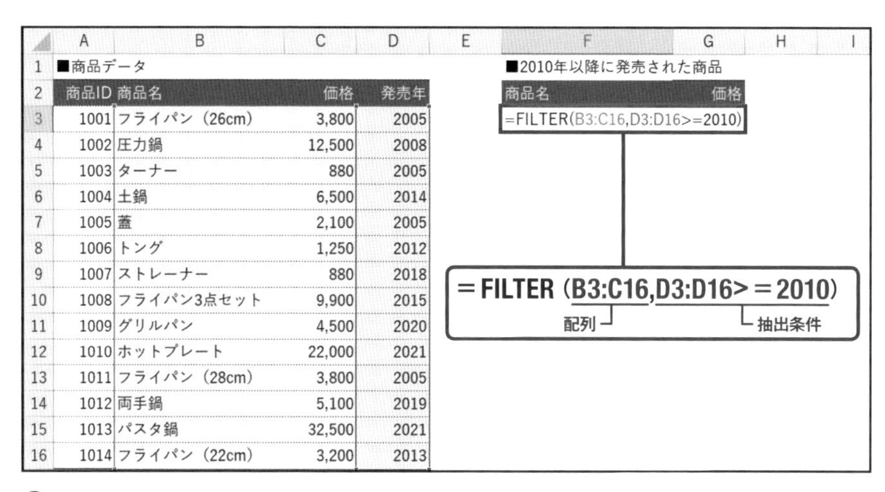

■商品データ

商品ID	商品名	価格	発売年
1001	フライパン（26cm）	3,800	2005
1002	圧力鍋	12,500	2008
1003	ターナー	880	2005
1004	土鍋	6,500	2014
1005	蓋	2,100	2005
1006	トング	1,250	2012
1007	ストレーナー	880	2018
1008	フライパン3点セット	9,900	2015
1009	グリルパン	4,500	2020
1010	ホットプレート	22,000	2021
1011	フライパン（28cm）	3,800	2005
1012	両手鍋	5,100	2019
1013	パスタ鍋	32,500	2021
1014	フライパン（22cm）	3,200	2013

❶セルF3にFILTER関数を入力します。引数「配列」にセル範囲B3:C16を指定し、引数「抽出条件」に「D3:D16>＝2010」を指定します。「発売年が2010以上のとき、商品名と価格を抽出する」という意味になります。

STEP UP 応用例　複数の条件式のいずれかを満たすデータを抽出する

複数の抽出条件をもとに抽出するには、配列の加算／乗算の仕組みを利用します。複数の条件式のいずれかを満たすデータ、いわゆるOR条件で抽出したい場合は、個々の条件式をカッコで囲んだ上で加算した結果を引数「抽出条件」に指定します。
次の例では、「分類」が「セール」、もしくは「価格」が「3000より下」のデータを抽出しています。

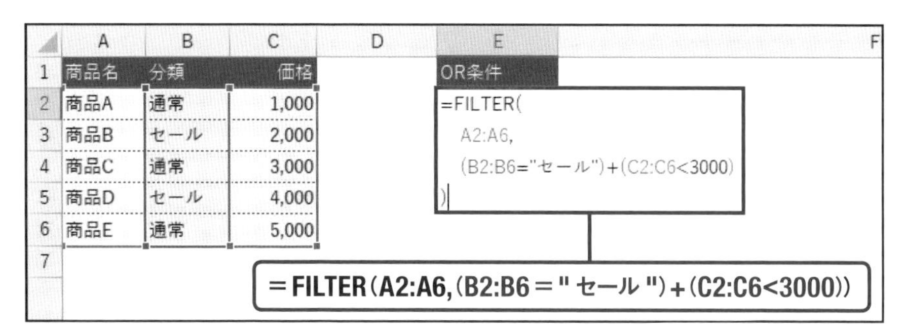

商品名	分類	価格
商品A	通常	1,000
商品B	セール	2,000
商品C	通常	3,000
商品D	セール	4,000
商品E	通常	5,000

❶セルE2にFILTER関数を入力します。2つの条件式「B2:B6＝" セール "」「C2:C6<3000）」の結果を「+」で加算します。

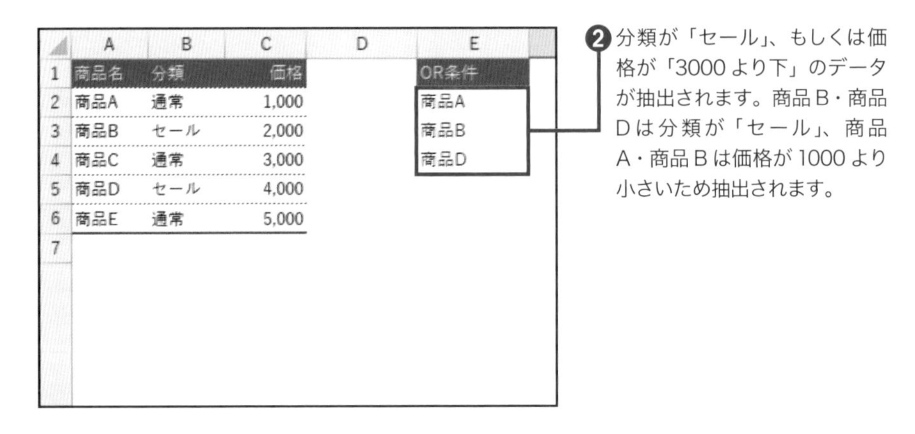

❷分類が「セール」、もしくは価格が「3000より下」のデータが抽出されます。商品B・商品Dは分類が「セール」、商品A・商品Bは価格が1000より小さいため抽出されます。

STEP UP 応用例　複数の条件式をすべて満たすデータを抽出する

同様に、複数の条件式のすべてを満たすデータ、いわゆるAND条件で抽出したい場合は、個々の条件式をカッコで囲んだ上で乗算した結果を引数「抽出条件」に指定します。
次の例では、「分類」が「セール」、かつ「価格」が「3000より下」のデータを抽出しています。

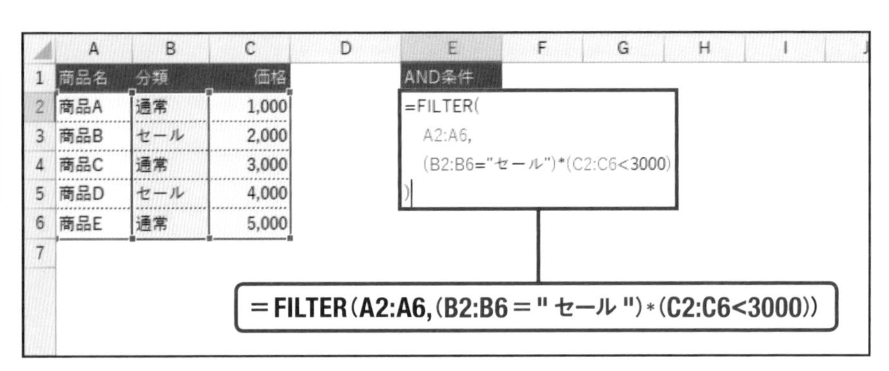

❶2つの条件式「B2:B6 = "セール"」「C2:C6<3000)」の結果を乗算します。

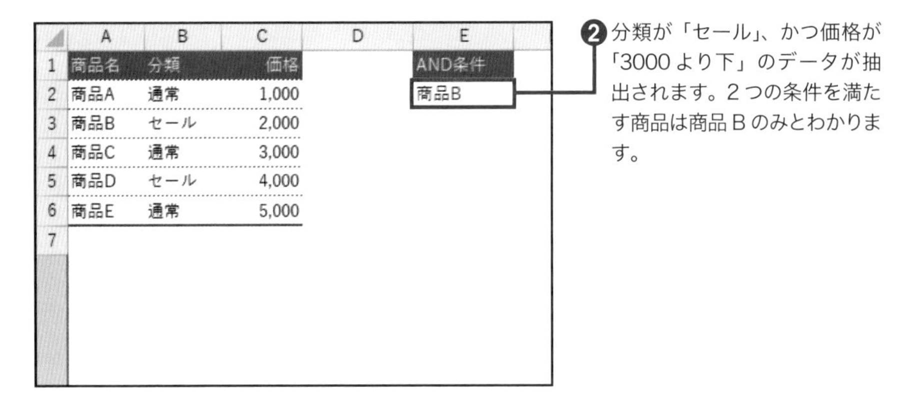

❷分類が「セール」、かつ価格が「3000より下」のデータが抽出されます。2つの条件を満たす商品は商品Bのみとわかります。

第6章
第7章
第8章 統計・抽出・並べ替え
第9章

STEP UP 応用例　列方向にデータを抽出する

FILTER関数は、引数「抽出条件」に列方向の配列を指定することで、行方向のみならず列方向の抽出も可能です。この仕組みを利用して、セルに入力した見出し名のデータを抽出してみましょう。
次の例では、セルG2にFILTER関数を入力し、第2引数「抽出条件」に、「見出しセル範囲＝セルG1の値」「見出しセル範囲＝セルH1の値」の2つの条件式を加算して指定しています。

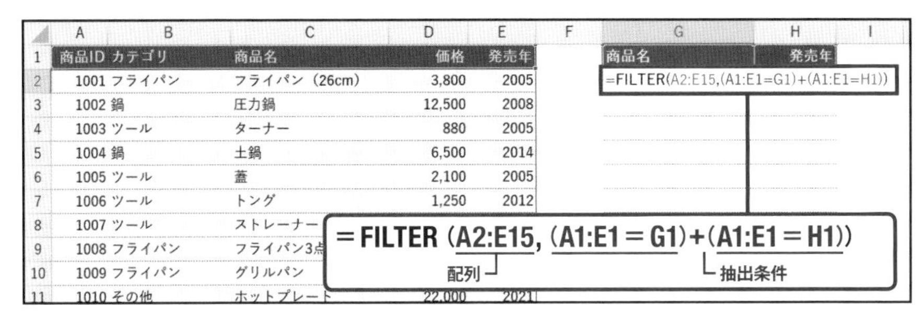

❶ FILTER関数の第1引数にデータが入力されているセル範囲を指定し、第2引数「抽出条件」に「見出しセル範囲＝セル参照」となる配列式を作成します。

	A	B	C	D	E	F	G	H
1	商品ID	カテゴリ	商品名	価格	発売年		商品名	発売年
2	1001	フライパン	フライパン（26cm）	3,800	2005		ホットプレート	2021
3	1002	鍋	圧力鍋	12,500	2008		パスタ鍋	2021
4	1003	ツール	ターナー	880	2005		グリルパン	2020
5	1004	鍋	土鍋	6,500	2014		両手鍋	2019
6	1005	ツール	蓋	2,100	2005		ストレーナー	2018
7	1006	ツール	トング	1,250	2012		フライパン3点セット	2015
8	1007	ツール	ストレーナー	880	2018		土鍋	2014
9	1008	フライパン	フライパン3点セット	9,900	2015		フライパン（22cm）	2013
10	1009	フライパン	グリルパン	4,500	2020		トング	2012
11	1010	その他	ホットプレート	22,000	2021		圧力鍋	2008
12	1011	フライパン	フライパン（28cm）	3,800	2005		フライパン（26cm）	2005

	A	B	C	D	E	F	G	H
1	商品ID	カテゴリ	商品名	価格	発売年		商品名	価格
2	1001	フライパン	フライパン（26cm）	3,800	2005		パスタ鍋	32500
3	1002	鍋	圧力鍋	12,500	2008		ホットプレート	22000
4	1003	ツール	ターナー	880	2005		圧力鍋	12500
5	1004	鍋	土鍋	6,500	2014		フライパン3点セット	9900
6	1005	ツール	蓋	2,100	2005		土鍋	6500
7	1006	ツール	トング	1,250	2012		両手鍋	5100
8	1007	ツール	ストレーナー	880	2018		グリルパン	4500
9	1008	フライパン	フライパン3点セット	9,900	2015		フライパン（26cm）	3800
10	1009	フライパン	グリルパン	4,500	2020		フライパン（28cm）	3800
11	1010	その他	ホットプレート	22,000	2021		フライパン（22cm）	3200
12	1011	フライパン	フライパン（28cm）	3,800	2005		蓋	2100

❷ 結果として、セルG1とセルH1に入力した列名に応じて、該当列のデータのみを抽出できます。

SECTION 109 統計・抽出・並べ替え

対応バージョン 365 2019 2016 2013

商品ごとにデータを集計する

UNIQUE FILTER

UNIQUE関数やFILTER関数などの配列を返す関数を起点にすると、各種データの集計が非常に簡単になります。データの増減に合わせて集計も自動的に更新され、集計したい内容もフレキシブルに変更可能です。集計の基本的な考え方を確認してみましょう。

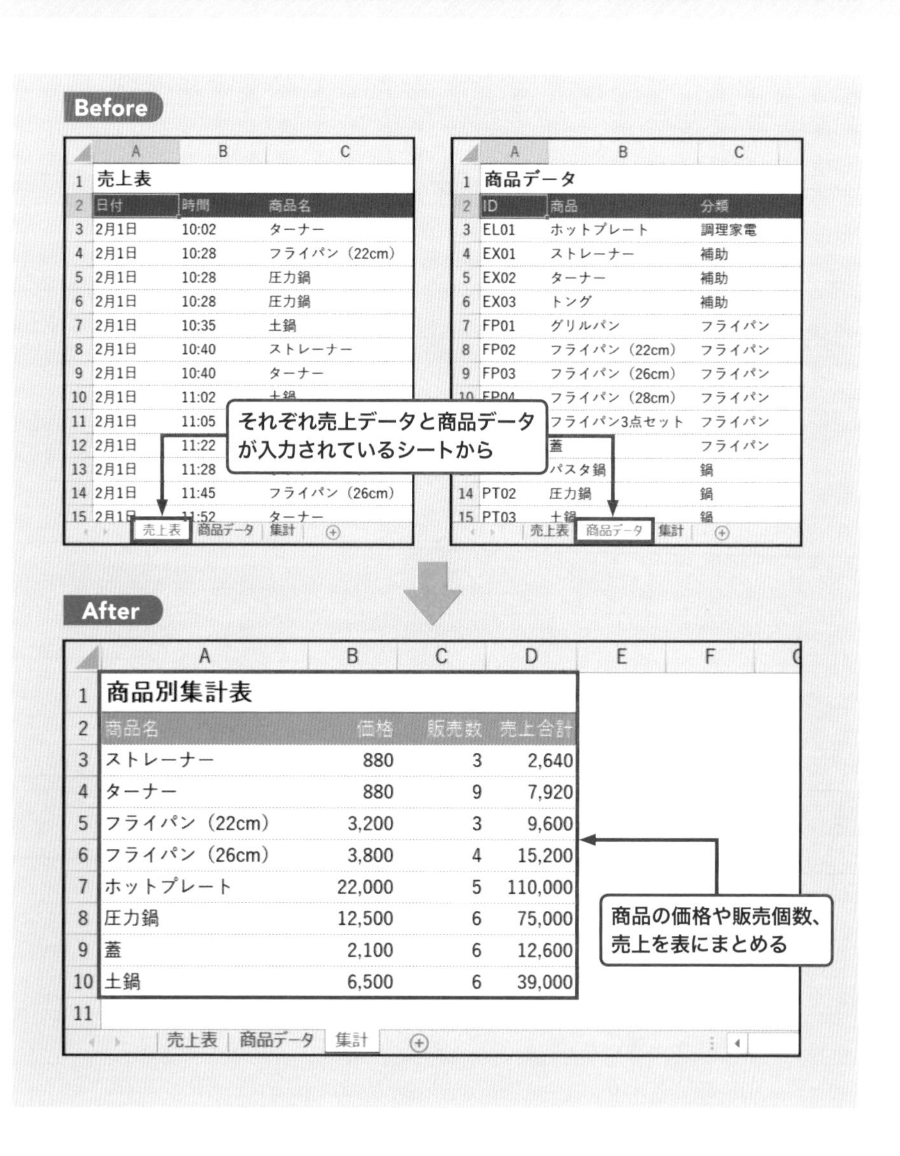

①集計の元となるセル範囲をテーブル化し、集計表の見出しを作成する

「売上表」シートには、販売した商品名とその日時が時系列順に並んでいます。個々の商品の詳しい情報は「商品データ」シートにまとめられています。2つの表を組み合わせ、販売した商品データの集計表を作成します。

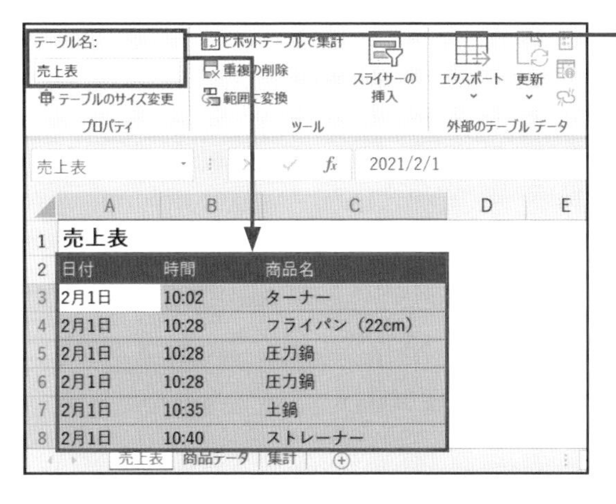

❶事前の準備として、数式の意味がわかりやすくなるように、「売上表」シートの売上表を選択し、「売上表」というテーブル名を付けます。

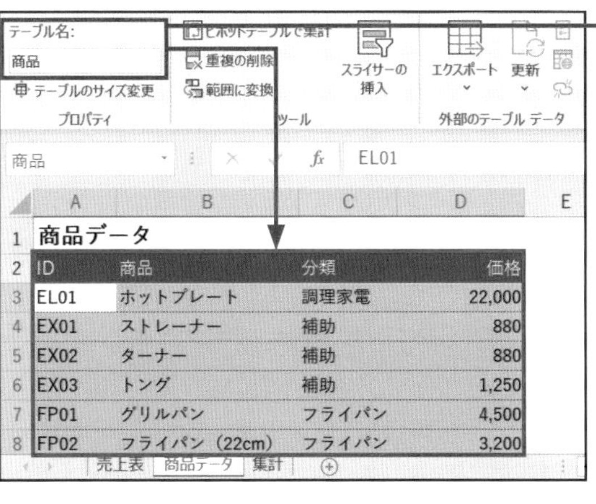

❷売上表と同様に「商品データ」シートの商品データを選択し、「商品」というテーブル名を付けます。

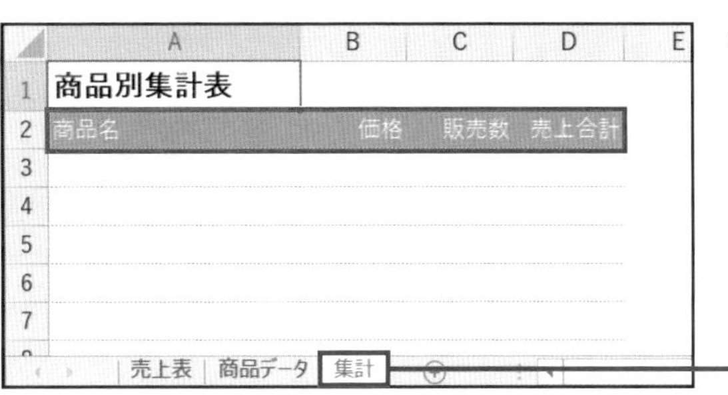

❸「集計」シートに集計表を作成します。今回は「商品名」「価格」「販売数」「売上合計」という4つの見出しを入力しました。

②UNIQUE関数を起点にしてスピルの仕組みで関数をつなぐ

「商品名」列に「売上表」に記録されている商品から重複を取り除いたリストを作成します。重複の削除といえば、UNIQUE関数です。「売上表」テーブルの「商品名」列のデータを引数に指定し、さらに結果をSORT関数で並べ替えます。

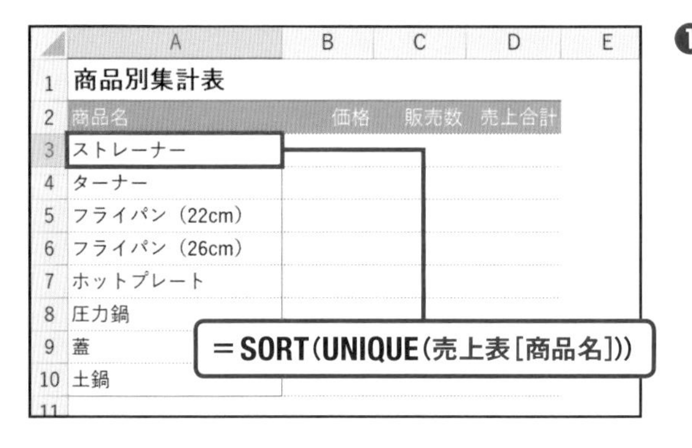

❶セルA3にSORT関数とUNIQUE関数を組み合わせた関数式を入力し、売上データからユニークな商品リストを取得します。結果として、販売された商品のみからなるリストができます。

続いて、「価格」列に対応する商品の価格を表引きします。表引きといえば、XLOOKUP関数です。ここでのポイントは、引数「検索値」に「A3#」のようにスピル範囲演算子を利用する点です。

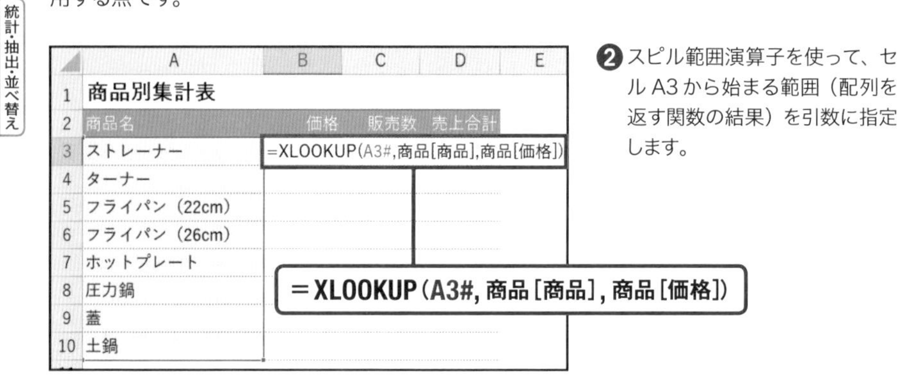

❷スピル範囲演算子を使って、セルA3から始まる範囲（配列を返す関数の結果）を引数に指定します。

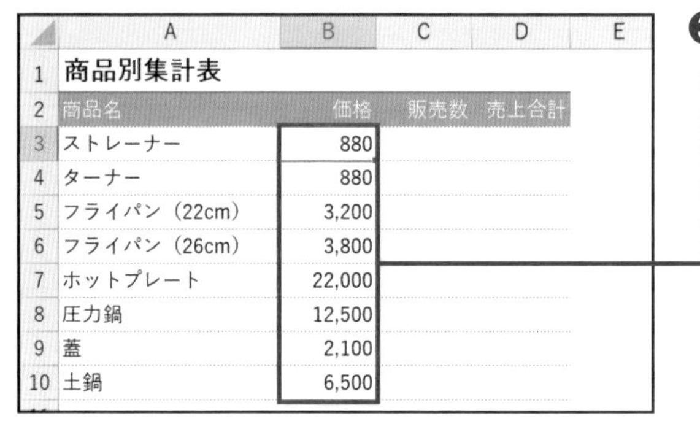

❸「商品名」列に入力した関数の結果に応じて、「価格」列が表引きされます。

同じように、「販売数」列の値も計算してみましょう。「商品名」列のそれぞれの値が、「売上表」テーブル内にいくつあるかをカウントします。条件を設定してカウントするのであれば、COUNTIF関数ですね。ここでもスピル範囲演算子を利用して、「商品名」列に連動するよう関数を作成します。

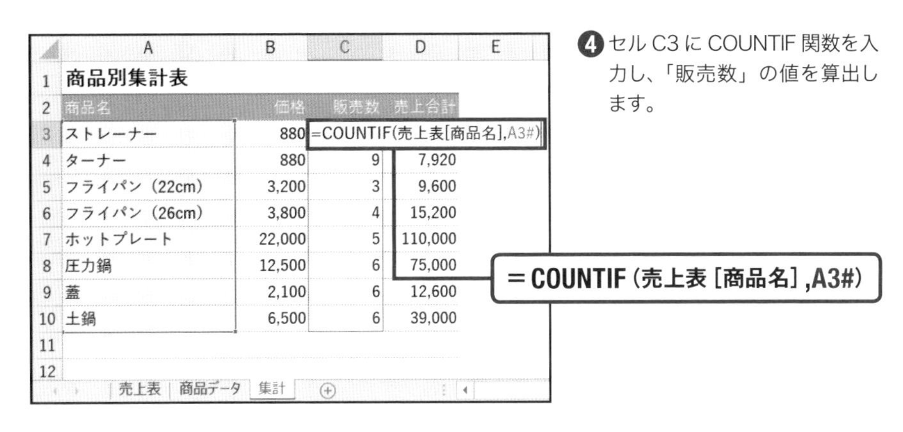

	A	B	C	D	E
1	商品別集計表				
2	商品名	価格	販売数	売上合計	
3	ストレーナー	880	=COUNTIF(売上表[商品名],A3#)		
4	ターナー	880	9	7,920	
5	フライパン（22cm）	3,200	3	9,600	
6	フライパン（26cm）	3,800	4	15,200	
7	ホットプレート	22,000	5	110,000	
8	圧力鍋	12,500	6	75,000	
9	蓋	2,100	6	12,600	
10	土鍋	6,500	6	39,000	
11					
12					

❹セル C3 に COUNTIF 関数を入力し、「販売数」の値を算出します。

最後に「売上合計」列の値を計算します。「価格」列と「販売数」列を乗算するおなじみの計算ですが、2つの列は、ともにスピルの仕組みを利用して配列の形で結果を返しています。そこで、「＝B3#*D3#」のように、スピル範囲演算子を利用して乗算を行います。

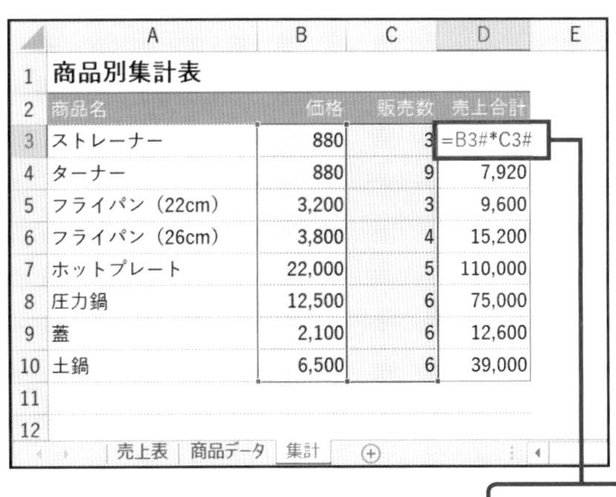

	A	B	C	D	E
1	商品別集計表				
2	商品名	価格	販売数	売上合計	
3	ストレーナー	880	3	=B3#*C3#	
4	ターナー	880	9	7,920	
5	フライパン（22cm）	3,200	3	9,600	
6	フライパン（26cm）	3,800	4	15,200	
7	ホットプレート	22,000	5	110,000	
8	圧力鍋	12,500	6	75,000	
9	蓋	2,100	6	12,600	
10	土鍋	6,500	6	39,000	
11					
12					

❺セル D3 に式を入力し、「売上合計」の値を算出します。完成した表は、「売上表」の結果に連動して、データ数や値が変動します。

COLUMN

起点となる配列はUNIQUE関数とFILTER関数で作る

このような仕組みの起点となる配列を作成する際に定番の関数が、UNIQUE関数とFILTER関数です。UNIQUE関数は本文中のように「全体を集計」する用途に向いており、FILTER関数は「絞り込んで集計」する用途に向いています。

対応バージョン 365 2019 2016 2013

ピボットテーブルからデータを取り出す

GETPIVOTDATA

ピボットテーブル機能は、集計・分析を行う際に便利な機能です。便利な一方、ある程度レイアウトが決まってしまうため、定型的なレポートの作成には向かない面もあります。そこで、GETPIVOTDATA関数で必要な集計値のみを取り出します。

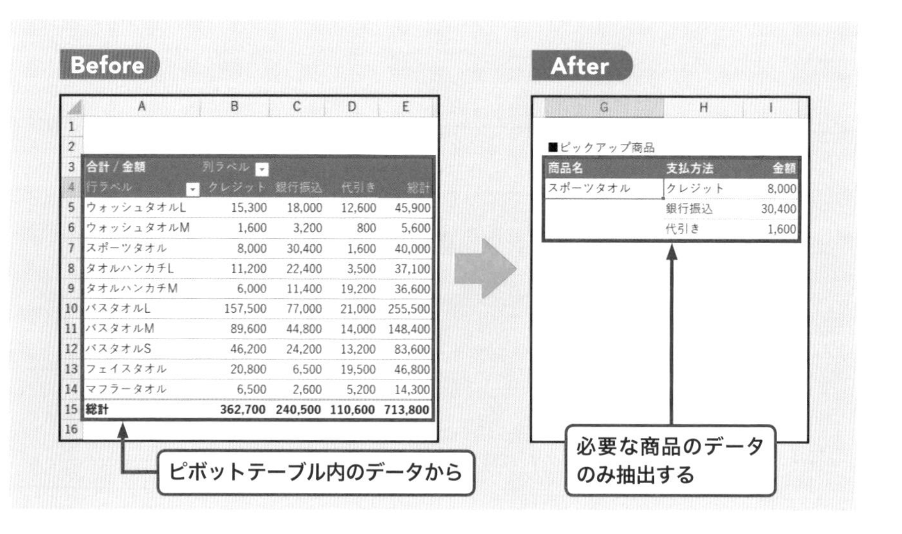

Before

合計 / 金額	列ラベル			
行ラベル	クレジット	銀行振込	代引き	総計
ウォッシュタオルL	15,300	18,000	12,600	45,900
ウォッシュタオルM	1,600	3,200	800	5,600
スポーツタオル	8,000	30,400	1,600	40,000
タオルハンカチL	11,200	22,400	3,500	37,100
タオルハンカチM	6,000	11,400	19,200	36,600
バスタオルL	157,500	77,000	21,000	255,500
バスタオルM	89,600	44,800	14,000	148,400
バスタオルS	46,200	24,200	13,200	83,600
フェイスタオル	20,800	6,500	19,500	46,800
マフラータオル	6,500	2,600	5,200	14,300
総計	362,700	240,500	110,600	713,800

After

■ピックアップ商品

商品名	支払方法	金額
スポーツタオル	クレジット	8,000
	銀行振込	30,400
	代引き	1,600

書式 =GETPIVOTDATA(フィールド,ピボットテーブル,[フィールド1],[アイテム1],[フィールド2]...)

引数

フィールド	必須	値を取得したい集計フィールド名
ピボットテーブル	必須	対象ピボットテーブルを含むセル参照
フィールド1	任意	取得フィールド名。アイテム1とペアで指定
アイテム1	任意	取得アイテム名。フィールド1とペアで指定

説明 GETPIVOTDATA関数は、ピボットテーブル内から任意の集計結果を取り出します。取り出す値は「フィールド」に指定した集計フィールドの値となり、対象は「ピボットテーブル」で指定します。
詳細な対象は、第3引数以降にフィールド名と値をセットとして列記して指定します。

ピボットテーブルで値を取り出す仕組み

蓄積したデータを集計する際は、最初に作成したい表を言葉で言い表してみましょう。「社員ごとの販売数」「商品別の売上」「月ごとの在庫数」など、思いついた言葉に「ごと」「別」というキーワードが含まれるのであれば、多くの場合、ピボットテーブルで集計するのが向いています。
しかし、ピボットテーブルの扱いは難しいと感じる方が多いのも現状です。
中には、苦労して書式やレイアウトを整えたものの、データを更新した時点ですべて崩れてしまい、苦労が水の泡になってしまった、という方もいるかもしれません。

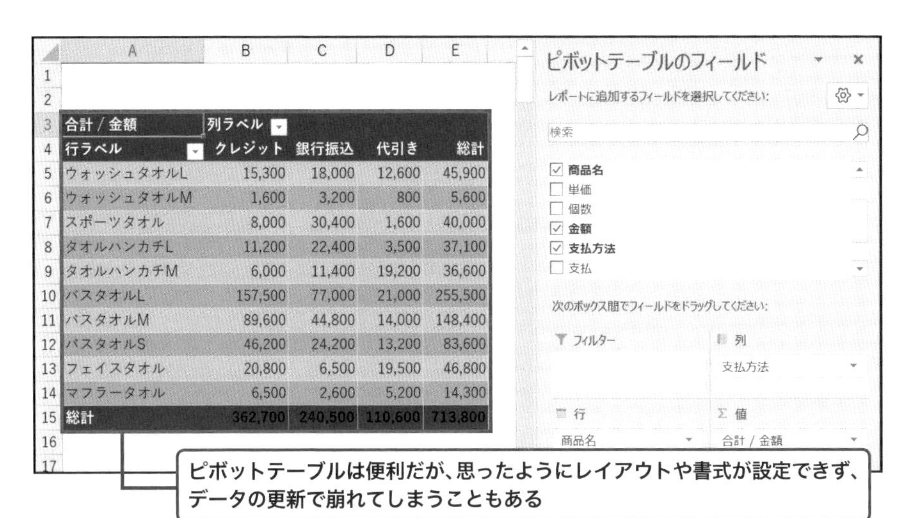

合計 / 金額	列ラベル			
行ラベル	クレジット	銀行振込	代引き	総計
ウォッシュタオルL	15,300	18,000	12,600	45,900
ウォッシュタオルM	1,600	3,200	800	5,600
スポーツタオル	8,000	30,400	1,600	40,000
タオルハンカチL	11,200	22,400	3,500	37,100
タオルハンカチM	6,000	11,400	19,200	36,600
バスタオルL	157,500	77,000	21,000	255,500
バスタオルM	89,600	44,800	14,000	148,400
バスタオルS	46,200	24,200	13,200	83,600
フェイスタオル	20,800	6,500	19,500	46,800
マフラータオル	6,500	2,600	5,200	14,300
総計	362,700	240,500	110,600	713,800

そこで、ここではピボットテーブルを大まかに作成し、必要なデータのみ関数を使って取り出してみることにします。この方針であれば、意図したデータを意図した位置にレイアウトした作表が可能となります。ピボットテーブルを「完成品」として仕上げるのではなく、「作業途中の仮の帳票」として扱うわけですね。
この方針での作業の要となるのがGETPIVOTDATA関数です。GETPIVOTDATA関数では、引数「フィールド」でピボットテーブルのフィールド名、引数「ピボットテーブル」で対象ピボットテーブルを含むセル参照を指定します。これにより必要なデータだけを集計できるのはもちろん、ピボットテーブルとは異なりレイアウトや書式も自由に設定でき便利です。

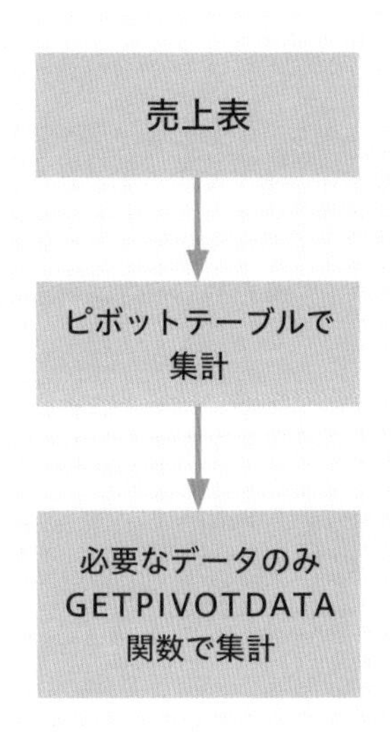

ピボットテーブルを作成する

集計するデータを用意し、ピボットテーブルを作成します。

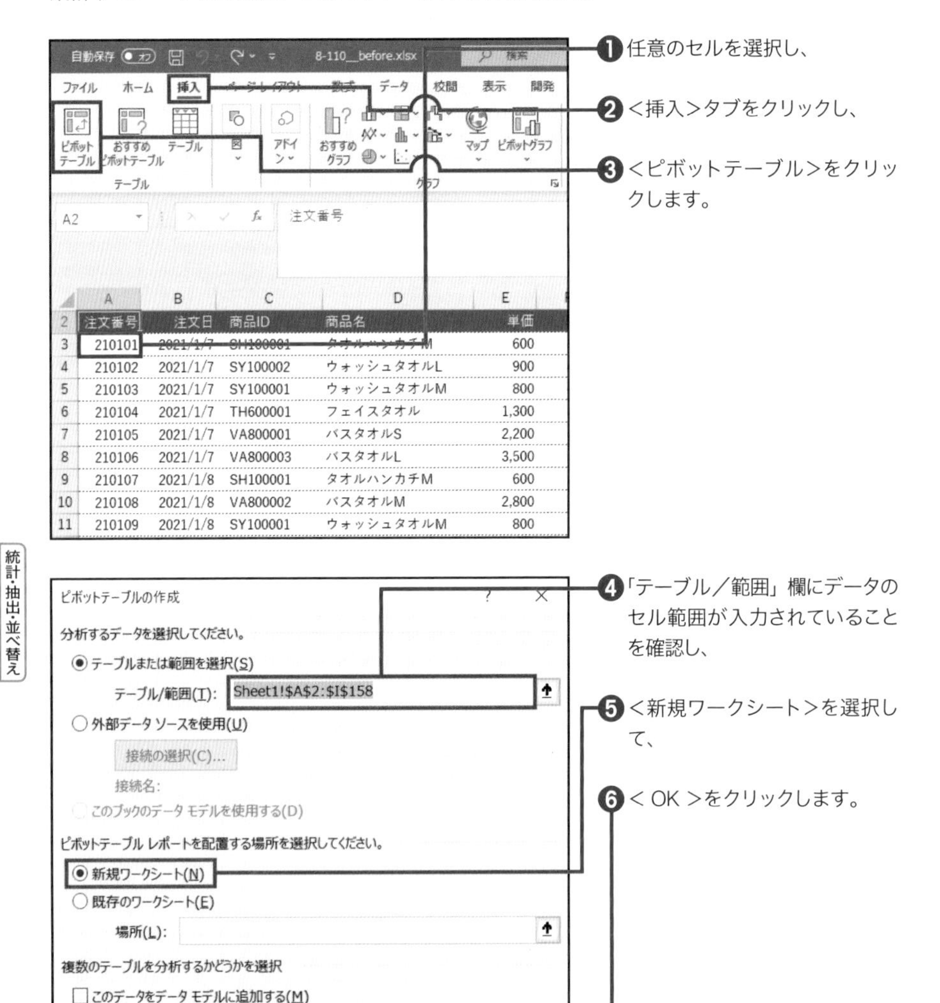

✔ COLUMN

バージョンによる差異

本文中の解説は、Microsoft 365版のExcelのメニューをもとに作成しています。お使いのバージョンによっては、メニューの位置やアイコン画像が異なる場合があります。

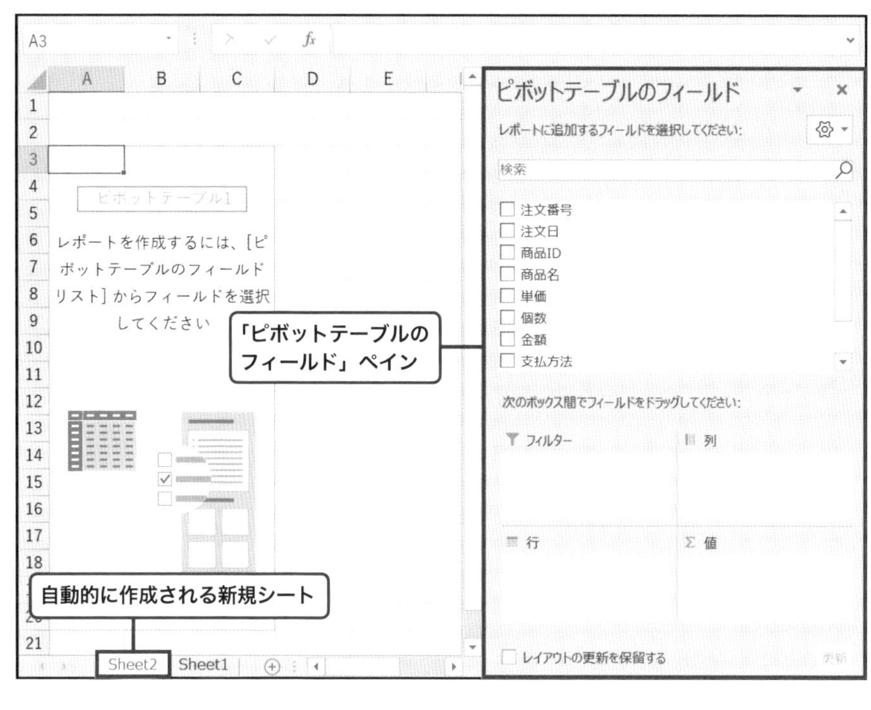

❼新規シートが作成され、ピボットテーブル用のエリアが表示されます。同時に、画面の右側に「ピボットテーブルのフィールド」ペインが表示されます。

COLUMN

「ピボットテーブルのフィールド」ペインの表示／非表示

「ピボットテーブルのフィールド」ペインは、ペイン右上の<×>をクリックすれば非表示にできます。再表示したい場合には、ピボットテーブルのエリア内選択時にリボンに表示される<ピボットテーブル分析>タブの<フィールドリスト>をクリックします。

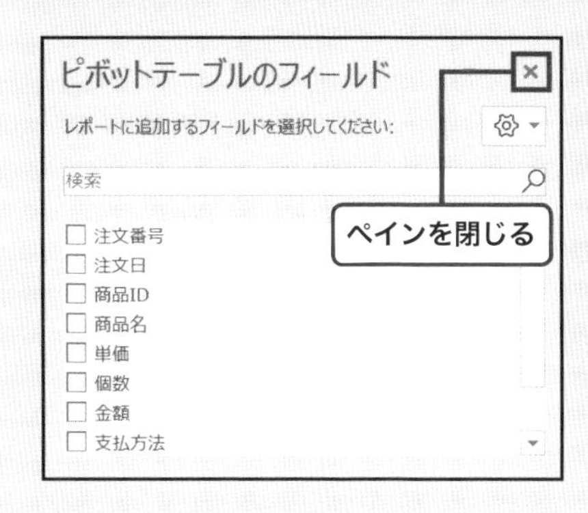

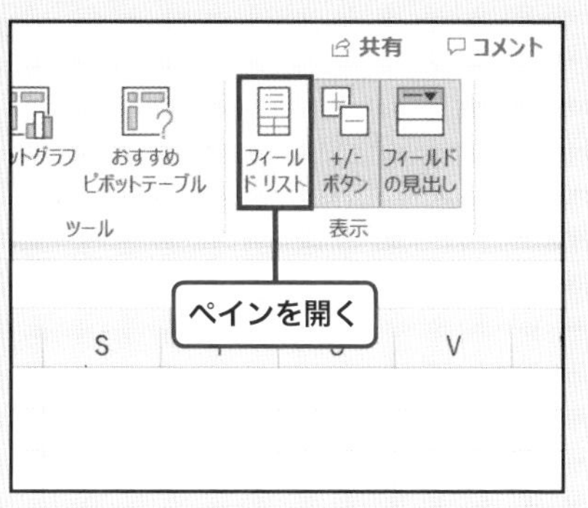

「商品名別の金額」の集計表を作成する

「ピボットテーブルのフィールド」では、どのフィールド(列) をもとに集計を行うのかを指定します。ここがよくわからない、という方も多いでしょう。そんな場合は、行いたい集計を言葉にしてみましょう。
「商品ごとの価格」「月別の在庫数」など、言葉にできたら、まずは「○○ごと」「○○別」という、「ごと」や「別」の前に来る部分に注目し、それをフィールド名一覧ボックスから「行」ボックスへドラッグ&ドロップします。
続いて、「の価格」「の在庫数」などの「の」の後ろに来る部分に着目し、同じように「値」ボックスへドラッグします。

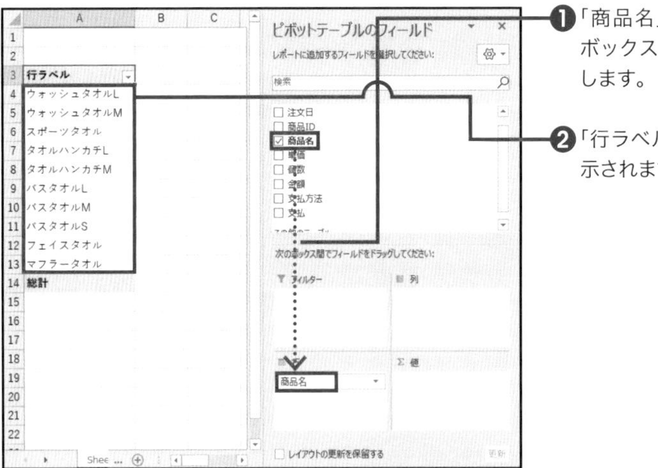

❶「商品名」フィールドを「行」ボックスにドラッグ&ドロップします。

❷「行ラベル」として商品名が表示されます。

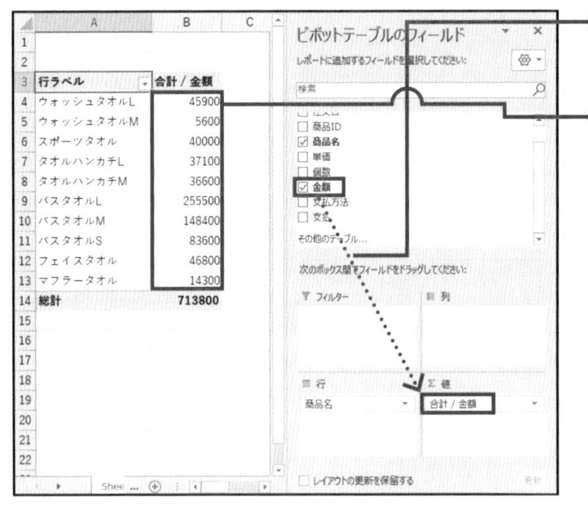

❸「金額」フィールドを「値」ボックスにドラッグ&ドロップします。

❹「合計/金額」として各商品の金額が表示され、最下行には「総計」として金額の合計が表示されます。これで「商品名別の金額」集計表が作成できました。

「商品名別・支払方法別の金額」の集計表を作成する

前ページで作った集計表に、集計項目を追加します。今度は、「支払方法」フィールドを「列」ボックスへドラッグします。すると、列見出しとして「支払方法」列の項目が展開されます。

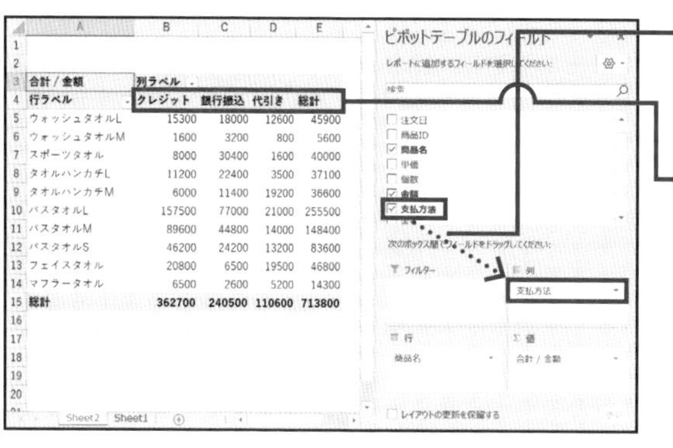

合計 / 金額	列ラベル			
行ラベル	クレジット	銀行振込	代引き	総計
ウォッシュタオルL	15300	18000	12600	45900
ウォッシュタオルM	1600	3200	800	5600
スポーツタオル	8000	30400	1600	40000
タオルハンカチL	11200	22400	3500	37100
タオルハンカチM	6000	11400	19200	36600
バスタオルL	157500	77000	21000	255500
バスタオルM	89600	44800	14000	148400
バスタオルS	46200	24200	13200	83600
フェイスタオル	20800	6500	19500	46800
マフラータオル	6500	2600	5200	14300
総計	362700	240500	110600	713800

❶「支払方法」フィールドを「列」ボックスにドラッグ＆ドロップします。

❷「列ラベル」に支払方法が表示されます。

MEMO フィールドの削除

一度「行」「列」「値」ボックスに指定したフィールドを削除するには、該当フィールドをボックス外へドラッグします。

STEP UP 応用例　複数のフィールドを指定して高度な集計を行う

ピボットテーブルでは、「行」「列」ボックスへフィールドを追加すれば、さらに細かな階層を持つクロス集計表が作成できます。また、集計方法は合計だけでなく、個数のカウントや平均値の算出など、さまざまな方法が選択できます。

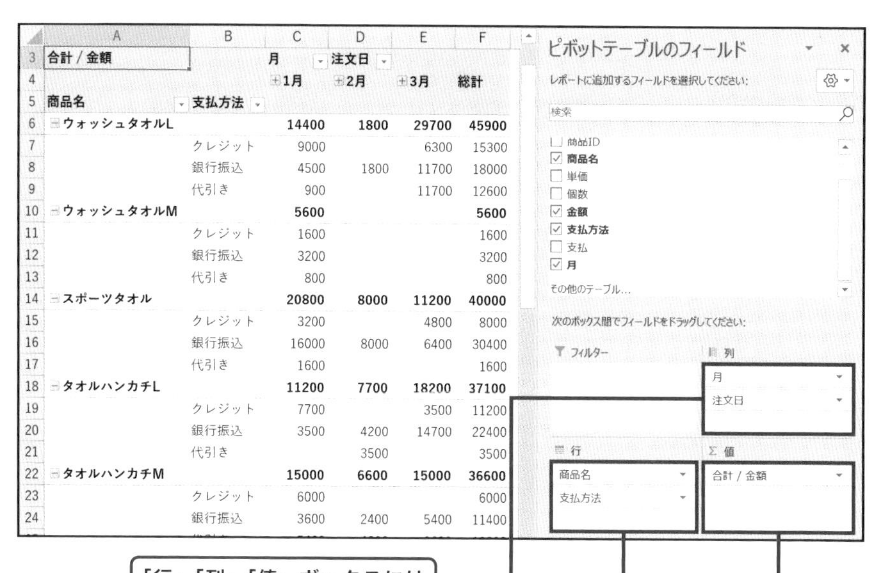

合計 / 金額		月 / 注文日			
		1月	2月	3月	総計
商品名	支払方法				
ウォッシュタオルL		14400	1800	29700	45900
	クレジット	9000		6300	15300
	銀行振込	4500	1800	11700	18000
	代引き	900		11700	12600
ウォッシュタオルM		5600			5600
	クレジット	1600			1600
	銀行振込	3200			3200
	代引き	800			800
スポーツタオル		20800	8000	11200	40000
	クレジット	3200		4800	8000
	銀行振込	16000	8000	6400	30400
	代引き	1600			1600
タオルハンカチL		11200	7700	18200	37100
	クレジット	7700		3500	11200
	銀行振込	3500	4200	14700	22400
	代引き		3500		3500
タオルハンカチM		15000	6600	15000	36600
	クレジット	6000			6000
	銀行振込	3600	2400	5400	11400

「行」「列」「値」ボックスには複数のフィールドを指定できる

GETPIVOTDATA関数で任意の集計結果を取得する

今度は、ピボットテーブルの集計結果をGETPIVOTDATA関数で取得してみましょう。対象のピボットテーブルは、以下のようにセルA3から始まる範囲に作成されている「商品名別・支払方法別の金額」集計表です。

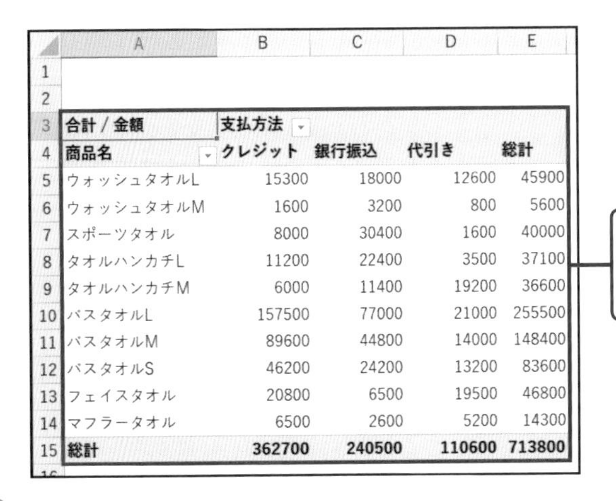

合計 / 金額	支払方法			
商品名	クレジット	銀行振込	代引き	総計
ウォッシュタオルL	15300	18000	12600	45900
ウォッシュタオルM	1600	3200	800	5600
スポーツタオル	8000	30400	1600	40000
タオルハンカチL	11200	22400	3500	37100
タオルハンカチM	6000	11400	19200	36600
バスタオルL	157500	77000	21000	255500
バスタオルM	89600	44800	14000	148400
バスタオルS	46200	24200	13200	83600
フェイスタオル	20800	6500	19500	46800
マフラータオル	6500	2600	5200	14300
総計	362700	240500	110600	713800

まずは「全体の金額」を求める方法です。第1引数に[値]エリアに指定したフィールド名を指定し、第2引数にはピボットテーブル内の任意のセル参照を指定します。

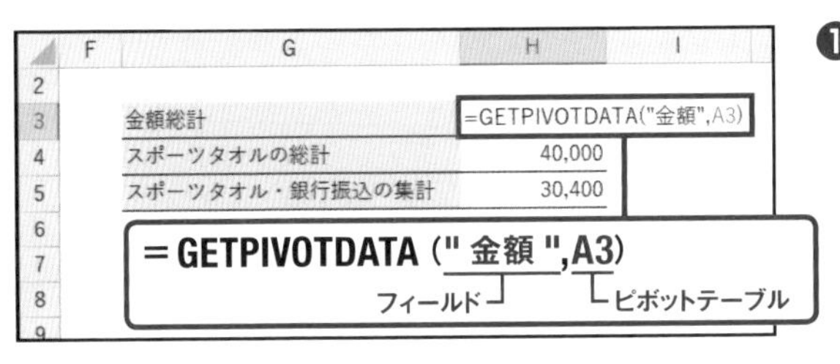

❶セルH3にGETPIVOTDATA関数を入力します。引数「フィールド」にフィールド名「金額」を指定し、引数「ピボットテーブル」にセルA3を指定します。全体の集計値が求められます。

ここから取得したい値を絞り込んでいきます。第3引数以降は、「抽出したいフィールド名(列名)」と、「抽出する値」をセットで列記していきます。上の結果から「スポーツタオル総計」に絞り込みたい場合は、次のように2つの引数を追加します。

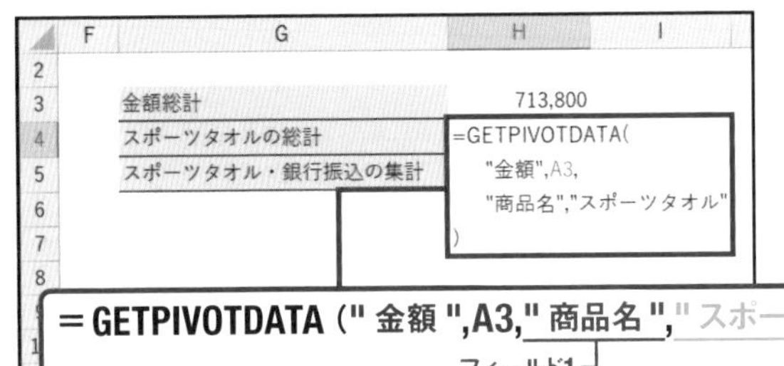

❷上で入力した式に加え、引数「フィールド1」にフィールド名「商品名」を指定し、引数「アイテム1」に「スポーツタオル」を指定します。商品名がスポーツタオルの総計を求められます。

さらに階層を深く絞り込んでみましょう。さらに「支払方法が銀行振込」の集計値へ絞り込むように2つの引数を追加します。

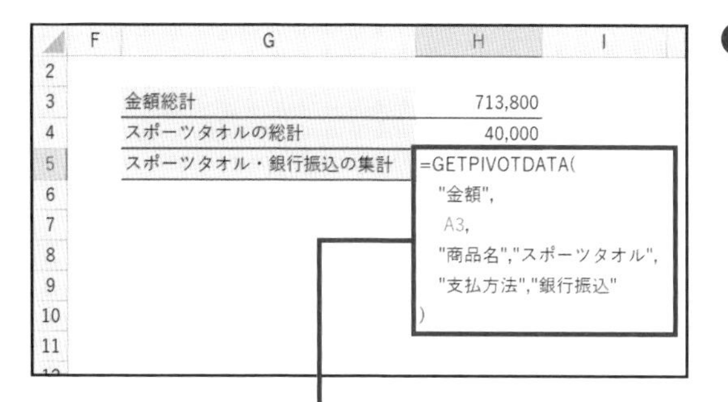

❸上で入力した式に加え、引数「フィールド2」にフィールド名「支払方法」を指定し、引数「アイテム2」に「銀行振込」を指定します。商品名がスポーツタオルかつ支払方法が銀行振込の総計を求められます。

=GETPIVOTDATA("金額",A3,"商品名","スポーツタオル","支払方法","銀行振込")

フィールド2　アイテム2

絞り込みの階層を深くするたびに、2つの引数をセットで追記していきます。引数の数が多いため、一見難しそうに感じますが、構造は非常にシンプルです。

COLUMN

GETPIVOTDATA関数では集計していない値は取得できない

GETPIVOTDATA関数に関して、1つ注意点があります。それは、あくまでも「集計結果の中から」該当する値を集計する関数である点です。
つまり、ピボットテーブル側で集計していない階層の値や、使用していないフィールドを使った関数式は、エラーとなります。たとえ元となるデータ範囲に値が存在していても、ピボットテーブル側で集計していなければエラーが表示されます。そのため、GETPIVOTDATA関数を使う際は、事前にピボットテーブル側で該当の集計を行いましょう。

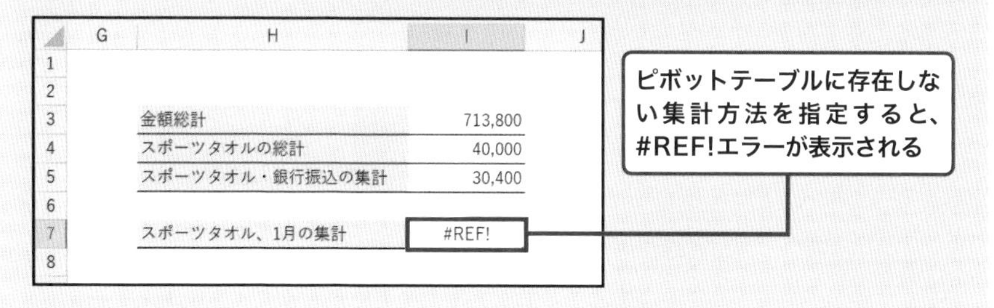

COLUMN

GETPIVOTDATA関数で入力の代わりにセルをクリックする

ピボットテーブル内の任意の集計結果を取り出す際、階層が深いと関数式を作るのに手間がかかります。そんなときは参照先のセルで「=」だけ入力し、ピボットテーブル側の該当セルをクリックしましょう。すると、その値を取り出すGETPIVOTDATA関数の式が自動で入力されます。

COLUMN

構造化参照で参照される範囲の整理

本文中でも利用している「テーブル」機能。その一番の利点は、構造化参照式が利用できる点でしょう。「テーブル」としたセル範囲に対して関数式を利用した場合、通常のセル参照による参照式ではなく、テーブル名や見出し名を使った特殊な参照式が入力されます。この特殊な参照式を「構造化参照」式と呼びます。
セル範囲A1:C6にデータが入力されている「商品」テーブルを例に整理してみましょう。

	A	B	C	D	E	F	G
1	ID	商品名	価格		税込み価格		
2	1	りんご	240		264		
3	2	蜜柑	120		132		
4	3	レモン	180		198		
5	4	いちご	550		605		
6	5	メロン	1,200		1,320		
7							

構造化参照式と参照箇所

構造化参照式	該当箇所	対応セル範囲
商品	データ範囲のみ	A2:C6
商品［#すべて］	全体	A1:C6
商品［#見出し］	見出し範囲	A1:C1
商品［見出し名］	見出しのデータ範囲	商品［ID］の場合A2:A6 商品［商品名］の場合B2:B6 商品［価格］の場合C2:C6
商品［@見出し名］	同じ行にある該当見出しのデータ	2列目で、商品［@商品名］とすると、B2 2列目で、商品［@商品名］とすると、B3

テーブル名そのものを指定した場合は、見出しを除いたデータ範囲を参照します。全体は「テーブル名[#すべて]」です。見出し部分は「テーブル名[#見出し]」となります。
その他、個々の列のデータ範囲は、「テーブル名[見出し名]」で指定可能です。どの部分を利用しているのかが明確になりますね。また、別シート上にテーブルがある場合でも、構造化参照式が利用可能です。「Sheet1!A2:C6」のような式よりも、ぐっとシンプルになりますね。

第9章

もっと便利に使いやすく!
効率アップ技とエラー対策

SECTION

111 便利ワザ

対応バージョン 365 2019 2016 2013

貼り付けの際に計算結果を変えたくないときは？

集計表や売上表などで関数の計算結果をコピーし、ほかのセルに貼り付けると、目的と異なる数値が表示されることがあります。これは、関数の計算結果ではなく、コピー元のセルに入力されている関数が貼り付けられたためです。値を貼り付けることで対処できます。

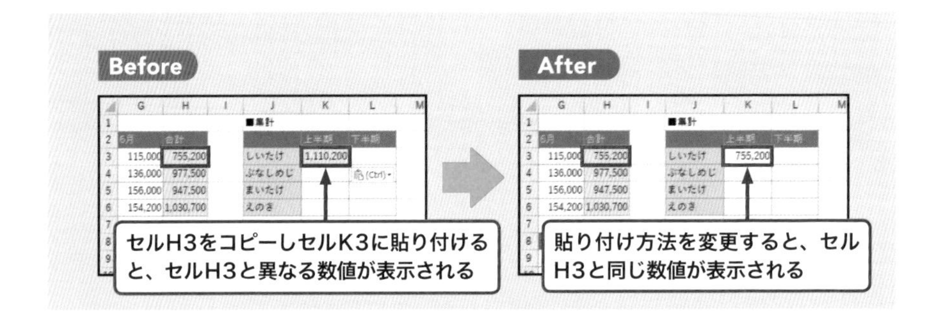

「貼り付けのオプション」を設定する

セルをコピーして貼り付けると、通常、コピー元のセルに設定されている書式とセルに入力されているデータが複製されます。貼り付け先で<貼り付けのオプション>をクリックすると、貼り付ける内容を選択できます。選択できる貼り付け方法は、次の通りです。

グループ	アイコン	名前	解説
貼り付け		貼り付け	セルの内容すべてを貼り付けます
		数式	書式を含めずに数式のみを貼り付けます
		数式と数値の書式	数式と数値の表示形式を貼り付けます
		元の書式を保持	コピー元の書式を保持してセルの内容を貼り付けます
		罫線なし	枠線を除いた書式とセルの内容を貼り付けます
		元の列幅を保持	コピー元の列幅を保持してセルの内容を貼り付けます
		行 / 列の入れ替え	行と列を入れ替えてセルの内容を貼り付けます
値の貼り付け		値	数式の計算結果（値）を貼り付けます
		値と数値の書式	数式の計算結果（値）と数値の表示形式を貼り付けます
		値と元の書式	コピー元の書式を保持して数式の計算結果（値）を貼り付けます
その他の貼り付けオプション		書式設定	書式のみを貼り付けます
		リンク貼り付け	コピー元の表と連動する形でセルの内容を貼り付けます
		図	画像を貼り付けます
		リンクされた図	コピー元の画像と連動する形で画像を貼り付けます

値と数値の書式を貼り付ける

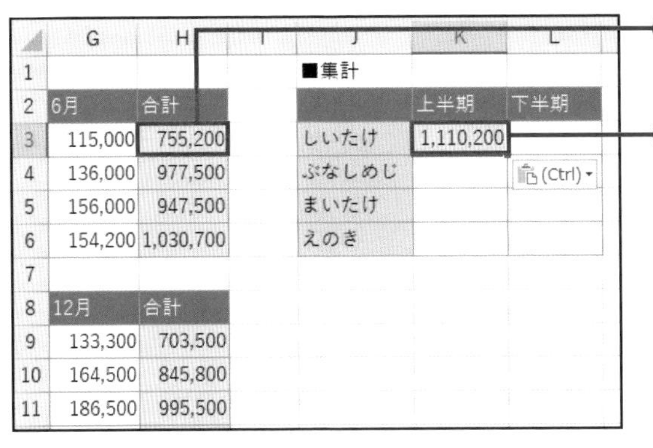

❶ セル H3 をクリックし、Ctrl+C キーを押してコピーします。

❷ セル K3 をクリックし、Ctrl+V キーを押すと、コピーしたデータが貼り付けられます。しかし同じ数値になりません。これは、コピー元のセル H3 に入力されている SUM 関数がコピーされ、セル K3 に貼り付けられた結果、参照先が自動的に調整されて計算されたためです。

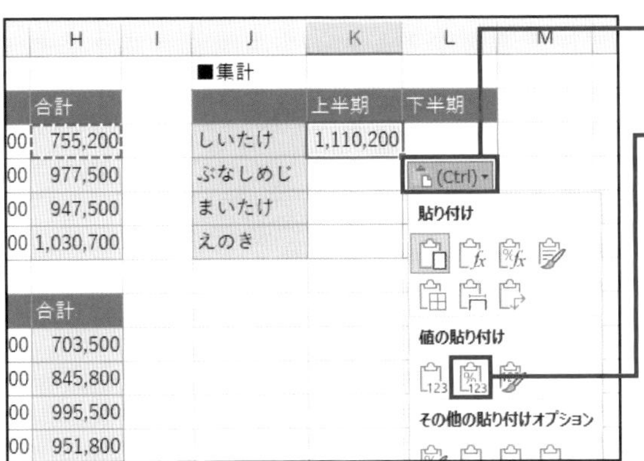

❸ <貼り付けのオプション>をクリックし、

❹ <値と数値の書式>をクリックすると、セル H3 の値と数値の書式のみ貼り付けることができます。

MEMO 値のみ貼り付けると

手順4で<値>をクリックすると、数値の書式は引き継がれないため「755200」と表示されます。

STEP UP 応用例 <ホーム>タブから貼り付け方法を選択する

<ホーム>タブの<貼り付け>ボタンの下部をクリックすると、貼り付け方法を選択できます。選択できる貼り付け方法は<貼り付けのオプション>をクリックしたときと同じですが、貼り付ける前に貼り付け方法を選択できるので、<貼り付けのオプション>をクリックする手間を省くことができます。

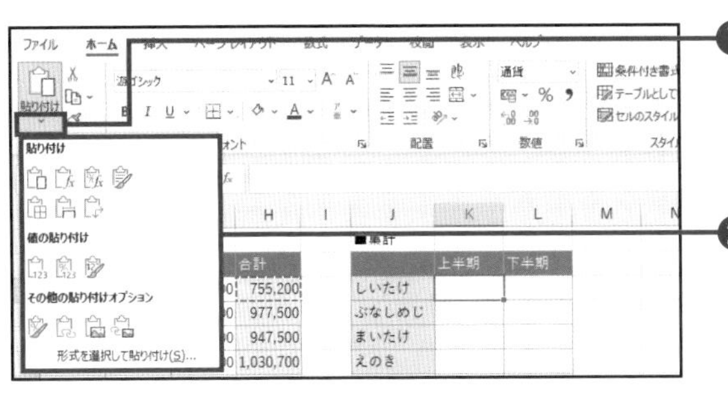

❶ セル H3 をコピーし、セル K3 をクリックしたあと、<ホーム>タブにある<貼り付け>の下半分をクリックします。

❷ メニューが表示され、貼り付け方法を選択できます。

第6章 第7章 第8章 第9章 便利ワザ

対応バージョン 365 2019 2016 2013

SECTION 112 便利ワザ

関数が入ったセルに色を付けて引き継ぎしやすい資料にする

ISFORMULA

ほかの人が作成した表を利用する場合、誤って数式を削除してしまい、意図した計算結果が表示されなくなることがあります。通常のセルと数式が入力されているセルを色分けし、共同作業者にとって使いやすい表を作成しましょう。

第6章 第7章 第8章 第9章 便利ワザ

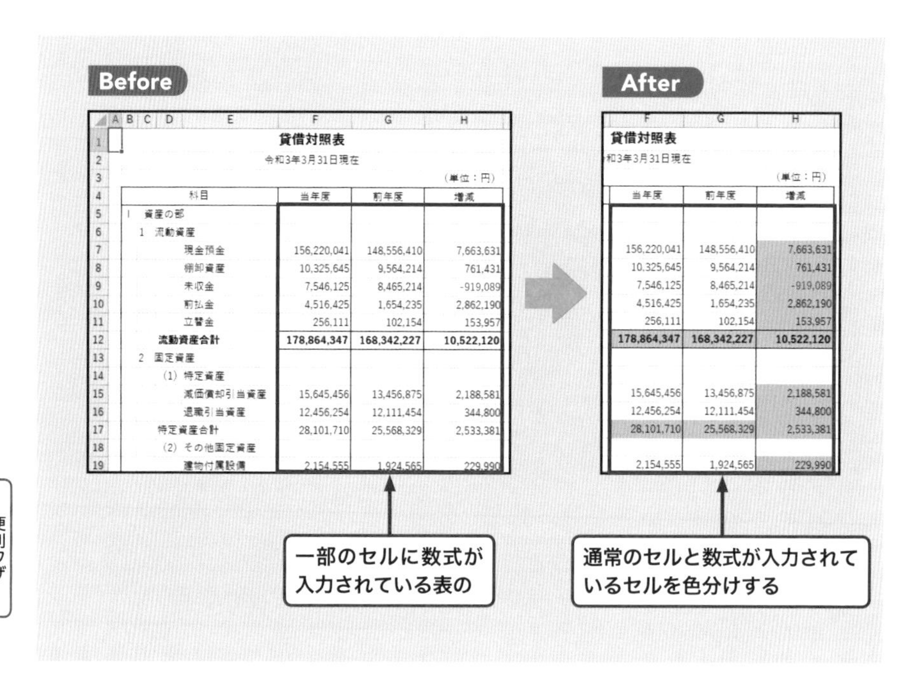

書式 =ISFORMULA（範囲）

引数 範囲 **必須** 数式が入力されているかどうか検査するセル範囲

説明 ISFORMULA関数は、引数「参照」に指定されているセル範囲に、数式が入力されているかどうかを検査します。セルに入力されているデータが数式の場合はTRUE(真)、そうでないならばFALSE(偽)を返します。なお、引数に指定したセル範囲にエラー値が表示されている場合でも、数式が入力されているとTRUEになります。

数式が入力されているセル範囲を色分けする

ここでは、取引先への支払規定が「月末締め・翌月末払い」のときの、月ごとの支払総額を計算します。

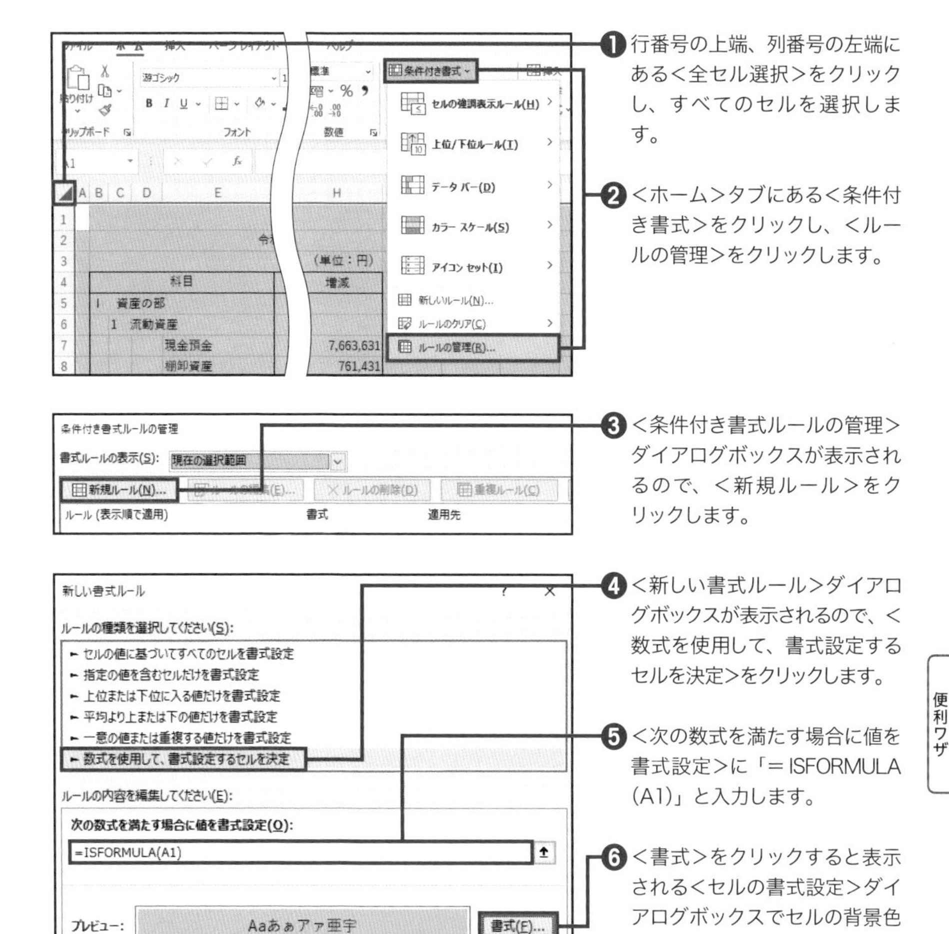

❶行番号の上端、列番号の左端にある<全セル選択>をクリックし、すべてのセルを選択します。

❷<ホーム>タブにある<条件付き書式>をクリックし、<ルールの管理>をクリックします。

❸<条件付き書式ルールの管理>ダイアログボックスが表示されるので、<新規ルール>をクリックします。

❹<新しい書式ルール>ダイアログボックスが表示されるので、<数式を使用して、書式設定するセルを決定>をクリックします。

❺<次の数式を満たす場合に値を書式設定>に「= ISFORMULA(A1)」と入力します。

❻<書式>をクリックすると表示される<セルの書式設定>ダイアログボックスでセルの背景色を設定します。

❼< OK >をクリックします。

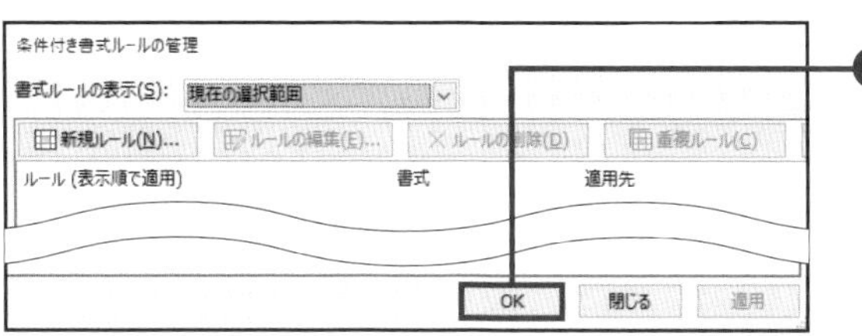

❽<条件付き書式ルールの管理>ダイアログボックスに戻るので、< OK >をクリックします。

SECTION 113 便利ワザ

対応バージョン 365 2019 2016 2013

「マスタ」を追加したら入力規則に自動で反映する

OFFSET COUNTA

入力規則を設定すると、セルに入力するデータをリストから選択できます。通常、元データ（マスタ）にデータを追加してもリストに反映されませんが、OFFSET関数とCOUNTA関数を利用すると、マスタを追加した場合に自動的に反映されます。

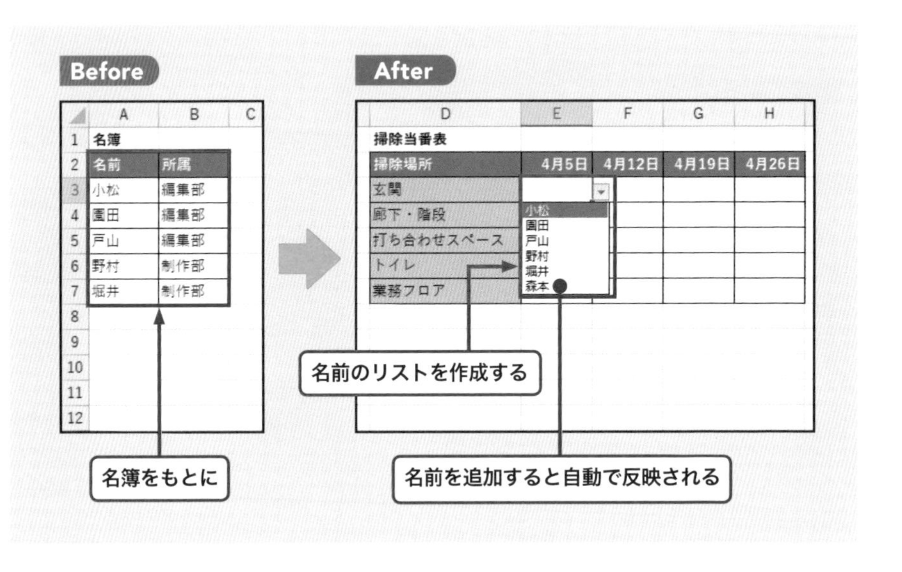

書式 =OFFSET(基準,行数,列数,[高さ],[幅])

引数

基準	必須	基準となるセル参照
行数	必須	基準から行方向にずれる数
列数	必須	基準から列方向にずれる数
高さ	任意	範囲の行数
幅	任意	範囲の列数

説明 OFFSET関数は、「基準」のセルから、「行数」「列数」分だけ離れた位置にあるセルの値を返します。

OFFSET関数を理解する

OFFSET関数は、指定した位置にあるセルを参照します。たとえば「= OFFSET(A1,2,3,4,5)」の場合、基準 = セルA1、行数 = 2、列数 = 3、高さ = 4、幅 = 5になるので、セルA1から下方向へ2つ、右方向へ3つ移動したセルを含む高さが4、幅が5のセル範囲を参照します。結果、セル範囲D3:H6を参照します。

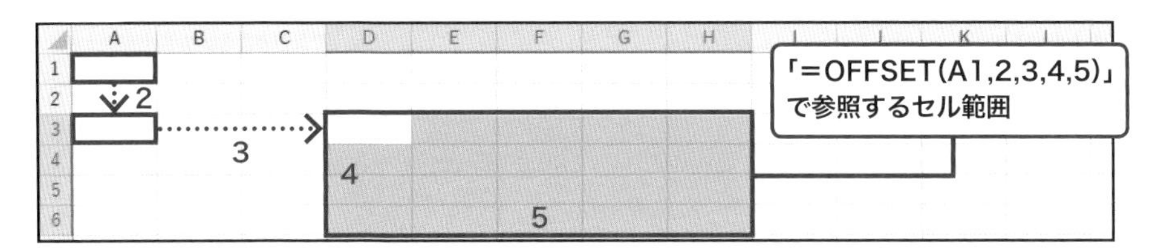

データを追加しても自動的に更新されるリストを作成する

ここでは、掃除当番表に入力規則を設定し、担当者をリストから選択できるようにします。このとき、リストには名簿の名前が表示されるように設定し、名簿に名前が追加されたときはリストにも自動的に追加されるようにします。

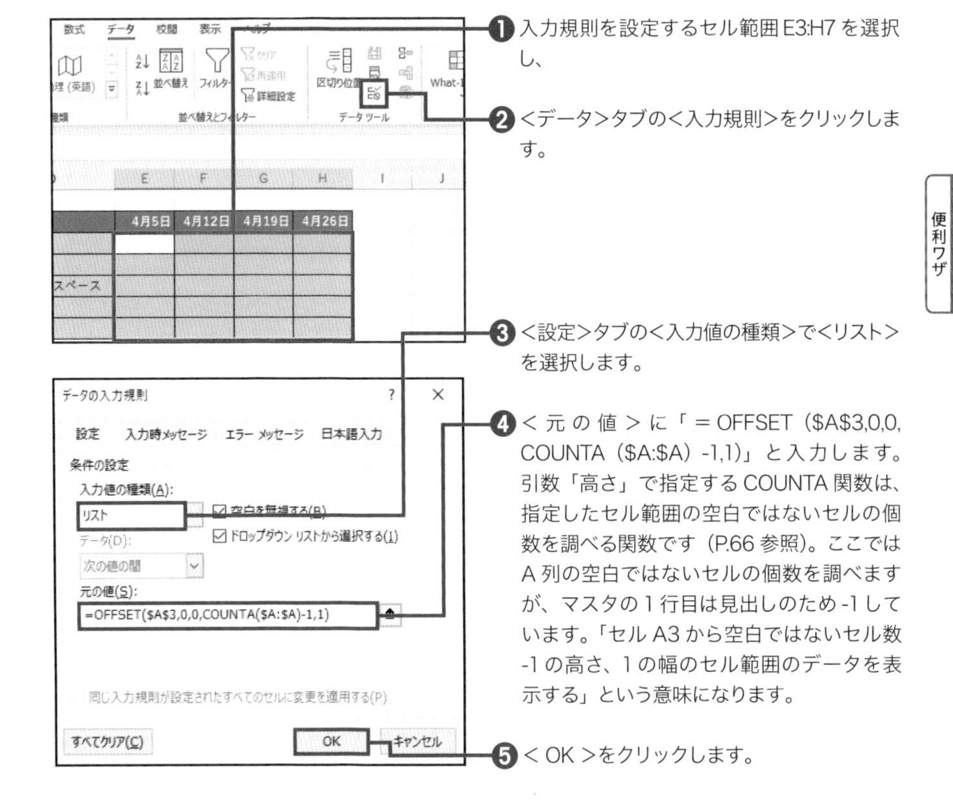

❶ 入力規則を設定するセル範囲E3:H7を選択し、

❷ <データ>タブの<入力規則>をクリックします。

❸ <設定>タブの<入力値の種類>で<リスト>を選択します。

❹ <元の値>に「= OFFSET ($A$3,0,0,COUNTA ($A:$A) -1,1)」と入力します。引数「高さ」で指定するCOUNTA関数は、指定したセル範囲の空白ではないセルの個数を調べる関数です (P.66参照)。ここではA列の空白ではないセルの個数を調べますが、マスタの1行目は見出しのため -1しています。「セルA3から空白ではないセル数 -1の高さ、1の幅のセル範囲のデータを表示する」という意味になります。

❺ < OK >をクリックします。

SECTION

114

便利ワザ

対応バージョン 365 2019 2016 2013

「マスタ」を追加したら表にも自動で追加する

UNIQUE
TRANSPOSE
SUMIFS

Excelでは、1つの表をもとに、レイアウトを変更したり、特定のデータを抜き出したりして新しい表を作成できます。このとき、元の表(マスタ)をテーブルに変換しておくと、テーブルの編集結果が新しい表にも自動的に反映されます。

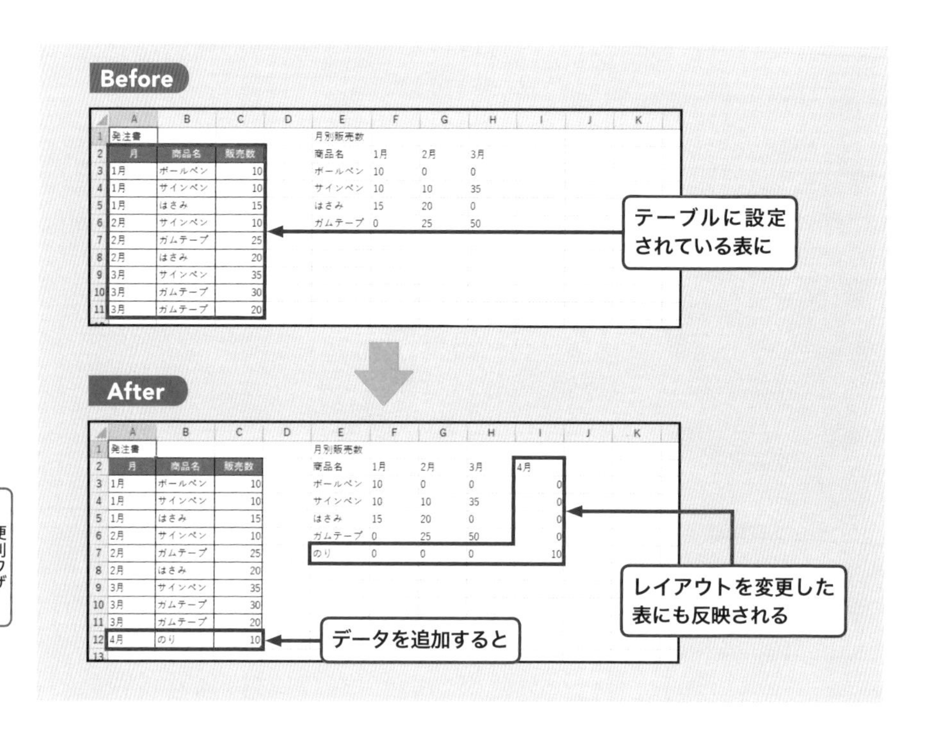

書式 =TRANSPOSE(配列)

引数 配列 **必須** 表の行と列を変換して配置するセル範囲

説明 TRANSPOSE関数は、表の行と列を入れ替える関数です。表の行と列を入れ替えると、元の表の第1行が新しい表の第1列に、元の表の第2行が新しい表の第2列のように配置されます。

関数の引数にテーブルを指定する

ここでは、セル範囲A2:C11をテーブルに変換し、そのテーブルをもとに、行や列を入れ替え、データをまとめた表を作成します。

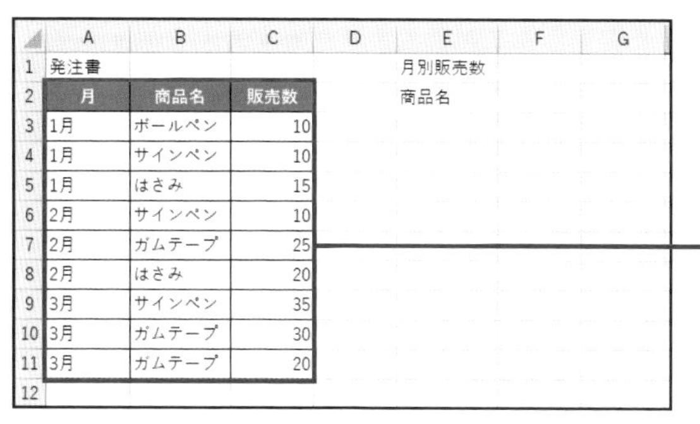

❶ セル範囲A2:C11をテーブルに変換します（P.197参照）。

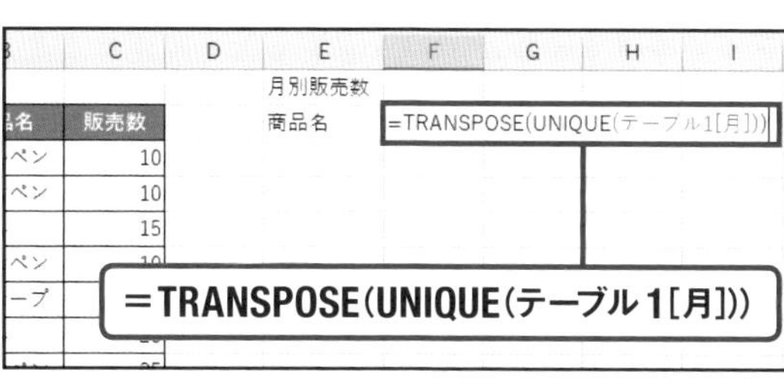

❷ セルF2にTRANSPOSE関数とUNIQUE関数を組み合わせて入力します。

MEMO スピル

スピルの仕組みでセル範囲G2:H2にも数式が自動で入力されます。

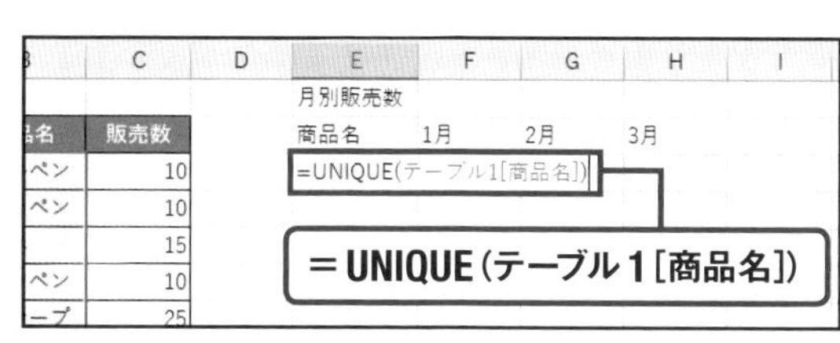

❸ セルE3にUNIQUE関数を入力します。テーブルの「商品名」から商品名の一覧を取得できます。

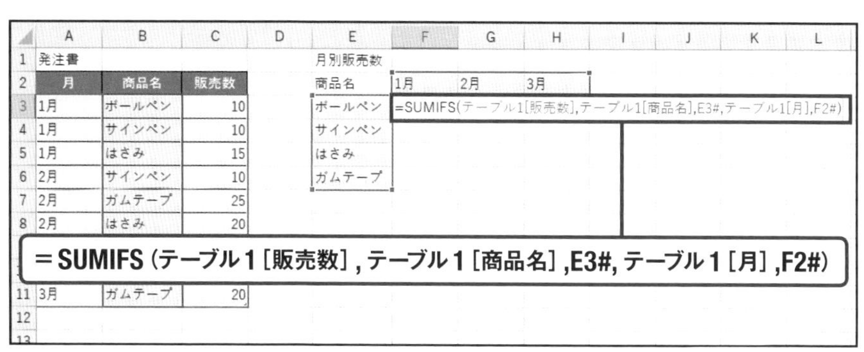

❹ セルF3にSUMIFS関数を入力します。商品ごとの月別販売数の表が作成できます。テーブルにデータを追加すると、表にも反映されます。

第6章 第7章 第8章 第9章 便利ワザ

SECTION 115 便利ワザ

対応バージョン 365 2019 2016 2013

「配列数式」と「スピル」の違いを理解する

金額や人数など、同じ種類の数値のまとまりを「配列」、配列を使う数式のことを「配列数式」といいます。配列数式は特殊な方法で入力しますが、Microsoft 365版のExcelでは「スピル機能」が搭載されたため、意識する必要はありません。ここで解説します。

配列と配列数式とは

「配列」とは、「500円、1200円、1万円」「100人、300人、1200人」など、特定の意味を持つ数値のグループのことです。そして、配列を使って計算し、複数の計算結果を返す数式のことを「配列数式」といいます。
たとえば製品の販売価格から10%値引きした価格を割引価格とします。このとき、販売価格に0.9を掛ければ割引価格を計算できますが、製品の数が多い場合は、製品ごとに1つひとつ計算することになります。製品ごとの販売価格を配列として処理すると、配列に0.9を掛けることで一気に計算できます。

製品の割引価格を計算する場合

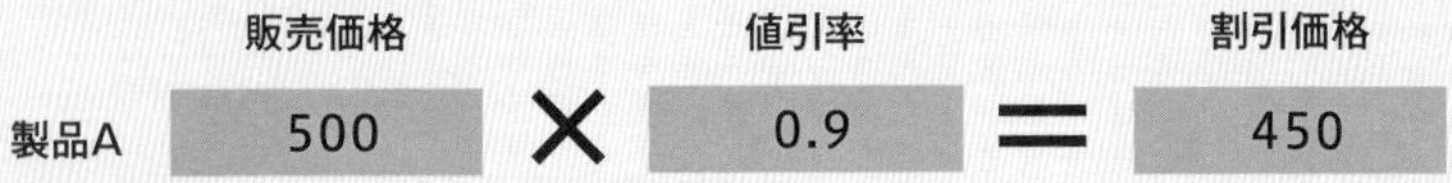

	販売価格		値引率		割引価格
製品A	500	×	0.9	＝	450

販売価格に値引率を掛けます。

製品が増えると

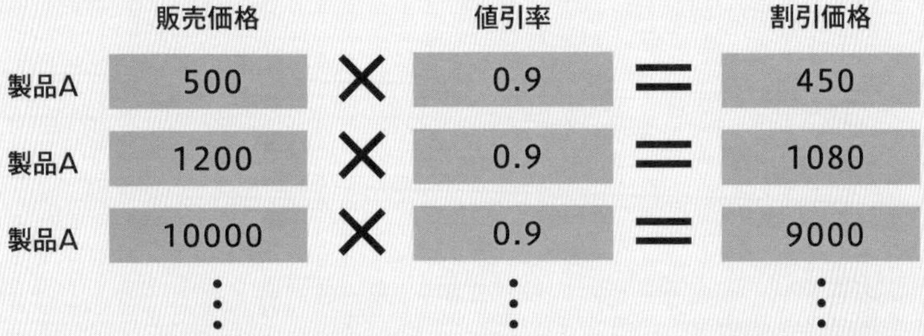

	販売価格		値引率		割引価格
製品A	500	×	0.9	＝	450
製品A	1200	×	0.9	＝	1080
製品A	10000	×	0.9	＝	9000
	⋮		⋮		⋮

通常の数式では、「製品Aの販売価格×値引率」「製品Bの販売価格×値引率」……といったように、製品ごとに計算する必要があります。

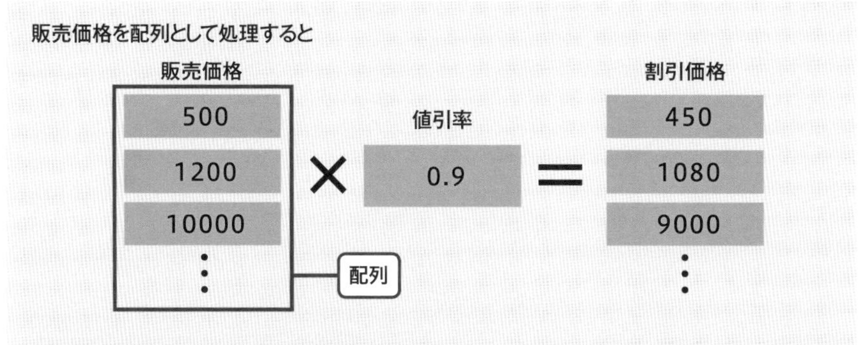

配列数式を入力する

通常、数式は Enter キーを押して入力しますが、配列数式の場合は、Ctrl + Shift + Enter キーを押して入力します。数式が「{}」で囲まれ、配列数式になります。このため、配列数式は入力するときの各キーの頭文字を取ってCSE数式とも呼ばれます。
ここでは、3つの商品の単価にまとめて割引率0.9を掛け、一度の計算で3つの割引価格を求めます。

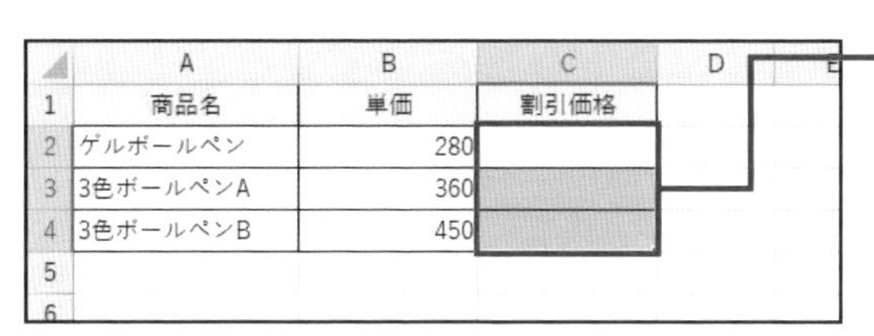

❶計算結果を表示するセル範囲C2:C4を選択します。

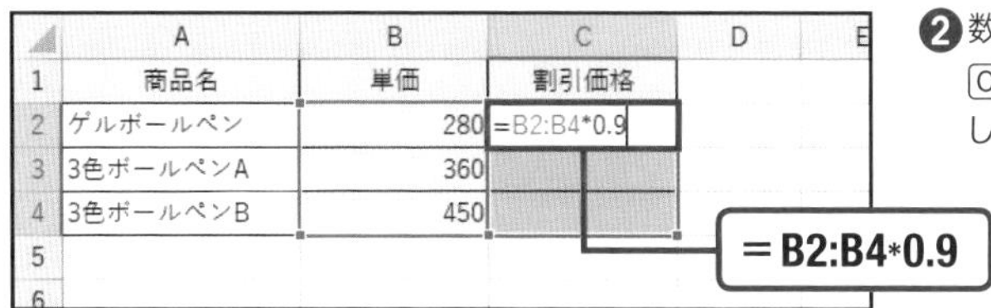

❷数式「＝B2:B4*0.9」と入力し、Ctrl + Shift + Enter キーを押します。

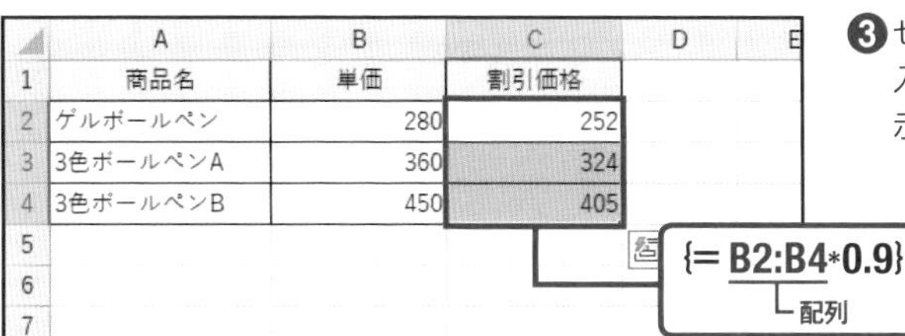

❸セル範囲C2:C4に配列数式が入力され、3つの計算結果が表示されます。

第6章
第7章
第8章
便利ワザ 第9章

スピルとは

「スピル(spill)」とは、数式の計算結果がセルに収まらない場合、あふれた計算結果を隣接するセルに自動的に表示する機能です。もともとは「あふれる」「こぼれる」を意味する英単語で、Microsoft 365版のExcelで利用できます。
Excel 2019以前では、計算結果が複数のセルにまたがる場合、計算結果を表示する複数のセルをあらかじめ選択し、配列数式を入力する必要がありました。Microsoft 365版のExcelではスピルが搭載されたため、配列数式を入力する必要はありません。計算結果が複数のセルにまたがる場合、自動的に処理されます。このように、スピルを使って作成した配列数式は動的配列数式といいます。スピルの特徴は次の通りです。

- スピルによって自動的に入力された数式は「ゴースト」と呼ばれ、グレーで表示されて編集できない
- スピルが適用されるセルは、空白にしておく必要がある。ほかのデータが入力されていたり、あとからデータを入力したりすると、エラー値「#SPILL!」が表示される(P.327参照)
- スピルが適用されているセル範囲は、範囲内のセルを選択すると強調表示される
- スピルを使ったファイルをExcel 2019以前のExcelで開くと、自動的に配列数式に変換される

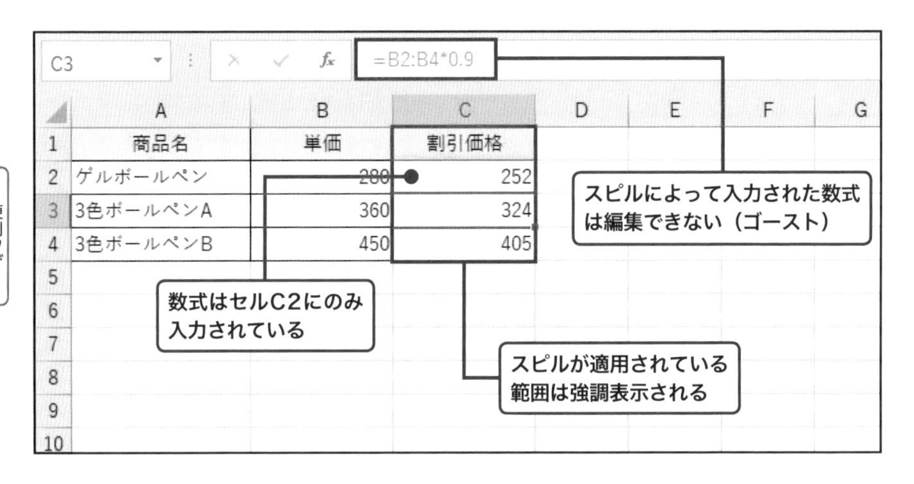

COLUMN

スピル機能は個別の数式で無効化できる

スピル機能は便利ですが、仕組みを理解していないと意図しない計算結果が表示されて不便に感じることもあるかもしれません。しかし、2021年7月時点ではExcel全体のスピル機能を無効化する方法はありません。ただし、個別の数式で「=」の後ろに「@」を付ければスピル機能を無効化できます。上の例の場合、「=@B2:B4*0.9」と入力すれば、セルC2のみ計算結果「252」が表示されます。

スピルを使って計算する（365版Excelのみ）

スピルを使って計算する場合、特別な操作は必要ありません。計算結果を複数のセルに表示する必要がある場合、自動的にスピル機能が実行されます。

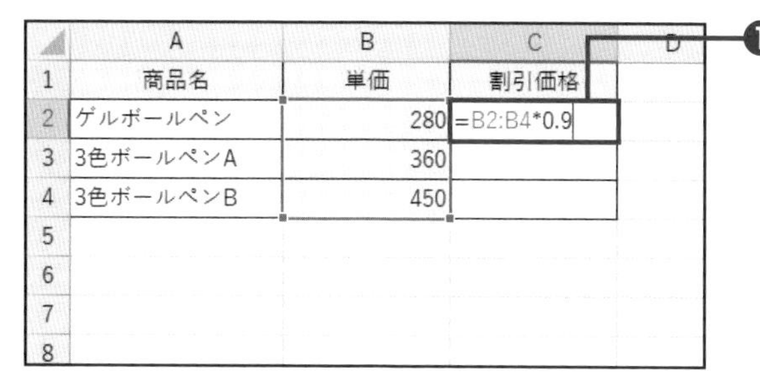

	A	B	C	D
1	商品名	単価	割引価格	
2	ゲルボールペン	280	=B2:B4*0.9	
3	3色ボールペンA	360		
4	3色ボールペンB	450		
5				
6				
7				
8				

❶セルC2に「＝B2:B4*0.9」と入力し、Enterキーを押します。

	A	B	C	D
1	商品名	単価	割引価格	
2	ゲルボールペン	280	252	
3	3色ボールペンA	360	324	
4	3色ボールペンB	450	405	
5				
6				
7				
8				

❷計算結果が表示されます。

❸スピルが機能し、セルC3とC4にも自動的に計算結果が表示されます。

STEP UP 応用例　動的配列数式を配列数式に変換する

スピルが使われているファイルをExcel 2019以前のExcelで開くと、配列数式に変換されますが、スピルは新しい機能であるため、数式が複雑な場合にはエラーが発生する可能性があります。

古いバージョンのExcelでファイルを使う場合は、配列数式に変換すると安心です。ただし、スピルによって入力された数式を配列数式に変換すると、元に戻すことはできません。1から作り直すことになるため、ファイルの複製を保存しておくことをおすすめします。

	A	B	C	D
1	商品名	単価	割引価格	
2	ゲルボールペン	280	=B2:B4*0.9	
3	3色ボールペンA	360	324	
4	3色ボールペンB	450	405	
5				
6				
7				
8				
9				
10				

❶セル範囲C2:C4には、スピルによって数式が入力されています。

❷数式が入力されているセルC2をダブルクリックして数式を表示し、Ctrl＋Shift＋Enterキーを押します。スピルによって入力された数式が配列数式に変換されます。

SECTION 116 便利ワザ

対応バージョン 365 2019 2016 2013

ワイルドカードをさまざまな関数で使う

COUNTIF SUMIF VLOOKUP

任意の文字を意味する記号を「ワイルドカード」といいます。P.136では、IF関数とワイルドカードを使って、セル内の文字に応じて計算方法を変更しました。ここでは、IF関数とは別の関数でワイルドカードを使用する例を紹介します。

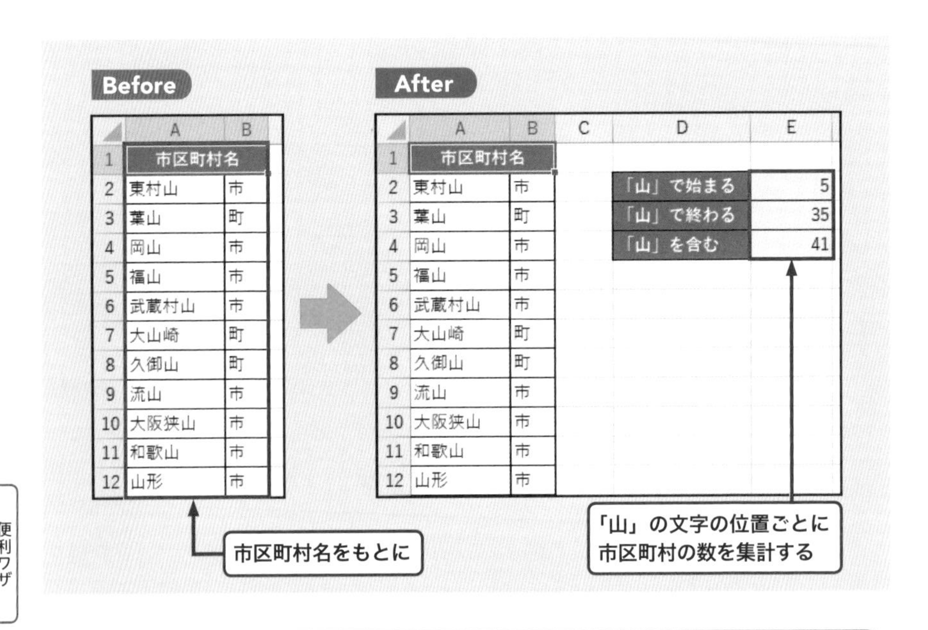

ワイルドカードが使える関数

ワイルドカードは、あいまいな条件でデータを検索できる便利な機能ですが、すべての関数で利用できるわけではありません。ワイルドカードを利用できる主な関数は、次の通りです。

関数名	説明	参照
SUMIF 関数、SUMIFS 関数	条件に一致するデータの合計を計算します	P.62、P.64 参照
COUNTIF 関数、COUNTIFS 関数	条件に一致するデータの個数を計算します	P.70、P.72 参照
AVERAGEIF 関数、AVERAGEIFS 関数	条件に一致するデータの平均を計算します	-
SEARCH 関数	条件に一致する文字列の位置を検索します	P.156 参照
MATCH 関数、XMATCH 関数	条件に一致するデータの位置を検索します	P.254 参照
HLOOKUP 関数、VLOOKUP 関数、XLOOKUP 関数	条件に一致するデータを表から抜き出します	P.198、P.222、P.230 参照

条件に部分一致する文字列を数える

COUNTIF関数の引数にワイルドカードを指定し、条件に一致する市区町村名の個数を計算します。

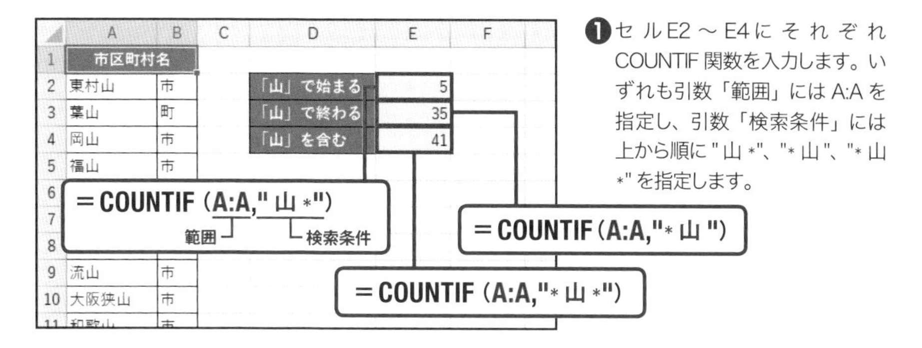

	A	B	C	D	E	F
1	市区町村名					
2	東村山	市		「山」で始まる	5	
3	葉山	町		「山」で終わる	35	
4	岡山	市		「山」を含む	41	
5	福山	市				
9	流山	市				
10	大阪狭山	市				
11	和歌山	市				

❶セルE2～E4にそれぞれCOUNTIF関数を入力します。いずれも引数「範囲」にはA:Aを指定し、引数「検索条件」には上から順に"山＊"、"＊山"、"＊山＊"を指定します。

STEP UP 応用例　条件に部分一致する文字列に対応するデータを合計する

ここでは、SUMIFS関数を使い、条件に一致する商品、かつ条件に一致する月の売上合計数を計算します。このとき、商品名の検索にワイルドカードを使うことで、指定の文字列が含まれている商品を検索します。

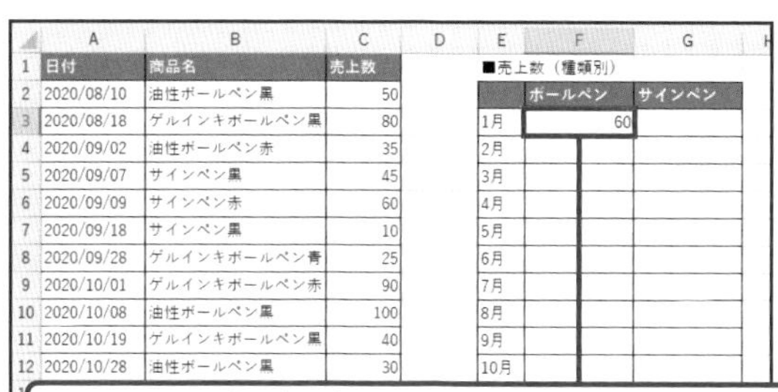

	A	B	C
1	日付	商品名	売上数
2	2020/08/10	油性ボールペン黒	50
3	2020/08/18	ゲルインキボールペン黒	80
4	2020/09/02	油性ボールペン赤	35
5	2020/09/07	サインペン黒	45
6	2020/09/09	サインペン赤	60
7	2020/09/18	サインペン黒	10
8	2020/09/28	ゲルインキボールペン青	25
9	2020/10/01	ゲルインキボールペン赤	90
10	2020/10/08	油性ボールペン黒	100
11	2020/10/19	ゲルインキボールペン黒	40
12	2020/10/28	油性ボールペン黒	30

■売上数（種類別）

	ボールペン	サインペン
1月	60	
2月		
3月		
4月		
5月		
6月		
7月		
8月		
9月		
10月		

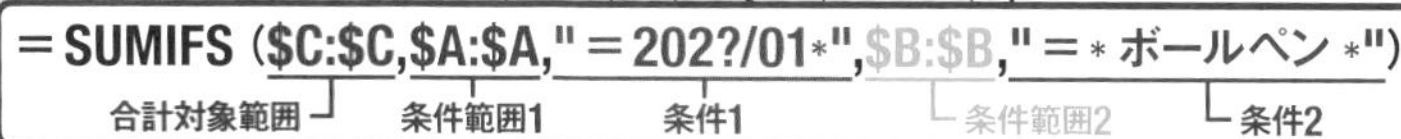

❶セルF3にSUMIFS関数を入力します。「A列から『202＋1文字』と『/01＋数文字』の組み合わせを検索し、B列から『ボールペン』を含む文字列を検索して、2つの条件に一致するC列の数値を合計する」という意味になります。

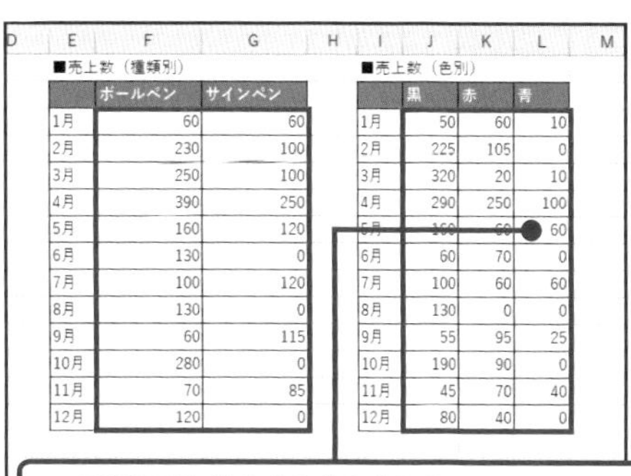

■売上数（種類別）

	ボールペン	サインペン
1月	60	60
2月	230	100
3月	250	100
4月	390	250
5月	160	120
6月	130	0
7月	100	120
8月	130	0
9月	60	115
10月	280	0
11月	70	85
12月	120	0

■売上数（色別）

	黒	赤	青
1月	50	60	10
2月	225	105	0
3月	320	20	10
4月	290	250	100
5月	160	60	60
6月	60	70	0
7月	100	60	60
8月	130	0	0
9月	55	95	25
10月	190	90	0
11月	45	70	40
12月	80	40	0

❷セルF3に入力した関数をコピーし、表を完成させます。各セルに入力されている関数はセルF3の関数と同様ですが、引数は異なるので修正します。たとえば、セルL7に入力する関数は、青色の商品の5月の売上個数になるので、引数「条件1」は「"＝202?/05＊"」、引数「条件2」は「"＝＊黒"」になります。それぞれ、「202＋1文字」と「/05＋数文字」の組み合わせ、「黒」で終わる文字列という意味になります。

＝SUMIFS（$C:$C,$A:$A,"＝202?/05＊",$B:$B,"＝＊黒"）

SECTION 117 便利ワザ

対応バージョン 365 2019 2016 2013

何を表すセル範囲なのかをわかりやすくする

セルまたはセル範囲には、名前を設定できます。商品名が入力されているセル範囲に「商品名」という名前を設定すると、関数にセル範囲ではなくセル範囲の名前「商品名」を指定できます。引数を指定する際にセルの選択ミスを防ぐことができるので便利です。

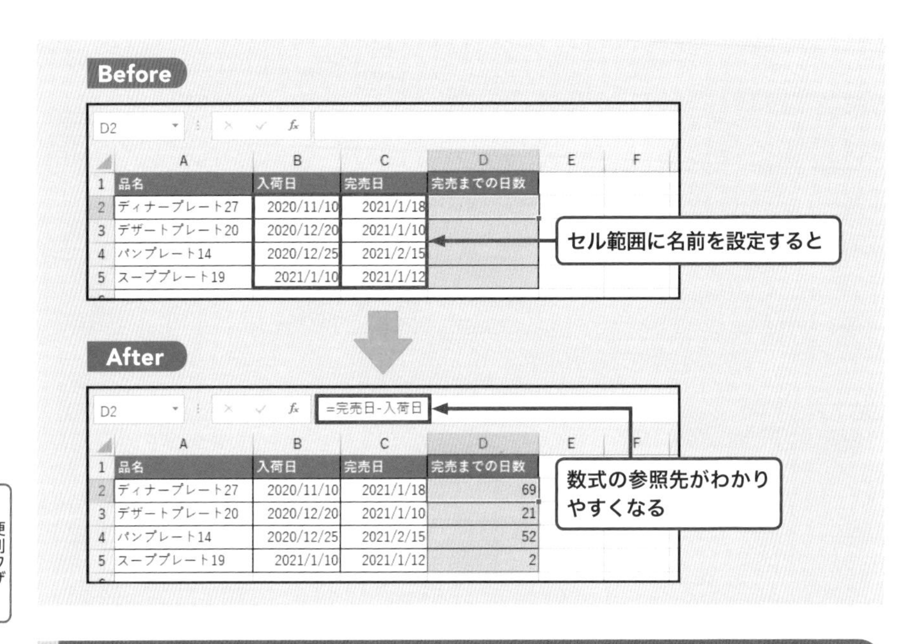

数式でセル範囲の名前を参照する

関数の引数には、セルやセル範囲を指定しますが、表が複雑になると、目的のセル範囲の場所がわかりづらくなることがあります。セルに名前を設定しておくと、目的の範囲がわかりやすくなる上、名前からすぐに選択できます。

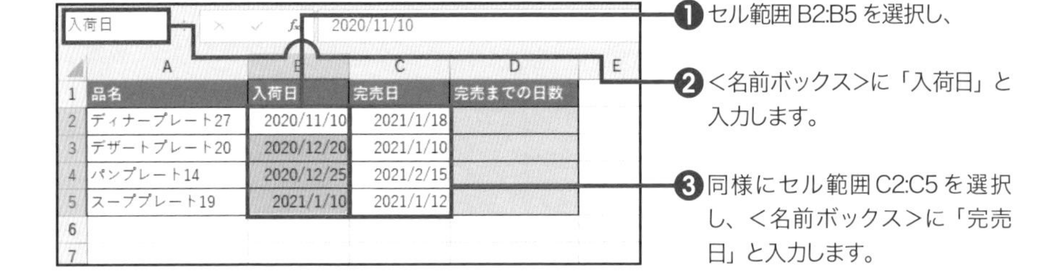

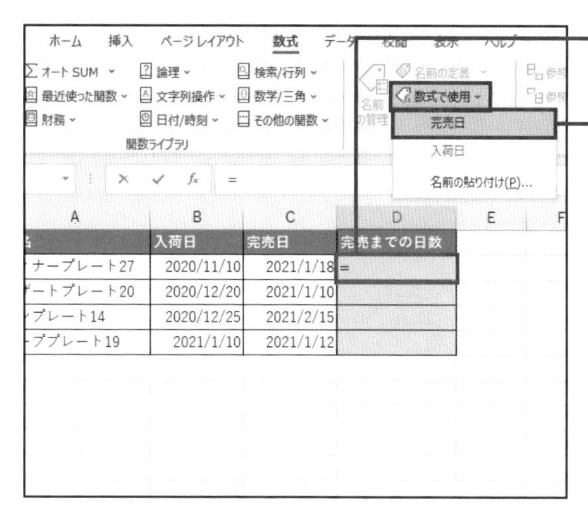

❹ セルD2に「=」と入力します。

❺ <数式>タブの<数式で使用>をクリックし、設定した名前（ここでは<完売日>）をクリックすると、<完売日>と入力されます。

MEMO 数式への名前の入力

名前は数式に直接入力することもできますが、<数式で使用>機能を使うと入力ミスを防げます。

	A	B	C	D	E
1	品名	入荷日	完売日	完売までの日数	
2	ディナープレート27	2020/11/10	2021/1/18	=完売日-入荷日	
3	デザートプレート20	2020/12/20	2021/1/10		
4	パンプレート14	2020/12/25	2021/2/15		
5	スーププレート19	2021/1/10	2021/1/12		
6					
7					
8					
9					
10					
11					
12					
13					
14					

❻「-」と入力し、<数式で使用>をクリックして<入荷日>をクリックします。「完売日という名前が設定されているセル範囲から、入荷日という名前が設定されているセル範囲のデータを減算する」という意味の数式が完成します。

COLUMN

名前の範囲を確認する

セルまたはセル範囲に設定した名前の範囲を確認するには、<名前ボックス>から目的の名前をクリックします。

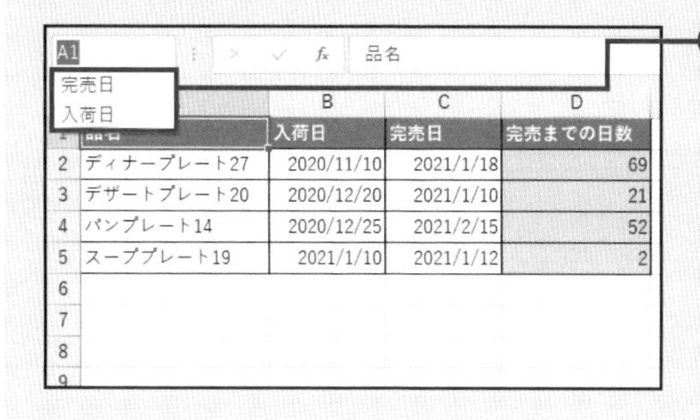

❶ <名前ボックス>の▼をクリックし、範囲を確認したい名前をクリックします。

SECTION 118 便利ワザ

数式のエラーが伝えていることを知る

数式に誤りがあると、セルの左上隅に緑色の三角印「エラーインジケーター」が表示され、「#DIV/0」や「#NAME?」など、「#」で始まる文字列が表示されます。この文字列を「エラー値」といいます。エラー値の意味を理解し、対処していきましょう。

数式でセル範囲の名前を参照する

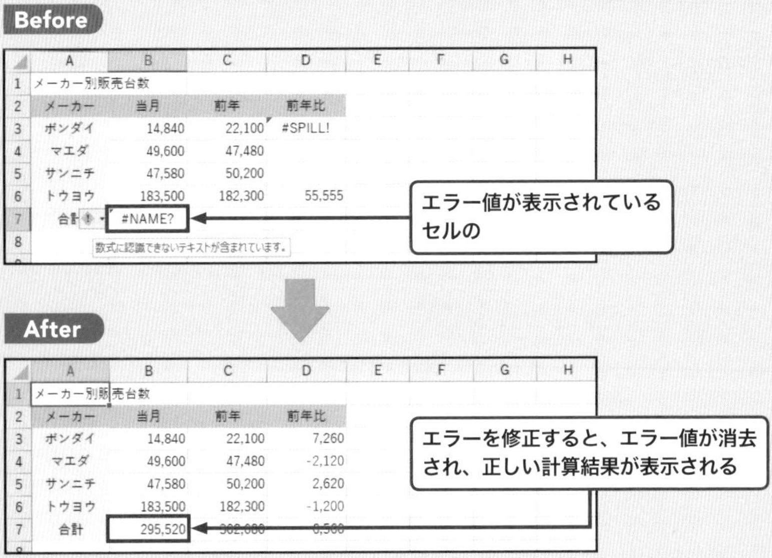

Before

	A	B	C	D	E	F	G	H
1	メーカー別販売台数							
2	メーカー	当月	前年	前年比				
3	ボンダイ	14,840	22,100	#SPILL!				
4	マエダ	49,600	47,480					
5	サンニチ	47,580	50,200					
6	トウヨウ	183,500	182,300	55,555				
7	合計	#NAME?						
8								

数式に認識できないテキストが含まれています。

エラー値が表示されているセルの

After

	A	B	C	D	E	F	G	H
1	メーカー別販売台数							
2	メーカー	当月	前年	前年比				
3	ボンダイ	14,840	22,100	7,260				
4	マエダ	49,600	47,480	-2,120				
5	サンニチ	47,580	50,200	2,620				
6	トウヨウ	183,500	182,300	-1,200				
7	合計	295,520	[illegible]	[illegible]				

エラーを修正すると、エラー値が消去され、正しい計算結果が表示される

Excelでは、数式を入力すると、「#VALUE!」のような文字列が表示されることがあります。これは、数式に何らかの誤りがあり、計算できないことを意味しています。エラーを示す文字列のことを「エラー値」といい、エラーがあるセルの左上隅にはエラーインジケーターが表示されます。

エラー値が表示されているセルを選択すると、セルの左側に<エラーチェックオプション>が表示されます。このアイコンにマウスポインターを合わせると、エラーの意味が表示されます。

なお、エラー値ではありませんが、セルに「#######」のような文字列が表示されることがあります。これは、セル幅が狭いため、セル内のデータが表示できないことを意味しています。セル幅を広げれば正しく表示されます。

エラー値の種類

Excelで表示される主なエラー値は、次の通りです。それぞれどのような意味で、どのような場合に表示されるか理解しておけば、関数を修正するときの大きなヒントとなるでしょう。

#DIV/0!	意味	数式または関数が 0 または空のセルで除算されています
	例	= MOD（3,0）、= 3/0
	詳細	除算で、割る数（除数）に「0」もしくは「空白のセル」が使われている
#N/A	意味	値が数式または関数に対して無効です
	例	= VLOOKUP（"TEST",D:F,2,FALSE）
	詳細	検索／行列関数や統計関数などで、検索するデータの指定が不適切、もしくは検索に必要なデータが入力されていない。上記の例の場合、D 列に「TEST」という文字列がない可能性がある
#NAME?	意味	数式に認識できないテキストが含まれています
	例	= SAM（1,2,3）
	詳細	関数名に誤り（スペルミス）がある、もしくは数式でセル範囲の名前を引数に指定している場合に、該当する名前がシートにない。または Excel のバージョンが対応していない。上記の例の場合、SUM 関数の関数名に誤りがある
#NULL!	意味	数式の範囲が交差しません
	例	= SUM（A1:A8 B1:B8）
	詳細	引数に指定されている複数のセル範囲に共通部分がない。上記の例の場合、セル範囲を「,」で区切っていない
#NUM!	意味	数式で使用される数値に問題があります
	例	= DATE（-1,12,1）
	詳細	引数の数値に誤りがある。上記の例の場合、0 ～ 9999 の数値しか指定できない DATE 関数の引数「年」に「-1」が指定されている
#REF!	意味	セルを移動または削除すると、セル範囲が無効になるか、または関数が参照エラーになります
	例	= SUM（Sheet2!A1:A5）
	詳細	存在しないシートやセルを参照している。または関数で参照していたセルが移動・削除された。上記の例の場合、シート 2 がない可能性がある
#VALUE!	意味	数式で使用されるデータの形式が正しくありません
	例	= MAX（"TEST"）
	詳細	数値以外受け取れない引数に文字列を指定したり、1 つのセルを指定すべきところにセル範囲を指定したりしている。上記の例の場合、数値、もしくはセル範囲しか指定できない MAX 関数の引数に文字列が指定されている
#SPILL!	意味	データをスピルするのに必要なセルが空白ではありません
	詳細	スピル機能により自動的にデータが入力されるはずのセル範囲に、すでにデータが入力されている

数式のエラー #NAME?と表示されたらどうする?

セルに「#NAME?」と表示される場合、もっとも多い原因は入力されている関数の関数名に誤りがあることです。セルの内容を表示して関数名を確認し、正しい関数名に修正しましょう。ヘルプからエラー値に関する情報や対処法を確認することもできます。

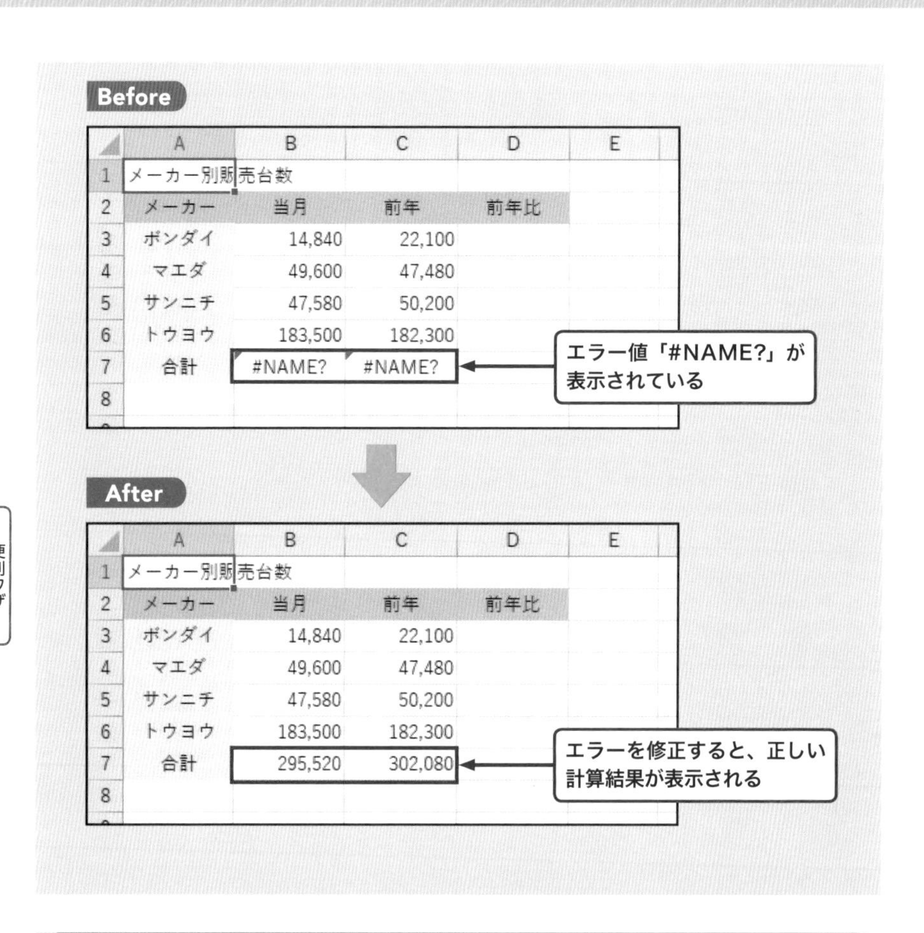

「#NAME?」とは

エラー値「#NAME?」は、「関数名に誤りがある」「引数に文字列が指定されているが" "で囲まれていない」「指定されているセル範囲の名前が存在しない」などの場合に表示されます。使われている関数がExcelのバージョンに対応していない場合にも表示されます。

エラー値「#NAME?」を修正する

エラー値「#NAME?」を修正するには、セルをダブルクリックして関数を表示し、関数名や引数に誤りがないか確認しましょう。誤りがある場合は修正します。
エラー値「#NAME?」を表示させないようにするには、関数を入力する際、関数名を間違えないようにすることです。関数を手入力するのではなく、<数式>タブの関数ライブラリや<関数の挿入>ダイアログボックスから入力すると間違いを減らせます。

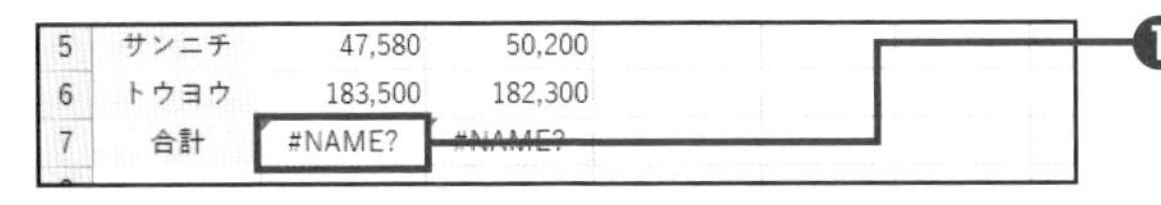

❶ エラー値「#NAME?」が表示されているセル B7 をダブルクリックします。

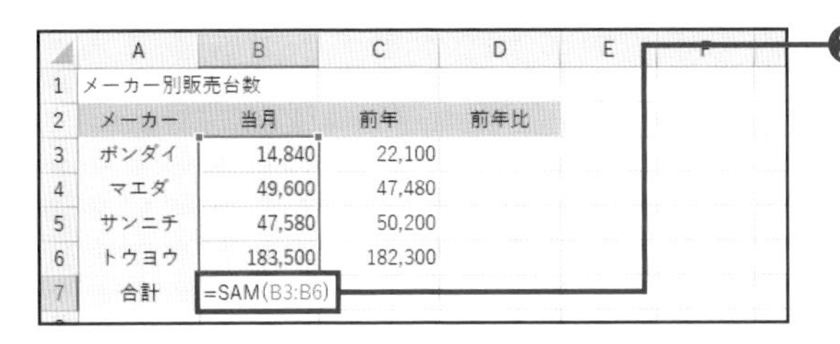

❷ セルに入力されている関数が表示されるので、関数名を確認すると、SUM 関数の関数名が「SAM」になっています。正しい関数名「SUM」に修正します。

STEP UP 応用例 ヘルプを参照する

エラー値が表示されているセルを選択すると、左隣に<エラーチェックオプション>が表示されます。これをクリックし、<このエラーに関するヘルプ>をクリックすると、画面右側にヘルプが表示されます。ここで、エラーに関する情報や対処法などを確認できます。

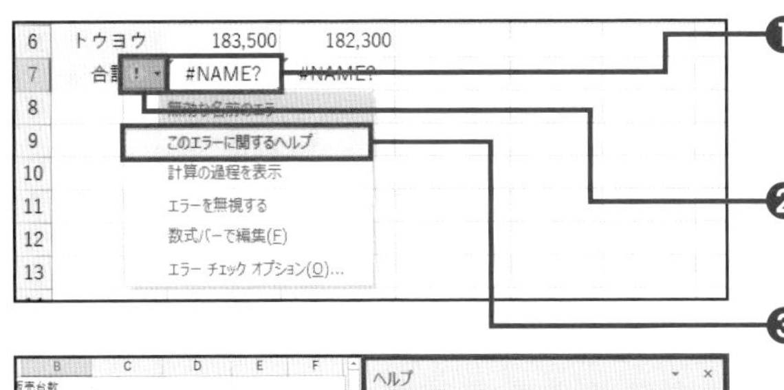

❶ エラー値「#NAME?」が表示されているセル B7 をクリックします。

❷ <エラーチェックオプション>をクリックし、

❸ <このエラーに関するヘルプ>をクリックします。

❹ <ヘルプ>作業ウィンドウが表示され、該当するエラー値の対処方法を確認できます。

対応バージョン 365 2019 2016 2013

SECTION 120 便利ワザ

数式のエラー #VALUE!と表示されたらどうする？

セルに「#VALUE!」と表示される場合、数値を指定しなければならない部分に文字列が指定されている可能性があります。セルの内容を表示し、引数を確認しましょう。空白（スペース）も文字列とみなされるので注意が必要です。

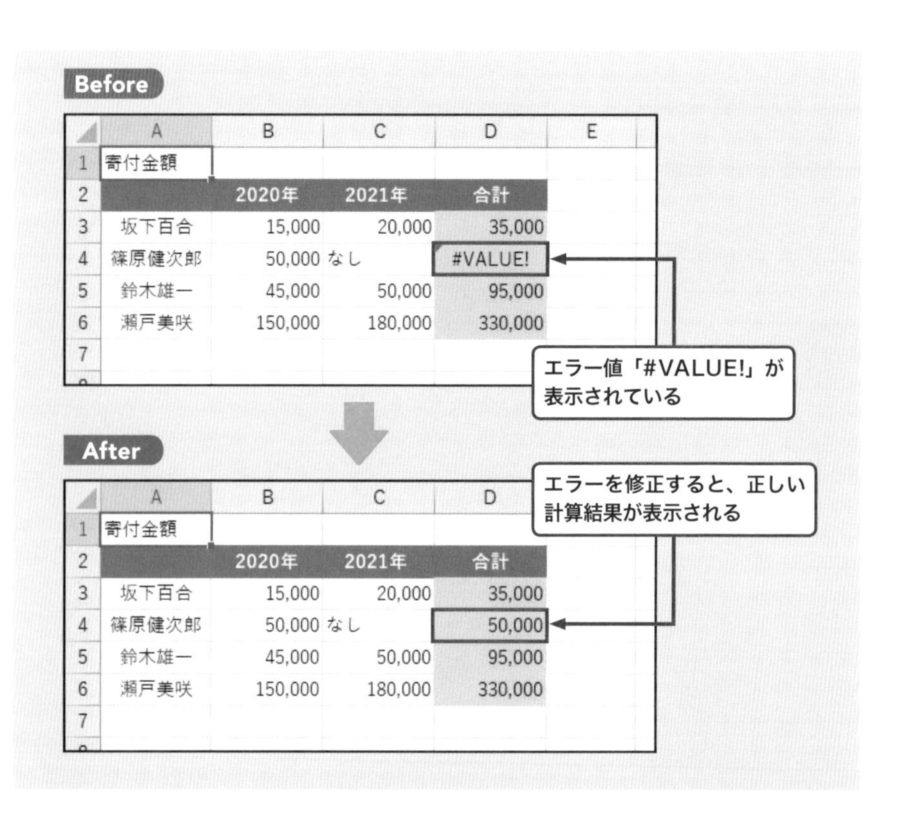

「#VALUE!」とは

エラー値「#VALUE!」は、「数値を指定する必要がある引数に文字列を指定している」「1つの数値しか指定できないのに複数の数値が指定されている」など、引数の形式に誤りがある場合に表示されます。また、引数の参照先に何も入力されていないようでも、空白（スペース）が入力されている可能性があります。Spaceキーを押して入力される空白は、文字列とみなされるため注意が必要です。Excelの検索機能を使って空白を探すことができます。

エラー値「#VALUE!」を修正する

エラー値「#VALUE!」が表示されるとき、多くの場合、数値を指定しなければならない部分に文字列が指定されています。数式を確認し、文字列が入力されているセルを参照していないかどうか確認します。文字列が入力されている場合、その文字列を削除するか、文字列を無視する関数に置き換えます。

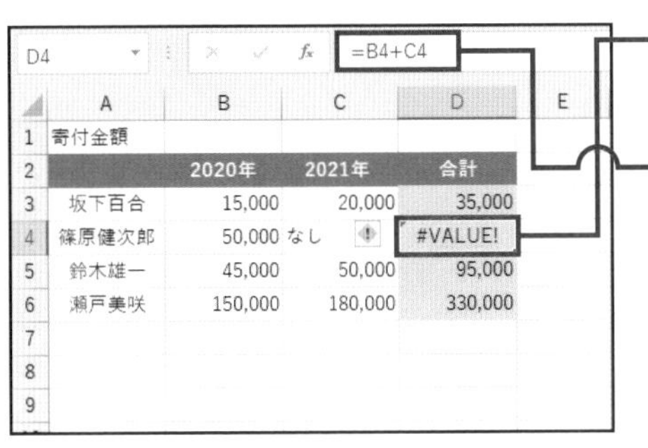

❶エラー値「#VALUE!」が表示されているセル D4 をクリックします。

❷数式バーで確認すると、「= B4+C4」という数式が入力されています。「セル B4 とセル C4 のデータを加算する」という意味ですが、セル C4 には文字列が入力されているため、計算できません。そのためエラー値「VALUE!」が表示されていることがわかります。

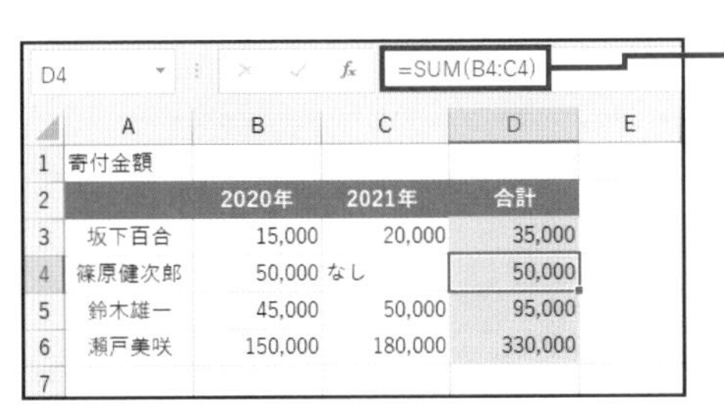

❸SUM 関数を使い、セル D4 の内容を「= SUM（B4:C4）」に修正します。SUM 関数は、指定されたセル範囲の数値を合計します。このとき、空白や文字列が入力されているセルは無視するため、エラーが解消され、正しい合計が表示されます。

STEP UP 応用例 空白を検索して削除する

エラー値「#VALUE!」が表示されるが文字列が見つからない場合は、空白文字が原因になっている可能性があります。検索機能を利用して探しましょう。置換機能を使って空白文字を削除することもできます。

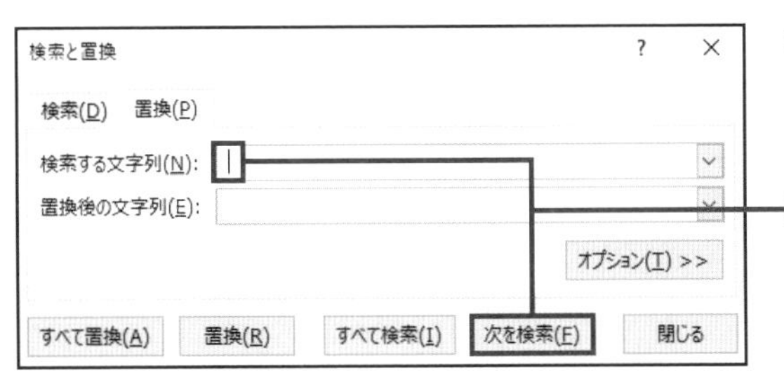

❶Ctrl ＋ H キーを押して＜検索と置換＞ダイアログボックスを開きます。

❷＜検索する文字列＞にスペースを入力し、＜次を検索＞をクリックします。シート上のセルに空白が入力されている場合、該当するセルが選択されます。＜置換後の文字列＞に何も入力しないで＜置換＞をクリックすると、検索された空白が削除されます。

SECTION

121

便利ワザ

対応バージョン 365 2019 2016 2013

数式のエラー #REF!と表示されたらどうする？

エラー値「#REF!」が表示される場合のよくある例としては、数式で使われているセルを不意に削除したときです。エラー値が表示された直後は、操作を取り消すことで修正できます。そうでない場合は、表にずれがないか確認しながら修正します。

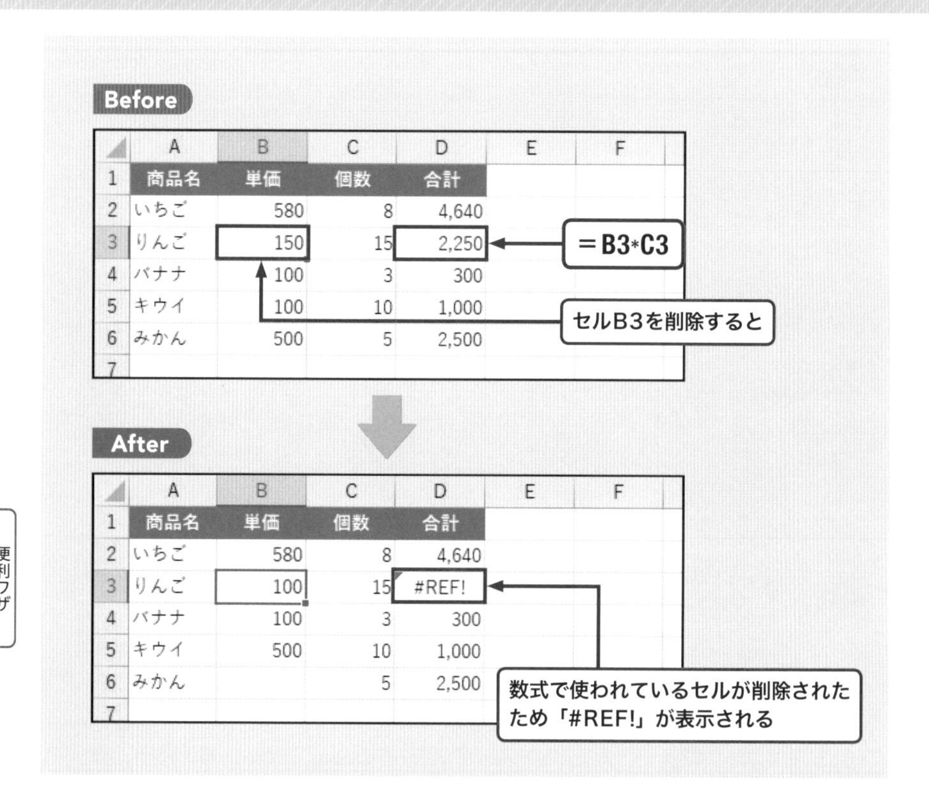

Before

	A	B	C	D	E	F
1	商品名	単価	個数	合計		
2	いちご	580	8	4,640		
3	りんご	150	15	2,250		
4	バナナ	100	3	300		
5	キウイ	100	10	1,000		
6	みかん	500	5	2,500		
7						

After

	A	B	C	D	E	F
1	商品名	単価	個数	合計		
2	いちご	580	8	4,640		
3	りんご	100	15	#REF!		
4	バナナ	100	3	300		
5	キウイ	500	10	1,000		
6	みかん		5	2,500		
7						

「#REF!」とは

エラー値「#REF!」は、数式で使われているデータが存在しないことを意味しています。原因としては、「不意の操作で数式で参照しているセルを削除した」「表で見せたくない行や列を削除した」「数式で使われているセルが存在するシートを削除した」などが考えられます。エラー値「#REF!」が表示された直後であれば、Ctrl＋Zキーを押して操作を元に戻す（取り消す）ことでエラーを解消できます。ただし、シートを削除してしまった場合は、Ctrl＋Zキーを押しても修正できないので注意が必要です。セルを削除する場合は、数式で使われていないかどうかよく確認しましょう。

エラー値「#REF!」を修正する

エラー値「#REF!」が表示されるとき、多くの場合は、数式で使われているセルが削除されています。この場合の削除は、delete キーを押してセル内のデータを削除することではありません。行や列、セルそのものを削除することです。行や列、セルを削除すると、表のレイアウトが変更されます。違和感のある箇所がないか確認しましょう。また、ほかの数式の参照先などがずれている可能性もあります。エラー値「#REF!」が表示されたときは、あわてずに表を確認し、削除されている部分を探して元に戻します。

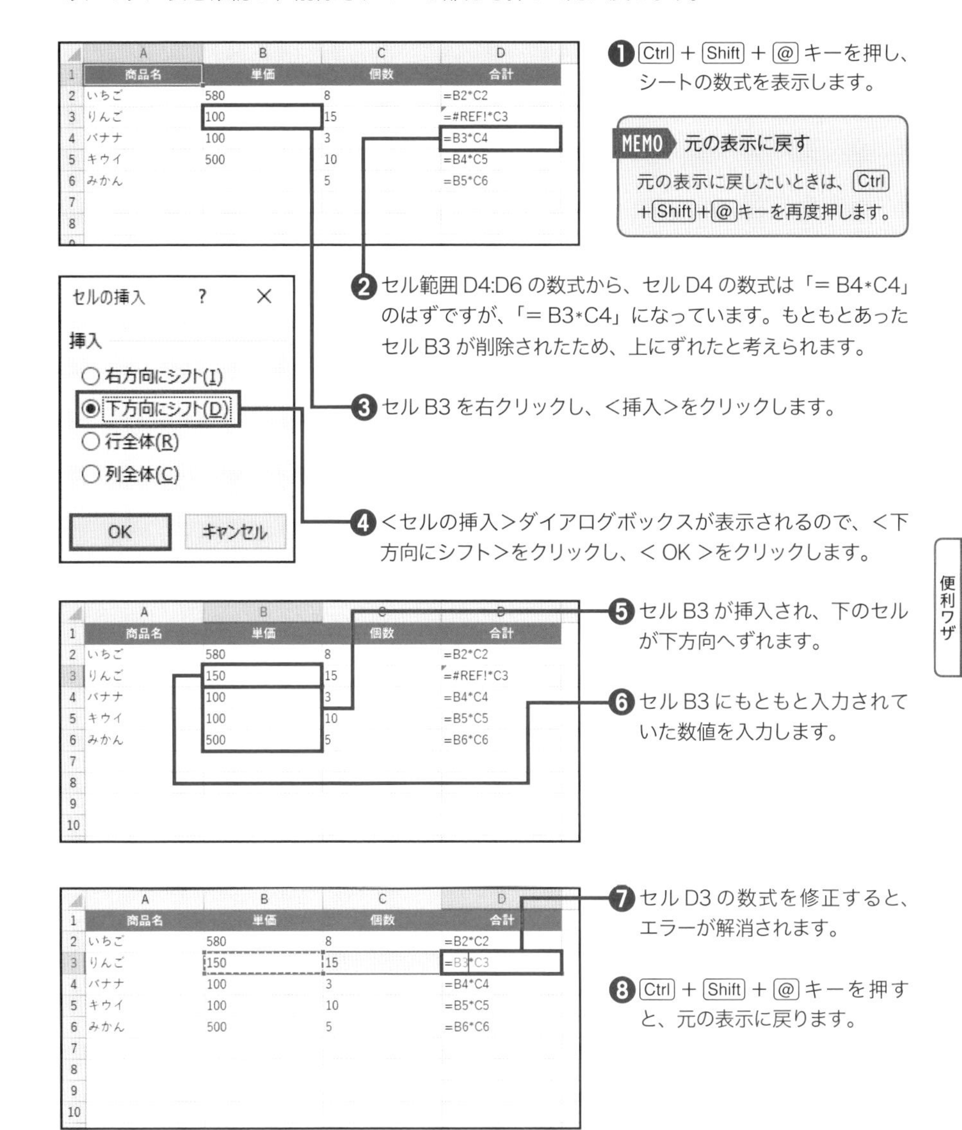

第6章
第7章
第8章
便利ワザ 第9章

SECTION 122 便利ワザ

対応バージョン 365 2019 2016 2013

数式のエラー #N/Aと表示されたらどうする？

エラー値「#N/A」は、関数の処理に必要なデータが見つからないことを意味しています。VLOOKUP関数を使った表でよく見られますが、表に誤りがないときに表示されることもあります。IFERROR関数と組み合わせて、エラー値を非表示にしましょう。

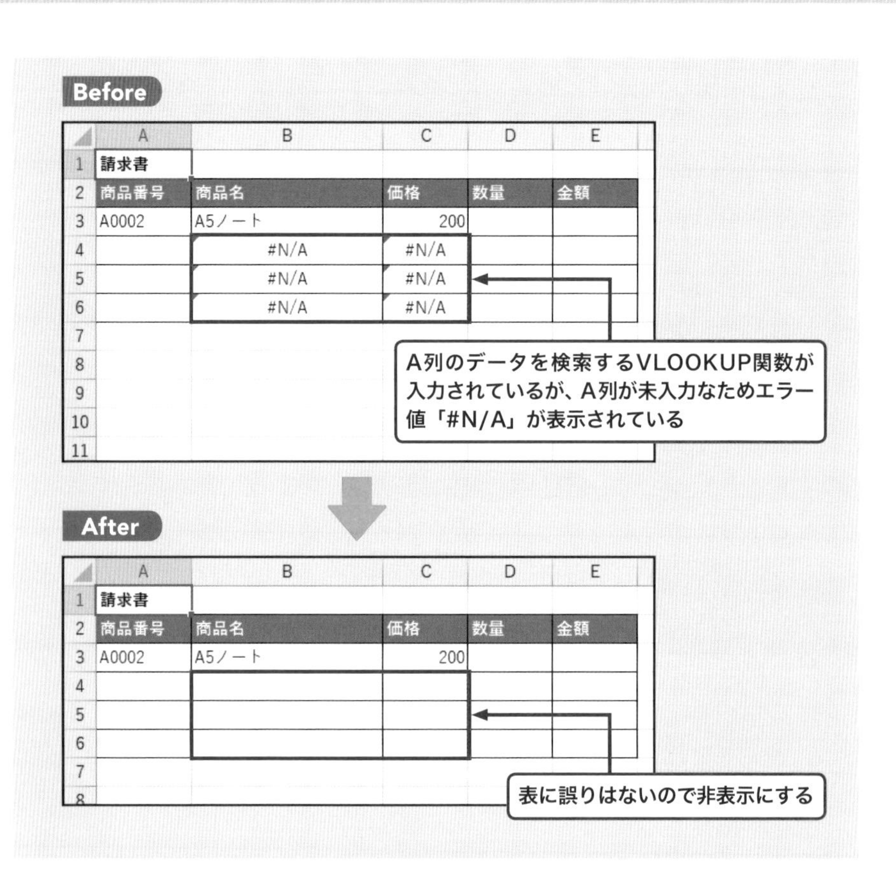

Before

	A	B	C	D	E
1	請求書				
2	商品番号	商品名	価格	数量	金額
3	A0002	A5ノート	200		
4		#N/A	#N/A		
5		#N/A	#N/A		
6		#N/A	#N/A		

After

	A	B	C	D	E
1	請求書				
2	商品番号	商品名	価格	数量	金額
3	A0002	A5ノート	200		
4					
5					
6					

「#N/A」とは

エラー値「#N/A」は、VLOOKUP関数などの検索関数を使った際、検索するデータが見つからない場合に表示されます。ただし、検索するデータを意図的に空欄にしている場合もエラーと判断されます。エラー値は印刷しても表示されます。表が意図通りの場合は、IFERROR関数(P.142参照)と組み合わせることでエラー値を非表示にできます。

エラー値「#N/A」を非表示にする

下図の「請求書」では、「商品名」列と「価格」列にVLOOKUP関数が入力されています。「商品番号」列に商品番号を入力すると、該当する商品の商品名と価格が「商品リスト」から検索され、自動的に表示される仕組みです。しかし、「商品番号」列が未入力の場合、VLOOKUP関数で検索するデータが未入力になるためエラーと判断されます。このままでは表の見た目が悪いため、IFERROR関数と組み合わせてエラー値を非表示にします。

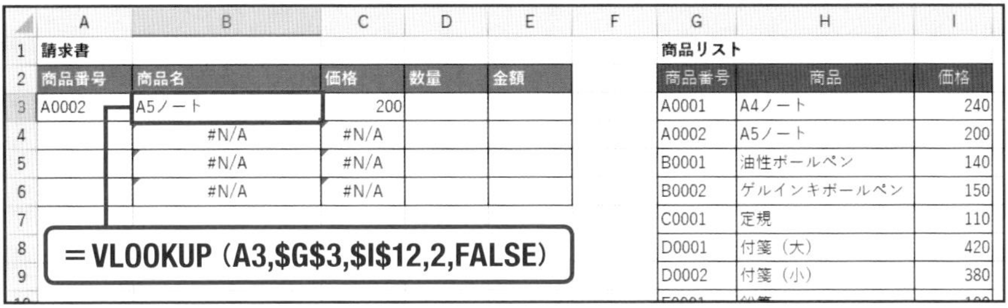

	A	B	C	D	E	F	G	H	I
1	請求書						商品リスト		
2	商品番号	商品名	価格	数量	金額		商品番号	商品	価格
3	A0002	A5ノート	200				A0001	A4ノート	240
4		#N/A	#N/A				A0002	A5ノート	200
5		#N/A	#N/A				B0001	油性ボールペン	140
6		#N/A	#N/A				B0002	ゲルインキボールペン	150
7							C0001	定規	110
8							D0001	付箋（大）	420
9							D0002	付箋（小）	380

=VLOOKUP（A3,$G$3,$I$12,2,FALSE）

❶セルB3にはVLOOKUP関数が入力されています。「セルA3に入力されているデータを、セル範囲G3:I12から検索し、2列目のデータを表示する。このときの検索方法はFALSE（完全一致）」という意味です。

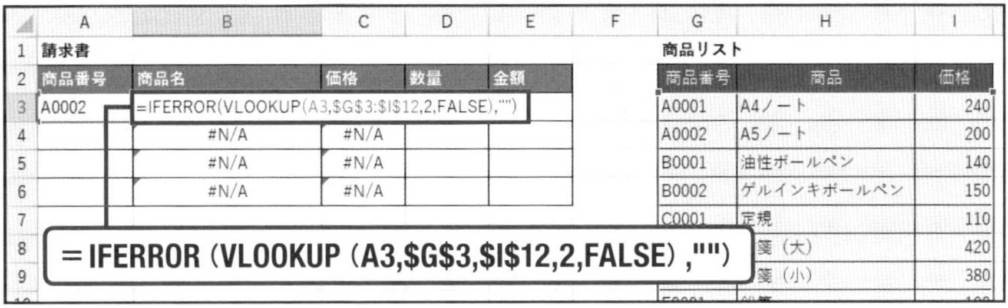

	A	B	C	D	E	F	G	H	I
1	請求書						商品リスト		
2	商品番号	商品名	価格	数量	金額		商品番号	商品	価格
3	A0002	=IFERROR(VLOOKUP(A3,$G$3:$I$12,2,FALSE),"")					A0001	A4ノート	240
4		#N/A	#N/A				A0002	A5ノート	200
5		#N/A	#N/A				B0001	油性ボールペン	140
6		#N/A	#N/A				B0002	ゲルインキボールペン	150
7							C0001	定規	110
8								箋（大）	420
9								箋（小）	380

=IFERROR（VLOOKUP（A3,$G$3,$I$12,2,FALSE）,""）

❷入力されているVLOOKUP関数を編集し、IFERROR関数を組み合わせます。「エラーが起きた場合、空白を表示する」という意味になります。

	A	B	C	D	E	F	G	H	I
1	請求書						商品リスト		
2	商品番号	商品名	価格	数量	金額		商品番号	商品	価格
3	A0002	A5ノート	200				A0001	A4ノート	240
4			#N/A				A0002	A5ノート	200
5			#N/A				B0001	油性ボールペン	140
6			#N/A				B0002	ゲルインキボールペン	150
7							C0001	定規	110
8							D0001	付箋（大）	420
9							D0002	付箋（小）	380

❸セルB3をセルB6までコピーすると、「商品番号」列が空白の場合、「商品名」列にはエラー値「#N/A」ではなく空白が表示されます。「価格」列も同様に関数式を修正することでエラー値を非表示にできます。

SECTION
123
便利ワザ

対応バージョン 365 2019 2016 2013

エラーにならないのに結果が間違っているときは？

Excelを使い続けていると、セルにエラーインジケーター（緑色の三角形）が表示されることがあります。この場合、エラー値が表示されていなくても、何らかのエラーが発生しています。ここでは、よく見られるエラーと対処法について解説します。

ケース1:数式が循環参照している

Excelのファイルを開いたときに、循環参照を警告するメッセージが表示されることがあります。「循環参照」とは、数式や関数が、数式や関数が入力されているセルそのものを参照していることです。循環参照を起こしているセルを確認し、数式を修正します。

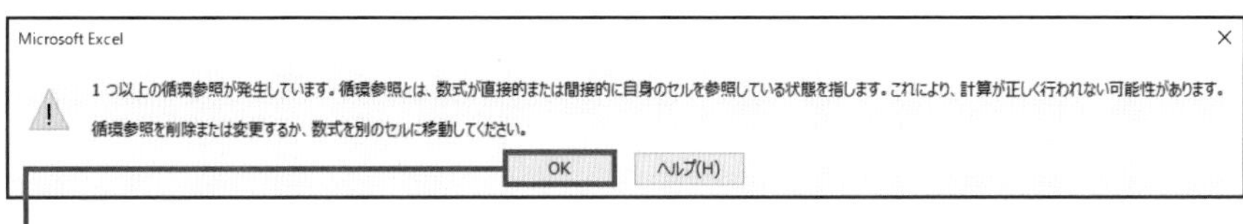

❶循環参照を警告するメッセージが表示されたら、＜ OK ＞をクリックしてメッセージを閉じます。

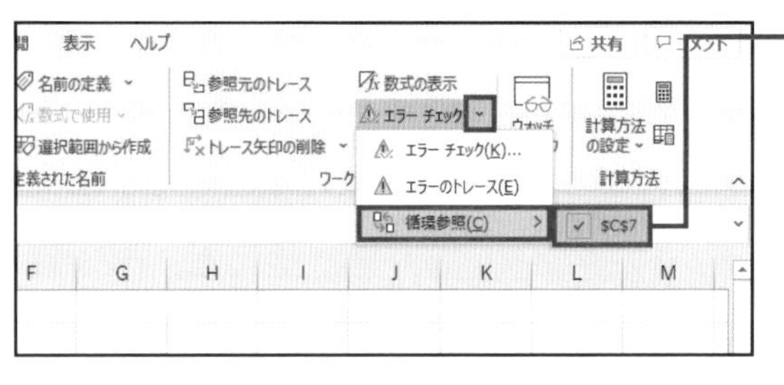

❷＜数式＞タブにある＜エラーチェック＞の▼をクリックし、＜循環参照＞にマウスポインターを合わせて、エラーのあるセル（ここでは＜ $C$7 ＞）をクリックします。

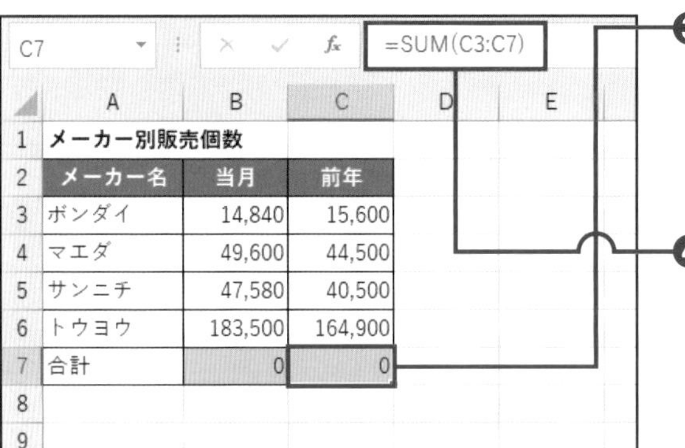

	A	B	C
1	メーカー別販売個数		
2	メーカー名	当月	前年
3	ボンダイ	14,840	15,600
4	マエダ	49,600	44,500
5	サンニチ	47,580	40,500
6	トウヨウ	183,500	164,900
7	合計	0	0

❸エラーのあるセル（ここではセル C7）が選択されます。SUM 関数の引数にセル C7 そのものが指定されていることがわかります。

❹SUM 関数を修正し、正しいセル範囲を指定します。

STEP UP 応用例 数式で使われているセルの参照元を確認する

数式が入力されているセルを選択し、<数式>タブの<参照元のトレース>をクリックすると、参照元から青色の矢印が表示されます。関数の引数で使われているセルを視覚的に確認できるので便利です。

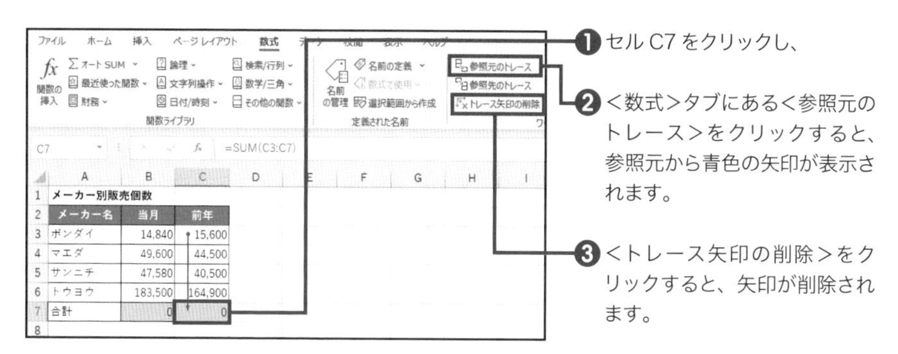

ケース2:数値が文字列として保存されている

関数の引数に数値が入力されているセルを指定しているにも関わらず、計算結果に不具合がある場合、参照先のセルの数値が文字データに設定されている可能性があります。数値は、表示形式が<文字列>に設定されているセルに入力したり、先頭に「'」を付けて入力したりすると、文字データに変換されます。文字データは数値として計算できません。該当するセルを確認し、数値が文字データに設定されている場合は数値データに変換します。

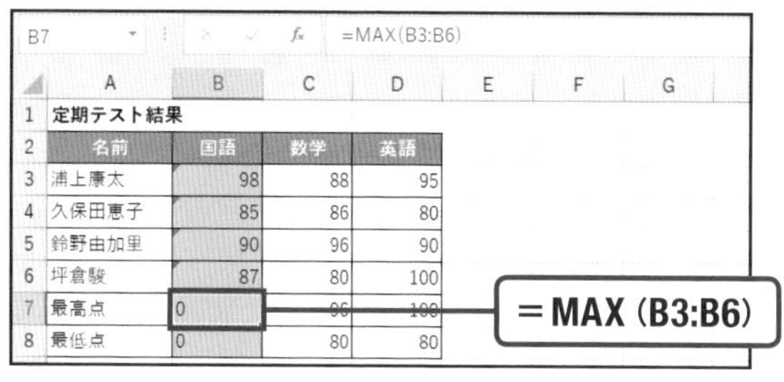

❶セル B7 には MAX 関数が入力され、引数にセル範囲 B3:B6 が指定されています。しかし計算結果として「0」が表示されています。

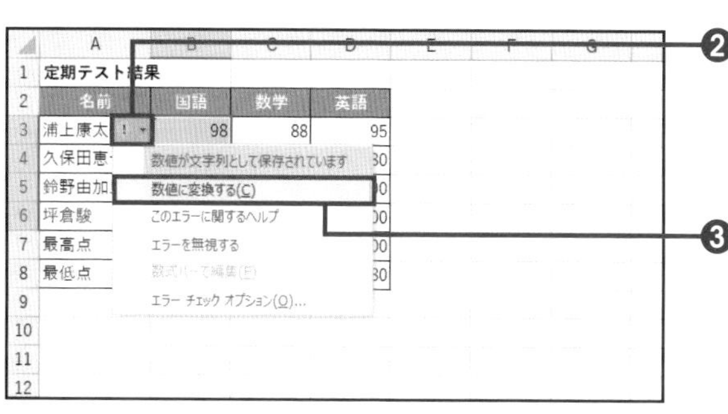

❷エラーインジケーターが表示されているセル範囲 B3:B6 を選択し、左隣の<エラーチェックオプション>をクリックします。

❸「数値が文字列として保存されています」と表示され、入力されている数値が文字データになっていることがわかります。<数値に変換する>をクリックします。

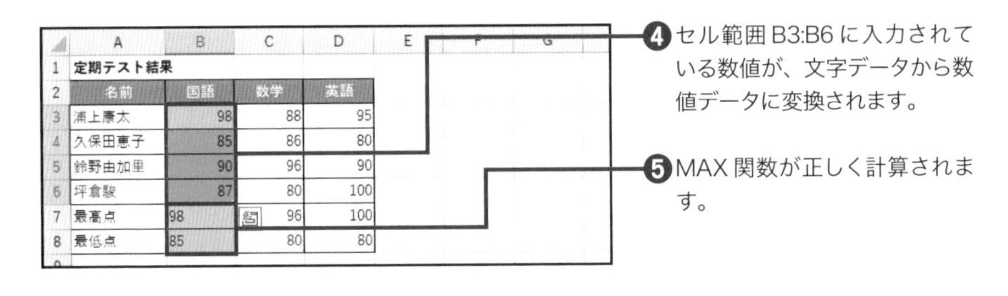

ケース3:数式が隣接するセルを使用していない

エラーインジケーターが表示されているセルの左隣に表示される<エラーチェックオプション>をクリックすると、「数式は隣接したセルを使用していません」と表示されることがあります。これは、数式で使われているセル範囲に隣接するセルにも数値が入力されているにも関わらず、数式に含まれていないことを警告しています。数式で使われているセル範囲を確認し、必要に応じて修正します。

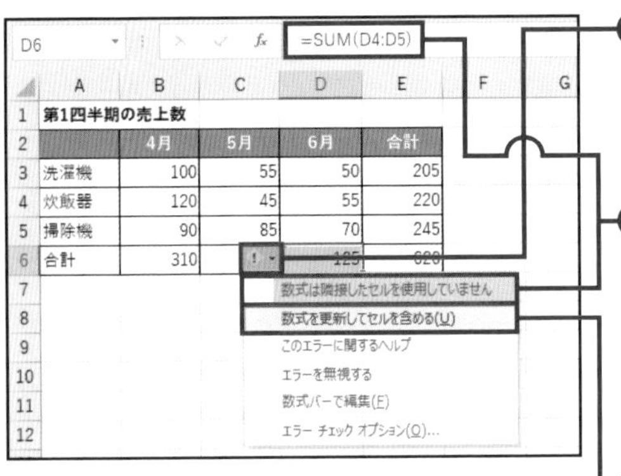

❶<エラーインジケーターが表示されているセルD6をクリックし、左隣に表示される<エラーチェックオプション>をクリックします。

❷「数式は隣接したセルを使用していません」と表示されます。セルに入力されている数式を確認すると、SUM関数の引数がセル範囲D4:D5になっていることがわかります。正しく計算するには、セルD3を含める必要があります。

❸<数式を更新してセルを含める>をクリックします。

=SUM(D3:D5)

第1四半期の売上数

	4月	5月	6月	合計
洗濯機	100	55	50	205
炊飯器	120	45	55	220
掃除機	90	85	70	245
合計	310	185	175	670

❹SUM関数の引数にセル範囲D3:D5が指定され、正しい計算結果が表示されます。

COLUMN

エラーを無視する

表によっては、特定のセルを引数に含めないことがあります。しかしExcelはエラーと判断し、「数式は隣接したセルを使用していません」と警告します。この場合、<エラーチェックオプション>をクリックし、<エラーを無視する>をクリックすると、エラーインジケーターを消去できます。

ケース4:小数の表示桁数を減らしている

Excelでは、<ホーム>タブの<小数点以下の表示桁数を減らす>をクリックすると、小数点以下の表示桁数を変更できます。このとき小数は四捨五入されますが、見た目上、表示する桁数を減らしているだけで、実際に入力されている数値は変更されていない点に注意が必要です。小数を扱う計算で正しい結果が表示されない場合は、小数の表示桁数を増やして正しい数値を表示します。

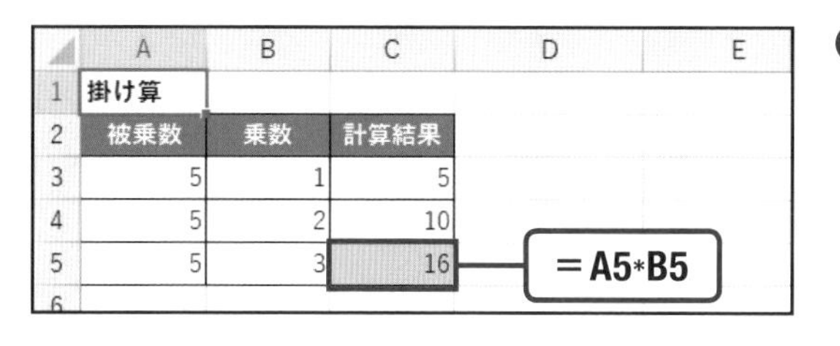

❶セルC5には、「=A5*B5」という数式が入力されています。計算結果は「15」になるはずですが、セルC5には「16」と表示されています。

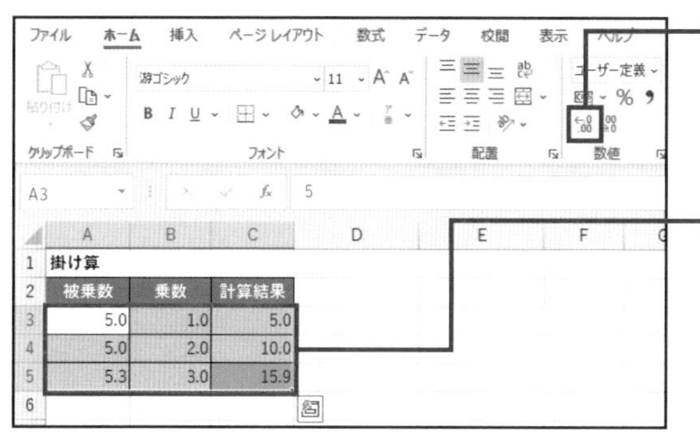

❷数値が入力されているセル範囲A3:C5を選択し、<ホーム>タブの<小数点以下の表示桁数を増やす>をクリックします。

❸小数の桁数が増え、セルに入力されている数値と正しい計算結果が表示されます。

COLUMN

エラーインジケーターを非表示にする

エラーインジケーターは、セルにエラーがあることを通知してくれる便利な機能ですが、わずらわしく感じることもあるでしょう。その場合は、エラーインジケーターを非表示にできます。

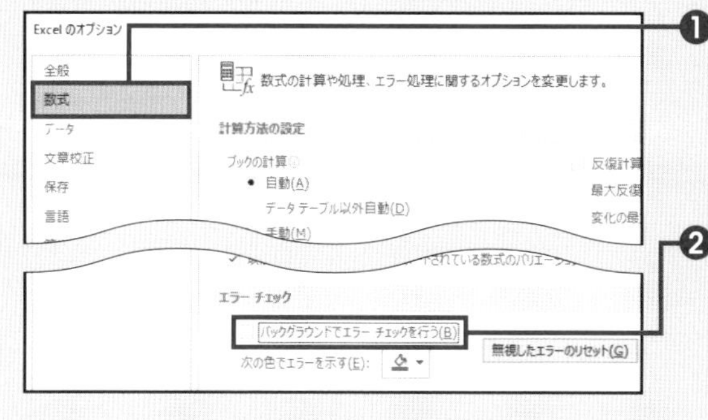

❶<ファイル>→<オプション>をクリックして、<Excelのオプション>ダイアログボックスを表示します。<数式>をクリックし、

❷<バックグラウンドでエラーチェックを行う>のチェックを外します。

目的別索引

記号･数字

あ

か

目的別索引

さ

目的別索引

索引

記号

A

C

D

索引

さ

索引

お問い合わせについて

本書に関するご質問については、本書に記載されている内容に関するもののみとさせていただきます。本書の内容と関係のないご質問につきましては、一切お答えできませんので、あらかじめご了承ください。また、電話でのご質問は受け付けておりませんので、必ずFAXか書面にて下記までお送りください。
なお、ご質問の際には、必ず以下の項目を明記していただきますよう、お願いいたします。

① お名前
② 返信先の住所またはFAX番号
③ 書名（今すぐ使えるかんたん Ex Excel関数 ビジネスに役立つ！ プロ技BESTセレクション［2019/2016/2013/365対応版］
④ 本書の該当ページ
⑤ ご使用のOSとソフトウェアのバージョン
⑥ ご質問内容

なお、お送りいただいたご質問には、できる限り迅速にお答えできるよう努力いたしておりますが、場合によってはお答えするまでに時間がかかることがあります。また、回答の期日をご指定なさっても、ご希望にお応えできるとは限りません。あらかじめご了承くださいますよう、お願いいたします。

問い合わせ先

〒162-0846
東京都新宿区市谷左内町21-13
株式会社技術評論社　書籍編集部
「今すぐ使えるかんたん Ex Excel関数 ビジネスに役立つ！ プロ技BESTセレクション［2019/2016/2013/365対応版］」質問係
FAX番号　03-3513-6167　URL：https://book.gihyo.jp/116

お問い合わせの例

FAX

①お名前
技術　太郎
②返信先の住所またはFAX番号
03-××××-××××
③書名
今すぐ使えるかんたん Ex Excel関数 ビジネスに役立つ！ プロ技BESTセレクション［2019/2016/2013/365対応版］
④本書の該当ページ
100ページ
⑤ご使用のOSとソフトウェアのバージョン
Windows 10
Excel 2019
⑥ご質問内容
結果が正しく表示されない

※ご質問の際に記載いただきました個人情報は、回答後速やかに破棄させていただきます。

今すぐ使えるかんたんEx Excel関数 ビジネスに役立つ！ プロ技BESTセレクション［2019/2016/2013/365対応版］

2021年　8月21日　初版　第1刷発行
2022年11月　4日　初版　第2刷発行

著者……………………… リブロワークス
発行者…………………… 片岡　巌
発行所…………………… 株式会社 技術評論社
東京都新宿区市谷左内町21-13
電話　03-3513-6150　販売促進部
03-3513-6160　書籍編集部
装丁デザイン…………… 菊池　祐（ライラック）
本文デザイン…………… 今住　真由美（ライラック）
カバーイラスト………… ©koti - Fotolia
執筆協力………………… 羽石　相／古川　順平
DTP ……………………… 関口　忠／リブロワークス
編集……………………… リブロワークス
担当……………………… 青木　宏治
製本／印刷……………… 日経印刷株式会社

定価はカバーに表示してあります。

ISBN978-4-297-12253-9 C3055
Printed in Japan